Datenverarbeitung für Ingenieure

des Maschinenbaus und der Elektrotechnik

Von Dipl.-Math. J. Becker, Dr. W. Haacke, Dipl.-Ing. F.-J. Kevekordes,
Dr. O. Meltzow, Dipl.-Math. R. Nabert, Dr. G. Patzelt, Dr. U. Schatz,
Dr. H. Schulte

Herausgegeben von Dr. W. Haacke

1973. Mit 204 Bildern und Tafeln und zahlreichen Beispielen

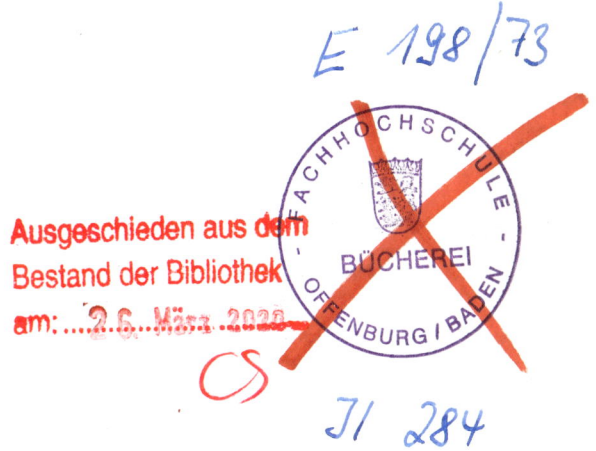

B. G. Teubner Stuttgart

Verfasser:

Dipl.-Math. Jürgen B e c k e r
Dr. rer. nat. Wolfhart H a a c k e
Dipl.-Ing. Franz-Josef K e v e k o r d e s
Dr. rer. nat. Otto M e l t z o w
Dipl.-Math. Rudolf N a b e r t
Dr. math. Gerhard P a t z e l t
alle Hochschullehrer an der
Gesamthochschule Paderborn

Dr. Hermann S c h u l t e
Professor an der Pädagogischen
Hochschule Saarbrücken

ISBN 3-519-06513-4

© B. G. Teubner, Stuttgart 1973
Printed in Germany
Satz: H. Aschenbroich, Stuttgart
Druck: J. Illig, Göppingen
Binderei: G. Gebhardt, Schalkhausen/Ansbach
Umschlaggestaltung: W. Koch, Stuttgart

Vorwort

Die Datenverarbeitung hat sich im Laufe weniger Jahre von einem Spezialfach zu einem Grundlagenfach entwickelt. Jeder Ingenieur muß während seines Studiums in dieses wichtige Gebiet eingeführt werden. Neben dieser Einführung für alle Ingenieure werden an den Universitäten und Fachhochschulen Informatik-Studiengänge angeboten, die dieser in rascher Entwicklung begriffenen, in Lehre und Anwendung gleich wichtigen Fachrichtung Rechnung tragen.

Dieses Lehrbuch ist eine Einführung in die Datenverarbeitung als Grundlagenfach für Ingenieurstudenten und Ingenieure der Praxis. Darüber hinaus kann das Buch auch als Grundlage für den anwendungsbezogenen Studiengang Ingenieur-Informatik benutzt werden.

Nach einer knapp gehaltenen Einführung, in der vorwiegend Begriffe bereitgestellt werden, folgt eine Beschreibung der Hardware in dem Maße, wie es für diejenigen Ingenieure, die vorwiegend an der Software interessiert sind, erforderlich ist. Schwerpunkt des Buches ist das Programmieren im weitesten Sinne.

Nach grundlegenden Ausführungen zu den beiden Gebieten Programmiersprachen und Programmieren wird ein Einblick in Maschinen- und Assemblierersprachen gegeben. Im 3. Kapitel werden die drei problemorientierten Sprachen FORTRAN, ALGOL und PL/I so weit vorgetragen, wie es im allgemeinen in einem Programmierkurs geschieht. Die drei Sprachen werden vom Aufbau her ähnlich vorgestellt, zum Teil werden die gleichen Beispiele behandelt, so daß derjenige Leser, der sich bisher nur mit einer Sprache befaßt hat, einen Überblick über den Aufbau und die Struktur der beiden anderen Sprachen erhält und gleichzeitig in die Lage versetzt wird, diese Sprachen, wenn sie ihm begegnen, hinreichend zu verstehen.

Die Programmierfertigkeiten werden in den drei Abschnitten des 4. Kapitels zunächst an einfachen Beispielen geübt. Nach einer kurzen Einführung im 5. Kapitel werden dann im folgenden Kapitel größere und z. T. anspruchsvollere Beispiele behandelt. Im ersten Fall wird ein umfangreicherer Algorithmus entwickelt, im zweiten steht das Methodische im Vordergrund. Der dritte Fall zeigt die Entwicklung eines Problems von der theoretischen Formulierung bis zur Programmierung.

Die letzten drei Abschnitte Numerische Steuerungen, Prozeßrechner und Analogrechner sind weitgehend unabhängig von den übrigen Abschnitten und können daher leicht getrennt behandelt werden. Sie zeigen drei wichtige Bereiche der anwendungsorientierten Ingenieur-Informatik.

Dieser Darstellung liegen die Erfahrungen zugrunde, die die Autoren seit 1965 bei dem Aufbau einer Ingenieur-Informatik-Ausbildung in Paderborn gemacht haben.

Eine Angleichung der einzelnen Abschnitte erfolgte nur in dem Maße, wie es für den Leser erforderlich ist. Ausgangspunkt für diese Koordination sind die Normen DIN 44300, 66001 und 40700 Blatt 14 und 18. Gewisse unterschiedliche Darstellungsgewohnheiten in Einzelgebieten (z. B. 1 und L nebeneinander) sind beibehalten worden.

Der für dieses Buch gewählte Schreibsatz bedingt, daß die einzelnen Zeichen unterschiedlichen Raum gegenüber einer Darstellung auf einer Lochkarte oder durch einen Schnelldrucker einnehmen. Daher können die in den Programmen angegebenen Positionen in den Wiedergaben der Ausdrucke nur angenähert eingehalten werden.

Die Autoren bitten alle Leser, insbesondere ihre Fachkollegen, um Hinweise und Vorschläge für die Weiterentwicklung dieses Werkes. Dem Verlag sei Dank gesagt für seine Geduld und sein Eingehen auf z. T. recht unterschiedliche Wünsche.

Paderborn, im Frühjahr 1973   Die Verfasser

Inhalt

---

[1]) Abschn. 2.4.2. ist z. T. von Herrn Dr. Schatz verfaßt.

DIN-Ausgaben (Auswahl)

1333	Bl. 1. Zahlenangaben. Dezimalschreibweise
	Bl. 2. Zahlenangaben. Runden
5474	Zeichen der mathematischen Logik
19 226	Regelungstechnik und Steuerungstechnik. Begriffe und Benennungen
19 233	Automatik und verwandte Begriffe
40 700	Bl. 14. Schaltzeichen. Digitale Informationsverarbeitung
	Bl. 18. Schaltzeichen. Analogrechentechnik
44 300	Informationsverarbeitung. Begriffe
44 301	Informationsverarbeitung. Begriffe
44 302	Datenübertragung. Begriffe
44 302	Bl. 11. Datenübertragung. Begriffe
66 000	Mathematische Zeichen der Schaltalgebra
66 001	Informationsverarbeitung. Sinnbilder für Datenfluß- und Programmablaufpläne
66 025	Bl. 1. Programmaufbau für numerisch gesteuerte Arbeitsmaschinen. Allgemeines
	Bl. 2. Programmaufbau für numerisch gesteuerte Arbeitsmaschinen. Wegbedingungen und Zusatzfunktionen
	Bl. 3. Programmaufbau für numerisch gesteuerte Arbeitsmaschinen. Vorschübe und Spindeldrehzahlen
	Bl. 4. Programmaufbau für numerisch gesteuerte Arbeitsmaschinen. Beschreibung der numerisch gesteuerten Arbeitsmaschine
66 026	Informationsverarbeitung. Programmiersprache ALGOL
66 027	Informationsverarbeitung. Programmiersprache FORTRAN
66 201	Prozeßrechensysteme. Begriffe
66 900	Netzplantechnik. Begriffe

1. Einführung

1.1. Zielsetzungen der Datenverarbeitung

In allen Gebieten der Technik, der Betriebs- und der Volkswirtschaft hat sich der forschende Mensch mit immer komplizierteren Problemen auseinanderzusetzen. Ziel ist, die Gesetzmäßigkeiten dieser Probleme zu erfassen, um darauf Vorhersagen, Planungen und Entwicklungen aufzubauen. Es gibt u. a. zwei Möglichkeiten, ein komplexes Problem zu lösen:
1. durch Erprobung k o n k r e t e r M o d e l l e .
2. durch Abbildung auf a b s t r a k t e M o d e l l e .
So kann man z. B. Prototypen von Kraftfahrzeugen bauen und dann diese unter unterschiedlichen Anforderungen erproben. Diese Untersuchungen am konkreten Modell werden mit wachsender Größe der Probleme immer teurer und zeitaufwendiger.

Daher werden mit Hilfe der Gesetze der Physik bzw. der Soziologie abstrakte Modelle geschaffen. Zur Lösung dieser Modelle, die häufig in Gestalt von Gleichungen, Differential- oder Integralgleichungen dargestellt sind, müssen nun geeignete m a t h e m a t i s c h e M e t h o d e n zu ihrer Lösung gewählt oder entwickelt werden. Bis zur Schaffung von Datenverarbeitungsanlagen (DVA) bevorzugte man a n a l y t i s c h e M e t h o d e n , die es erlaubten, die Lösung in geschlossenen Formeln anzugeben. In diese Formeln können dann z. B. die technischen Größen eingesetzt und in ihnen variiert werden. Der wesentliche Nachteil der analytischen Methoden ist, daß die überwiegende Anzahl der gestellten Aufgaben sich mit diesen Methoden gar nicht oder nur sehr schwierig lösen läßt. Daher haben die n u m e r i - s c h e n M e t h o d e n immer größere Bedeutung gewonnen. Mit diesen Methoden werden zwar die Lösungen nur angenähert, sie können aber meist mit jeder vorgebbaren Genauigkeit ermittelt werden. Der Rechenaufwand ist jedoch sehr erheblich, so daß er vor der Entwicklung von DVA bei größeren Problemen nicht bewältigt werden konnte.

In einer P r o b l e m a n a l y s e wird entschieden, welche numerische Methode jeweils zweckmäßig und welche Genauigkeit zu fordern ist.

Nach dieser Analyse wird ein A l g o r i t h m u s aufgestellt, der angibt, wie diese numerische Rechnung in einzelne Schritte aufgelöst werden kann. Besonders wichtig sind dabei Rechengänge, die mit unterschiedlichen Zahlen mehrfach durchlaufen werden (Schleifen). Hieraus entsteht dann ein P r o g r a m m a b l a u f p l a n , der die Grundlage für das P r o g r a m m bildet. Die Einzelheiten werden in diesem Buch ausführlich entwickelt. Wenn man sich ein fehlerfreies Programm durch die erforderlichen Tests erarbeitet hat, ist man dann in der Lage, mit einer DVA das gestellte Problem zu lösen und damit das abstrakte Modell zu prüfen.

1.2. Grundbegriffe der Informationsverarbeitung

In diesem Abschnitt werden in enger Anlehnung an das Normblatt DIN 44 300 (Informationsverarbeitung, Begriffe) die Grundbegriffe der Informationsverarbeitung zusammengestellt.

Unter einer I n f o r m a t i o n versteht man eine Angabe, Nachricht oder Unterlage, die den Empfänger zu einem bestimmten Verhalten, insbesondere Denkverhalten veranlaßt. In der Informationsverarbeitung werden physikalische Größen, S i g n a l e genannt, zur Darstellung von Informationen benutzt. Die Kenngröße des Signals, die die Information trägt, heißt S i g n a l p a r a m e t e r. Man unterscheidet a n a l o g e und d i g i t a l e Signale. Bei analogen Signalen wird ein kontinuierlicher Bereich des Signalparameters als Information benutzt. Die der physikalischen Größe analoge Größe ist meist eine elektrische Spannung oder ein Strom. Dieser Darstellung der Information begegnet man beim A n a l o g r e c h n e r (s. Abschn. 9) wie auch beim P r o z e ß r e c h n e r (s. Abschn. 8). Bei einem digitalen Signal nimmt der Signalparameter nur eine endliche Anzahl von Werten an. Fast immer werden nur zwei Werte angenommen, da diese Darstellung sich technisch besonders einfach und fehlerfrei realisieren läßt. Dann spricht man von einem B i n ä r s i g n a l .

Die der DVA zur Verarbeitung zugeleiteten Informationen bestehen in der Regel aus einer größeren Anzahl Z e i c h e n , meist sind es die 26 Buchstaben, die zehn Dezimalziffern sowie eine Anzahl Sonderzeichen. Die geordnete Reihenfolge aller für eine DVA zugelassenen Zeichen heißen das A l p h a b e t für diese Anlage.

Die ersten DVA konnten nur Ziffern verarbeiten. Treten zu diesen Ziffern noch mindestens die Buchstaben hinzu, so spricht man von einem a l p h a n u m e r i s c h e n Zeichenvorrat.

Da die intern in der DVA übertragenen und verarbeiteten Signale binär sind, muß eine Zuordnung zwischen dem Alphabet und den internen Binärzeichenfolgen vorgegeben werden. Eine solche eindeutige Zuordnung (Abbildung) heißt ein C o d e .

Ein B i t ist die kleinste Darstellungsform für Binärzeichenfolgen. Jedes einzelne Binärzeichen kann die Werte 0 oder 1 annehmen. b i t kleingeschrieben ist zugleich die Zähleinheit, die angibt, wieviel Binärzeichen gleichzeitig in einem Speicher aufgenommen werden können. Zeichenfolgen, die Informationen beinhalten, heißen D a t e n . Dabei bleibt es offen, wieviele Zeichen zur Darstellung einer Date jeweils erforderlich sind.

1.3. Zahlensysteme und -darstellungen

Zur Darstellung von Zahlen benötigt man Ziffern. Die Anzahl der benötigten Ziffern hängt von der B a s i s des verwendeten Zahlensystems ab. So benötigt man bei Darstellungen im Dezimalsystem insgesamt 10 Ziffern. Die Schreibweise 457 ist eine Abkürzung für die ausführliche (Polynom-) Darstellung

$$4 \cdot 10^2 + 5 \cdot 10^1 + 7 \cdot 10^0$$

Die übliche Kurzdarstellung 457 heißt R a d i x s c h r e i b w e i s e . Die gleiche Zahl 457 kann man auch in einem Zweiersystem, dem D u a l s y s t e m , schreiben. Bei diesem System sind nur zwei Ziffern 0 und 1[1]) erforderlich. Bei gleichzeitiger Verwendung mehrerer Zahlensysteme kennzeichnet man das jeweils verwandte System durch einen Index, man schreibt also z. B. 457_{10}. Es ist

$$\begin{aligned}
457_{10} &= 256 + 128 + 64 + 8 + 1 \\
&= 1 \cdot 2^8 + 1 \cdot 2^7 + 1 \cdot 2^6 + 0 \cdot 2^5 + 0 \cdot 2^4 \\
&\quad + 1 \cdot 2^3 + 0 \cdot 2^2 + 0 \cdot 2^1 + 1 \cdot 2^0 \\
&= 111001001_2
\end{aligned}$$

---

[1]) Zur Dualdarstellung werden häufig auch die Zeichen O und L verwandt, s. z. B. Abschn. 2.

Der Vorteil des Dualsystems ist seine leichte technische Darstellung, da es nur aus zwei Ziffern besteht. Dafür muß aber der Nachteil in Kauf genommen werden, daß die Anzahl der benötigten Stellen groß ist.

Die Umrechnung einer ganzen Zahl vom Dualsystem in das Dezimalsystem kann mit dem H o r n e r - S c h e m a vorgenommen werden

$$
\begin{array}{ccccccccc}
 & 1 & 1 & 1 & 0 & 0 & 1 & 0 & 0 & 1 \\
x = 2 & & 2 & 6 & 14 & 28 & 56 & 114 & 228 & 456 \\
\hline
 & 1 & 3 & 7 & 14 & 28 & 57 & 114 & 228 & 457
\end{array}
$$

Eine Umrechnung vom Dezimalsystem zum Dualsystem erfolgt durch laufende Division durch 2; das bedeutet eine Umkehrung des Horner-Schemas

$$
\begin{aligned}
457 : 2 &= 228 \quad \text{Rest } 1 \\
228 : 2 &= 114 \qquad 0 \\
114 : 2 &= 57 \qquad 0 \\
57 : 2 &= 28 \qquad 1 \\
28 : 2 &= 14 \qquad 0 \\
14 : 2 &= 7 \qquad 0 \\
7 : 2 &= 3 \qquad 1 \\
3 : 2 &= 1 \qquad 1 \\
1 : 2 &= 0 \qquad 1
\end{aligned}
$$

Als zweckmäßige Schreibweise empfiehlt sich von rechts nach links gerechnet

$$
\begin{array}{ccccccccc}
0 & 1 & 3 & 7 & 14 & 28 & 57 & 114 & 228 & 457_{10} \\
1 & 1 & 1 & 0 & 0 & 1 & 0 & 0 & 1_{2}
\end{array}
$$

Diese Umrechnungen werden von den DVA mit einem Hilfsprogramm (utility) durchgeführt, falls intern mit Dualzahlen gerechnet wird.

Die Arithmetik im Dualsystem baut auf folgenden Grundoperationen auf:

$$
\begin{array}{ll}
0 + 0 = 0 & 0 \cdot 0 = 0 \\
0 + 1 = 1 + 0 = 1 & 0 \cdot 1 = 1 \cdot 0 = 0 \\
1 + 1 = 10 & 1 \cdot 1 = 1
\end{array}
$$

Als Beispiel wird jetzt $23_{10} + 47_{10}$, $23_{10} \cdot 47_{10}$ und $91_{10} : 13_{10}$ im Dualen gerechnet. Es ist $23_{10} = 10111_{2}$, $47_{10} = 101111_{2}$, $91_{10} = 1011011_{2}$ und $13_{10} = 1101$.

$$
\begin{array}{l}
 10111 \\
+\ 101111 \\
\hline
1000110_{2} = 70_{10}
\end{array}
\qquad
\begin{array}{l}
10111 \cdot 101111 \\
\hline
10111 \\
10111 \\
10111 \\
10111 \\
10111 \\
\hline
10000111001_{2} = 1081_{10}
\end{array}
\qquad
\begin{array}{l}
1011011 : 1101 = 111 \\
\underline{1101} \\
010011 \\
\underline{1101} \\
001101 \\
\underline{1101} \\
0000
\end{array}
$$

Bisher wurden nur ganze Zahlen betrachtet. Bei gebrochenen Zahlen wird in der Datenverarbeitung (DV) der gebrochene Teil (in allen Zahlensystemen) durch einen Punkt, den R a d i x - p u n k t , abgetrennt. So ist z. B. $3.5_{10} = 11.1_{2}$.

Bei Zahlenumwandlungen werden der ganzzahlige und der gebrochene Anteil getrennt behandelt.

Den Dualbruch 0.11001_2 kann man mit Hilfe des Horner-Schemas in einen Dezimalbruch umwandeln. Dazu sind die Ziffern von hinten beginnend in die erste Zeile zu schreiben, wobei auch die führende Null berücksichtigt werden muß

$$
\begin{array}{c|cccccc}
 & 1 & 0 & 0 & 1 & 1 & 0 \\
x = 0,5 & & 0,5 & 0,25 & 0,125 & 0,5625 & 0,78125 \\
\hline
 & 1 & 0,5 & 0,25 & 1,125 & 1,5625 & 0,78125
\end{array}
$$

Es ist also $0.11001_2 = 0.78125_{10}$. Bei der Umwandlung der Dezimalzahl 0.13_{10} in einen Dualbruch wird jeweils mit 2 multipliziert und der ganzzahlige Teil abgetrennt

$$
\begin{aligned}
0,13 \cdot 2 &= 0,26 & 0 \\
0,26 \cdot 2 &= 0,52 & 0 \\
0,52 \cdot 2 &= 1,04 & 1 \\
0,04 \cdot 2 &= 0,08 & 0 \\
0,08 \cdot 2 &= 0,16 & 0 \\
0,16 \cdot 2 &= 0,32 & 0 \\
0,32 \cdot 2 &= 0,64 & 0 \\
0,64 \cdot 2 &= 1,28 & 1 \\
0,28 \cdot 2 &= 0,56 & 0 \\
0,56 \cdot 2 &= 1,12 & 1
\end{aligned}
$$

Man erhält den nichtabbrechenden Dualbruch $0.0010000101 \ldots _2 = 0.13_{10}$.

Oben wurde bereits darauf hingewiesen, daß Dualzahlen sehr viele Stellen beanspruchen. Aus diesem Grunde faßt der Mensch jeweils Dreier- oder Vierergruppen von Dualziffern zusammen. So erhält man das Oktal- (Basis 8) oder das Sedezimalsystem (Basis 16). Das Oktalsystem besteht aus den 8 Ziffern von 0 bis 7. Faßt man vom Radixpunkt einer Dualzahl ausgehend jeweils Dreiergruppen zusammen, so erhält man unmittelbar die Oktaldarstellung

$$457_{10} = 111|001|001_2 = 711_8$$

Das Sedezimalsystem benötigt 16 Ziffern. Die meisten DVA verwenden bei Ausgabe von Zahlen in diesem System außer den Ziffern 0 bis 9 noch zusätzlich als weitere Ziffern die Buchstaben A bis F. So ist z. B.

$$3E9_{16} = 3 \cdot 16^2 + 14 \cdot 16^1 + 9 \cdot 16^0 = 1001_{10}$$

Vom Dualsystem gelangt man unmittelbar zum Sedezimalsystem, indem man jeweils Vierergruppen zusammenfaßt:

$$457_{10} = 1|1100|1001_2 = 1C9_{16}$$

Dezimalzahlen werden bei kommerziell orientierten Anlagen vorwiegend so codiert, daß jede Dezimalziffer einzeln in eine binäre Darstellung abgebildet wird. Hierzu sind mindestens 4 bit (eine T e t r a d e) erforderlich. Im folgenden werden zwei solcher Abbildungen dargestellt, die beide häufig verwandt wurden.

Im allgemeinen werden 6 verschiedene derartige Codes verwandt, die unterschiedliche Vor- und Nachteile bei ihrer technischen Realisierung haben.

Dezimalziffer	Reiner Dual-Code (8–4–2–1–Code)	Exzeß-3-Code
0	0000	0011
1	0001	0100
2	0010	0101
3	0011	0110
4	0100	0111
5	0101	1000
6	0110	1001
7	0111	1010
8	1000	1011
9	1001	1100

Heute sind vorwiegend DVA mit zwei Arten interner Zahlenverarbeitung auf dem Markt.
1. Es wird jede Dezimalzahl in die gleichwertige Dualzahl verwandelt und in der Anlage intern rein dual gerechnet. Das gilt besonders für technisch-wissenschaftliche Anlagen.
2. Es werden jeweils in der kleinsten in diesen Rechnern ansprechbaren (adressierbaren) Einheit von 8 bit (genannt 1 b y t e) zwei Dezimalziffern gespeichert.

In jedes Byte können anstelle der Zahlen bis 99 auch alphanumerische Zeichen gespeichert werden. Hierfür haben sich zwei Codes durchgesetzt, der EBCDI- und der ASCII-Code[1]). Bei diesen Codes ist auch eine Unterscheidung zwischen Klein- und Großbuchstaben möglich. Weiter können anstelle von Zeichen des Alphabets auch Steuerinformationen für die DVA gespeichert werden. In einem Byte (8 bit) können insgesamt 256 unterschiedliche Zeichen codiert werden.

Zahlen werden in zwei unterschiedlichen Darstellungsformen in einen Rechner eingegeben, verarbeitet und ausgegeben: in der F e s t p u n k t - und in der G l e i t p u n k t f o r m .
Bei der Festpunktform ist jede Zahl in der Radixschreibweise gegeben, die den Radixpunkt an einem festen Punkt bzgl. dem Zahlenanfang oder dem Zahlenende unterstellt. Meist wird der feste Platz bzgl. dem Zahlenende festgelegt.
Es sei eine Radixschreibweise für Dezimalzahlen mit drei Ziffern rechts des Radixpunktes festgelegt. Dann gilt

$$0.341 + 0.294 = 0.635$$
$$0.341 - 0.294 = 0.047$$
$$12.413 \cdot 0.677 = 8.403$$
$$0.038 : 40.318 = 0.000$$

Ergeben sich z. B. bei Multiplikationen oder Divisionen mehr Ziffern rechts vom Radixpunkt, so werden diese abgeschnitten. Die Festpunktform ist die für die DVA einfachere, damit also schneller zu verarbeitende Form. In vielen kommerziellen Anlagen gibt es nur diese Zahlendarstellung.
Die Gleitpunktform beschreibt die Zahl in einer sogenannten halblogarithmischen Form

$$z = x \cdot b^y$$

Hierbei heißt x die Mantisse, b die Basis und y der Exponent. Es ist im allgemeinen $|x| < 1$. Der Exponent y ist ganzzahlig, sowohl positiv als auch negativ. Die Gleitpunktform z ist durch

---

[1]) Siehe hierzu DIN 66003, die sich auf einen analogen 7-Bit-Code bezieht.

die beiden Zahlen x und y repräsentiert. Beide Zahlen werden in Radixschreibweise gegeben, wobei der gedachte Radixpunkt bei x meist vor der ersten (von Null verschiedenen) Ziffer steht, bei y immer nach der letzten Ziffer. DVA, die intern dezimal rechnen, haben meist die Basis $b = 10$, neuerdings auch $b = 100$. Bei intern dual rechnenden Anlagen werden neben $b = 2$ auch $b = 16$ oder $b = 256$ benutzt.

Es sei eine Gleitpunktrechnung mit $b = 10$, x und y als Dezimalzahlen festgelegt, die Mantisse x habe 4 Ziffern. Weiter sei

$$z_1 = 0.3145 \cdot 10^3 \qquad z_2 = 0.2162 \cdot 10^{-1}$$

Eine Multiplikation (bzw. Division) kann unmittelbar vorgenommen werden

$$z_1 \cdot z_2 = 0.3145 \cdot 0.2162 \cdot 10^{3-1} = 0.06799490 \cdot 10^2$$

Dieses Ergebnis entspricht nicht mehr der Forderung, daß bei der Mantisse rechts des Radixpunktes eine von Null verschiedene Ziffer stehen muß. Diese Zahl wird daher vor der Speicherung n o r m a l i s i e r t

$$z_1 \cdot z_2 = 0.6799 \cdot 10^1$$

Eine Addition von Gleitpunktzahlen ist nur möglich, wenn beide Exponenten gleich sind. Es sei

$$z_3 = 0.9922 \cdot 10^{-2} \qquad z_4 = 0.9261 \cdot 10^{-4}$$

Unter Verlust von Ziffern wird zunächst z_4 umgeformt

$$z_4 = 0.0092 \cdot 10^{-2}$$

Damit ergibt sich die Summe

$$z_3 + z_4 = 1.0014 \cdot 10^{-2} = 0.1001 \cdot 10^{-1}$$

Zum Schluß muß die Zahl wiederum normalisiert werden.

1.4. Programmiersprachen

Zur Abfassung von P r o g r a m m e n bedient man sich spezieller Sprachen. Unter einem Programm versteht man eine Folge von A n w e i s u n g e n zur Lösung einer Aufgabe mit Hilfe einer DVA. Anweisungen, die in der benutzten Sprache nicht mehr in elementarere Anweisungen zerlegt werden können, heißen B e f e h l e . Wichtige Anweisungen sind
1. Arithmetische Anweisungen
2. Logische (boolesche)[1]) Anweisungen
3. Verzweigungsanweisungen
4. Sprunganweisungen
5. Transportanweisungen
Die Anweisungen können in einer beliebigen Programmiersprache abgefaßt sein. Man unterscheidet folgende Arten

1. P r o b l e m o r i e n t i e r t e S p r a c h e n . Eine problemorientierte Sprache gestattet es, Programme unabhängig von einer bestimmten DVA abzufassen. Man bedient sich dabei weitgehend der im jeweiligen Anwendungsgebiet üblichen Schreibweise.

---

[1]) G. Boole, engl. Mathematiker, 1815–1864.

So sind z. B. ALGOL, FORTRAN und PL/I für technisch-wissenschaftliche Berechnungen (s. Abschnitt 4), COBOL und PL/I für kommerzielle Probleme angemessene Sprachen; EXAPT ist eine speziell für numerische Steuerungen von Werkzeugmaschinen zweckmäßige Sprache (s. Abschn. 7).

2. M a s c h i n e n o r i e n t i e r t e   S p r a c h e n . Hierbei handelt es sich um Sprachen, die eine ähnliche oder gleiche Struktur haben wie die Anweisungen einer speziellen Anlage. Diese Sprachen enthalten aber zahlreiche für den Programmierer nützliche Erleichterungen gegenüber den Maschinensprachen (s. Abschn. 3.2.2).

3. M a s c h i n e n s p r a c h e . Diese Sprache läßt nur die der speziellen DVA eignen Anweisungen zu (s. Abschn. 3.2.1).

Jede DVA kann nur Programme bearbeiten, die in ihrer Maschinensprache abgefaßt sind. Daher müssen Ü b e r s e t z e r zur Verfügung stehen, die das Ursprungsprogramm in ein elementareres Zielprogramm mit Hilfe der DVA umwandeln: Übersetzer von problemorientierten Sprachen in maschinenorientierte Sprachen (oder direkt in die Maschinensprache) nennt man K o m p i l i e r e r , Übersetzer von maschinenorientierten Sprachen in Maschinensprachen heißen A s s e m b l i e r e r .

1.5. Historischer Rückblick

Bereits im 17. Jahrhundert wurden von Schickard, Pascal und Leibniz Rechenmaschinen entworfen, doch erst 100 Jahre später war es der mechanischen Fertigung möglich, eine wirklich brauchbare Maschine herzustellen (Hahn 1770). Nach Weiterentwicklung waren diese Maschinen in der Lage, die vier Grundrechenarten durchzuführen sowie Zwischenergebnisse zu speichern. Bei diesen Maschinen werden die einzelnen Ziffern der Dezimalzahlen durch Wege von Zahnrädern bzw. Zahnstangen dargestellt. Sie wurden zunächst von Hand betrieben, später erfolgte der Antrieb durch einen Elektromotor. Seit 1961 gewinnen elektronische (anzeigende bzw. druckende) Tischrechner rasch an Bedeutung und haben heute bereits die elektromechanischen Anlagen fast völlig verdrängt. In elektronischen Tischrechnern werden die einzelnen Rechenoperationen elektronisch, also ohne mechanische Bewegungen, im Prinzip wie in einer DVA durchgeführt.

Programmgesteuerte Rechenanlagen haben Vorläufer in einem lochkartengesteuerten Webstuhl (Jacquard 1801 bis 1808) und in einem mit mechanischen Rechenspeichern ausgestatteten lochkartengesteuerten Modell (Babbage, Difference engine 1823, Analytical engine 1833). Ein weiterer Vorläufer ist die Lochkartenmaschine (Hollerith 1882). Erste theoretische Grundlagen der Programmsteuerung stammen von Couffignal (1938). Sie fanden aber keine Beachtung. Eine umfassende Theorie schuf J. von Neumann (1946). Die erste funktionsfähige programmgesteuerte Rechenanlage war die relaisgesteuerte Z 3 von Zuse (1941). Unabhängig von Zuse entwickelte Aiken (1944) eine Relaismaschine MARK 1, 1946 entstand die erste Röhrenmaschine ENIAC. Hiermit begann die Zeit der 1. Generation. Die Röhrenmaschinen waren noch sehr ausfall- und temperaturempfindlich. Mit den mit Transistoren bestückten Anlagen (z. B. Siemens 2002 und Telefunken TR4) begann 1958 die Zeit der 2. Rechnergeneration. Mit der Kleinstbauweise (Monolith) ab 1966 entstand die 3. Generation (z. B. IBM/360 und Siemens 4004). Zur Zeit findet man Rechner der 2. und der 3. Generation nebeneinander auf dem Markt. Die Bedeutung der Datenverarbeitung nahm nach einer Anlaufzeit von etwa 10 Jahren stürmisch zu und beeinflußt heute nahezu alle Bereiche unserer Gesellschaft.

1.6. Ausblick

Zunächst fand die DV im kommerziellen Bereich Eingang und löste dort schrittweise konventionelle Lochkartenanlagen ab. Wichtig für ihren Einsatz waren außer entsprechender Leistungsfähigkeit der Zentraleinheit sowohl in elektronischer (h a r d w a r e) als auch in logisch-programmtechnischer Hinsicht (s o f t w a r e) die Eingabe- und Ausgabegeräte (z. B. Lochkartenleser, Schnelldrucker) und umfangreiche Zusatzspeicher (z. B. Magnettrommel, Magnetplatte, Magnetbänder) für große Datenmengen. Auch heute wird die überwiegende Zahl der DVA vorwiegend oder ausschließlich für kommerzielle Aufgaben eingesetzt. Dennoch nimmt die Anzahl von DVA für technisch-wissenschaftliche Probleme relativ zur ständig wachsenden Gesamtzahl der DVA zu. Im technischen Bereich sind zwei grundsätzlich unterschiedliche Einsatzmöglichkeiten zu trennen

1. die Berechnung technisch-wissenschaftlicher Probleme mit Hilfe mathematischer Methoden (s. Abschn. 4 und 6),
2. die unmittelbare Auswertung physikalischer Größen bei technischen Prozessen (Prozeßrechner, s. Abschn. 8).

Im Grenzgebiet zwischen kommerziellen und technischen Anwendungen liegt das für die Zukunft besonders bedeutungsvolle Gebiet der Dokumentation (Datenbank) und der Organisation (z. B. Netzplantechnik, Optimierung), s. Abschn. 6.1.

Bereits die Entwicklung des letzten Jahrzehnts zeigt deutlich, daß alle Gebiete der Technik durch die DV tiefgreifend beeinflußt werden. In keinem Gebiet wird man künftig diese Entwicklung ohne eine gründliche Kenntnis der DV verstehen oder gar selbst mitgestalten können.

2. Technik einer elektronischen Datenverarbeitungsanlage

Dieses Buch legt entsprechend seiner Zielsetzung vor allem Wert auf die A n w e n d u n g von DVA. Deshalb soll dem Benutzer solcher Anlagen nur ein kurzer Überblick über die h a r d w a r e (d. h. die gesamte maschinentechnische Ausstattung) und die Struktur der Digitalrechner sowie die unbedingt notwendigen Begriffe und Grundlagen gegeben werden. Dem speziell an der Technik und dem Bau von DVA interessierten Leser sei folgende Literatur empfohlen [1, 9, 25, 27].
Digitalrechner bestehen aus vielen Tausend Bausteinen. Bei Rechnern der ersten und zweiten Generation waren das Grundschaltungen aus diskreten Bauelementen der Elektronik wie Röhren, Transistoren, Widerstände. Rechner der nachfolgenden Generation bestehen überwiegend aus Bausteinen der i n t e g r i e r t e n T e c h n i k . Ein solcher für Rechnerhardware verwendbarer Baustein setzt sich aus einer bestimmten Anzahl gleicher oder einer F u n k t i o n s e i n h e i t verschiedener S c h a l t g l i e d e r zusammen. Man unterscheidet zwei Schaltgliederarten: V e r k n ü p f u n g s - und S p e i c h e r g l i e d e r .

2.1. Verknüpfungsglieder

Im Abschn. 1.2 wird die Zweckmäßigkeit der binären Darstellung der Information in bezug auf die leichte technische Realisation herausgestellt. Es werden also Bauelemente oder Grundschaltungen einzusetzen sein, die diesem binären Charakter Rechnung tragen. Das einfachste Element ist der binäre Schalter mit seinen beiden Stellungen Ein bzw. Aus.

2.1.1. Theorie der Verknüpfungsglieder. Es ist möglich, das binäre Signal eines Schalters (z. B. Ein $\hat{=}$ L-Signal; Aus $\hat{=}$ O-Signal) als physikalische Darstellung einer b i n ä r e n S c h a l t - v a r i a b l e n zu verwenden. Funktionen dieser Variablen werden b i n ä r e S c h a l t - f u n k t i o n e n genannt, wenn sie nur zwei Werte annehmen können. Derartige mit Hilfe von Operatoren dargestellte Funktionen ergeben sog. V e r k n ü p f u n g e n .
Zunächst sei die Schaltfunktion a = f(e) betrachtet (Bild 2.1). Der Wertebereich der unabhängigen Eingangsvariablen e besteht aus zwei Elementen L und O. Die abhängige Ausgangsvariable a kann auf vier verschiedene Arten mit e in Verbindung gesetzt, v e r k n ü p f t werden. Von diesen vier Möglichkeiten hat nur e i n e (die 3.) praktische Bedeutung. Sie bringt jeweils eine Signalumkehr, eine N e g a t i o n . Wird die Schaltfunktion auf zwei unabhängige Eingangsvariable erweitert, ergeben sich bei vier verschiedenen Eingangskombinationen schon sechzehn mögliche Verknüpfungsformen. Hiervon haben sechs keine praktische Bedeutung. Von den übrigen zehn sog. booleschen Verknüpfungen sind die ODER- sowie UND-Funktionen besonders wichtig.
Die O D E R - V e r k n ü p f u n g ergibt immer dann am Ausgang ein L-Signal, wenn mindestens einer der vorhandenen Eingänge (Anzahl ≥ 2) ein L-Signal führt. Im Gegensatz dazu liefert die U N D - V e r k n ü p f u n g nur dann ein L-Signal, wenn a l l e vorhandenen Eingänge (Anzahl ≥ 2) mit L-Signal beaufschlagt sind. Zusammen mit der Negation

bilden die UND- sowie ODER-Funktionen die sog. G r u n d v e r k n ü p f u n g e n (Bild 2.2). Mit ihrer Hilfe können alle übrigen Verknüpfungen dargestellt werden. Das ist auch möglich mit den NAND- (not and ≙ neg. UND) und NOR- (not or ≙ neg. ODER) Funktionen.

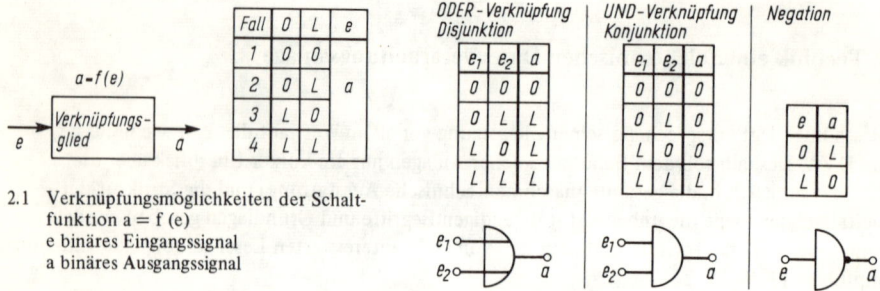

2.1 Verknüpfungsmöglichkeiten der Schalt-
      funktion a = f (e)
      e binäres Eingangssignal
      a binäres Ausgangssignal

2.2
Zusammenstellung der drei booleschen Grundverknüpfungen mit ihren Bezeichnungen, (Wahrheits)tabellen und Schaltzeichen

Die technische Verwirklichung der booleschen Verknüpfungen sind die V e r k n ü p f u n g s -
g l i e d e r . Eine Kombination aus solchen Gliedern nennt man ein S c h a l t n e t z . Der Signalzustand am Ausgang[1] eines solchen Schaltnetzes ist zu jedem Zeitpunkt nur abhängig von den Eingangssignalen zu diesem Zeitpunkt. Die theoretische Bearbeitung von Schalt-netzproblemen kann mit der Booleschen Algebra oder ihrer Weiterentwicklung, der Schalt-algebra, mit der Methode nach Karnaugh-Veitch und ähnlichen Verfahren durchgeführt werden. Für eine Einarbeitung in diese Problemstellung wird folgende Literatur empfohlen [13, 28, 30].

2.1.2. Technische Verwirklichung der Verknüpfungsglieder. Die technische Realisation von booleschen Verknüpfungsgliedern wäre am einfachsten mit Schaltern oder Relais zu erreichen. Diese Bauelemente sind allerdings für den Computereinsatz zu langsam, brauchen zu viel Platz und haben eine zu geringe Lebensdauer. Hier ist der Transistor (gleichgültig ob innerhalb einer integrierten Schaltung (IS) oder als diskretes Bauelement) überlegen. Er stellt aber von Natur aus kein binäres Bauelement dar, sondern muß erst in einer bestimmten Grundschaltung als elektronischer, kontaktloser Schalter einsatzfähig gemacht werden. (Literatur über Transistoren [11, 14], insbesondere über Schaltbetrieb mit Transistoren [23, 26]).

Das Kennzeichen der Negation ist die Umkehrung des Eingangssignals. Zu ihrer technischen Verwirklichung, dem Negator, auch Invertor oder Umkehrstufe genannt, verwendet man eine Transistorschaltstufe (Bild 2.3). Die Zuordnung eines Symbols (L bzw. O) zu den Schalt-zuständen (Ein bzw. Aus) sowie eines Potentials zu diesen kann beliebig erfolgen. Beim Arbeiten mit einem System aus Verknüpfungsgliedern muß man sich jedoch festlegen. Zur Wahl steht entweder eine positive oder negative Logik. Hier wird positive Logik ($P_{L\text{-Signal}} > P_{O\text{-Signal}}$) mit der Festlegung L-Signal ≙ positivem Potential, O-Signal ≙ Null-Potential gewählt.

Beaufschlagt man den Negator mit einem L-Signal, dann liegt eine positive Spannung U_E an seinem Eingang. Sie treibt über den Widerstand R_V und die Basis-Emitterdiode des Transistors den Steuerstrom I_B. Dieser hat entsprechend dem Verstärkungsfaktor des Transistors eine

---

[1]) Übergangs- und Verzögerungszeiten bleiben unberücksichtigt.

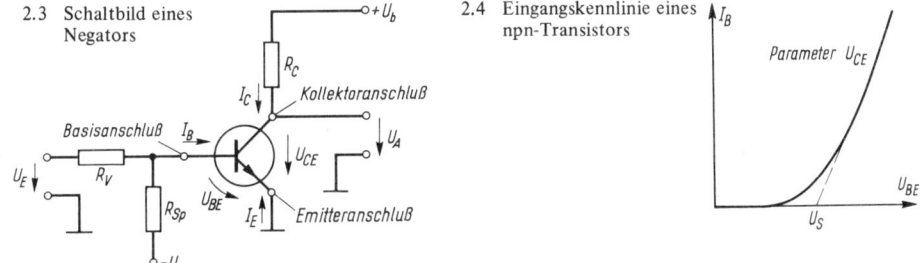

2.3 Schaltbild eines Negators

2.4 Eingangskennlinie eines npn-Transistors

Vergrößerung des Kollektorstromes I_C zur Folge. Bild 2.4 zeigt den nichtlinearen Zusammenhang zwischen Eingangsspannung U_{BE} eines npn-Transistors mit dem steuernden Eingangsstrom I_B. Zur Größenordnung der Spannung U_{BE} ist zu bemerken, daß die Schwellspannung (gestrichelt gezeichnete, gradlinige Extrapolation) für Si-Transistoren bei etwa 0,7 V liegt. Die anzulegenden Spannungen U_{BE} müssen relativ klein sein, wenn der Transistor nicht gefährdet werden soll. Um die Störanfälligkeit der Schaltstufen gering zu halten, wählt man zwischen L- und O-Signal Spannungshübe, die meist höher liegen als die zulässigen Werte für U_{BE}. Demzufolge muß ein Schutzwiderstand R_V vorgeschaltet sein, an dem die überschüssige Spannung des L-Signals derart abfällt, daß der Transistor gerade so weit aufgesteuert werden kann, wie es für sein Schaltverhalten optimal ist. An der Schaltstrecke liefert der Transistor lediglich die geringe Spannung $U_{CE\,Rest}$. Der Hauptspannungsabfall tritt am Kollektorwiderstand auf. Das Ausgangspotential der Stufe liegt darum nur wenig (um $U_{CE\,Rest}$) höher als das Null-Potential. Da zwischen den Signalen L und O ein relativ großer Spannungshub vorgesehen ist, kann man auch für die beiden Signalzustände jeweils ein Toleranzfeld zulassen (Vorteil der Digitaltechnik). Bei Ansteuerung mit L-Signal befindet sich die Spannung U_A folglich funktionsgerecht im Pegel des O-Signals.

Legt man an den Eingang eines Negators ein O-Signal, reicht die Spannung nicht aus, den Transistor aufzusteuern. Beim Negator nach Bild 2.3 wird der durch die Widerstände R_V und R_{Sp} gebildete Spannungsteiler so verstimmt, daß sich an der Basis des Transistors negatives

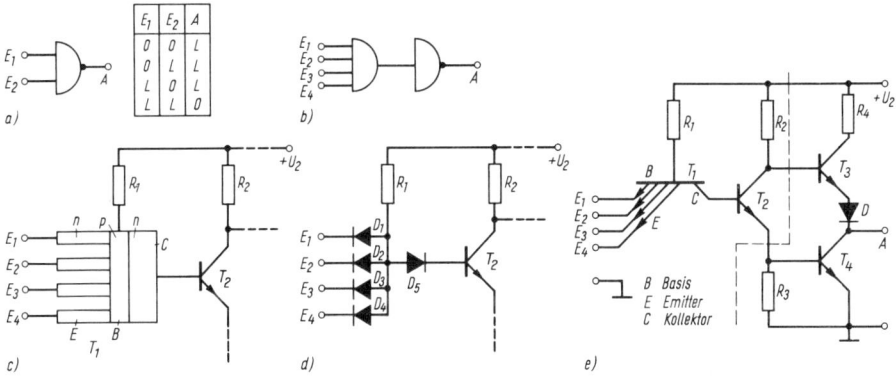

2.5 NAND-Verknüpfungen in TTL-Technik
a) Schaltzeichen des NAND-Gliedes mit Wahrheitstabelle für zwei Eingangsvariable
b) Ersatzschaltung des NAND-Gliedes mit zwei Grundverknüpfungen c) npn-Vielfachemittertransistor T_1 in schematischer Darstellung d) Ersatzschaltbild für Vielfachemittertransistor T_1. Verknüpfung erfolgt über Dioden e) Schaltbild des NAND-Gliedes

Potential einstellt. Der sich demzufolge ergebende Steuerstrom verlagert den Arbeitspunkt des Transistors in seinen Sperrbereich. Es fließt lediglich ein geringer Reststrom, der an R_C nur einen sehr kleinen Spannungsabfall zur Folge hat. Die gesamte Betriebsspannung U_b fällt praktisch an der im Aus-Zustand sehr hochohmigen Kollektor-Emitterstrecke ab. Als Ausgangs- spannung steht fast die gesamte Spannung U_b zur Verfügung. Diese befindet sich eindeutig im L-Signal-Pegel. Auch hier liefert also der Negator funktionsgerecht das inverse Signal.

In der integrierten Technik bildet das NAND meist das Grundverknüpfungsglied (alle booleschen Verknüpfungen sind mit NAND-Gliedern darstellbar). Sein Aufbau in Transistor-Transistor-Logik (TTL) zeigt Bild 2.5. TTL-Technik ist eine von vielen Schaltungstechniken. Bei ihr werden die Verknüpfungen mit Hilfe von „Transistoranordnungen" verwirklicht, die man in IS leicht in großer Anzahl auf kleinstem Raum plazieren kann. In TTL-Technik gilt für die zwei stationären Schaltzustände folgende Potentialdefinition:

$$+ U > U_{\text{L-Signal}} > U_{\text{O-Signal}} > 0\,V$$

Befindet sich wenigstens an einem der NAND-Eingänge ein O-Signal, ist der Vielfach-Emitter- Transistor T_1 aufgesteuert (Bild 2.5c, d, e). Die entsprechende(n) Eingangsdiode(n) $D_1, \ldots, D_4$ sind geöffnet. An die Basis von T_2 gelangt über D_5 nicht genügend Spannung zum Aufsteuern von T_2; er sperrt. Deswegen fließt durch R_2 nur der Reststrom. Am Emitter von T_2 liegt praktisch O-Potential, denn der Spannungsabfall an R_3 ist sehr gering. Aus diesem Grund sperrt auch T_4. Am Kollektor von T_2 stellt sich hohes Potential ein, das T_3 aufsteuert. Durch den relativ niederohmigen Widerstand R_4, T_3 und die Diode D fließt der Strom über A und wird vorwiegend vom dort wirksamen, gegenüber R_4 hochohmigeren Lastwiderstand bestimmt. An A liegt also L-Signal.

Führen alle Eingänge des NAND-Gliedes L-Signal, dann sperren entsprechend der Ersatz- schaltung in Bild 2.5d die Dioden $D_1, \ldots, D_4$. Deswegen kann T_2 über R_1 und D_5 aufgesteuert werden[1]. An R_3 tritt deswegen ein hoher Spannungsabfall auf; T_4 öffnet. T_3 sperrt praktisch, da der Potentialunterschied zwischen der Basis von T_3 und dem Ausgang A der Schaltung für eine Aufsteuerung von T_3 nicht ausreicht. Um sicherzustellen, daß T_3 eindeutig sperrt, befindet sich die Diode D in der Schaltung. Die Restspannung am aufgesteuerten T_4 ist sehr gering. Der Ausgang des NAND-Gliedes führt O-Signal.

2.2. Speicherglieder

Neben den Verknüpfungsgliedern spielen für die technische Ausstattung von DVA S p e i c h e r - g l i e d e r eine entscheidende Rolle. Unter Speicherung in einem Speicherglied wird die Möglichkeit zur Aufnahme, Aufbewahrung und unveränderten Rückgabe der aufgenommenen Information verstanden. Nach diesem Prinzip aufgebaute, lösch- oder überschreibbare Speicher nennt man L e b e n d s p e i c h e r . Im Gegensatz dazu steht der F e s t s p e i c h e r , der einmal mit Information geladen werden kann, die dann betriebsmäßig nicht mehr zu ver- ändern (z. B. ohne Verdrahtungsänderung) ist.

Die kleinste Einheit der in DVA zu speichernden Informationsmenge stellt das bit dar.

2.2.1. Speichermedien. Um für die DV-Technik Geräte zur maschinellen Speicherung von Daten bauen zu können, sind Speichermedien notwendig, die als Informationsträger dienen.

---

[1] Eigentlich hervorgerufen durch Inversbetrieb des Vielfach-Emitter-Transistors.

L o c h k a r t e n (LK; Bild 2.6) und L o c h s t r e i f e n (LS; Bild 2.7) stellen solche Speichermedien dar. Senkrecht zur Längsrichtung der Medien sind die Zeichen als Loch-kombinationen z. B. nach dem IBM-LK-Code oder den gebräuchlichen LS-Codes (5 bis 8 Spuren) verschlüsselt angeordnet. Beide Medien bedeuten für die Kommunikation zwischen Mensch und DVA einen gewissen Umweg. Er war besonders in der Anfangszeit der DV unumgänglich und ist noch heute von Bedeutung, obwohl das direkt lesbare Speichermedium (mit Schriftzeichen und Ziffern) b e s c h r i e b e n e s   P a p i e r sich mehr und mehr durchsetzt.

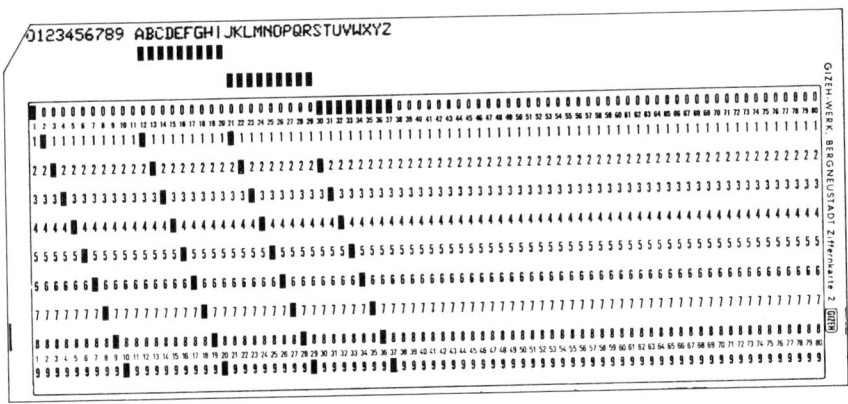

2.6 80-spaltige IBM-Code-Lochkarte

2.7
5-Spur-Lochstreifen mit Zeichen
im Fernschreib-Code
BU = Buchstabenumschaltung
ZU = Ziffernumschaltung
Im Anschluß an die Steuerzeichen
BU und ZU folgen hier jeweils
drei gleiche Lochkombinationen,
die aber wegen der vorstehenden
Steuerzeichen anders interpretiert
werden.

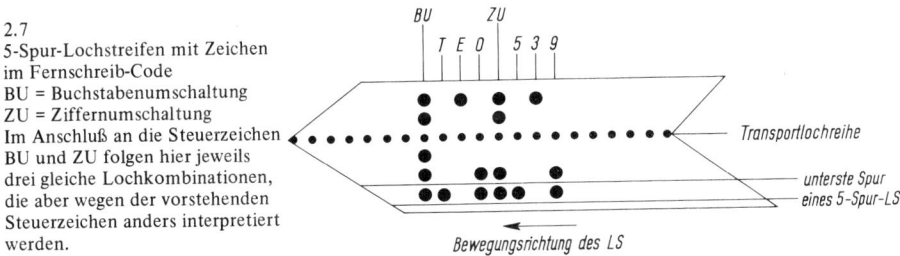

B e l e g e mit M a g n e t s c h r i f t bzw. s t i l i s i e r t e n   Z e i c h e n (für das mensch-liche Auge mit den üblichen Schriftzeichen noch kompatibel) sind als maschinenlesbare Informationsträger für DVA schon weit verbreitet. Normale, auf einer geeigneten Unterlage gedruckte, sogar handgeschriebene Zeichen gewinnen als Speichermedien zunehmend an Bedeutung.

Allgemeine Anwendung, vor allem als löschbares Speichermedium, hat in der DV-Technik die m a g n e t i s c h e   I n f o r m a t i o n s s p e i c h e r u n g gefunden. Besonders oft wird der Informationsträger b e w e g t e   M a g n e t s c h i c h t (Bild 2.8) eingesetzt. Dabei handelt es sich um eine, auf einen Träger aufgebrachte dünne, magnetisierbare Schicht, die an bzw. unter einem Schreib-/Lesekopf mit konstanter Geschwindigkeit vorbeigeführt wird. Durch den am Luftspalt des Kopfes austretenden, im Rhythmus der zu schreibenden Information sich ändernden magnetischen Streufluß werden in der Schicht kleine remanente Elementarmagnete gebildet. Diese magnetischen Dipole wechseln abhängig von der zu speichernden Information ihre Richtung. Die Dipollänge hängt ab von der Luftspaltlänge des Schreibkopfes, dem Abstand des Kopfes vom Speichermedium und der Ausbildung der Polschuhe. Je geringer die Luft-spaltlänge und vor allem der Abstand Kopf—Medium, desto größer die erzielbaren bit-Dichten und damit Speicherkapazitäten. Das an den Dipolgrenzen austretende Streufeld verursacht, während des Lesebetriebs am Lesekopf vorbeibewegt, in diesem eine Flußänderung. In der Lesewicklung wird dabei ein Doppelspannungssignal induziert, das dem negativen Differential-quotienten der Flußänderung und der Geschwindigkeit des vorbeibewegten Informations-trägers proportional ist. Wegen der Doppelpoligkeit des entstehenden Lesesignals für beide Flußrichtungen ergeben sich gewisse Schwierigkeiten der Interpretation der Binärzeichen O und L, die durch bestimmte Auswerteverfahren [24] vermieden werden müssen.

Verfahren zur Ausnutzung dünner, r u h e n d e r   M a g n e t s c h i c h t e n als Speichermedium mit extrem kurzem Informationszugriff sind noch weiterzuentwickeln, bevor sie in der Praxis in großem Umfang   w i r t s c h a f t l i c h   eingesetzt werden können.

Eine wichtige Rolle für die Informationsspeicherung spielt eine aus diskreten Bauelementen (oder Anordnungen solcher Elemente in IS) aufgebaute Grundschaltung, das   F l i p f l o p , sowie das vor allem in der zweiten und dritten Computergeneration verwendete Speichermedium M a g n e t - R i n g k e r n (Bild 2.9). Hierbei handelt es sich um aus Ferritmaterial bestehende Ringkerne. Diese magnetisierbaren Kerne (bis herunter zu ca. 0,3 mm Außendurchmesser) müssen eine möglichst rechteckförmige Hystereseschleife und relativ hohen ohmschen Widerstand besitzen, der die Erwärmung durch Wirbelströme innerhalb der Kerne in Grenzen hält. Ein durch den Ringkern greifendes (wie ein Kettenglied durch sein Nachbarglied), hinreichend großes, in seiner Richtung um 180° umkehrbares Magnetfeld ist in der Lage, den Kern nach einem Ummagnetisierungsvorgang (Bild 2.10) entsprechend der Hysteresekurve entweder in einem positiven oder negativen Magnetisierungszustand (Remanenz) zurückzulassen [20]. Diese beiden stationären Zustände im Medium werden für die Speicherung eines bit ausgenutzt. Die Zuordnung der Symbole O und L zum positiven oder negativen Remanenzpunkt ist beliebig (hier $R_p \stackrel{\wedge}{=} L$).

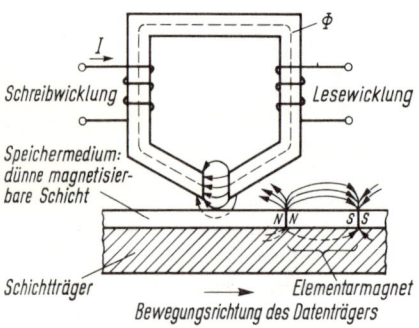

2.8 Informationsspeicherung im Medium
      „bewegte Magnetschicht"

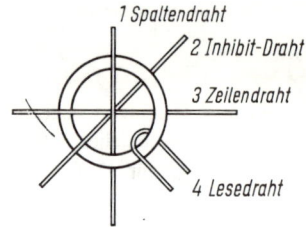

2.9 Magnet-Ringkern mit Verkettungs-
      drähten

2.2.2. Speicherglied aus Ringkernen. Ein Ringkern stellt ein Speicherelement — nicht weiter zerlegbarer Teil eines Speichers — zur Aufbewahrung eines bit innerhalb eines Speichergliedes (z. B. aus einer Matrixanordnung von Ringkernen bestehend) dar. Sollen die Kerne nach dem Lebendspeicherprinzip Verwendung finden, muß das Speicherglied folgendermaßen konzipiert sein: Das für den Speichervorgang erforderliche Magnetfeld (H/2 + H/2) wird durch einen impuls-

artig fließenden elektrischen Strom, den Vollstrom I, aufgebracht (Bild 2.10). Liegt der Arbeitspunkt vor Aufbringen des in positiver Richtung verlaufenden Vollstromes (I ∼ H) an der Stelle
R_N, dann wird in den Ringkern ein L e i n g e s c h r i e b e n . Für R_P als Ausgangspunkt wäre
L im Kern gespeichert geblieben.

Angenommen, der Kern sei gesetzt (R_P) und solle abgefragt, g e l e s e n werden, dann ist kurz-
zeitig ein negatives Magnetfeld aufzubauen. Der Arbeitspunkt verläuft von R_P über P_2 nach R_N.
Das hierzu erforderliche dB/dt induziert im Lesedraht (Bild 2.9) einen genügend großen
Spannungsimpuls, der mit Hilfe einer speziellen Auswerteschaltung als im Kern gespeichertes L
interpretiert werden kann. Wäre der Ringkern vor dem Lesevorgang nicht gesetzt gewesen,
würde das dB/dt beim Lesen unterhalb der L-Schwelle geblieben sein. Jeder Lesevorgang bewirkt
ein Löschen der Information des zu lesenden Kerns. Soll aber auf die gespeicherte Information
wiederholt zurückgegriffen werden, dann ist sie nach jedem Lesevorgang wieder einzuschreiben.
Die Zeitspanne vom Lesebefehlsaufruf über den Lesevorgang bis zur abgeschlossenen Bereitstellung der gelesenen Information nennt man Z u g r i f f s z e i t zu einem Speicher. Verlängert
sich diese Spanne noch um die notwendige Wiedereinschreibzeit (z. B. bei einem Speicherglied
aus Ringkernen), spricht man von der (Speicher-) Z y k l u s z e i t .

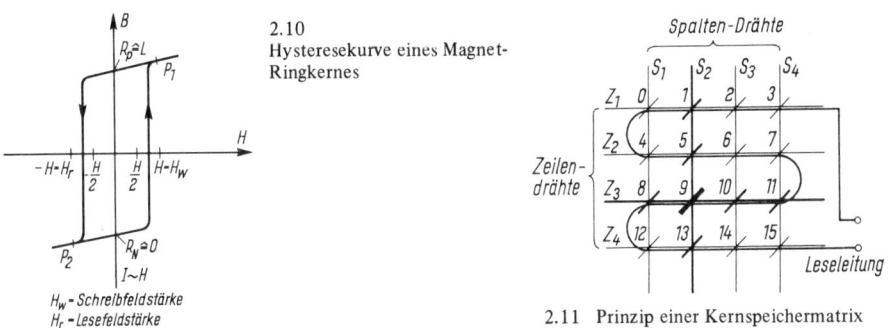

2.10
Hysteresekurve eines Magnet-
Ringkernes

H_W - Schreibfeldstärke
H_r - Lesefeldstärke

2.11 Prinzip einer Kernspeichermatrix
aus 4 x 4 Ringkernen

Zum selektiven Ansteuern eines Kerns innerhalb einer Speichermatrix (Bild 2.11) aus Ringkernen
ist die Aufteilung in Spalten- und Zeilendrähte für die Adressierung von aufwandreduzierendem
Vorteil. Jedem Kern teilt man eine bestimmte Nummer, A d r e s s e , zu (hier 0 . . . 15).
Entsprechend dieser Kennzeichnung werden der zugehörige Spalten- und Zeilendraht mit jeweils
einem in gleicher Richtung wirkenden, etwa die Hälfte des Vollstromes betragenden Stromimpuls
z e i t k o i n z i d e n t angesteuert. Dadurch wird eine eindeutige Auswahl 1 aus n getroffen
(Kern 9 adressiert in Bild 2.11; n = 16), weil sich n u r im adressierten Kern beide Teilströme
zum Vollstrom addieren. Da es möglich ist, jeden einzelnen Kern separat zu setzen oder zu
löschen, braucht man pro Matrix nur e i n e mit allen Kernen verkettete Leseleitung.

2.2.3. Flipflop-Speicherglied. Beim F l i p f l o p (FF) handelt es sich um ein Speicherglied mit
bistabilem Zustand für die Aufbewahrung e i n e r binären Schaltvariablen (Bild 2.12) [16].
Aus jedem der beiden stationären Zustände kann es durch eine geeignete Ansteuerung in den
anderen umgesteuert werden. Es besitzt zwei Eingänge S (Setzen) und R (Rücksetzen) sowie zwei
zugehörige Ausgänge Q und $\overline{Q}$ [1]), die normalerweise bezüglich des Ausgangssignals ein antivalentes

---

[1]) $\overline{Q}$ mit Invertierungsstrich wird gelesen: nicht Q.

Verhalten zeigen. Die Arbeitsweise des FF wird durch die Tabelle in Bild 2.12 veranschaulicht. Das im oberen Index stehende n deutet den Vorzustand am FF an. Hinter der wirksamen Taktflanke hat sich nach einer kurzen Übergangszeit, die ein reales FF neben einer bestimmten Flankensteilheit, Amplitude und Dauer des Eingangssignals braucht, zum Zeitpunkt n + 1 der neue stationäre Zustand eingestellt. Die Tabelleninterpretation zu diesem Zeitpunkt: Zeile 1: unbestimmt; Zeile 2: gelöschtes FF; Zeile 3: gesetztes FF; Zeile 4: keine Änderung.

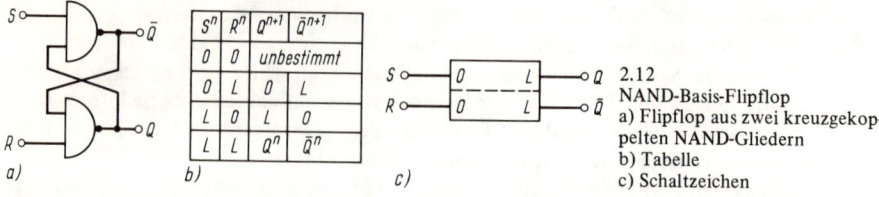

S^n	R^n	Q^{n+1}	$\bar{Q}^{n+1}$
0	0	unbestimmt	
0	L	0	L
L	0	L	0
L	L	Q^n	$\bar{Q}^n$

a)   b)   c)

2.12
NAND-Basis-Flipflop
a) Flipflop aus zwei kreuzgekoppelten NAND-Gliedern
b) Tabelle
c) Schaltzeichen

Außer dem NAND-Basis-Flipflop gibt es noch viele FF-Arten (Bild 2.13). Eine wichtige Erweiterung der Basis-FF stellt ihre Führung durch Impulse dar, die von einer (zentralen) Taktversorgung kommen. Nur während des anliegenden Taktimpulses können die FF umgesteuert werden. Taktgeführte FF arbeiten (takt)synchron. Ein synchrones FF ist das zu den Auffang-FF gehörige D-FF [1]) (Bild 2.14).

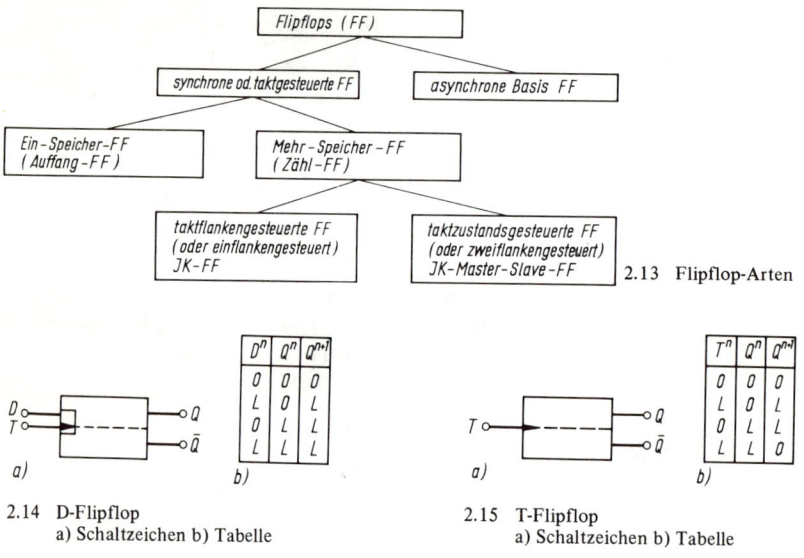

2.13   Flipflop-Arten

D^n	Q^n	Q^{n+1}
0	0	0
L	0	0
0	L	L
L	L	L

a)   b)

2.14   D-Flipflop
a) Schaltzeichen b) Tabelle

T^n	Q^n	Q^{n+1}
0	0	0
L	0	L
0	L	L
L	L	0

a)   b)

2.15   T-Flipflop
a) Schaltzeichen b) Tabelle

Zähl- oder T-FF (Bild 2.15) benötigen intern noch einen Zwischenspeicher. Sie gehören deswegen zu den Mehr-Speicher-FF. Diese FF können über ihre Vorbereitungseingänge eine Ein-bit-Information aufnehmen und g l e i c h z e i t i g die eigentlich gespeicherte (auch

---

[1]) D von delay = verzögern.

den anstehenden Eingangssignalen inverse) Information an den Ausgängen zur Verfügung stellen. Rückkopplungen der FF-Ausgänge auf ihre Eingänge ohne interne Entkopplung über Zwischenspeicherung führen bei bestimmten Signalkonstellationen an den Eingängen zu undefiniertem Verhalten eines solchen FF. Durch den Einsatz der komplexeren, trotzdem wirtschaftlicheren integrierten Technik ist es möglich geworden, dieses undefinierte Verhalten zu vermeiden und außerdem an der Eingangsseite der FF Möglichkeiten für boolesche Verknüpfungen (J- und K-Eingangskonjunktionen) mit einzubauen, die einen universelleren Einsatz der FF erlauben. Hierbei handelt es sich um taktflanken- oder taktzustandsgesteuerte FF.

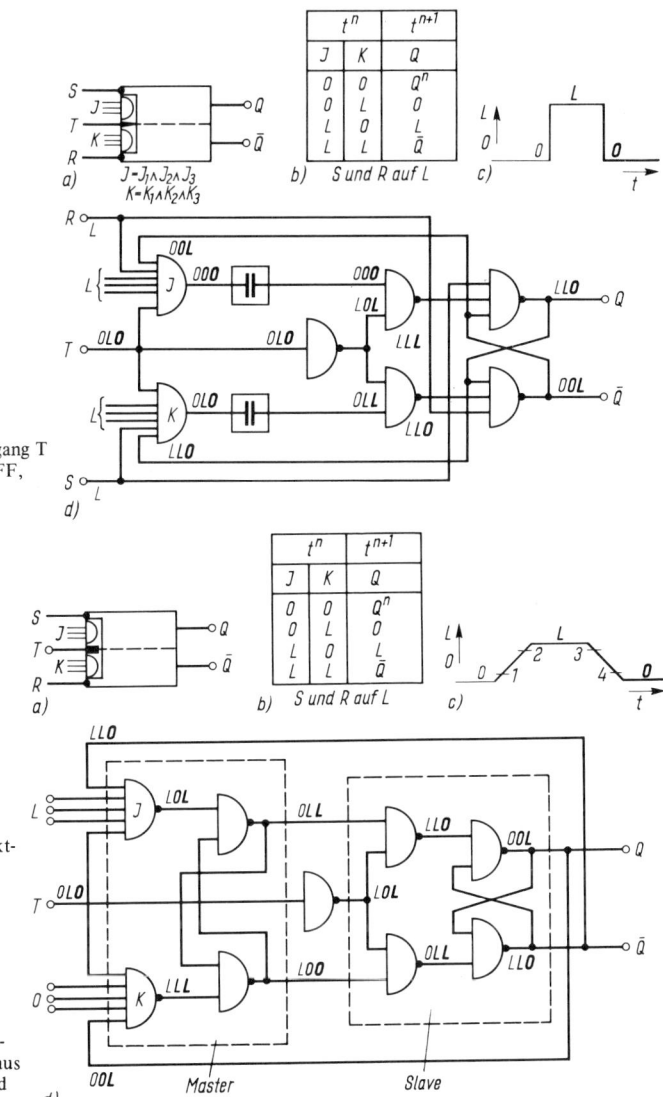

2.16
JK-Flipflop
a) Schaltzeichen des JK-FF
b) Tabelle des JK-FF
c) Steuerimpuls für Takteingang T
d) Prinzipschaltbild des JK-FF, aufgebaut aus booleschen Verknüpfungsgliedern

2.17
JK-Master-Slave-Flipflop
a) Schaltzeichen des JK-Master-Slave-FF
b) Tabelle des JK-Master-Slave-FF
c) Schaltverhalten während eines Steuerimpulses am Takteingang T
1 Trennung des Slave vom Master
2 Informationsübergabe von J und K in Master
3 J- und K-Eingänge sperren
4 Informationsübergabe von Master in Slave
d) Prinzipschaltbild eines JK-Master-Slave-FF, aufgebaut aus NAND-Gliedern (ohne S- und R-Eingänge)

Die Bilder 2.16 und 2.17 zeigen das JK- und das JK-Master-Slave-FF. In ihnen sind sie nur
durch Verknüpfungsglieder dargestellt. Diese P r i n z i p -schaltungen haben den Nachteil,
daß die internen Steuermaßnahmen zu den verschiedenen Taktpotentialzuständen nicht
völlig exakt simuliert werden. Dafür wird aber die Wirkungsweise der FF leichter verständlich,
als wenn ein Stromlaufplan der IS (z. B. allein für ein JK-Master-Slave-FF mehr als zwanzig
Transistoranordnungen) gezeigt würde. Während das weniger aufwendige (kapazitive
Zwischenspeicherung) JK-FF nur die Information, die sich unmittelbar vor der Taktschalt-
flanke im Zwischenspeicher befindet, übernimmt, darf sich beim JK-Master-Slave-FF die an
den Eingängen anstehende Information innerhalb einer wirksamen Taktschaltphase nicht
ändern. Geschähe dies durch Störeinflüsse dennoch, würde der Master (Zwischenspeicher)
umgesteuert, ohne in der kritischen Phase wieder zurückgesetzt werden zu können. Bei der
Übergabe bekäme der Slave (Haltespeicher) dadurch eine falsche Information.

Das JK-FF ist also weniger störanfällig, erfordert aber eine genau definierte Taktflanken-
steilheit. Demgegenüber zeigt das JK-Master-Slave-FF Empfindlichkeit gegen Signal-
zustandsänderungen an den Eingängen in der kritischen Übernahmephase, stellt dafür aber
nicht so hohe Ansprüche an die Steilheit der Taktflanke.

Hauptanwendungsgebiet der FF sind elektronische Speicher (Register), zunehmend Arbeitsspeicher von DVA, Verschiebe- (Schieberegister) und Zählschaltungen. Solche Schaltungen, sowie beliebige Kombinationen von Verknüpfungs- und Speichergliedern stellen ein S c h a l t -
w e r k dar. Der Ausgangszustand eines Schaltwerkes hängt vom jeweiligen Stand der Eingangsvariablen zu einem bestimmten Zeitpunkt u n d dem Zustand der Speicherglieder innerhalb
des Werkes zu diesem Zeitpunkt ab. Eine DVA besteht zum großen Teil aus einer Kombination
von Schaltwerken und -netzen.

2.3. Zentraleinheit

Bei der Zentraleinheit (ZE) handelt es sich um eine Funktionseinheit innerhalb eines digitalen
Rechensystems, die aus dem Z e n t r a l s p e i c h e r , dem P r o z e s s o r und den
E i n - / A u s g a b e - W e r k e n besteht. Eine ZE kann auch mehrere Prozessoren (M e h r -
p r o z e s s o r s y s t e m) oder mehrere Zentralspeicher besitzen. Um ein M e h r r e c h -
n e r s y s t e m handelt es sich dann, wenn mindestens zwei unabhängige ZE periphere
Geräte gemeinsam benutzen. Vom konstruktiven Aufbau her gesehen ist die ZE das Kern-
stück eines Digital r e c h n e r s . Die Bezeichnung „Rechner" besagt aber keinesfalls, daß
die ZE z. B. nur rechnerische Probleme lösen könnte. Verglichen mit anderen Möglichkeiten
des Rechners wie Daten-Ein-/Ausgaben, -Transfer, -Speicherungen, Sortieren und Durchführen von booleschen Verknüpfungen, machen diese vielmehr nur eine relativ kleine Unter-

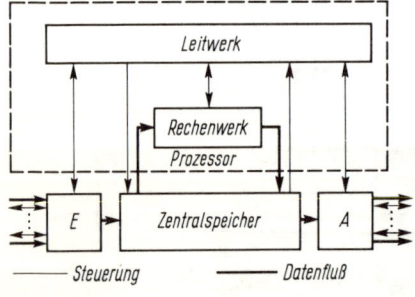

2.18
Prinzipieller Aufbau der Zentraleinheit (ZE) eines digitalen Datenverarbeitungssystems
A Ausgabewerk, Verbindung zwischen ZE und Ausgabe-
geräten
E Eingabewerk, Verbindung zwischen ZE und Eingabegeräten

menge aus. Bild 2.18 zeigt den prinzipiellen Aufbau, die möglichen Informationsflüsse und das Zusammenwirken der einzelnen Einheiten der ZE. Die Wirkungsweise der Funktionseinheiten für das grundsätzliche Verstehen der ZE wird im folgenden kurz erklärt.

2.3.1. Zentralspeicher. Ein Zentralspeicher (ZS) stellt als Bestandteil der ZE einen Speicher mit kurzem Direktzugriff dar, zu dem Ein-/Ausgabe-Werke sowie Prozessoren unmittelbar Zugang haben. Er setzt sich zusammen aus dem bis zu jeder Speicherstelle adressierbaren H a u p t s p e i c h e r , vielfach Arbeitsspeicher (aus ihm erfolgt die Verarbeitung der Befehle (s. Abschn. 1.4) und Daten) genannt, und eventuell aus dem E r g ä n z u n g s s p e i c h e r . In der zweiten und dritten Rechnergeneration bestehen die Hauptspeicher in der Regel aus Magnetkern-Koinzidenz-Speichern, kurz K e r n s p e i c h e r (KS). Sie sind aus Speicherblöcken aufgebaut, die so viele Matrizen (s. Abschn. 2.2.2) besitzen, wie ein Maschinenwort bit hat, und die so viel Worte (entsprechend ebenso viele Maschinenadressen) Speicherkapazität erreichen, wie eine Matrix Kerne enthält (a = x · y). Bild 2.19 zeigt das Schema eines Kernspeicherblocks mit der Zusatz-hardware. Alle gleichnummerierten Spalten- und Zeilendrähte der Matrizen werden hintereinander geschaltet. Zum Schalten des jeweils notwendigen Halbstromes für diese Serienschaltungen benötigt man besondere Verstärkerstufen, sog. Treiber.

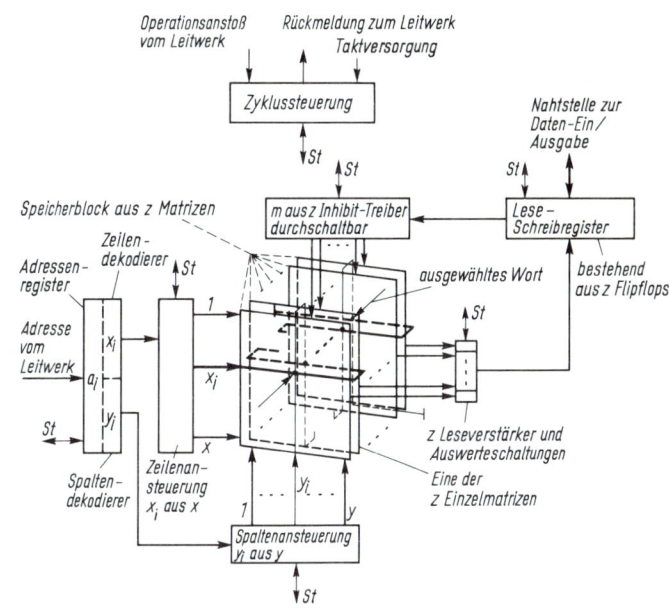

2.19
Prinzipdarstellung eines
Magnetkernkoinzidenz-
speicherblockes
Speicherkapazität S des
Blockes in K bit:

$$S = \frac{x \cdot y \cdot z}{1024};$$

K = 1024
St Verbindung mit
Zyklussteuerung
m Anzahl der Speicher-
elemente mit einzu-
schreibender Informa-
tion Null
x_i ausgewählter Zeilendraht
y_i ausgewählter Spalten-
draht

Die Zyklussteuerung läßt im richtigen Moment zeitkoinzidente Stromimpulse durch die mit Hilfe der Maschinenadresse ausgewählten Spalten- und Zeilendrähte des Speicherblocks treiben. Auf diese Weise erfolgt die in Bild 2.19 angedeutete Auswahl des Wortes mit der Maschinenadresse a_i aus der Gesamtmenge von a Speicherzellen. Das Auslesen der Speicherwortinhalte geschieht über je einen jeder Matrix zugeordneten Leseverstärker mit Auswerteschaltung.

Alle gelesenen Worte werden im Lese-/Schreibregister bereitgestellt. Jede Kernspeicherzelle wird beim Lesevorgang gelöscht (s. Abschn. 2.2.2). Darum erfolgt im normalen Zyklus ein Wiedereinschreibvorgang in dieselbe Speicherzelle. Hierbei würden aber in ihr aufgrund der koinzident in den Spalten- und Zeilendrähten fließenden Halbströme immer alle Kerne gesetzt. Damit jedoch jedes gewünschte Binärmuster in der Zelle gespeichert werden kann, ist eine Möglichkeit vorgesehen, das Setzen der Kerne u. U. zu verhindern. Dies geschieht durch den Inhibitdraht, der wie die Leseleitung für jede Matrix getrennt vorhanden und innerhalb jeder Matrix mit allen zu ihr gehörenden Kernen verkettet sein muß. Die erforderliche Steuerung der Inhibit-Drähte nimmt das Lese-/Schreibregister über die Inhibittreiber vor.

Bei einem regulären Einschreibvorgang beginnt der Speicher-Zyklus nach der Wortwahl mit einem Lese-, besser Löschvorgang der Speicherzelle, wobei ihr Inhalt nicht ins Lese-/Schreibregister transferiert wird. In diesem steht schon die Information, die im zweiten Teil des Zyklus eingespeichert werden soll.

Der erläuterte KS hat Wortstruktur. Zu jeder der unter den Maschinenadressen von 0 . . . a zugänglichen Speicherzellen besteht Direktzugriff bei gleicher Zugriffszeit. In jede Zelle kann ein beliebiges Binärmuster eingeschrieben werden. Die Reihenfolge der Auswahl von Zellen sowie die Aufeinanderfolge von Ein- oder Ausspeicherungen sind beliebig.

2.3.2. Prozessor. Der Prozessor besteht aus dem (wegen ihrer intensiven Zusammenarbeit nur schwer gegeneinander abzugrenzendem) R e c h e n - und L e i t - oder S t e u e r w e r k.

Das R e c h e n w e r k (RW) stellt innerhalb eines digitalen Rechensystems eine Funktionseinheit dar, die hauptsächlich Rechenoperationen, Verschiebungen, Vergleiche und boolesche Verknüpfungen durchführen kann.

Als konstruktiver Bauteil setzt sich das RW in seinen wesentlichen Bestandteilen aus Registern, dem Verknüpfungswerk, Schaltungen für Datentransfers und einer internen Steuerung (Bild 2.20) zusammen. Die meist wortlangen Rechenregister sind bei einfachem Aufbau eines RW das akkumulative (AKR), das Multiplikand-Divisor- (MDR) und das Multiplikator-Quotienten-Register (MQR) (als Fortsetzung des AKR). Das die verknüpften Ergebnisse sammelnde AKR und das MQR bestehen z. B. aus bipolaren Schieberegistern.

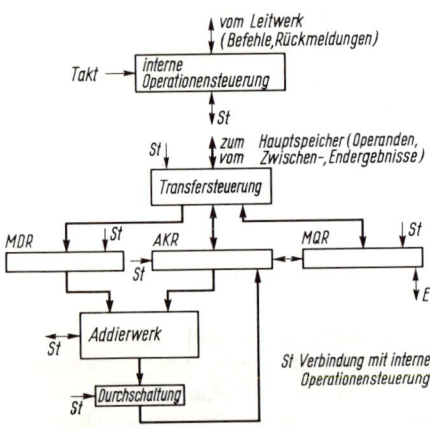

2.20
Vereinfachtes Prinzipschaltbild eines Rechenwerks mit Paralleladdierwerk

Die Schaltungen für den Datentransport werden gebildet aus Schaltwerken, die durch eine interne, mit dem Leitwerk zusammenarbeitende Steuerung geführt, den Datenfluß im RW bewirken.

Das Verknüpfungswerk setzt sich hauptsächlich aus dem A d d i e r w e r k zusammen. Grundelement eines Addierwerkes ist ein Schaltnetz (Bild 2.21), der Addierer, der alle Möglichkeiten der binären ,Addition (für eine Binärstelle) erfüllt. Wird innerhalb eines Addierwerkes nur ein Addierer eingesetzt, dann handelt es sich um ein S e r i e n a d d i e r w e r k. Stimmt die Anzahl der Addierer mit der bit-Anzahl des Wortes überein, spricht man von einem P a r a l l e l a d d i e r w e r k (PWA). Ein Serienaddierwerk benötigt erheblich

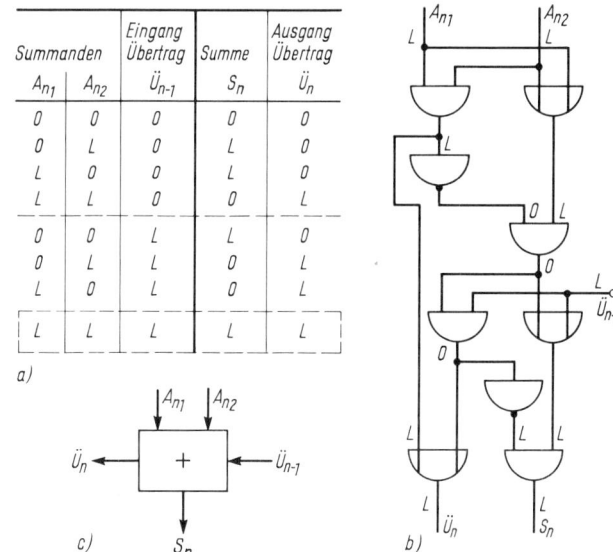

Summanden		Eingang Übertrag	Summe	Ausgang Übertrag
A_{n_1}	A_{n_2}	$Ü_{n-1}$	S_n	$Ü_n$
0	0	0	0	0
0	L	0	L	0
L	0	0	L	0
L	L	0	0	L
0	0	L	L	0
0	L	L	0	L
L	0	L	0	L
L	L	L	L	L

a)

2.21 Binäre Addition
a) Tabelle b) Addierer
c) Symbol für Addierer n

c)

b)

weniger hardware-Aufwand als ein PAW, arbeitet allerdings langsamer. Die sich im ungünstigsten Fall ergebende Durchlaufzeit eines Übertrags durch die gesamte Addiererkette bestimmt die Arbeitsgeschwindigkeit eines PAW. Es gibt eine Reihe von Schaltungen, die den infolge des durchlaufenden Übertrags entstehenden Zeitverlust reduzieren.

Zur Ausführung z. B. einer A d d i t i o n (Bild 2.20) kommen aufgrund entspr. Weichenstellungen für den Datenfluß die beiden Summanden in das AKR und das MDR. Nach der Addierzeit öffnet die Internsteuerung die Durchschaltung; das Ergebnis gelangt in das AKR. MQR wird für diese Operation nicht benutzt. Bei einer M u l t i p l i k a t i o n (bzw. Division) müssen die Operanden in den entspr. bezeichneten Registern stehen. Die eigentliche Multiplikation wird aufgelöst in Teiladditionen und Verschiebeschritte (s. Abschn. 1.3). In der niedrigstwertigen Stelle von MQR (E) entscheidet ein L, ob beim jeweiligen Verschiebeschritt der Multiplikator stellenrichtig zuaddiert oder nur geschoben werden soll. Das Ergebnis der Multiplikation wird im AKR und MQR aufgebaut. Bei m Binärstellen des Multiplikanden und n Binärstellen des Multiplikators ergibt sich ein m + n Stellen langes Produkt.

Eine D i v i s i o n kann entspr. mit Hilfe von Subtraktionen und Verschiebeschritten, eine S u b t r a k t i o n durch Komplementaddition verwirklicht werden. Mit einer Einrichtung zur Komplementbildung im RW ist es folglich möglich, für a l l e arithmetischen Operationen nur mit einem A d d i e r w e r k auszukommen.

Die bei der Befehlsausführung sehr zahlreich auftretenden Teiloperationen und ihre jeweilige
Aufeinanderfolge bei der Durchführung der Befehle werden von der internen Operationen-
steuerung des RW unter Zusammenarbeit mit dem Leitwerk vorgenommen.

Das L e i t w e r k (LW) als Funktionseinheit eines digitalen Rechensystems liest, entschlüsselt
und modifiziert ggf. Befehle. Es steuert die Befehlsreihenfolge (Programmsteuerung) und gibt
alle für die Befehlsausführung erforderlichen digitalen Signale vor. Die wesentlichen Bestandteile des LW sind: Register, die den Informationsfluß zwischen LW und den angeschlossenen
Schaltwerken steuern, Dekodierer und Schaltglieder. Letztere sorgen für die ordnungsgemäße
Durchführung und eine begrenzte Überwachung der vom Programm her vorgegebenen
Operationen. Im Fehlerfall bewirken sie eine entspr. Anzeige. Bild 2.22 gibt Auskunft über die

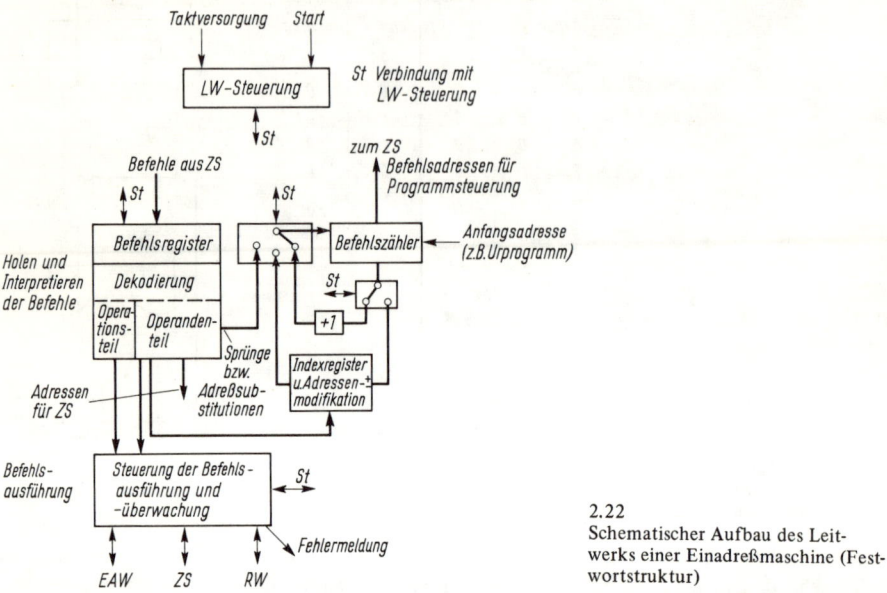

2.22
Schematischer Aufbau des Leit-
werks einer Einadreßmaschine (Festwortstruktur)

Funktion des LW. In den einzelnen Speicherstellen des ZS stehen normalerweise in beliebiger
Reihenfolge Daten und Befehle. Letztere müssen vom LW in sinnvoller Folge aus dem Speicher
geholt und interpretiert werden. Weiterhin sind die in den Befehlen implizit enthaltenen
einzelnen Steuerungs- und Überwachungsvorschriften zur richtigen Ausführung der Befehle
(z. B. Verknüpfungen, Transfers, Sprünge, Ein-/Ausgabe, Verschiebungen) vorzugeben. Die
Funktion des LW gliedert sich also in zwei Abschnitte: das Holen und Interpretieren sowie die
Befehlsausführung. Das Holen der Befehle läuft über den Befehlszähler (BFZ), der in einfachster
Form ein voreinstellbarer hardware-Zähler sein kann. Die in ihm gespeicherte Adresse bewirkt
den Transfer des Inhaltes der zugehörigen Zelle aus dem ZS in das aus FF bestehende Befehlsregister (BFR). Bei einer Maschine mit Festwortstruktur besitzt auch das BFR meist Befehls-
wortlänge. Hat eine Maschine variable Wortlänge, muß das BFR mehrere Speicherstellen verarbeiten können.

Der BFR-Inhalt wird von der Decodierung als Befehl interpretiert. Ein Befehl besteht aus zwei
Teilen: dem O p e r a n d e n t e i l (ODT), der hauptsächlich die Adresse(n) von Operanden
oder Befehlen enthält und dem O p e r a t i o n s t e i l (OTT), in dem Angaben über die

auszuführende Operation stehen. Besitzt ein Befehl nie mehr als eine Adressenangabe im Befehlswort, dann handelt es sich um eine Einadreßmaschine. Bei zwei oder mehr Adressen pro Befehl spricht man von Zwei- oder Mehradreßmaschinen, die meist auch Einadreßbefehle bearbeiten können. Die zweite oder die weitere(n) Adresse(n) bestimmen z. B. den zweiten Operanden einer Verknüpfung, den Platz auf den das Verknüpfungsergebnis abgespeichert werden soll und/oder die Adresse des nächsten Befehles. Die weit verbreitete (vor allem für technisch-wissenschaftliche und Prozeßprobleme) Einadreßstruktur besitzt den Vorteil der kleineren Befehlslänge (bestimmte Befehle erfordern zudem nur eine Adresse). Dagegen benötigt die Mehradreßstruktur eine geringere Anzahl von Befehlen für ein Programm. Das ergibt vor allem bei der kommerziellen Datenverarbeitung eine Speicher- und Zeitersparnis. Bei technischen Problemen befindet sich der zu verknüpfende Operand meist schon im Rechenregister und das Zwischenergebnis ist weiterzuverarbeiten, so daß ein einfach zu realisierendes Einadreßsystem gegenüber einer starren Mehradreßstruktur vorgezogen werden kann. Eine Maschine mit variabler Wortlänge, die als Ein- u n d Mehradreßmaschine zu arbeiten vermag, benötigt zwar mehr hardware-Aufwand, stellt aber in Bezug auf Speicher- und Zeitausnutzung ein Optimum dar. Im folgenden wird die Erläuterung des LW am Beispiel der Einadreß-Festwort-Maschine weitergeführt.

Das BFR als eigenständiges Register ist notwendig wegen der zeitlichen Entkopplung des Lese-/ Schreibregisters vom LW. Durch das BFR wird die Decodierung angesteuert. Die dort ermittelte Operation wird an die Befehlsausführung gegeben. Diese wickelt die einzelnen Steuer- und Überwachungsvorgänge im LW, RW, ZS oder EAW ab. Im einfachsten Fall wird nach rückgemeldetem Befehlsende mit der um 1 erhöhten Adresse des BFZ der nächste Befehl des Programms aus dem ZS in das BFR geholt. Von dieser linearen Reihenfolge der Befehle geht man nur dann ab, wenn die Decodierung des OTT (z. B. unbedingter Sprung-befehl) oder des ODT (z. B. Adressenänderung durch Indizierung) eine Abweichung erkennt. Bei einem Sprungbefehl wird das im ODT angegebene Sprungziel in den BFZ eingeschrieben. Im Falle der Adressenmodifikation durch Indizieren muß der Inhalt der entsprechenden Index-registerzelle (Maschinen mit Indizierung haben oft eine unterschiedliche Anzahl von Index-registerzellen, deren jeweilige Adresse im ODT vom Programmierer anzugeben ist) rechtzeitig und vorzeichenrichtig zum Inhalt des BFZ addiert werden können.

Nach Schilderung der Arbeitsweise der Interpretation von Befehlen im LW sei darauf hin-gewiesen, daß eine DVA nur einen binär verschlüsselten Befehl, einen Maschinenbefehl im sog. Maschinencode (MC), verstehen kann. Ein Programmieren im MC ist aber für den Menschen schwierig. Deswegen müssen alle u. a. aus mnemotechnischen Gründen[1]) in höheren Programm-sprachen geschriebenen Programme vor einem „Laufen" auf Digitalrechnern erst in den zugehörigen MC übersetzt werden.

Ist die Hol- und Interpretierphase eines Befehlswortes abgeschlossen, hat die LW-Steuerung für die Befehlsausführung zu sorgen; z. B. muß bei Verknüpfungsbefehlen der im ODT genannte Operand in ein Register des RW geholt, von dort mit dem Inhalt des AKR verknüpft und das Ergebnis im AKR bereitgestellt werden. Bei Transferbefehlen ist der Operand entweder aus dem AKR in den ZS oder auf dem entgegengesetzten Weg zu transportieren. Ein Verschiebe-befehl verlangt das Hereinholen der unter der Operandenadresse im ZS stehenden Verschiebe-zahl. Diese Zahl gibt an, um wieviel Binärstellen das LW den Operanden im AKR zu verschieben hat. Die Richtung liefert der OTT. Bei anderen Befehlsgruppen liegen ähnliche oder noch kompliziertere Problemstellungen für das LW vor. Insgesamt aber tauchen immer

---

[1])Mnemotechnik = Verfahren und Hilfsmittel zur Unterstützung des Gedächtnisses.

wieder kleine, gleiche, sich häufig wiederholende Funktionssteuerungen (Mikrobefehle) auf. Ein Befehl kann in entspr. Folgen solcher Mikrobefehle[1]) zerlegt werden. Handelt es sich dabei um festverdrahtete Steuerungen (z. B. für Division), ist die Ausführzeit gering, der hardware-Aufwand dagegen relativ hoch. Man kann ihn durch Unterprogramme oder ein software-Mikroprogramm (flexibler gegenüber fester Verdrahtung) reduzieren. Als Nachteil sinkt dann allerdings die Operationsgeschwindigkeit und die Speicherkapazität um den Platzanteil des Mikroprogramms. Sind außer Festpunkt- auch Gleitpunktoperationen (ohne zeitaufwendige Umwege über Unterprogramme) durchzuführen, steigt der Aufwand für LW und RW erheblich an.

Abschließend soll zur Funktion des LW noch gesagt werden, daß Hol- und Interpretier- sowie Befehlsausführungsphase bei modernen Rechnern nicht nacheinander (sequentiell), sondern zeitverschachtelt (zeitmultiplex) ablaufen. Während ein decodierter Befehl noch zur Ausführung ansteht, kann der nächste bereits geholt und interpretiert werden. Durch Weitertreiben der Zeitmultiplexarbeit und software-seitigem M e h r p r o g r a m m b e t r i e b sowie hardware-mäßig doppeltem Auslegen ganzer Prozessoren für w i r k l i c h e S i m u l t a n a r b e i t wird die Effektivität der DVA immer größer werden.

2.3.3. Ein-/Ausgabe-Werk und Bedienungselement. Unter dem zur ZE gehörenden E i n - / A u s g a b e - W e r k (EAW) versteht man eine Funktionseinheit zur Steuerung von Datenübertragungen (zeichen- bzw. wortweise parallel) im Nahbereich ($\leq$ 30 m) zwischen ZS und peripheren Speichern sowie ZS und Ein-/Ausgabegeräten (s. Abschn. 2.4). Das EAW arbeitet auf der einen Seite mit dem LW zusammen und zeigt auch ähnlichen Aufbau und ähnliche Wirkungsweise, auf der anderen Seite ist es verbunden mit den jeweiligen Internsteuerungen der angeschlossenen EA-Geräte. Besonders die Vorrangsteuerung und zeitliche Koordinierung (Simultanarbeit der Peripherie) zwischen den z. T. sehr langsamen EA-Geräten und dem schnellen ZS sind vorzunehmen.

So, wie das EAW eine Kommunikationsbrücke zwischen ZE und der Peripherie eines digitalen Rechensystems darstellt, verkörpert das B e d i e n u n g s e l e m e n t eine Verbindung zwischen dem Menschen (Operateur), der die Anlage betreut, und der Maschine. Beim Bedienungsfeld (BDF) sind über Tasten Eingriffe wie Ein-, Aus- und Umschalten der Gesamtanlage oder ihrer Teile, Urprogrammeingabe und Geben von Anforderungen oder Stellen von Bedingungen sowie, wenn auch in einfacher Form, Eingabe von Befehlen und Daten möglich. Eine Überwachung der Anlage kann durch eine Reihe von meist auf einem Leuchttableau des BDF angeordneten Funktionsmeldungen und mit Hilfe von Meldungen über Informationsstände gewisser interessierender Register vorgenommen werden. Das Bedienungsfeld interessiert vor allem den Wartungsdienst, der Operateur sollte es möglichst wenig gebrauchen. Ihm steht – neben der Betreuung der peripheren Geräte wie Magnetbänder, LS- und LK-Geräte usw. – für den programmtechnischen Dialog mit dem Rechner der zum Bedienungselement gehörende Bedienungsblattschreiber zur Verfügung (s. Abschn. 2.4.2), über den der Rechner auch seine Quittier- und Störungsmeldungen ausgibt.

---

[1])Hier nicht Makrobefehl, da dieser Name schon für eine zusammengehörige Gruppe von (Maschinen)-Befehlen anderweitig vergeben ist.

2.4. Periphere Geräte

Eine DVA besteht aus der ZE und einer Vielfalt von peripheren Geräten. Sie stellen die Kommunikation der ZE mit der Umwelt (Daten und Befehle in ZE herein, Ergebnisse nach außen) für ein sinnvolles Arbeiten der Gesamtanlage her. Die folgende Kurzinformation über die wichtigsten Geräte umfaßt die Prozeßperipherie nicht.

2.4.1. Periphere Ein-/Ausgabegeräte für maschinenlesbare Datenträger. Der LK-L e s e r besteht im wesentlichen aus einer Vorrichtung, die sukzessiv von einem einzulegenden LK-Stapel einzelne LK greift, an der wichtigsten Geräteeinrichtung, der Lesestation, vorbeiführt und in eins von evtl. mehreren Ablagefächern einsortiert. Die Lesestation tastet die Lochkombinationen entweder mit Metallbürsten oder fotoelektronisch ab. Auf jeder Abtastspur befindet sich bei Bürstenabtastung ein isoliertes Kontaktsegment, das nur bei einer unter dem Segment vorbeigeführten Lochung mit der gegenüberliegenden Bürstenreihe in Kontakt kommt. Bei fotoelektronischer Abtastung erfolgt beim Abfühlen einer Lochung die Belichtung einer Fotodiode. So ist es möglich, das pro Spur räumliche Nacheinander von Lochkombinationen in eine zeitliche Impulsserie umzusetzen[1]). Normalerweise bringt die Z e i l e n - gegenüber der S p a l t e n -Abtastung der LK eine Steigerung der Abtastgeschwindigkeit, die allerdings neben erhöhtem Abtastaufwand eine elektronische Zwischenspeicherung der LK-Information erfordert. Der elektromechanische Aufbau des LK-L o c h e r s ist ähnlich dem des Lesers. Die Lochstation besteht aus den für das Einstanzen der Lochkombination notwendigen elektromagnetisch betätigten Stanzstempeln. Wegen der überwiegend mechanischen Ausrüstung werden nur Lochgeschwindigkeiten bis ca. 10 LK/s gegenüber bis zu 30 LK/s beim Lesen erreicht[2]). Die wichtigsten Teile eines LS-G e r ä t e s sind die Auf- und Abspulvorrichtung, die Lese-/Stanz-Station und die Streifentransporteinrichtung. Ähnlich wie beim LK-Gerät funktioniert die zeichenweise parallel arbeitende Stanz- bzw. Abfühlstation. Als Abfühleinrichtung beim LS gibt es darüber hinaus noch die kapazitive Abtastung, die aus dem der Lochkombination proportionalen Dielektrikum des „Abtastkondensators" ein Kriterium für die zu lesende Information ableitet. Es werden im Start-Stop-Betrieb (z. B. zeichengerechtes Stoppen unter der Lesestation; Zeichenabstand 2,5 mm!) beim LS Lesegeschwindigkeiten von 2200 Zeichen/s und Stanzgeschwindigkeiten bis zu 300 Zeichen/s erreicht. Schwierigkeiten bereiten bei den hohen Geschwindigkeiten vor allem die starken Beschleunigungen und Verzögerungen des Streifens.

2.4.2. Periphere Ein-/Ausgabegeräte für visuell und maschinenlesbare Datenträger. Beim B l a t t s c h r e i b e r (BS) handelt es sich um ein fernschreiberähnliches Gerät mit LS-Zusätzen, das sich für die manuelle Erstellung eines Protokolls in Klartext (evtl. mit mehreren Durchschlägen) über eine Tastatur im Zweifarbendruck sowie für die gleichzeitige, zeichenweise Informationseingabe in den Rechner und einen mitlaufenden LS eignet. Die Informationseingabe kann auch über den angebauten LS-Leser erfolgen, wobei ebenfalls ein Klartextprotokoll ausgegeben wird. Ferner ist der BS in der Lage, im rechnergesteuerten Betrieb Informationen im Klartext auf ein Protokoll und ggf. gleichzeitig über den angebauten LS-Stanzer in einen LS auszugeben. Der BS kann auch, vom Rechner getrennt, manuell betrieben werden. BS arbeiten mit einer maschinellen Ein-/Ausgabegeschwindigkeit von 7,5 bis 40 Zeichen/s.

---

[1]) Meist (umschaltbar) binäres oder alphanumerisches Lesen möglich.
[2]) E/A-Geschwindigkeit kann abhängig von Anzahl der Zeichen pro LK sein.

Der S c h n e l l d r u c k e r (SD) stellt eine weitere, allerdings sehr viel schnellere Möglichkeit zur Zeichenausgabe dar. Ein elektromagnetisch arbeitender SD ermöglicht ein Drucken mit einer Geschwindigkeit bis zu 20 Zeilen/s (bei max. 150 Schreibstellen/Zeile). Zwei mechanische Druckarten haben sich durchgesetzt. Einmal sind alle anzugebenden Zeichen auf dem Umfang eines Typenrades untergebracht. Es werden so viel Typenräder zu einer T y p e n t r o m m e l vereinigt, wie der Drucker Schreibstellen/Zeile haben soll. Vor der Typentrommel befindet sich in einer Reihe angeordnet pro Schreibstelle je ein Druckhammer. Zwischen der dauernd mit konstanter Geschwindigkeit rotierenden Trommel und der Hammerreihe verläuft mit zeilenweisem Vorschub das zu bedruckende Papier. Kommt das auszugebende Zeichen an der Hammerreihe vorbei, wird elektronisch rechtzeitig ein Auslöse-Kommando gegeben, das den Hammer elektromagnetisch gegen die Trommel schleudern läßt. Nach einer Umdrehung der Trommel ist jeweils eine Zeile gedruckt. Diese Betriebsweise bedingt die elektronische Zwischenspeicherung eines Zeileninhaltes.

Bei der zweiten Schnelldruckerart sind die Typen auf einer senkrecht zur Papierrichtung umlaufenden, beweglichen T y p e n k e t t e untergebracht. Die an den Schreibstellen sitzenden Druckhämmer werden dann elektronisch ausgelöst, wenn sich das auszugebende Zeichen an der Schreibstelle befindet.

Sind höhere Druckgeschwindigkeiten gewünscht, setzt man nichtmechanische SD ein. Die bekannteste Methode ist das elektrostatische Druckverfahren (Xerographie). Damit werden Druckgeschwindigkeiten von 100 Zeilen/s erreicht. Leider kann man bei den nichtmechanischen Verfahren meist keine Kopie gleichzeitig mit dem Originaltext erstellen.

Der einfachste B e l e g l e s e r (s. Abschn. 2.2) ist der M a r k i e r u n g s l e s e r . Er liest die in einem besonders gekennzeichneten Feld z. B. durch Striche eingetragenen Markierungen. Speziell auf dem kommerziellen Sektor gewinnen die magnetischen und optischen Belegleser zunehmend an Bedeutung. Als mit großen Schwierigkeiten verbunden erweist sich das direkte maschinelle Erkennen von handgeschriebenen Zeichen. Eine ähnliche Problematik liegt bei der maschinellen Spracherkennung und vollsynthetischen Sprachausgabe vor. Auf diesen Gebieten gibt es beim derzeitigen Stand der Technik bereits vielversprechende Ansätze. Es ist jedoch auf diesem Sektor bis zu einem verbreiteten Einsatz ausgereifter Geräte noch viel Entwicklungsarbeit zu leisten.

Automatische Z e i c h e n g e r ä t e werden zum Zeichnen von Kurven oder Einzelpunkten eingesetzt. Sie arbeiten nach dem Grundsatz der Koordinatensteuerung. Beschränkt man sich auf rechtwinklig ebene Koordinaten, dann ergeben sich i. allg. folgende Konstruktionsmöglichkeiten von Zeichengeräten:

P l o t t e r - P r i n z i p . Hierbei wird eine Bewegungsrichtung (x) durch Verschieben des Zeichenträgers (Papier) die andere (y) durch Bewegung eines Zeichenstiftes senkrecht zur x-Richtung erzielt.

E l e k t r o m e c h a n i s c h e s K o o r d i n a t o g r a p h e n - P r i n z i p . Bei diesem Prinzip führt der Zeichenstift, gesteuert durch vom Rechner vorgegebene (x, y)-Koordinaten, über dem festliegenden Zeichenträger eine zusammengesetzte Bewegung aus.

Da beim Plotter der Zeichenträger die Vermittlung der Bewegungssteuerung übernehmen muß, arbeitet er i. allg. ungenauer (etwa 0,2 bis 0,3 mm), während das Prinzip des Koordinatographen eine höhere Zeichengenauigkeit (bis ca. 0,01 mm) zuläßt. Meist kann durch Wahl der Zeichenschrittlänge die Genauigkeit auf Kosten der Schreibgeschwindigkeit eingestellt werden. Je nach verlangter Genauigkeit und Geräteform werden als Zeichenträger beschichtete Glasplatten, Folien sowie die verschiedensten Papiersorten und als Schreibvorrichtungen Graviernadeln, Tuschestifte sowie Kugelschreiber verwendet.

E l e k t r o n i s c h f o t o g r a f i s c h e s K o o r d i n a t o g r a p h e n - P r i n z i p . Beim elektronischen, fotografischen Zeichengerät setzt ein vom Rechner koordinatengesteuerter, sich über einen Mikrofilm bewegender Elektronenstrahl die Ausgabeinformation in die Kurvendarstellung um. Man muß den Mikrofilm allerdings erst entwickeln, bevor das Ergebnis sichtbar wird, dafür gibt es bei diesem Prinzip keine mechanisch bewegten Teile.

Zeichengeräte können direkt (on line) von einem Rechner in Simultanarbeit mit anderen peripheren Geräten betrieben werden, aber auch „off line", d. h. nicht unmittelbar mit dem Rechner verbunden, arbeiten. Dann übernimmt ein von einer DVA beschriebener Datenträger die Steuerung des Gerätes.

Die allmählich preisgünstiger werdenden S i c h t g e r ä t e gewinnen im Zuge der Weiterentwicklung von DVA zur direkten Kommunikation zwischen Mensch und Maschine [19] ständig an Bedeutung. Durch diese Geräte, auch Datensicht-, Schirmbildgeräte oder Displays genannt, sind Kurven sowie Zeichnungen (analoge Sichtgeräte), und/oder Klartext (alphanumerische Sichtgeräte) auf einem Bildschirm (Elektronenstrahlröhre) geräuschlos sichtbar zu machen. Das Erzeugen der optischen Anzeige auf dem Leuchtschirm kann auf folgenden Wegen geschehen:

1. das auf dem Schirm darzustellende Bild wird (großer Programm-, Zentralspeicher, Rechenzeit- sowie Datenübertragungs-Aufwand bei geringstem hardware-Aufwand im Sichtgerät) per Programm erzeugt, laufend regeneriert und ggf. variiert.

2. Der Bildwiederholspeicher wird als hardware-Speicher in das Sichtgerät verlegt, so daß die für flimmerfreie Darstellung alle 16 bis 50 Mal/s notwendige Bildregenerierung den Rechner und die Übertragungskanäle nicht mehr so stark belasten.

3. Der Rechner gibt nur Zeichen, ihre Position auf dem Schirm und/oder Koordinaten für Anfangs- und Endpunkte von Vektoren vor, die z. B. wie ein Polygonzug zu einem Diagramm zusammensetzbar sind, und sorgt für evtl. Variieren der Schirminformation. Im Sichtgerät übernehmen hardware-Einrichtungen die laufende Bildsteuerung und -regenierung. Die für die Darstellung von alphanumerischen Zeichen erforderlichen Ablenk- und Helltastsignale des zu führenden Elektronenstrahls der Bildröhre werden in Zeichengeneratoren z. B. durch Punkt- oder Strichraster, mit aneinandergereihten Formelementen aus Strichen unterschiedlicher Länge und Neigung, durch fortlaufende Kurvenzüge oder mittels starrer Speicherung des notwendigen Zeichenvorrats in einer Spezialröhre erzeugt. Positionsgeneratoren fahren den Strahl dunkelgetastet meist über das magnetische Ablenksystem des Bildrohres zu der jeweiligen Stelle im Schirmunterraster, wo das Zeichen erscheinen soll. Die Elektronenstrahlablenkung (elektrostatische Ablenkung) im jeweiligen Unterraster und die Helltastung für das auszugebende Zeichen steuert der Zeichengenerator. Dies geschieht beispielsweise durch Abtasten einer dem abzubildenden alphanumerischen Zeichen entspr. kleinen 5 x 7 Kernspeichermatrix im Strichraster (Darstellung des Zeichens aus horizontalen Strichen in der jeweils notwendigen, das Zeichen wiedergebenden Länge; Darstelldauer pro Zeichen 10 bis 50 μs). Komplexe Zeichnungen und Diagramme sind mit Hilfe von Vektorgeneratoren darstellbar.

Die Vorgabe von Zeichen für die Sichtgeräte ist auch allein oder im Dialog manuell gezielt über eine Tastatur möglich. Nach visueller Kontrolle der Eingabedaten und ggf. beliebigen Korrekturen kann durch Tastendruck die Information in den Rechner übernommen werden. Bei entspr. geräteseitigem und programmtechnischem Aufwand können auch Figuren und Funktionen im

„rechnergestützten Entwurf" auf dem Schirm mit Hilfe eines Lichtgriffels manuell aufgebaut bzw. gelöscht, oder im vorhandenen Bild verändert und u. U. auf Tastendruck in den Rechner abrufbar eingespeichert werden. Außerdem lassen sich über eine Funktionstastatur verschiedene Programme aktivieren, die ein flexibles Arbeiten mit dem Sichtgerät gestatten.

Sichtanzeigegeräte erlauben also je nach Komfort einen vielseitigen, direkten Dialog mit einer DVA. Dokumentationen wichtiger Arbeitsphasen übernehmen ggf. fotografische Einrichtungen und/oder an das Gerät anzuschließende Drucker bzw. LS-Stanzer. Sichtgeräte kann man auch off line einsetzen.

E/A-Geräte sind nicht nur im Nahbereich an eine ZE anschließbar. Sie können ebenso über weite Entfernungen durch eine D a t e n s t a t i o n (Benutzerstation, Terminal) mit einer DVA verbunden werden. Dafür ergibt sich ein zusätzlicher Aufwand an Einrichtungen, der die an der Rechnernahstelle wort- bzw. zeichenweise parallel vorhandene Information für die serielle Übertragung auf Postleitungen umsetzen, übertragen und benutzerseitig an das E/A-Gerät anpassen muß. Beim Teilnehmer gehören neben dem Übertragungssystem noch Datensicherungseinrichtungen sowie das eigentliche Gerät (z. B. BS, Sichtanzeigegerät, Tastaturen) zur Station. Mit Hilfe dieser Einrichtungen kann man ein umfassendes Teilnehmer-Rechensystem (s. Abschn. 3.2.4) mit räumlich weit entfernten Benutzern einer zentralen Großrechenanlage aufbauen.

Im Rahmen umfangreicher Problemstellungen ist oft die unterstützende Zusammenarbeit mehrerer Rechensysteme aktuell. In diesen Fällen übernehmen K o p p e l g e r ä t e die Zusammenschaltung des meist hierarchisch gegliederten Verbundsystems. Sie können Anlagen im Nahbereich mit einer großen Datenübertragungsrate (einige 10^6 bit/s) verbinden. Diese sinkt aber erheblich ab (nur bis max. einige 10^3 bit/s) durch die notwendige Zwischenschaltung der Einrichtungen für eine Datenfernübertragung.

2.4.3. Periphere Speicher. Unter peripheren Speichern versteht man alle Speichergeräte in DVA, die nicht als Zentralspeicher fungieren. Es handelt sich also um Erweiterungsspeicher meist für große Mengen von Informationen, die die Speicherkapazität des zentralen Speichers (Daten und Befehle nur vom ZS aus in der Anlage zu verarbeiten) in geeigneter Weise vergrößern. Für solche Speicher werden hohe Speicherkapazitäten, große Datenübertragungsraten zwischen ZE und Peripherspeicher, geringe Zugriffszeiten, möglichst Direktzugriff zu dem kleinsten adressierbaren Speicherbereich und geringe bit-Kosten angestrebt. Diese Forderungen haben sich bisher in einem einzigen Gerät nicht erfüllen lassen, so daß innerhalb der Konfiguration einer DVA durchaus mehrere Peripheriespeicherarten anzutreffen sind. Tafel 2.23 zeigt eine Zusammenstellung von Richtwerten zum Vergleich von peripheren Speichern, zu denen man auch KS rechnen kann. Diese gelangen zum Einsatz, wenn periphere Speicher mit äußerst kurzen Zugriffszeiten benötigt werden. Das Speichermedium „bewegte Magnetschicht" (s. Abschn. 2.2) findet seit Jahren auf diesem Sektor als Datenträger für Massenspeicher Verwendung. Dabei ist ein günstiger Kompromiß zwischen kurzer Zugriffszeit und hoher Speicherkapazität bei möglichst geringen bit-Kosten zu suchen.

Bei einem M a g n e t b a n d g e r ä t besteht das Speichermedium aus magnetisierbaren Eisenoxyden, mit denen Kunststoffbänder überzogen werden. Die Information wird zeichenweise parallel (die einzelnen Zeichen nacheinander) in dem Magnetbandgerät auf 12,7 bzw. 25,4 mm breiten und 90 bis zu ca. 2000 m langen Bändern in mehreren, parallel zur Bandbewegungsrichtung verlaufenden Spuren gelesen oder ge- bzw. überschrieben. Die Zeichen stehen senkrecht zur Bandlaufrichtung in einer Dichte von bis zu 640 Zeichen/cm. Direktes Aufliegen der Schreib- und Leseköpfe auf dem Band bewirkt diese hohe Dichte. Das zwischen zwei Spulkörpern vor- und zurückspulbare Magnetband stellt einen Speicher mit sehr geringen bit-Kosten dar. Allerdings kann die in Blöcken mit variabler Zeichenanzahl gespeicherte Information nicht in direktem Zugriff, sondern nur sequentiell abgerufen oder gespeichert werden. Dadurch entstehen u. U. lange Zugriffszeiten zu den blockweise adressierbaren Daten. Die leichte Austauschbarkeit und die (klimatisch allerdings gewisse Anforderungen stellende) Lagerfähigkeit der Bänder ermöglicht das Anlegen von Bandarchiven mit nahezu unbegrenzter Informationsspeicherung.

Tafel 2.23 Richtwerte für den Vergleich von peripheren Magnetspeichern

Typ	Kernsp.	Trommelsp.	Plattensp.	Kartensp.	Bandsp.
mittlere Zugriffs. zeit	0,2 bis einige μs	1,5 bis 100 ms	20 bis 400 ms	0,2 bis 0,5 s	bis einige Minuten
Speicherkapazität in bit	10^4 bis 10^7	10^5 bis 10^8	10^5 bis 10^9	10^8 bis 10^{10}	bis $5 \cdot 10^7$ pro Band
bit-Kosten in Pfennig pro bit	$\leq$ 50	10 bis 20	0,1 bis 0,5	0,002 bis 0,2	$\leq$ 0,02
Datenübertragungsrate in bit pro Sekunde	bis $5 \cdot 10^7$	10^6 bis 10^7	$5 \cdot 10^5$ bis $5 \cdot 10^6$	10^5 bis 10^6	10^5 bis 10^6

Beim M a g n e t t r o m m e l s p e i c h e r ist das Speichermedium auf der Oberfläche einer mit mechanisch hoher Präzision und konstanter Geschwindigkeit rundlaufenden Trommel aufgebracht. Meist ist den datentragenden Spuren (eine Umfangslänge der Trommel senkrecht zu ihrer Achse, festgelegt durch den Kopf) jeweils ein Schreib-/Lesekopf fest zugeordnet, der, um hohe bit-Dichten zu erzielen, in weniger als 10 μ Abstand auf einem Luftpolster aerodynamisch über seine Spur gleitet und bitseriell Information lesen oder ein- bzw. überschreiben kann. Die Information ist adressierbar bis zu einem Sektor als Untermenge einer Spur. Im Gegensatz zum sequentiellen Zugriff zur Information auf einem Magnetband hat das einen Direktzugriff (Randomspeicher) zur Folge mit einer mittleren Zugriffszeit von einer halben Umlaufzeit der Trommel bei fester Zuordnung eines Schreib-/Lesekopfes zu jeder der bis zu 1000 Trommelspuren.

Während die Speicherfähigkeit von Trommelspeichern Proportionalität zu ihrer Oberfläche zeigt, verhält sich die Kapazität von P l a t t e n s p e i c h e r n proportional dem (allerdings schlecht genutzten) Volumen. Die Information wird auf besonders ebenen Plattenoberflächen zentralsymmetrisch in das Medium auf mehreren Hundert konzentrischen Kreisen, den Spuren, bitseriell gespeichert. Es werden mehrere (von Extremfällen abgesehen bis zu 50) solcher Platten mit einem Durchmesser bis zu ca. 1 m auf einer stabilen, rotierenden Welle zu einem starren Plattenstapel (beide Außenstirnflächen tragen keine Information) zusammengefaßt. Anzahl und Anordnung der meist auf einem Schlitten montierten, kammartig in den Plattenstapel hineingreifenden Magnetköpfe unterscheiden die einzelnen, Direktzugriff besitzenden Plattenspeicher voneinander. Die Schreib-/Lesetechnik ähnelt derjenigen auf der Trommel, wobei die mittlere Zugriffszeit neben der aus mechanischen Gründen geringeren Anzahl der Umläufe pro Sekunde noch um die Positionierzeit der Köpfe verlängert wird. Als zusätzliches Kriterium zur Adressierung kommt im Gegensatz zur Trommel die Plattenoberfläche bzw.

Adresse der Spur hinzu. Durch die Auswechselbarkeit der Plattenstapel bei bestimmten
Speichertypen ist eine sehr hohe Archivspeicherkapazität erreichbar.

Bei M a g n e t k a r t e n s p e i c h e r n erzielt man unter Beibehaltung des Direktzugriffes
durch noch bessere Raumausnutzung eine weitere Steigerung der Speicherkapazität. Karten-
speicher bestehen im Prinzip aus einem Trommelspeicher mit „auswechselbarer Speicher-
oberfläche", den Magnetkarten als Datenträger. Die Karten besitzen eine Reihe von Spuren und
befinden sich hängend in mehreren Magazinen (z. B. à 256 Karten zu je ca. 10^5 bit) angeordnet.
Der Aufhängemechanismus erübrigt eine starre Reihenfolge der Datenträger und erlaubt
selektiven Zugriff zu ihnen. Eine durch ihre Adresse angesteuerte Karte fällt aus dem Magazin
in eine Zuführung und wird pneumatisch zur Informationsauf- bzw. -abnahme auf eine
Trommel gespannt. Die Magazine sind auswechsel- und damit archivierbar.

3. Programmierung von DVA

3.1. Vorbereitende Aufgaben zur Erstellung eines Programms

Vor der Aufstellung eines Rechenprogramms sind verschiedene vorbereitende Aufgaben durchzuführen. In groben Zügen kann man diese wie folgt unterteilen:

1. Problemanalyse
2. Wahl eines geeigneten Verfahrens
3. Aufstellen eines Programmablaufplanes
4. Vereinbarungen über die Ein- und Ausgabe der Daten

Je nach Art und Umfang des Problems, der verwendeten Programmiersprache und den Test-möglichkeiten der zur Verfügung stehenden Rechenanlage werden diese vorbereitenden Arbeiten mehr oder weniger Zeit in Anspruch nehmen als das Erstellen und Testen des Pro-gramms. I. a. werden sie bei größeren und komplizierteren Aufgaben wesentlich umfang-reicher sein als die eigentliche Programmier- und Testarbeit.

Zur P r o b l e m a n a l y s e ist eine genaue Kenntnis aller Zusammenhänge der zu behandelnden Aufgabe erforderlich. In der Praxis ist dies meist nur durch Rücksprache mit den zuständigen Sachbearbeitern oder durch Teamarbeit möglich.

Die W a h l e i n e s g e e i g n e t e n V e r f a h r e n s setzt bei vielen Problemen Kenntnisse der numerischen Mathematik voraus. Auch ein Überblick über bereits vorhandene Programme oder Programmteile (U n t e r p r o g r a m m e) ist hierbei von großem Nutzen. Schließlich muß sich der Benutzer über die Leistungsfähigkeit der zur Verfügung stehenden Rechenanlage im klaren sein.

Bei der A u f s t e l l u n g e i n e s P r o g r a m m a b l a u f p l a n e s (auch B l o c k - d i a g r a m m , S t r u k t u r d i a g r a m m oder F l u ß d i a g r a m m genannt) müssen alle innerhalb eines Programms auftretenden Möglichkeiten und Sonderfälle von vornherein berücksichtigt werden. Ein Programmablaufplan soll den Ablauf einer Rechnung möglichst übersichtlich darstellen. Meistens wird man sich bemühen, ihn u n a b h ä n g i g v o n d e r R e c h e n a n l a g e oder der benutzten Programmiersprache aufzustellen. Manchmal wird es jedoch erforderlich sein, gerade die jeweils g e g e b e n e n B e s o n d e r h e i t e n der Anlage günstig auszunutzen.

Der Anfänger sieht meist die größte Schwierigkeit im Erlernen einer Programmiersprache und wird durch deren Vielzahl verwirrt. Man könnte hier vielleicht zum Vergleich das Verhalten eines Fahrschülers heranziehen, der seine ersten Fahrversuche mit einem Kraftfahrzeug macht. Dieser wird anfangs hauptsächlich mit der Beherrschung des Fahrzeugs beschäftigt sein. Die für ihn wichtigeren Aufgaben sind jedoch das Beobachten des Straßenverkehrs und das Erreichen eines vorgegebenen Zieles. Diese Fähigkeiten können erst durch einige Übung und Erfahrung erworben werden. Die Umstellung auf ein anderes Fahrzeug bereitet einem erfahrenen Kraft-fahrer hingegen keine große Schwierigkeit.

In der Datenverarbeitung ist die Beherrschung einer Programmiersprache ebenfalls erforderlich, um Erfahrungen im Erstellen von Programmen zu machen. Die eigentliche Schwierigkeiten liegen jedoch in der Problemanalyse, der Wahl eines geeigneten Verfahrens und in der Erfassung des logischen Ablaufs des Programms. Einem erfahrenen Programmierer bereitet die Umstellung von einer Programmiersprache auf eine andere ebenfalls keine große Schwierigkeit.

Die Behandlung von P r o b l e m a n a l y s e n und zur Programmierung geeigneter m a t h e m a t i s c h e r   V e r f a h r e n ist ein sehr umfangreiches Gebiet und daher nicht die Aufgabe des vorliegenden Buches. Die Aufstellung von P r o g r a m m a b l a u f p l ä n e n soll im folgenden jedoch etwas ausführlicher behandelt werden.

In diesem Zusammenhang muß auf einige wesentliche Unterschiede zwischen dem Arbeiten mit einfachen Rechenhilfsmitteln wie Rechenschieber oder Tischrechenmaschine und einer programmgesteuerten Rechenanlage hingewiesen werden: Beim Arbeiten mit e i n f a c h e n R e c h e n h i l f s m i t t e l n ist der B e n u t z e r   b e i m   R e c h e n a b l a u f   z u - g e g e n ; er hat jederzeit die Möglichkeit, den Rechenablauf den Zwischenergebnissen anzupassen, auf ein anderes Verfahren überzugehen oder die Rechnung zu beenden. Bei der P r o g r a m m i e r u n g müssen jedoch a l l e möglichen Fälle v o n   v o r n h e r e i n berücksichtigt werden.

Der Programmierer steht a u ß e r h a l b   d e s   R e c h e n v o r g a n g e s , muß diesen aber bis in alle Einzelheiten überblicken können. Die erforderlichen E n t s c h e i d u n g e n müssen ebenso festgelegt werden wie die R e i h e n f o l g e   a l l e r   e i n z e l n e n R e c h e n o p e r a t i o n e n . Die Entscheidungen sind dabei den Möglichkeiten der Rechenanlage bzw. der Programmiersprache anzupassen. Dies führt häufig zu einer dem Menschen sonst ungewohnten und ihm umständlich erscheinenden Denkweise. Selbst kleine Aufgaben, wie z. B. die Berechnung eines Polynoms beliebiger Ordnung, können dem Anfänger daher Schwierigkeiten bereiten.

Da ein Rechenprogramm im wesentlichen aus den a u s f ü h r l i c h e n   V o r s c h r i f t e n zur Lösung eines Problems nach einem b e s t i m m t e n   V e r f a h r e n besteht und von den jeweils verwendeten Eingangsdaten (auch Parameter oder Einflußgrößen genannt) unabhängig ist, kann es immer wieder zur Lösung dieser Aufgabe verwendet werden. Beim Arbeiten mit einfachen Rechenhilfsmitteln hingegen muß die g e s a m t e   R e c h e n a r b e i t vom Menschen f ü r   j e d e n   F a l l neu geleistet werden.

Ein P r o g r a m m a b l a u f p l a n besteht aus einzelnen B l ö c k e n , die durch P f e i l e miteinander verbunden sind. Die Pfeile geben die R i c h t u n g an, in der das Programm durchlaufen wird. Ein r e c h t e c k i g e r   B l o c k enthält eine oder mehrere Rechenoperationen (bei einem groben Überblick kann es sich auch um ganze Programmteile handeln). Ein solcher Block hat einen Eingang und einen Ausgang. Ein r a u t e n f ö r m i g e r   B l o c k gibt eine Programmverzweigung an. Er hat einen Eingang und zwei oder mehrere Ausgänge. Daneben gibt es weitere Arten von Blöcken zur Darstellung von Ein- und Ausgaben usw. Wenn sich Programmzweige vereinigen, so werden Pfeile zusammengeführt.

Die Bilder 3.1 bis 3.4 zeigen Beispiele mit kleinen Ausschnitten aus Programmablaufplänen. Die verwendeten großen Buchstaben stehen anstelle von Variablen, Ergebnissen oder Programmanweisungen (Rechenoperationen, Umspeichern von Daten u.a.). Das Symbol := ist als „ t r i t t   a n s t e l l e   v o n “ zu lesen. Man spricht auch von einer W e r t z u w e i s u n g .

Bei der Programmierung tritt häufig die Bildung von P r o g r a m m s c h l e i f e n auf. Dies ist immer dann der Fall, wenn ein bestimmter Teil der Rechnung wiederholt durchlaufen wird, d. h. wenn nach Ausführung einiger Rechenschritte ein R ü c k s p r u n g zum Beginn dieses Programmteiles erfolgt. Innerhalb einer Programmschleife muß eine Entscheidung erfolgen, wann ein Rücksprung durchgeführt und wann die Programmschleife verlassen werden soll (s. Bild 3.4).

Man unterscheidet i t e r a t i v e und s u k z e s s i v e P r o g r a m m s c h l e i f e n. Erstere treten hauptsächlich bei Iterationsverfahren auf. Die Schleife wird dabei in Abhängigkeit der

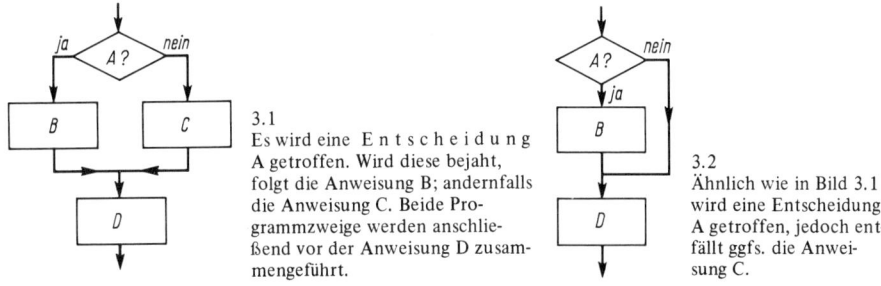

3.1
Es wird eine E n t s c h e i d u n g A getroffen. Wird diese bejaht, folgt die Anweisung B; andernfalls die Anweisung C. Beide Programmzweige werden anschließend vor der Anweisung D zusammengeführt.

3.2
Ähnlich wie in Bild 3.1 wird eine Entscheidung A getroffen, jedoch entfällt ggfs. die Anweisung C.

jeweils erzielten Rechenergebnisse verlassen. Bei den s u k z e s s i v e n Programmschleifen[1]) steht die Anzahl der Schleifendurchläufe von vornherein fest. Innerhalb der Schleife wird eine Variable (I n d e x) zum Z ä h l e n d e r D u r c h l ä u f e benutzt. Die Anwendung solcher

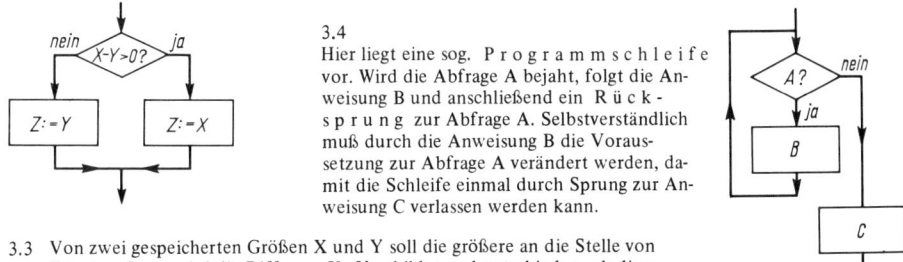

3.4
Hier liegt eine sog. P r o g r a m m s c h l e i f e vor. Wird die Abfrage A bejaht, folgt die Anweisung B und anschließend ein R ü c k - s p r u n g zur Abfrage A. Selbstverständlich muß durch die Anweisung B die Voraussetzung zur Abfrage A verändert werden, damit die Schleife einmal durch Sprung zur Anweisung C verlassen werden kann.

3.3 Von zwei gespeicherten Größen X und Y soll die größere an die Stelle von Z treten. Dazu wird die Differenz X−Y gebildet und entschieden, ob diese größer als Null ist. Im Grenzfall X = Y tritt Y ebenfalls an die Stelle von Z.

Schleifen erfolgt z. B. bei der Berechnung eines Polynoms beliebiger Ordnung n, der Berechnung einer Summe von n Zahlen usw.

Der Sinn der Verwendung von Programmschleifen liegt nicht nur darin, die Anzahl der Befehle eines Programms zu verringern. Vielmehr ist es auf diese Weise möglich, die Programme wesentlich flexibler zu gestalten. Da die Anzahl der Schleifendurchläufe von den Eingangswerten abhängen kann, lassen sich so z. B. Programme zur Berechnung von Polynomen beliebiger Ordnung oder zur Lösung von linearen Gleichungssystemen mit beliebig vielen Unbekannten aufstellen.

Als B e i s p i e l eines Programms mit einer i t e r a t i v e n S c h l e i f e sei das N e w - t o n s c h e I t e r a t i o n s v e r f a h r e n zur Berechnung der Quadratwurzel x einer Zahl y

---

[1]) Auch induktive Schleife genannt.

betrachtet (s. Bild 3.5)

$$x = \sqrt{y}$$

Sind Radikand y und Ausgangswert x_0 der Iteration größer als Null, so konvergiert das Verfahren gegen die gesuchte Wurzel x. Der verbesserte Wert x_{k+1} errechnet sich aus dem vorhergehenden x_k nach der Formel

$$x_{k+1} = \frac{x_k^2 + y}{2x_k}$$

Ist ferner $x_0^2 > y$, so ist die Folge der x_k monoton abnehmend. Kein x_k kann dabei theoretisch kleiner als die Wurzel werden. Als Ausgangswert wird zweckmäßig

$$x_0 = \frac{1+y}{2} > + \sqrt{y} \tag{3.1}$$

gewählt. Die Iteration wird beendet, wenn $x_k^2 - y \leqq 0$. Das Gleichheitszeichen kann nur gelten, wenn die Wurzel eine rationale Zahl ist. Das Kleinerzeichen ist theoretisch ausgeschlossen, da die Folge der Näherungswerte x_k monoton abnimmt. Infolge der unvermeidlichen Rundungs- und Abbrechfehler einer Rechenanlage kann dieser Fall jedoch eintreten. Die Grenze der Rechengenauigkeit ist dann erreicht, und ein Weiterrechnen wäre sinnlos.

Hier hat man ein einfaches und sicheres Kriterium zur Beendigung einer Iteration. Leider liegen die Dinge i. a. nicht immer so günstig. Im Programmablaufplan (Bild 3.5) treten die Bezeichnungen x_0, x_k und x_{k+1} nicht auf, da der neue Wert immer wieder an die Stelle des alten tritt. Für alle x wird daher nur eine Speicherzelle benötigt.

Vor Beginn einer jeden Programmschleife ist eine Vorbereitung erforderlich, die den Anfangszustand herstellt. Im vorliegenden Fall wird der Anfangswert von x nach Gl. (3.1) ermittelt.

Die Berechnung einer Summe S von n Summanden a_i führt auf ein einfaches Beispiel einer s u k z e s s i v e n   S c h l e i f e (s. Bild 3.6)

$$S = \sum_{i=1}^{n} a_i$$

Zur Vorbereitung werden die Summe S und der Index i gleich Null gesetzt. Die Schleife beginnt mit einer Abfrage und wird verlassen, wenn $n - i = 0$ ist. Der Fall $n = 0$ ist somit zugelassen und erbringt das richtige Ergebnis $S = 0$.

Die eigentliche Rechnung in der Schleife besteht in einer Erhöhung des Index i und in der Addition des jeweiligen Summanden a_i zur Summe S. Wem dieser Programmablauf Schwierig-

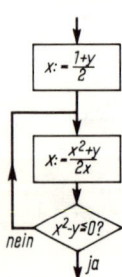

3.5 Programmschleife zur Berechnung einer Quadratwurzel nach dem Verfahren von Newton

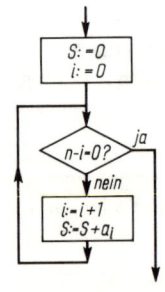

3.6 Sukzessive Programmschleife zur Berechnung einer Summe von n Zahlen

keiten bereitet, sollte sich an einem konkreten Zahlenbeispiel die Entstehung der Summe durch die Additionen bei den einzelnen Schleifendurchläufen klarmachen.

Es ist zu beachten, daß bei jedem Schleifendurchlauf nicht nur der Index i sondern auch die S p e i c h e r a d r e s s e d e r S u m m a n d e n a_i geändert werden muß. Bei Verwendung von problemorientierten Programmsprachen übernimmt freilich der Kompilierer die Aufstellung der zum A d r e s s e n r e c h n e n erforderlichen Befehle.

Vereinbarungen über die E i n - u n d A u s g a b e v o n D a t e n sind ebenfalls zu den vorbereitenden Aufgaben zur Erstellung eines Programms zu zählen. Die Nützlichkeit eines Programmablaufplanes zur übersichtlichen Darstellung des Programms kann auch von einem Anfänger leicht eingesehen werden. Die Überlegungen über eine möglichst zweckmäßige Ein- und Ausgabe der Daten beginnen meistens erst nach einigen (eventuell auch schlechten) Erfahrungen im Gebrauch von Rechenprogrammen und in der Auswertung ihrer Ergebnisse. Es kann daher hier nur auf wenige Fragenkomplexe in groben Zügen hingewiesen werden.

Zunächst sollte es selbstverständlich sein, daß aus den Ausgabedaten der Sinn der Rechenergebnisse ersichtlich ist. Das bedeutet, daß durch eine Überschrift oder sonstigen Text das benutzte Programm derart gekennzeichnet wird, daß sich die zugehörige P r o g r a m m - b e s c h r e i b u n g in der Bibliothek finden läßt.

Alle Eingangsdaten müssen zusammen mit den Rechenergebnissen ausgedruckt werden. Dies geschieht einerseits zur K o n t r o l l e d e r E i n g a n g s d a t e n und andererseits zur U n t e r s c h e i d u n g v e r s c h i e d e n e r R e c h e n b e i s p i e l e . Nicht umsonst spricht man manchmal von „ Z a h l e n f r i e d h ö f e n “ ! Darunter versteht man dicke Stapel von Rechenergebnissen, deren Herkunft bezüglich des Rechenprogramms oder der Eingangsdaten ungeklärt ist.

Der Ausdruck der Ergebnisse muß nicht nur dem Programmierer sondern allen S a c h - b e a r b e i t e r n d i e s e r E r g e b n i s s e verständlich sein. Dazu gehören Klartext und Bezeichnungen, deren Bedeutungen in der zugehörigen Programmbeschreibung erläutert werden.

Das Schriftbild muß den Möglichkeiten der verwendeten A u s g a b e g e r ä t e (Zeilendrucker, Schreibmaschine o. a.) angepaßt werden. Die Anzahl der S c h r e i b s t e l l e n j e Z e i l e ist dabei recht unterschiedlich. Damit z. B. die Spaltenüberschriften einer Tabelle auch über den Zahlen der zugeordneten Spalte stehen, muß man die Schreibstellen (einschließlich Leerstellen, Vorzeichen, Dezimalpunkten usw.) genau auszählen. Hierzu gibt es Formulare der Herstellerfirmen von Zeilendruckern. Mit kariertem Papier geht es freilich auch.

Bei der Eingabe von Daten durch Lochkarten oder andere Datenträger muß man sich ebenfalls Gedanken über eine zweckmäßige Anordnung, die erforderliche Stellenzahl u. a. machen. Besonders wichtig ist die Frage, welche Daten als V a r i a b l e in ein Programm einzugeben sind. Einerseits möchte man ein Programm möglichst flexibel, andererseits aber auch möglichst einfach in der Handhabung machen. Die erste Forderung bedeutet möglichst v i e l e V a r i a b l e als Eingangsdaten und w e n i g K o n s t a n t e n innerhalb des Programms; die zweite Forderung bedingt das Gegenteil. Hier gilt es entweder eine befriedigende Z w i s c h e n l ö s u n g zu finden oder aber die Eingabe so flexibel zu gestalten, daß wahlweise v e r s c h i e d e n e A r t e n v o n E i n g a b e n möglich sind.

3.2. Programmierungsarten und -hilfen

3.2.1. Internprogramme

3.2.1.1. Maschinensprachen. Internprogramme sind in der „Maschinensprache", die von der speziellen Konstruktion des Rechners her bedingt ist, erstellte Programme. Jeder Rechner kann i. a. vermöge eines (häufig festverdrahteten) Einleseprogramms Befehle in seiner M a s c h i n e n - s p r a c h e , die man kurz M a s c h i n e n b e f e h l e oder M a s c h i n e n w o r t e nennt, über die (maschinelle oder manuelle) Eingabe in das Speicherwerk einlesen. Das gespeicherte Programm der Maschinenbefehle wird in der Arbeitsphase vom Leitwerk Befehl für Befehl, wofür eigens ein Befehlszähler (BFZ) tätig ist, dem Rechenwerk zur Ausführung der Operationen zugeführt. Man spricht dann von speichergesteuerten Maschinen. Zusammengefaßt: Maschinenprogramme können vom Rechner unmittelbar verarbeitet werden, im Gegensatz von Programmen, die in einer „maschinenorientierten" Sprache (Assemblierersprache) oder in einer „problemorientierten" Sprache (z. B. FORTRAN, ALGOL, PL/I) geschrieben sind, denn diese müssen zuvor durch spezielle Übersetzungsprogramme in die Form von rechnerbezogenen Maschinenprogrammen gebracht werden. Es ist daher für den Programmierer einer größeren Rechenanlage von Vorteil, Maschinenprogramme zwecks Auffinden und direkter Verbesserung von Programmfehlern lesen zu können. Kleinrechner können häufig nur in ihrer Maschinensprache programmiert werden.

Das Programm in Maschinensprache besteht aus einer Folge von Maschinenbefehlen bzw. Maschinenworten. Prinzipiell besteht ein Maschinenbefehl mindestens aus dem O p e r a t i o n s - t e i l (OP bzw. OTT) und dem A d r e s s e n t e i l (ADT). Kurz geschrieben: $\boxed{\text{OP} \mid \text{ADT}}$
Der OP gibt an, w a s getan werden soll. Der ADT gibt an, mit w e l c h e n O p e r a n d e n dieser Befehl durchgeführt werden soll. Der ADT enthält vorwiegend die Adressen von Operanden oder Befehlen. Bei einer arithmetischen Rechenoperation werden z w e i Operanden miteinander verknüpft und liefern ein Ergebnis. Bei E i n a d r e ß m a s c h i n e n wird der eine Operand im Adreßteil adressiert, der andere Operand und das Ergebnis stehen in einem ausgezeichneten Wort (Register, Akkumulator (AKR)). Bei Z w e i a d r e ß m a s c h i n e n wird auch der zweite Operand adressiert und das Ergebnis kommt entweder in eines der beiden adressierten Worte oder in ein besonders Ergebniswort. Bei Zweiadreßmaschinen ist die Anzahl der Befehle eines Programms i. allg. kleiner als bei Einadreßmaschinen. Dies macht sich besonders bei kaufmännischen (organisatorischen) Problemen bemerkbar, bei denen oft nur jeweils eine arithmetische Operation bei vielen Daten durchgeführt wird. Bei technisch-mathematischen Problemen dagegen folgen häufig mehrere arithmetische Operationen hintereinander. Zweiadreßmaschinen bieten dann weniger Vorteile. Einadreßbefehle sind kürzer und benötigen daher weniger Speicherplatz. Beim Programmieren und Lochen ist die Kürze der Befehle ebenfalls von Vorteil, da die wiederholte Angabe einer zweiten Adresse unnötige Arbeit verursacht und wegen der notwendigen Schreib- und Locharbeit auch eine zusätzliche Fehlerquelle darstellt.

Um die Vorteile beider Befehlsarten zu vereinigen, ist bei einigen Maschinentypen zwar ein zweiter, aber wesentlich kürzerer Adreßteil vorhanden. Dadurch können einige wenige ausgezeichnete Worte oder Register angesprochen werden, ohne daß die zweite Adresse unnötig lang wird; z. B.:

S i e m e n s s y s t e m 300, zwei Akkumulatoren durch ein bit adressierbar.
N i x d o r f s y s t e m 820, 16 Vorzugsspeicher, durch vier bit adressierbar.

Neben einem OP und einem oder zwei ADT kann ein Befehl weitere Bestandteile enthalten. Insbesonders verwendet man häufig einen I n d e x t e i l , durch den man Befehle „indizieren" kann; diese I n d i z i e r u n g ermöglicht ein vereinfachtes Adressenrechnen (s. Abschn. 3.2.1.3).

ADD 7 als Beispiel für einen E i n a d r e ß b e f e h l [OP | ADT] hat die Wirkung: Addition der in Speicherzelle 7 stehenden Zahl zum Inhalt des Akkumulators (AKR) und Speichern der Summe im AKR. Für den OP ADD wird ein numerischer Code auf der im Rechnersystem verwendeten Zahlenbasis festgelegt.

ADD 7; 12 als Beispiel für einen Z w e i a d r e s s e n b e f e h l [OP | ADT1 | ADT2] hat die Wirkung: Addition des Zahlenwertes in Speicherzelle 7 zum Zahlenwert in Speicherzelle 12 und anschließendes Speichern der Summe in Speicherzelle 12.

Die Programmierung in einer Maschinensprache soll nun anhand eines Kleinrechners (Nixdorf 820/20) verdeutlicht werden. Ein Maschinenbefehl des Nixdorfrechners wird durch ein 18-bit Wort dargestellt, das sich aus dem OP, dem ADT und dem Indexteil AD_i zusammensetzt. Aufgrund der Konstruktionseigenschaften des Rechners und der dadurch bedingten sedezimalen Codierung wird der ADT in drei Teiladressen AD_l (Adreßteil links), AD_m (Adreßteil mitte) und AD_r (Adreßteil rechts) zerlegt:

bit-Nr.	18 17	16 15 14 13	12	11 10 9	8 7 6 5	4 3 2 1
		OP	AD_i		ADT	
	a	b	i	AD_l	AD_m	AD_r
Wertebereich	0–3	0–15	0;1	0–7	0–15	0–15

AD_{mr} (Adreßteil mitte-rechts) ist z. B. eine sedezimale Kombination von AD_m und AD_r. Der OP durchläuft im Sedezimalsystem den Zahlenbereich von 0.00 bis 3.15, also $4 \cdot 16 = 64$ mögliche Grundbefehle. In Tafel 3.7 ist ein Ausschnitt aus der Befehlsliste des Rechners zusammengestellt. Daten (Zahlenwerte) werden als 14-stellige Dezimalzahlen mit (wählbarem) Festkomma in einem vom Programmspeicher getrennten Datenspeicher gespeichert.

B e i s p i e l e z u r B e f e h l s s t r u k t u r

Additionsbefehl:

OP		ADT		
a	b	i	AD_l AD_m AD_r	
0	04	0	01 05 07	

E r k l ä r u n g : Der OP 0.04 weist laut Befehlsliste auf einen Additionsbefehl hin, bei dem AD_{lm} die sedezimale Nummer der Datenspeicherzelle (kurz: Speicher AD_{lm}) ist, die vor der Rechenoperation den ersten Summanden enthält und nach der Operation die Summe aufnimmt; AD_r gibt die Nummer des Datenspeichers an, der sowohl vor als auch nach der Operation den zweiten Summanden speichert. AD_r ist zudem die Nummer einer der 16 V o r z u g s - s p e i c h e r , unter denen diejenigen mit den Nummern 3 bis 15 i. allg. frei verfügbar sind. Bei allen arithmetischen Befehlen muß immer ein Vorzugsspeicher verwendet werden.

W i r k u n g des Befehls: Es wird der Inhalt des Datenspeichers mit der Nummer $AD_{lm} = 1.05_{16}$ $= 21_{10}$ zum Inhalt des Datenspeichers mit der Nummer $AD_r = 7$ addiert und die Summe im Speicher $AD_{lm} = 21$ gespeichert.

Tafel 3.7   Ausschnitt aus der Befehlsliste des Kleinrechners N i x d o r f 820/20

OP	Symbol	Funktion	Merker		
0. 1	NOP	$AD_{lmr} \neq 0$ Leerbefehl			
0. 1	ACC	(E) → Reg. AD_{lm} (AD_r Nachkommastellen)			
0. 2	MVH	(Reg. AD_r) → Reg. AD_{lm}			
0. 3	MV	(Reg. AD_{lm}) → Reg. AD_r			
0. 4	ADH	(Reg. AD_{lm}) + (Reg. AD_r) → Reg. AD_{lm}			MC
0. 5	AD	(Reg. AD_r) + (Reg. AD_{lm}) → Reg. AD_r			MC
0. 6	SBH	(Reg. AD_{lm}) − (Reg. AD_r) → Reg. AD_{lm}			MC
0. 7	SB	(Reg. AD_r) − (Reg. AD_{lm}) → Reg. AD_r			MC
0. 8	MLH	(Reg. AD_{lm}) x (Reg. AD_r) → Reg. AD_{lm} , C			MC
0. 9	ML	(Reg. AD_r) x (Reg. AD_{lm}) → Reg. AD_r, C			MC
0. 10	DVH	(Reg. AD_{lm}) ∶ (Reg. AD_r) → Reg. AD_{lm} , C			MC
0. 11	DV	(Reg. AD_r) ∶ (Reg. AD_{lm}) → Reg. AD_r, C			MC
0. 12	CPH	Vergleich (Reg. AD_{lm}) mit (Reg. AD_r)	ML	MU	
0. 13	CP	Vergleich (Reg. AD_r) mit (Reg. AD_{lm})	ML	MU	
0. 14	CPZ	Vergleich (Reg. AD_{lm}) mit Null ($AD_r = 0$)	ML	MU	
0. 15	CLR	$AD_r = 0$ Löschen (Reg. AD_{lm})			
	SGNIN	$AD_r \neq 0$ Vorzeichenwechsel (Reg. AD_{lm})			
1. 0	BR	Sprung nach AD_{lmr}			
1. 1	BR1	Sprung wenn M1 = 1 nach AD_{lmr}			
1. 2	BR2	Sprung wenn M2 = 1 nach AD_{lmr}			
1. 3	BR3	Sprung wenn M3 = 1 nach AD_{lmr}			
1. 4	BR4	Sprung wenn M4 = 1 nach AD_{lmr}			
1. 5	BR5	Sprung wenn M5 = 1 nach AD_{lmr}			
1. 6	BRL	Sprung wenn ML = 1 nach AD_{lmr}			
1. 7	BRU	Sprung wenn MU = 1 nach AD_{lmr}			
1. 8	BRC	Sprung wenn MC = 1 nach AD_{lmr}			
1. 9	BXG	Sprung wenn (I) > 1023 nach AD_{lmr}			
1. 10	BXU	Sprung wenn (I) $\neq$ 0 nach AD_{lmr}			
1. 11	BRS	Unterprogrammsprung nach AD_{lmr}			
1. 12	BRR	Rücksprung nach Rückkehradresse + AD_{lmr}			

Kurzschreibweise: $(21) + (7) \to 21$ [1])
Tritt auf Stelle 14 des Datenspeichers AD_{lm} ein Überlauf ein, so wird automatisch der
M e r k e r [2]) MC gesetzt.

Sprungbefehl:

OP	i	ADT		
1.00	0	05	11	15

E r k l ä r u n g : Sprung (branch) zur Maschinenwortadresse $AD_{lmr} = 5.11.15_{16}$.
W i r k u n g : Es wird ein Sprung zur Befehlsspeicherzelle Nr. $5.11.15_{16} = 1471_{10}$ ausgeführt
und mit der Durchführung des dort gespeicherten Befehls im Programm fortgefahren.

Z ä h l b e f e h l :

Adresse sedezimal		OP		ADT		
		a	b	i	AD_l	AD_m	AD_r
5	11	15	2	04	0	05	03	09

E r k l ä r u n g : Zählen im Speicher $AD_{lm} = 5.03_{16} = 83_{10}$ in Stelle AD_r. Bedeutung: Es
wird im Speicher 83 in Stelle 9 die Zahl 1 addiert.

W i r k u n g : Speicher 83
14-stellig

0	0	0	7	3	9	1	0	7	3	8	4	5	1
0	0	0	7	4	0	1	0	7	3	8	4	5	1

oben vor und darunter nach der Operation.

3.2.1.2. Programmbeispiel zur Einführung. Berechnung des a r i t h m e t i s c h e n M i t t e l s
von N positiven oder negativen Zahlen x_i. Die Aufgabe wird in Tafel 3.8 in Form eines
maschinensprachenbezogenen Programmablaufplanes mit Befehlserklärungen und der maschinen-
gerechten Codierung gelöst.

3.2.1.3. Programmbeispiel mit indizierten Befehlen. Der Begriff des i n d i z i e r t e n
B e f e h l s wird an folgendem Beispiel erklärt:

OP	AD_i	ADT		
1 00	1	02	09	11

Der Inhalt des I n d e x r e g i s t e r s sei $(I) = 104_{10} = 0.06.08_{16}$. W i r k u n g d e s
B e f e h l s : Ist der Indexteil $AD_i = 1$, so wird zunächst in einem Hilfsspeicher der Inhalt des
Indexregisters zu der aus dem Adreßteil AD_{lmr} gebildeten Sedezimalzahl addiert:

$$AD_{lmr} = 2.09.11$$
$$\underline{+ (I) \quad = 0.06.08}$$

m o d i f i z i e r t e r A d r e ß t e i l $\quad AD_{lmr} = 3.00.03$

---

[1]) Inhalte von Datenspeichern werden mit ( ) bezeichnet.
[2]) Dieser Rechner besitzt acht 1-bit Speicher, die M e r k e r heißen und die die Werte 1 und 0
annehmen können, je nachdem ob sie „gesetzt" oder „nicht gesetzt" sind. Der Merker Nr. 8
heißt der Überlaufmerker MC.

Tafel 3.8 Programm zur Berechnung des Mittelwertes

| Programmablauf | codiertes Programm |

Programmablauf:

Manuelle Eingabe der $x_i \lessgtr 0$ über die Tastatur

↓

Werte der x_i drucken

i   zählen

Σx_i bilden

↓

$(\Sigma x_i) : N$

Mittelwert drucken

codiertes Programm:

Adresse sedezimal			OP a	OP b	AD$_i$	AD$_l$	AD$_m$	AD$_r$
0	10	00	2	14	0	4	00	01
0	10	1	2	12		1	2	2[1])
0	10	2	1	1		0	10	8
0	10	3	2	12		1	2	7
0	10	4	1	1		0	10	10
0	10	5	2	12		5	2	10
0	10	6	1	5		0	11	1
0	10	7	1	0		0	10	1
0	10	8	0	1		0	3	7
0	10	9	1	0		0	10	12
0	10	10	0	1		0	3	7
0	10	11	0	15		0	3	1
0	10	12	3	3		7	0	15
0	10	13	2	4		0	5	8
0	10	14	0	4		0	6	3
0	10	15	1	8		0	11	11
0	11	0	1	0		0	10	0
0	11	1	0	10		0	6	5
0	11	2	0	3		0	6	3
0	11	3	2	14		4	0	2
0	11	4	3	3		7	0	15
0	11	5	2	13		0	1	8
0	11	6	2	15		2	1	14
0	11	7	2	15		2	2	8
0	11	8	0	15		0	6	0
0	11	9	0	15		0	5	0
0	11	10	1	0		0	10	0
0	11	11	2	13		0	1	8
0	11	12	3	0		0	11	14
0	11	13	1	0		0	11	8
0	11	14	. . .					

[1]) Nullen werden im Indexteil und in den Sedezimalpositionen bis auf e i n e beim Maschinenausdruck unterdrückt.

Programmablaufplan		Erklärung und Wirkung der Befehle
Sprung-marke	Befehl, symbolisch	
BEGIN	LNF 1	1-mal Zeilenschaltung der Schreibmaschine.
EIN	SM1 RRAR	Setze den Merker 1, falls die Taste ⊟ der Eingabetastatur gedrückt wird.
	BR1 MA	Sprung (branch) zur Marke MA (= Maschinenwortadresse 0 10 00), falls der Merker 1 gesetzt ist.
Warte-schleife	SM1 RMIN	Setze den Merker 1, falls die Taste ⊟ gedrückt wird.
	BR1 MB	Sprung zur Marke MB, falls der Merker 1 gesetzt ist.
	SM5 RITS	Setze den Merker 5, falls die Taste ⊠ gedrückt wird.
	BR 5 MM	Sprung zur Marke MM, falls der Merker 5 gesetzt ist.
	BR EIN	Sprung zur Marke EIN.
MA	(E) → 3/7	Transportiere den Inhalt des mit der Eingabetastatur verbundenen Speichers E nach Speicher 3 mit 7 Stellen nach dem Dezimalkomma.
	BR MDD	
MB	(E) → 3/7	s. vorletzter Befehl.
	SIGNIN (3)	Ändere das Vorzeichen der in Speicher 3 stehenden Zahl.
MDD	EDSN Pos 15	Drucke den Inhalt des Speichers 3 mit Vorzeichen auf Kommaposition 15.
	CNT 5, St. 8	Addiere in Speicher 5 auf Stelle 8 die Zahl 1.
	(3) + (6) → 6	Addiere zum Inhalt des Speichers 3 den Inhalt des Speichers 6 und speichere die Summe in 6.
	BRC UEB	Sprung zur Marke UEB, falls der Merker MC beim vorgehenden Befehl gesetzt wurde.
	BR BEGIN	Rücksprung zur Marke BEGIN.
MM	(6) : (5) → 6	Dividiere den Inhalt des Speichers 6 durch den Inhalt des Speichers 5 und speichere das Ergebnis in Speicher 6.
	(6) → 3	Transportiere den Inhalt des Speichers 6 nach Speicher 3.
	LNF 2	2-mal Zeilenschaltung.
	EDSN Pos 15	Drucke den Inhalt von Speicher 3 auf Kommaposition 15.
	TAB 24	Tabulation der Schreibmaschine auf Position 24.
	ALC, TW, M	Drucke den Buchstaben M.
	ALC, TW,W	Drucke den Buchstaben W.
LOE	CLR 6	Lösche den Inhalt von Speicher 6.
	CLR 5	Lösche den Inhalt von Speicher 5.
	BR BEGIN	Rücksprung zur Marke BEGIN.
UEB	TAB 24	Tabulation der Schreibmaschine auf Position 24.
	TT TEXT	Drucke den ab Marke TEXT (Adr. 0.11.14) gespeicherten Text: ‚UEBERLAUF‘ und kehre danach zur Ausführung des nächsten Befehles zurück.
	BR LOE	
TEXT	UEBERLAUF	Von hier an wird der Text: ‚UEBERLAUF‘ im Sedezimal-Code gespeichert.

Tafel 3.9   Ziffernsortierprogramm

Programm im Maschinencode				Symbolisches Programm		
Adresse	OP	AD_i	ADT	Symb. Adr.	Befehlswort	Kommentar
0 5 0	2 14	0	4 0 1		LNF 1	
0 5 1	2 13		0 1 14		TAB 30	
0 5 2	3 0		2 0 0		TT UEBERS	UEBERSCHRIFT
0 5 3	2 14		4 0 1	EINGAB	LNF 1	
0 5 4	2 12		0 2 1		WT RRAR	
0 5 5	3 6		0 8 1		ED 1 RED	
0 5 6	0 1		0 3 0		ACC 3.	
0 5 7	3 2		0 2 12		ED 44	
0 5 8	2 13		0 3 2		TAB 50	
0 5 9	0 15		0 5 6		VGLREG. CLR	
0 5 10	0 15		0 6 0	ZYKLUS	CLR ZAEHLR.	
0 5 11	2 4		0 6 1		CNT ZAEHLR.	STELLENZEIGER+1
0 5 12	2 6	1	6 1		XR2 ZAEHLR.1	
0 5 13	2 10	1	7 15 1		CX XI 2048-15	
0 5 14	1 10		0 6 3		BXU VERGL	
0 5 15	2 4		0 5 1		CNT VGLREG.1	
0 6 0	2 6		0 5 1		XR1 1 VGLREG.	
0 6 1	1 10		0 5 10		BXU ZYKLUS	
0 6 2	1 0		0 5 3		BR EINGAB ENDE	
0 6 3	2 6	1	6 1	VERGL	XR2 1 ZAEHLR.	
0 6 4	2 6	1	0 3 0		XI XR1 3.	
0 6 5	0 15		0 4 0		CLR EINGZR.	
0 6 6	2 5		0 4 1		DC1 EINGZR.1	
0 6 7	0 13		0 5 4		EINGZR CP VGLREG.	
0 6 8	1 7		0 6 10		BRU/+ 2	
0 6 9	2 15	1	2 0 0		XI ALC, TW ZIFFER DRUCKEN	
0 6 10	1 0		0 5 11		BR ZYKLUS + 1	
				*	2..	
2 0 0	...Codierung			UEBERS	*ZIFFERN/YMIN/& UEBERSCHRIFT	
...	der Überschrift				SORTIERUNG/YCOL//YEND*	
				*VGLREG	5 DEFINITION DER	
				*EINGZR	4 SYMBOLISCHEN	
				*ZAEHLR	6 SPEICHER	
				**	PROGRAMMENDE	

Sodann wird der Befehl mit dem m o d i f i z i e r t e n   A d r e ß t e i l AD_{lmr} und unver-
ändertem OP ausgeführt:

OP	AD_i	ADT
1 00	0	3 00 03

W i r k u n g : Sprung zur Befehlsadresse 3.00.03.

Erklärung und Wirkung der Befehle

1-mal Zeilenschaltung der Schreibmaschine.
Tabulation der Schreibmaschine auf Position 30.
Drucke die Überschrift, die ab der symbolischen Adresse UEBERS gespeichert ist.
1-mal Zeilenschaltung.
Warte, bis die Taste ⊟ gedrückt wird und fahre im Programm fort. Während des Wartens wird die zu sortierende Zahl über die Tastatur eingegeben.
Druckvorbefehl: In roter Farbe drucken, mindestens eine Stelle vor dem Dezimalkomma ausdrucken.
Inhalt des Eingabespeichers E nach Speicher 3 transportieren.
Drucke den Inhalt des Speichers 3 gemäß vorstehendem Druckvorbefehl auf Position 44.
Tabulation auf Position 50.
Lösche den Inhalt des Speichers VGLREG.
Lösche den Inhalt des Speichers ZAEHLR.
Addiere im Speicher ZAEHLR auf Stelle 1 die Zahl 1. Kurz: Stellenzeiger um 1 erhöhen.
Transportiere die aus den Ziffern von Stelle 1 und 2 des Speichers ZAEHLR gebildete Dezimalzahl in das Indexregister.
Addiere die Zahl $2048 - 15 = 2033$ zum momentanen Inhalt des Indexregisters.
Sprung zur Adresse VERGL, falls der Inhalt des Indexregisters ungleich Null ist, sonst fahre mit dem nächsten Befehl fort.
Addiere im Speicher VGLREG auf Stelle 1 die Zahl 1 (Zählen!).
Transportiere die auf Stelle 1 des Speichers VGLREG stehende Zahl (Ziffer) in das Indexregister.
Sprung zur Adresse ZYKLUS, falls der Inhalt des Indexregisters ungleich Null ist.
Rücksprung zur Adresse EINGAB; Ende der Sortieraufgabe.
Transportiere die aus den Ziffern von Stelle 1 und 2 des Speichers ZAEHLR gebildete Zahl in das Indexregister.
Transportiere die Zahl (Ziffer) von der Stelle des Speichers 3, die durch den momentanen Inhalt des Indexregisters angegeben wird, in das Indexregister.
Lösche den Speicher EINGZR.
Transportiere den Inhalt des Indexregisters auf Stelle 1 des Speichers EINGZR.
Vergleiche den Inhalt des Speichers EINGZR mit dem Inhalt des Speichers VGLREG und setze bei Ungleichheit den Merker MU.
Sprung, wenn der Merker MU gesetzt ist, um 2 Befehle weiter, sonst fahre im Programm fort.
Drucke das Zeichen (Ziffer), das durch den Inhalt des Indexregisters dargestellt wird.
Sprung zu der um 1 erhöhten Adresse ZYKLUS.
Ordne dem folgenden Text: ‚ZIFFERNSORTIERUNG' die Maschinenanfangsadresse 2.00.00 zu.

Für die Speicher 4, 5 und 6 sind die nebenstehenden symbolischen Namen vereinbart.

Im Beispiel des Z i f f e r n s o r t i e r p r o g r a m m s (Tafel 3.9) ist neben dem codierten auch noch das entsprechende symbolische Programm (Assembliererprogramm) mit aufgeführt, das in Abschn. 3.2.2 besprochen wird. Die Speicherbelegung erklärt Tafel 3.10. Das Programm wird für den Vergleich der 10 Ziffern 0 bis 9 mit den 14 Ziffern der gegebenen Dezimalzahl genau 10-mal ab Adresse ZYKLUS + 1 durchlaufen. Diese Durchläufe werden mit I bis X bezeichnet. Im Durchlauf I werden z. B. alle 14 Ziffern der gegebenen Zahl mit der Ziffer 0, im Durchlauf X mit der Ziffer 9 verglichen. Bei jedem dieser Durchläufe I bis X wird die Programmschleife ZYKLUS, die von den Befehlen mit den Adressen 0.05.10 bis 0.06.01

Tafel 3.10   Speicherbelegung des Ziffernsortierprogramms

Speicherbelegung während des gesamten Programmablaufes:

	14	13	12	11	10	9	8	7	6	5	4	3	2	1	Stellennummer
Speicher 3	3	1	8	2	4	0	0	0	4	0	5	1	9	3	eingegebene Zahl

Schleife: ZYKLUS   Schleife: VERGL

Speicher VGLREG — Indexregister

3	2	1	St.	2. Zust.	1. Zust.
	0	0	I ←	2034 ←	0001 ←
	0	1	II	2035	0002
	0	2	III	2036	0003
		3	IV	2037	0004
		4	V	2038	0005
		5	VI	2039	0006
		6	VII	2040	0007
		7	VIII	2041	0008
		8	IX	2042	0009
		9	X	2043	0010
				2044	0011
				2045	0012
				2046	0013
				2047	0014
				0000	0015

Speicher ZAEHLR — Indexregister

4	3	2	1	St.	1. Zust.	2. Zust.
	0	0	1	1 →	0001 →	0003 →
		0	2	2	0002	0009
		0	3	3	0003	0001
		0	4	4	0004	0005
		0	5	5	0005	0000
		0	6	6	0006	0004
		0	7	7	0007	0000
		0	8	8	0008	0000
		0	9	9	0009	0000
		1	0	10	0010	0004
		1	1	11	0011	0002
		1	2	12	0012	0008
		1	3	13	0013	0001
		1	4	14	0014	0003

Speicher EINGZR

3	2	1	St.
	0	3	→
	0	9	
	0	1	
		5	
		0	
		4	
		0	
		0	
		0	
		4	
		2	
		8	
		1	
		3	

↑   ↑
Gesamtdurchläufe I bis X   Einzeldurchläufe 1 bis 14

Testprotokoll

ZIFFERNSORTIERUNG:

```
12345678912345    11223344556789
9090909090909     00000009999999
121231231231      00111112222333
     999999       0000000999999
99999991111111    11111119999999
```

gebildet wird, genau 14-mal durchlaufen, um jede der 14 Ziffern der im Speicher 3 gespeicherten Zahl mit der jeweiligen im Speicher VGLREG (hier Speicher 5) gespeicherten Ziffer zu vergleichen und im Gleichheitsfalle auszudrucken. Während des 15. Einzeldurchlaufes der Schleife ZYKLUS wird der Inhalt des Indexregisters gleich Null gesetzt, da der Inhalt des Indexregisters bei Eingabe des Zahlenwertes 2048 gleich Null gesetzt wird.

Der Durchlauf I wird nun ausführlich erklärt. Das Programm beginnt mit (VGLREG) = (5) = 0. Aus dem Speicher ZAEHLR = Speicher 6 wird die Zahl 1 in das Indexregister (s. Tafel 3.10 nach links) gebracht; sodann wird die Zahl 2033 zum Indexregisterinhalt addiert, also 2033 + 1 = 2034. Da (I) ≠ 0 ist, kann der bedingte Sprungbefehl BXU VERGL in die Schleife VERGL ausgeführt werden. Beim Durchlauf dieser Schleife wird zunächst wieder aus dem

Speicher ZAEHLR die Zahl 1 in das Indexregister (s. Tafel 3.10, nach rechts), sodann aus dem Speicher 3 von der Stelle, die der Indexregisterinhalt gerade angibt, hier also von der Stelle 1 des Speichers 3, die dort stehende Ziffer zunächst in das Indexregister, dann in den Speicher EINGZR = Speicher 4 gebracht. Der eigentliche Vergleich erfolgt dann zwischen den Inhalten der Speicher EINGZR und VGLREG. Bei Ungleichheit wird sofort, bei Gleichheit erst nach Ausdruck der Ziffer durch Rücksprung in die Schleife ZYKLUS + 1 effektiv der Vergleich der 2. Ziffer der in Speicher 3 stehenden Zahl mit der Ziffer 0 durchgeführt. Die Programmdurchläufe II bis X kann der Leser anhand von Tafel 3.10 zur Übung selbst verfolgen.

3.2.2. Assembliererprogramme

P r o b l e m e b e i I n t e r n c o d e - P r o g r a m m i e r u n g . Das Programmieren im internen Code der Maschine, das im vorigen Abschnitt erläutert wurde, ist mühsam und unbefriedigend, das Programm selbst ist sehr schwer lesbar. Mehrere Gründe sind hierfür verantwortlich:

1. Der numerische Befehlscode ist schlecht merkbar.
2. Die Speicherplätze für die anfallenden Daten werden nur durch ihre Speichernummern ausgewiesen. Es obliegt dem Programmierer, anhand eines sorgfältig geführten Speicherplanes Irrtümer zu vermeiden. Ein fremdes Programm kann ohne Kenntnis seines Speicherplanes kaum verstanden werden.
3. Die Adressen für die Befehls- und Datenspeicher müssen i. allg. bei der Programmierung festgelegt werden. Eine Programmverschiebung, die z. B. beim Beseitigen eines Programmierfehlers erforderlich werden kann, ist nur durch eine Umprogrammierung möglich.
4. Ein Programmsystem, das von mehreren Programmierern segmentweise aufgestellt wird, muß über einen Gesamtspeicherplan koordiniert werden. Schon die Aufteilung des Befehlsspeichers bereitet ohne Kenntnis der endgültigen Segmentlängen Schwierigkeiten.
5. Bei Dualrechnern sind nicht nur die Befehlsangaben, sondern auch die im Programm auftretenden dezimalen Konstanten in Dual-, Oktal- oder Sedezimalform zu nennen.

P r o g r a m m i e r e n i m A s s e m b l i e r e r c o d e . Die Idee liegt nahe, Befehle und Adressen in symbolischer Form zu schreiben. Das daraus entstehende Programm ist freilich für den Rechner zunächst nicht verständlich. Es muß vor seiner ersten Verwendung in den Interncode der Maschine übersetzt werden. Sofern für den Rechner ein entsprechendes Übersetzungsprogramm im Interncode existiert, kann dies maschinell geschehen. Jede Computer-Herstellerfirma liefert zusammen mit dem Rechner diesen „Assemblierer", so daß nur noch im symbolischen Code programmiert zu werden braucht.

In diesem Assemblierercode werden die erwähnten Schwierigkeiten wie folgt beseitigt:

M n e m o t e c h n i s c h e r B e f e h l s c o d e . Zur Kennzeichnung der Befehle verwendet man sinnfällige Abkürzungen, etwa ADD für einen Additionsbefehl und SPR oder B für einen Sprungbefehl. Diese symbolischen Codes werden in einer Befehlsliste zusammengestellt, die vom Rechnertyp abhängig ist.

S y m b o l i s c h e A d r e s s e n . Die Kennzeichnung von Speicherplätzen erfolgt symbolisch durch frei wählbare Namen. Der Programmierer kann sich leicht merkbare Bezeichnungen ausdenken, vielleicht EINS für einen Platz, an dem eine Eins gespeichert wird, BETA für den Speicher einer Rechengröße β oder KDNAME für den Bereich, der den Kundennamen aufnehmen soll.

Tafel 3.11 enthält einen Ausschnitt aus einem IBM 360-Assembliererprogramm mit symbolischen Befehlscodes und symbolischen Adressen. Den einzelnen Befehlen können Kommentare angehängt werden.

Tafel 3.11   IBM 360 – Programmausschnitt
Berechnung von A = (B * B − C)/D in kurzer Gleitpunktform

Befehl			Kommentar
FORMEL	LE	0, B	Kurze GP-Zahl (B) nach GP-Reg. GR0 -vorn-
	ME	0, B	Kurze GP-Multiplikation (GR0) ∗ (B) nach GR0
	SE	0, C	Kurze GP-Subtraktion (GR0) − (C) nach GR0
	DE	0, D	Kurze GP-Division (GR0)/(D) nach GR0
	STE	0, A	Speicherung (GR0) vorn in A, A + 1, A + 2, A + 3

Das Ziffernsortierprogramm, das in Abschnitt 3.2.1.3 besprochen worden ist, findet man in Tafel 3.9 sowohl im Interncode als auch im Assemblierercode und mit Befehlserklärungen.

F r e i e   V e r s c h i e b b a r k e i t   d e s   ü b e r s e t z t e n   P r o g r a m m s . Der Assemblierer übersetzt das Quellprogramm so, daß die Festlegung des Programmanfangs erst bei der Verwendung des übersetzten Interncode-Programms erfolgen muß. Dadurch ist eine freie Verschiebbarkeit des Programms gesichert.

L o k a l e   u n d   g l o b a l e   A d r e s s i e r u n g . Im Assemblierercode besteht die Möglichkeit, die symbolischen Adressen entweder lokal oder global zu erklären. Lokale Namen sind nur innerhalb des Programmabschnittes definiert, in dem sie übersetzt werden. Beim Binden getrennt übersetzter Programmabschnitte zu einem Gesamtprogramm können in den einzelnen Abschnitten durchaus übereinstimmende lokale Namen vorkommen. Manche Assemblierer bieten außerdem die Möglichkeit, einen solchen Abschnitt in mehrere Sätze zu unterteilen. Dann besteht der vollständige lokale Name aus dem Satznamen und der symbolischen Adresse. Nur innerhalb des eigenen Satzes braucht der Satzname nicht genannt zu werden. Schon in den einzelnen Sätzen können demnach übereinstimmende symbolische Adressen für unterschiedliche Speicherplätze verwendet werden.

Wenn man sich in verschiedenen Abschnitten auf denselben Speicherplatz beziehen will, so bedient man sich zu seiner Bezeichnung eines globalen Namens. Er wird in dem Abschnitt, der seine Definition enthält, als intern global erklärt, während er in den Abschnitten, die auf ihn Bezug nehmen, als extern global deklariert wird.

In dem GE 600-Unterprogramm in Tafel 3.12 werden ALOG 10 und ALOG definiert und durch die SYMDEF-Anweisung als intern global ausgewiesen. Ein Anwenderprogramm hierzu würde ALOG 10 und ALOG als extern globale Namen führen, die hier dem Unterprogrammaufruf dienen. Der Name .FXEM. hingegen ist hier extern global und wird durch den Makrobefehl CALL .FXEM. (EALN1) automatisch als solcher ausgewiesen.

A s s e m b l i e r e r - V e r e i n b a r u n g e n . In jeder Assemblierersprache besteht die Möglichkeit, neben den Befehlen, die das eigentliche Programm bilden, auch Vereinbarungen an den Assemblierer zu geben. Diese Vereinbarungen werden schon während der Übersetzung befolgt, so daß im übersetzten Interncode-Programm anstelle der Vereinbarungen deren Ergebnisse erscheinen, im Gegensatz zu den anderen Befehlen, die sich dort, wenn auch verschlüsselt, wiederfinden. Sie werden erst beim Ablauf des übersetzten Programms ausgeführt.

Tafel 3.12 GE 600-Unterprogramm zur Berechnung von ln (x) als ALOG (X) und lg (x)
als ALOG10 (X)
Bei Aufruf steht Aufrufadresse + 1 in Indexregister X1, Adresse von X in
Aufrufadresse + 3

Befehl			Kommentar
	SYMDEF	ALOG10, ALOG	ALOG 10 und ALOG sind intern global
LOGS	SAVE		Makro-Instruktion zur Speicherung von X1 für späteres RETURN-Makro
	FLD	2, 1 *	Gleitpunktoperation ((2 + (X1))) in das 8 + 72-bit-Registerpaar E/AQ
	FNO		Gleitpunktnormalisierung in EAQ
	TZE	ERR1	Sprung nach ERR1, falls (AQ) = 0, also Gleit-punktmantisse Null
	TMI	ERR2	Sprung nach ERR2, falls (AQ) negativ
BEGIN	FCMP	= 1. 0, DU	(EAQ) Vergleich mit Direktoperand 1.0
	TZE	UNITY	Sprung nach UNITY, falls (EAQ) = 1.0
	STE	I	(E) in Adreßteil von I speichern
	LDE	0, DU	Register E mit Direktoperand 0 laden
	DFAD	SRHLF	Doppellängen-Gleitpunktaddition (EAQ) + (SRHLF, SRHLF + 1) nach EAQ
	DFST	Z	DL-GP-Speicherung (EAQ) nach Z, Z + 1
	DFSB	SRTWO	DL-GP-Subtraktion (EAQ) − (SRTWO, SRTWO + 1) nach EAQ
	DFDV	Z	DL-GP-Division (EAQ)/(Z, Z + 1) nach EAQ
	DFST	Z	DL-GP-Speicherung (EAQ) nach Z, Z + 1
	DFMP	Z	DL-GP-Mult. (EAQ) ∗ (Z, Z + 1) nach EAQ
	DFSB	C	DL-GP-Subtr. (EAQ) − (C, C + 1) nach EAQ
	DFDI	B	DL-GP-Divinv. (B, B + 1)/(EAQ) nach EAQ
	DFAD	A	DL-GP-Addition (EAQ) + (A, A + 1) nach EAQ
	DFMP	Z	DL-GP-Mult. (EAQ) ∗ (Z, Z + 1) nach EAQ
	DFST	Z	DL-GP-Speicherung (EAQ) nach Z, Z + 1
I	LDA	*−*, DU	Register A mit Direktoperand laden
	LDQ	0, DU	Register Q mit Direktoperand 0 laden
	LDE	= 7B25, DU	Register E mit Direktoperand 7 laden; 2-Exp. von X als GP-Zahl in EAQ
	FSB	= 0. 5, DU	GP-Subtraktion (EAQ) − 0.5 nach EAQ
	DFAD	Z	DL-GP-Add. (EAQ) + (Z, Z + 1) nach Z, Z + 1
INDIC	DFMP	*	DL-GP-Mult. (EAQ) ∗ Basisfaktor in EAQ
	RETURN	LOGS	Makro-Instruktion Rücksprung zu der durch SAVE in LOGS gespeicherten Adr.
ERR1	CALL	.FXEM.(EALN1)	Makro-Instruktion Aufruf des UP mit dem extern-globalen Namen .FXEM. Argument in EALN1
UNITY	FLD	= 0. 0, DU	GP-Op. Direktoperand 0. 0 nach EAQ
	RETURN	LOGS	Makro-Instruktion UP-Rücksprung
ERR2	CALL	.FXEM.(EALN2)	Makro-UP-Aufruf .FXEM. extern-global Argument in EALN2

	FNEG		GP-Negation − (EAQ) nach EAQ
	TRA	BEGIN	Sprung nach BEGIN
ALOG10	ESTC2	INDIC	Befehl erhält eine gerade Speicheradr. Adr. ALOG10 + 2 nach INDIC
	TRA	LOGS	Sprung nach LOGS
	DEC	.301029996D0	Doppellängen-Gleitpunkt-Konstante
ALOG	ESTC2	INDIC	Befehl erhält eine gerade Speicheradr. Adr. ALOG + 2 nach INDIC
	TRA	LOGS	Sprung nach LOGS
	DEC	6.9314718056D-1	Doppellängen-Gleitpunkt-Konstante
EALN1	DEC	9	Ganzzahlige Konstante
EALN2	DEC	10	Ganzzahlige Konstante
A	DEC	.12920070987D1	DL-GP-Konstante
B	DEC	−.26398577031D1	DL-GP-Konstante
C	DEC	.16567626301D1	DL-GP-Konstante
SRHLF	DEC	.707106781187D0	DL-GP-Konstante
SRTWO	DEC	.141421356237D1	DL-GP-Konstante
Z	BSS	2	Reservierung von 2 Wörtern, erstes hat die symbolische Adresse Z
	END		Ende des Assemblier-Quellprogramms

Das in Tafel 3.13 abgebildete Siemens 300-Programm enthält einige Vereinbarungstypen.
PN und PE signalisieren den Anfang bzw. das Ende des zu übersetzenden Quellprogramms. Die
PN-Vereinbarung enthält außerdem den Programmnamen PSEU. − Die Vereinbarung
SZ ZUFALL eröffnet einen neuen Satz mit dem Namen ZUFALL. − Eine Eins auf dem
Speicherplatz DZ1 bereitzustellen verlangt die DZ-Vereinbarung

DZ1   DZ   1.

Manche Assemblierersprachen bieten die Möglichkeit, Konstanten direkt in den Adreßteilen
der Befehle zu nennen. Man sieht das z. B. in dem GE 600-Programm in Tafel 3.12 beim
Befehl FSB = 0. 5, DU.

W e i t e r g e h e n d e   S p r a c h e l e m e n t e   i m   A s s e m b l i e r e r c o d e . Die abge-
bildeten Programme veranschaulichen die Verschiedenheit der Assemblierersprachen. Es gibt
keine gemeinsame Assemblierersprache, weil der Interncode nicht einheitlich ist. Die Aufstellung eines Assembliererprogramms setzt daher die Kenntnis der Assemblierersprache des-
jenigen Rechnertyps voraus, für den das Programm geschrieben werden soll. Man informiert
sich am besten anhand der von den Herstellerfirmen herausgegebenen, häufig recht umfangreichen Assemblierer-Beschreibungen.

Es kann nicht die Aufgabe dieses Buches sein, hinreichende Kenntnisse der einzelnen
Assemblierersprachen zu vermitteln, sondern nur, die allgemein gültigen Grundgedanken auf-
zuzeigen, um das spätere Studium einer speziellen Assemblierersprache zu erleichtern. Die in
den Tafeln gedruckten Programme dienen zur Illustration und sind deswegen sehr ausführlich
kommentiert worden.

Die meisten Assemblierersprachen bieten noch weitere Möglichkeiten, um das Programmieren
zu erleichtern:

M a k r o - B e f e h l e . Im allgemeinen gilt die Regel, daß ein Befehl im Assemblierercode

Tafel 3.13   SIEMENS 300-Programm

Befehl			Kommentar
	PN	PSEU	Berechnung einer vorgebbaren Anzahl von ganzen
	SZ	ZUFALL	Zufallszahlen gemäß der Formel
			XNEU = XALT $*$ (2 $**$ 7 + 1) + 1 (mod. 2 $**$ 23)
ZAHLEN	UNT	DRUCKEN	UP-Sprung zum Drucken des ab ANFTEXT
	NOP	ANFTEXT	gespeicherten Textes
LIESKART	MA	LKEI = KARTE, KARTE + 3	
			Makro-Aufruf Lochkarte lesen und Spalten 1 bis
			16 abspeichern nach KARTE bis KARTE + 3
	MA	EXWA = LIESKART	
			Makro-Aufruf Warten, bis Kartenlesen fertig
	TEP	KARTE	(KARTE) in den linken Akkumulator
	TEP'	KARTE + 1	(KARTE + 1) in den rechten Akkumulator
	UNT	DEZ7DUAL. CONVERT	
			UP-Aufruf Umwandlung der in LA, RA stehenden
			alphanumerischen Zahl in eine Dualzahl (LA)
	SPR	FEHLER	UP-Fehlerausgang. Sprung nach FEHLER
	SAM	FEHLER	UP-Normalausgang. Sprung, falls (LA) negativ
	TAS	KARTE	(LA) nach KARTE. – Vorherige Zufallszahl –
	TEP	KARTE + 2	(KARTE + 2) nach LA
	TEP'	KARTE + 3	(KARTE + 3) nach RA
	UNT	DEZ7DUAL. CONVERT	
			UP-Aufruf (LA, RA) wandeln in Dualzahl (LA)
	SPR	FEHLER	UP-Fehlerausgang. Sprung nach FEHLER
	SAM	FEHLER	UP-Normalausgang. Sprung, falls (LA) negativ
ERZEUGEN	TAS	KARTE + 1	(LA) nach KARTE + 1. – Anzahl Zufallszahlen –
	SGN	ENDE	Sprung nach ENDE, falls (LA) Null
	TEP'	KARTE	(KARTE) nach RA
	VLL'	7	(RA) um 7 Binärstellen nach links schieben
	UND'	MASKE	(RA) vorderste Binärstelle löschen
	ADD'	KARTE	(RA) + (KARTE) nach RA
	UND'	MASKE	(RA) vorderste Binärstelle löschen
	ADD'	DZ1	(RA) + (DZ1) nach RA
	UND'	MASKE	(RA) vorderste Binärstelle löschen
	TAS'	KARTE	(RA) nach KARTE
	UNT	(8)	Aufruf des im Organisationsprogramms enthal-
			tenen UP. (RA) dual nach LA, RA alphanumerisch
	TAS	ZAHLT1	(LA) nach ZAHLT1
	TAS'	ZAHLT2	(RA) nach ZAHLT2
	UNT	DRUCKEN	UP-Sprung zum Drucken des ab ZAHLAUS
	NOP	ZAHLAUS	gespeicherten Textes
	TEP	KARTE + 1	(KARTE + 1) nach LA
	SUB	DZ1	(LA) – (DZ1) nach LA

	SPR	ERZEUGEN	Sprung nach ERZEUGEN
FEHLER	UNT	DRUCKEN	UP-Sprung zum Drucken des ab FEHLTEXT
	NOP	FEHLTEXT	gespeicherten Textes
ENDE	UNT	DRUCKEN	UP-Sprung zum Drucken des ab ENDETEXT
	NOP	ENDETEXT	gespeicherten Textes
	MA	ENDE	Makro-Aufruf Beendigung des Programms
DRUCKEN	NOP	0	UP-Eingang. Hier erfolgt durch UNT DRUCKEN die Speicherung der Rückkehradresse
	TEP	(DRUCKEN)	((DRUCKEN)) nach LA
	TAS	DRUCK + 3	(LA) nach DRUCK + 3, d. h. an geeignete Stelle des aus 5 Befehlen bestehenden MA BSAU
DRUCK	MA	BSAU = 0, *	Makro-Aufruf Drucken auf Blattschreiber 0; Festsetzung des Druckbereichanfangs durch den vorhergehenden Befehl
	MA	EXWA = DRUCK	Makro-Aufruf Warten, bis Ausdrucken beendet
	SPR	(DRUCKEN)	UP-Rücksprung zu der Adresse in DRUCKEN
ANFTEXT	AN	'(47, 31) ZUFALLSZAHLEN-GENERATOR (47, 31, 63)'	
KARTE	HZ		Reservierung von
	AP	KARTE + 4	4 Wörtern
MASKE	BM	0111111111111111111111111	Angabe eines Binärmusters
DZ1	DZ	1	Konstantendefinition
ZAHLAUS	AN	'(47, 31, 42, 42)'	
ZAHLT1	HZ		Reservierung von
ZAHLT2	HZ		2 Wörtern
	AN	'(63)'	
FEHLTEXT	AN	'(47, 31) EINGABEFEHLER. NEU STARTEN (63)'	
ENDETEXT	AN	'(47, 31) ENDE PSEU (47, 31, 63)'	
	SZ	DEZ7DUAL	Satzname
CONVERT	HZ		Wort mit der Adresse DEZ7DUAL. CONVERT
	AP	CONVERT	Beim Assemblieren: Adreßpegel auf CONVERT
	MC		Beim Assemblieren ein im Maschinencode vorhandenes Programm lesen, ab hier speichern
	PE		Ende des zu assemblierenden Quellprogramms

einem Befehl im Interncode entspricht. Eine Ausnahme bilden die Makrobefehle, bei deren Übersetzung sich jeweils eine bestimmte Interncode-Befehlsfolge ergibt.

Der Siemens 4004-Makrobefehl in Tafel 3.14 bewirkt, daß der nächste Satz der Datei EINBAND geholt wird.

A d r e ß r e c h n u n g , I n d i z i e r u n g , S u b s t i t u t i o n . Als Adreßteil eines Befehls kann man eine weitgehend beliebige Verknüpfung symbolischer oder absoluter Adressen verwenden. So bedeutet in Tafel 3.13 der Befehl TEP KARTE + 2, daß der Inhalt der Speicherzelle, deren Adresse sich aus der KARTE-Adresse durch Erhöhung um 2 ergibt, in den (linken) Akkumulator zu bringen ist.

Tafel 3.14   SIEMENS 4004 – Programmausschnitt mit Makro-Aufruf

Befehl		Kommentar
GET	EINBAND	Makro-Aufruf: Nächsten Satz von Datei EINBAND holen. Daraus generiert der Assemblierer:
CNOP	0, 4	NOP bis Beginn des nächsten Wortes
LM	14, 1, * + 8	Mehrere Register laden: (* + 8), also Rückkehradresse, nach R 14 (* + 9), also E/A-OP-Basisadr., nach R 15 (* + 10), also Null, nach R 0 (* + 11), also Dateiadr. EINBAND, nach R 1
B	72 (15)	Sprung nach 72 + (R 15), also GET-Ausführ.
DC	AL4 (* + 16)	Adreßkonstante * + 16 (Rückkehradresse)
DC	AL4 (IFCP)	Adreßkonstante IFCP (E/A-OP-Basisadr.)
DC	AL4 (0000)	Adreßkonstante 0
DC	AL4 (EINBAND)	Adreßkonstante EINBAND (Dateiadresse)

Eine besondere Rolle spielt die S t e r n a d r e s s e . Sie bezeichnet stets die Adresse des Befehls, in der dieser Stern vorkommt. Im Befehl LM 14, 1, * + 8 des Programmausschnittes in Tafel 3.14 bedeutet * + 8 die Adresse der (8 Bytes hinter diesem Befehl durch die Anweisung DC AL4 (* + 16) gespeicherten) Adreßkonstante * + 16. Diese wiederum ist die Adresse des ersten Befehls hinter dem Makroaufruf, da jede der vier AL4-Konstanten vier Bytes belegt.

Adressen, die zum Zeitpunkt der Programmierung noch nicht festliegen, können demnach erst während der Programmausführung berechnet werden. Dies geschieht durch Adreßindizierung oder durch Adreßsubstitution, gegebenenfalls auch durch Kombinationen beider Methoden.

Bei einem i n d i z i e r t e n B e f e h l wird während der Befehlsausführung im Befehlsregister zum Adreßteil der Inhalt des angegebenen Indexregisters addiert und dieses Ergebnis als effektive Adresse verwendet. Der indizierte Befehl XI ALC TW aus Tafel 3.9 gestattet dadurch das Drucken variabler Ziffern.

Bei einer S u b s t i t u t i o n findet während der Befehlsausführung im Befehlsregister ebenfalls erst eine Feststellung der effektiven Adresse statt: Anstelle des Befehlsadreßteils wird der Adreßteil des im Befehl genannten Speicherplatzes verwendet. Der Befehl SPR (DRUCKEN) in Tafel 3.13 bedeutet demnach einen Sprung zu der im Speicherwort DRUCKEN genannten Adresse, hier also den Rücksprung aus dem Unterprogramm in das aufrufende Programm.

Der Befehl FLD 2, 1 * in Tafel 3.12 verwendet eine Kombination beider Methoden. Hier wird eine Gleitpunktzahl geladen, deren Adresse in demjenigen Befehlswort gespeichert ist, dessen Adresse sich ergibt, indem man zu 2 den Inhalt des Indexregisters X1 addiert. Der Stern bedeutet hierbei Substitution.

B e i s p i e l e   f ü r   A s s e m b l i e r e r p r o g r a m m e

S I E M E N S 300. Tafel 3.13 enthält ein in der Assembliersprache PROSA geschriebenes Programm zur Berechnung ganzer Pseudozufallszahlen. Die vom Benutzer gewünschte Anzahl solcher Zahlen ist in den Spalten 9 bis 16, eine beliebige Vorgabezahl in den Spalten 1 bis 8 einer vom Programm zu lesenden Lochkarte anzugeben. Die berechneten Zufallszahlen werden auf dem Blattschreiber ausgedruckt.

Das Programm verwendet ein schon im Interncode vorliegendes Unterprogramm DEZ7DUAL, das bei der Übersetzung durch die Anweisung MC eingefügt wird.

Während der Übersetzung stellt der Assemblierer ein Adreßbuch (Tafel 3.15) auf, in dem jede symbolische Adresse und deren Position relativ zum Programmanfang (relative Adresse) verzeichnet ist.

Tafel 3.15   SIEMENS 300 − Adreßbuch

ZUFALL

ZAHLEN	R	0	
LIESKART	R	2	
ERZEUGEN	R	21	
FEHLER	R	39	
ENDE	R	41	
DRUCKEN	R	45	
DRUCK	R	48	
ANFTEXT	R	57	63
KARTE	R	64	
MASKE	R	68	
DZ1	R	69	
ZAHLAUS	R	70	
ZAHLT1	R	71	
ZAHLT2	R	72	
FEHLTEXT	R	74	81
ENDETEXT	R	82	85

DEZ7DUAL

CONVERT	R	86

Erst beim Einlesen des übersetzten Interncode-Programms werden die relativen Adressen durch absolute Adressen ersetzt, indem zu den relativen Adressen die Programm-Anfangs-adresse addiert wird.

Andere Rechnersysteme arbeiten in ähnlicher Weise. Statt der Anfangsadresse verwenden z. B. IBM 360 und SIEMENS 4004 die Inhalte gewisser Basisregister. Die endgültige Adreßberechnung erfolgt erst bei der Befehlsausführung. Das Indizieren mit Basisregistern ermöglicht es, die Adreßteile der Befehle kurz zu halten, ohne die effektive Adreßlänge dadurch zu beschränken.

GE 600. Tafel 3.12 zeigt ein im GE 600-Assemblierercode geschriebenes Unterprogramm zur wahlweisen Berechnung von lg x oder ln x. Der Aufruf des Unterprogramms erfolgt durch CALL ALOG10 (X) bzw. CALL ALOG (X). Das Unterprogramm wird über die Befehle mit den globalen Adressen ALOG 10 bzw. ALOG betreten. Der mit den Namen LOGS versehene Makrobefehl SAVE sorgt für die Speicherung der Rücksprungadresse in das aufrufende Programm.

3.2.3. Programmiersprachen und Kompilierer. Programmiersprachen dienen dem Schreiben von Programmen. Sie sind entweder m a s c h i n e n o r i e n t i e r t wie die Assemblierersprachen oder p r o b l e m o r i e n t i e r t . In beiden Fällen bestehen die Programme aus Vereinbarungen und Anweisungen. Sie werden nach festgelegten Regeln aufgebaut. Die Anweisungen sind Arbeitsvorschriften. Sie können ein Befehl sein oder aus mehreren Anweisungen und/oder Befehlen bestehen. Auch ein Programm ist eine Anweisung, nämlich die Vorschrift, nach der ein Ablauf geschehen soll. Vereinbarungen haben definitorischen Charakter und geben im einfachsten Fall Erläuterungen und Festlegungen zu Teilen der Arbeitsvorschriften.
Ist die Sprache maschinenorientiert, so haben die Anweisungen die gleiche oder eine ähnliche Struktur wie die Befehle der Anlage, auf der das Programm ablaufen soll. Es ist dann ein Übersetzer (Assemblierer) nötig, der die Anweisungen der Sprache in Befehle der Maschine übersetzt. Bei den problemorientierten Sprachen gibt man diese Beziehung auf die Struktur einer speziellen Anlage möglichst weitgehend auf. Man orientierte sich zunächst einerseits an den Problemen, die beim technisch-wissenschaftlichen Rechnen auftraten (FORTRAN, ALGOL), andererseits an denen, die im Bereich der kaufmännischen Datenverarbeitung zu lösen waren (COBOL). PL/I umfaßt beide Bereiche.

Nach und nach ging man mehr auf eine Orientierung an speziellen Aufgaben ein. Es entstanden mehrere Sprachen, die die Beschreibung von Analogrechenschaltungen ermöglichten (wie MIDAS oder DSL/90) sowie Sprachen für digitale Simulationsaufgaben (SIMSCRIPT). Besondere Bedeutung gewannen die Sprachen, die der Formulierung von Aufgaben der numerischen Steuerung von Werkzeugmaschinen dienen (wie EXAPT I-III). Die problem-orientierten Sprachen benötigen wie die maschinenorientierten einen Übersetzer. Dieser Übersetzer ist ein Programm, das die ohne Bezug auf eine spezielle Maschine geschriebenen Programme in eine entsprechende Befehlsfolge einer Maschine überträgt. Einen solchen Übersetzer nennt man Kompilierer. Er nimmt dem Programmierer einen Teil der Programmier-arbeit ab, vor allem die Codierung arithmetischer Ausdrücke und den Aufbau von Schleifen sowie die Ein- und Ausgabe-Arbeit. Die übersetzten Programme sind aber im allgemeinen länger (sowohl hinsichtlich des belegten Speicherplatzes als hinsichtlich der Laufzeit).

A u f g a b e n   e i n e s   K o m p i l i e r e r s . Ein Kompilierer hat im wesentlichen vier Aufgaben zu erfüllen:

1. Die Übertragung des zu übersetzenden Programms in eine maschineninterne Darstellung in einer Vorphase. Sie dient nicht nur der Umcodierung, sondern zugleich der Komprimierung des Programms. Dabei werden z. B. alle nicht wesentlichen Leerstellen sowie alle Kommentare (Texte, die der Erklärung des Programms dienen) fortgelassen. Die verwendeten Namen werden in verkürzter Form gespeichert und in einer Liste zusammengefaßt.

2. Die Prüfung des Programms auf syntaktische Korrektheit und Umwandlung der klammer-verwendenden Schreibweise in eine klammerfreie in der 1. Phase. Unter Syntax versteht man dabei die Gesamtheit der Regeln der Sprache, mit denen korrekte Anweisungen aufgebaut werden können. Diese Syntax kann mehr oder weniger komplizierte Anweisungen zulassen. So kann ein ALGOL-Programm i. allg. eine komplexere Struktur haben als ein FORTRAN-Programm.

3. Die Erzeugung eines geeigneten (eventuell optimierten) Programms im Maschinencode in einer 2. Phase. In dieser werden die geprüften Anweisungen der problemorientierten Sprache (die Ursprungsanweisungen) in Befehle der Anlage (in Zielanweisungen) übertragen, und zwar so, daß die gestellte Aufgabe gelöst wird und das Maschinenprogramm auf der Anlage laufen kann.

4. Die Bereitstellung eines Programmiersystems, das das übersetzte Programm steuert (running system). In der Sprache ALGOL ist nämlich eine während des Laufs wechselnde Speicher-verteilung (eine pulsierende Speicherverteilung) möglich. Das erfordert eine entsprechende Organisation.

T e c h n i k   d e s   Ü b e r s e t z e n s . Die Übersetzung der Anweisungen in der 1. Phase kann nach zwei grundsätzlich verschiedenen Methoden geschehen:

1. Die syntax-orientierten Methoden benutzen die in der Syntax zusammengefaßten Regeln zur Erkennung des Aufbaus einer Anweisung oder Anweisungsgruppe. Dabei werden bestimmten syntaktischen Elementen Anweisungen der Maschinensprache zugeordnet. Der Vorteil dieser Methoden liegt darin, daß die syntaktischen Regeln, mit denen der Kompilierer arbeitet, geändert werden können, so daß man Übersetzer für Gruppen von Sprachen konstruieren kann. Einen weiteren Vorteil bietet die leichte Erkennbarkeit syntaktischer Fehler. Allerdings ist diese Allgemeinheit des Übersetzungsvorganges bei den Übersetzern meistens nicht erforderlich.

2. Die direkten Verfahren verarbeiten die Anweisungen von links nach rechts und benutzen
das K e l l e r u n g s p r i n z i p . Dieses bewirkt eine geeignete Umordnung der Anweisung
derart, daß die umgeordnete Folge in der 2. Phase direkt in eine Folge von Maschinenbefehlen
umgesetzt werden kann. Dabei ist vor allem notwendig, Klammern in arithmetischen Ausdrücken zu beseitigen und die Reihenfolge der auszuführenden Operationen festzulegen. Diese
Methode hat von der Übersetzung arithmetischer Ausdrücke ihren Ausgang genommen. Sie
läßt sich aber auch anwenden, um die Struktur vollständiger Programme in eine für die
Erzeugung von Maschinencode geeignete Form zu übertragen, wenn nur alle Operationszeichen,
also auch die nichtarithmetischen, in der Rangfolge festgelegt werden.
Es gibt Übersetzer, die mit der 1. Phase abschließen und die Erzeugung des Maschinencodes
überspringen. Die nur umgeordneten Anweisungen werden dann durch Unterprogramme
interpretierend ausgeführt.
Das bei diesen Methoden benutzte Kellerungsprinzip wurde von B a u e r und S a m e l s o n
eingeführt und ist bei vielen Übersetzern verwendet worden. Es läßt sich am einfachsten an
der Übersetzung arithmetischer Ausdrücke veranschaulichen.

D i e U m o r d n u n g a r i t h m e t i s c h e r A u s d r ü c k e . Die Umordnung der
Anweisungen nach dem Kellerungsprinzip entspricht einer Transformation in die sog.
p o l n i s c h e F o r m . Der Ausdruck „polnische Form" geht zurück auf die „polnische
Schule" in der mathematischen Logik, besonders auf L u k a s i e w i c z (1878–1956). Dieser
benutzte eine klammerfreie Schreibweise (1930). In der Logik hat sie sich nicht durchgesetzt.
Sie ist aber für die Übersetzungstechnik von großer Bedeutung. Man unterscheidet bei der
polnischen Schreibweise zwischen der p r a e f i x - und p o s t f i x - Form. Die arithmetischen Ausdrücke

$$a + b \cdot c \qquad \text{und} \qquad (a + b) \cdot c$$

lauten in der „praefix"-Form:

$$+ a \cdot bc \qquad \text{und} \qquad \cdot + abc$$

in der „postfix"-Form:

$$abc \cdot + \qquad \text{und} \qquad ab + c \cdot$$

Die Operationszeichen werden also nicht zwischen die Operanden geschrieben, auf die sie
sich beziehen, sondern entweder vor oder hinter die Operanden. Das Operationszeichen
bezieht sich also auf die beiden nachfolgenden oder die beiden vorangehenden Operanden
und ist eine Aufforderung, die entsprechende Operation auszuführen. Lukasiewicz hatte die
praefix-Form gewählt, für die Übersetzung aber ist die postfix-Form die geeignete.
Ist ein arithmetischer Ausdruck in der postfix-Form gegeben, so läßt sich daraus gut der
entsprechende Maschinencode erzeugen. Man sucht nach den Operationszeichen und wendet
sie auf die beiden vorhergehenden Operanden oder Ergebnisse vorhergehender Operationen
an. Bei den Beispielen würden die folgenden Schritte ausgeführt, wobei d ein Hilfsspeicher sei:

$$d = b \cdot c \qquad\qquad d = a + b$$
$$d = a + d \qquad\qquad d = d \cdot c$$

Bei der Übertragung in die polnische Form werden die arithmetischen Ausdrücke von links
nach rechts sequentiell verarbeitet. Die Operanden werden dabei in der Reihenfolge ihres
Einlaufens gespeichert. Die Operationszeichen (+, −, ·, /) werden in einem sog. Keller abgesetzt,
in dem jeweils nur das zuletzt hineingebrachte Zeichen greifbar ist (first-in-last-out-Prinzip). Der

nächste Operator wird dann mit dem obersten des Kellers verglichen. Hat der einlaufende niedrigeren oder gleichen Rang wie der im obersten Keller befindliche, so wird dieser aus dem Keller in die umgeordnete Folge eingefügt. Diese Vergleich wird dann mit dem nächsten Element des Kellers fortgesetzt. Ist der Rang des einlaufenden Operators dagegen höher, so wird er als oberstes Zeichen in den Keller gebracht.

Für die arithmetischen Operationen gilt die Rangordnung (Hierarchie), die in Tafel 3.16 wiedergegeben ist. Die Übersetzung des einfachen arithmetischen Ausdrucks zeigt die Tafel 3.17. Es ist unter dem zu lesenden Zeichen des Ausdrucks jeweils der Inhalt des Kellers wiedergegeben. Dazwischen steht die umgeordnete Folge als Ausgabe bei der Bearbeitung. Sie ist die gesuchte polnische Form. Diese Übersetzungstechnik schließt Fehlerkontrollen ein. Ungültige Zeichen müssen beim Lesen erkannt werden. Fehlende Operationszeichen (das Multiplikationszeichen muß gesetzt werden) sowie fehlende öffnende oder schließende Klammern werden festgestellt. In der 2. Phase werden von dieser polnischen Form ausgehend die Maschinenbefehle erzeugt. Dabei werden – anders als in der 1. Phase – die Operanden gekellert.

Tafel 3.16   Rangordnung der Operatoren und Zeichen

1.	(	Klammer auf	höchster Rang
2.	↑	Potenzieren	
3.	· und /	Multiplikation und Division	
4.	+ und −	Addition und Subtraktion	
5.	) und ;	Klammer zu und Schlußzeichen	niedrigster Rang

(hat als gelesenes Zeichen die höchste Priorität gegenüber den Elementen im Keller. Ist sie dagegen selbst im Keller, so hat sie den niedersten Rang.

Tafel 3.17   Beispiel für die Übersetzung arithmetischer Ausdrücke (a + b) · (c + d);

Zu lesende Zeichen:	(	a	+	b	)	·	(	c	+	d	)	;
Umgeordnete Folge:		a		b	+			c		d	+	·
Keller:	(	(	+	+	+	·	(	(	+	+	+	·
		(	(	(		·	·	(	(	(		
						·	·	·				

Im Keller auftretende Klammernpaare werden dort gelöscht und nicht mit in die umgeordnete Folge übernommen.

Wird bei der sequentiellen Verarbeitung von links nach rechts ein Operationszeichen gefunden, so wird mit den zugehörigen obersten Operanden im Keller der entsprechende Maschinenbefehl erzeugt.

3.2.4. Betriebssysteme. Das Betriebssystem einer Datenverarbeitungsanlage ist ein Programm, genauer ein System von Programmen, die die Aufgabe haben, die Abwicklung der Benutzerprogramme auf der Maschine zu überwachen und zu steuern zu dem Zweck, sie zu vereinfachen und zu beschleunigen. Dieses System steht dem Benutzer der Anlage zur Verfügung. Nötig ist es besonders dann, wenn vom Rechner mehrere Aufgaben in Angriff genommen werden sollen. Nur so ist eine günstige Ausnutzung des Zentralspeichers und der peripheren Elemente zu erreichen. Aber auch, wenn nur jeweils eine Aufgabe abgewickelt wird, und zwar vollständig abgewickelt wird, ehe die nächste begonnen wird, ist der Einsatz eines Betriebssystems zu empfehlen. Es stellt z. B. einen Übersetzer bereit, führt die Übersetzung aus, listet das Programm auf und startet den Rechenlauf, falls der Benutzer es wünscht. Operationen, die sonst durch manuelle Eingriffe eingeleitet werden müßten, werden vom System begonnen. Man spricht bei einer solchen Arbeitsweise des Betriebssystems vom S t a p e l b e t r i e b (batch processing).

Größere Anlagen erlauben einen Parallelbetrieb, bei dem mehrere Funktionseinheiten an Teilaufgaben derselben Aufgabe arbeiten. Weiterhin können im Simultanbetrieb mehrere Aufgaben in Angriff genommen werden. All das muß organisiert werden. Der Rechner muß, falls er zur Steuerung von Prozessen eingesetzt wird, den Vorrang bestimmter Programme berücksichtigen können. Dazu müssen gegebenenfalls laufende Arbeiten unterbrochen werden, um angefallene Daten abzurufen und zu verarbeiten. Je mehr Aufgaben das Betriebssystem übernimmt, desto größer wird der Aufwand an Verwaltungsarbeit. Beträchtlich wird dieser Aufwand, wenn die Anlage im M u l t i p l e x b e t r i e b arbeitet. Hierunter versteht man die Arbeitsweise, bei der eine Funktionseinheit mehrere Aufgaben, abwechselnd in Zeiteinheiten verzahnt, abwickelt. Handelt es sich dabei um einen Multiplexbetrieb der Zentraleinheiten, so spricht man vom M e h r p r o g r a m m b e t r i e b (multiprogramming mode). Schließlich kann die Teilnahme mehrerer Benutzer über Datenstationen an einer Anlage organisiert werden. Bei diesen T e i l - n e h m e r r e c h e n s y s t e m e n (time sharing) arbeiten die Benutzer gleichzeitig an der Anlage, ohne daß sie etwas von der Verzahnung und kurzen zeitlichen Unterbrechung merken.

Je umfangreicher die Anforderungen sind, die an das Betriebssystem gestellt werden, desto größer ist im allgemeinen die Anzahl der im Betriebssystem zusammenwirkenden Programme. Der Umfang kann aber den speziellen Anlagenausstattungen und Einsatzgebieten baukastenmäßig angepaßt sein.

Ein Betriebssystem besteht i. allg. aus Steuer- und Arbeitsprogrammen.

1. S t e u e r p r o g r a m m e . Sie dienen dem Zweck, die Abfolge der Bearbeitungen festzulegen. Man unterscheidet drei Teile.

Der sog. s u p e r v i s o r überwacht die Bearbeitung aller Aufgaben, die gestellt sind, und steuert die Abwicklung. Man spricht dabei von einem task management. Zu den Aufgaben des supervisors gehören z. B. das Starten und Abschließen von Ein- und Ausgabeoperationen und die Steuerung parallelen Ablaufs.

Der sog. s c h e d u l e r hingegen regelt den Übergang von einer Aufgabe zur anderen (von einem job zum anderen). Er ist im allgemeinen nur zwischen den jobs im Zentralspeicher. Man spricht hier von einem job management.

Bei Datenfernübertragung kommt noch ein besonderes E i n - u n d A u s g a b e - K o n - t r o l l s y s t e m hinzu, das die Übernahme oder Abgabe von Daten steuert. Ein gesondertes Programm übernimmt dann das data management.

2. A r b e i t s p r o g r a m m e . Dies sind all die Programme, die dem Benutzer als Hilfsprogramme zur Verfügung stehen. Zu ihnen rechnen die Übersetzer.

Sie werden z. B. beim Assemblieren erforderlich. Weiter stehen (nach Anlage verschieden) Übersetzer für die problemorientierten Sprachen wie FORTRAN und ALGOL sowie COBOL, RPG und PL/I zur Verfügung. Für die Zusammenfassung mehrerer übersetzter Programme steht ein spezielles Bindeprogramm bereit.

Sehr wichtig sind bei einer Anlage, besonders dann, wenn sie für kaufmännische Zwecke eingesetzt wird und große periphere Speicher besitzt, die Sortier- und Mischprogramme (SORT/MERGE). Sie erleichtern das Auffinden, Sortieren und Mischen. Manche Betriebssysteme übernehmen den Aufbau einer Bibliothek von Unterprogrammen. Darin sind zunächst gewisse Standardunterprogramme enthalten und werden dem Benutzer zur Verfügung gestellt. Besondere Bibliothekführungsprogramme ermöglichen aber auch das Einfügen der vom Benutzer geschriebenen Unterprogramme. Diese stehen dann wie die Standardunterprogramme allgemein zur Verfügung. Schließlich enthält das Betriebssystem noch gewisse Dienstprogramme (utilities), wie sie z. B. für das Übertragen von Daten erforderlich sind. Sie wickeln z. B. das Übertragen von Lochkarten auf Magnetbänder, von einem Magnetband auf ein anderes ab.

Große Bedeutung haben für den Benutzer auch die Testhilfen. Sie erlauben es z. B. an Hand eines Protokolls den Gang einer Rechnung schrittweise zu verfolgen (tracing) oder sich durch Zwischenergebnisse über den Ablauf zu informieren. Es besteht auch die Möglichkeit, daß über ein externes Gerät (z. B. über einen Schnelldrucker) zum Abschluß eines jobs ein Speicherabdruck (memory dump) geliefert wird, sobald das Programm abgebrochen wurde.

Die Protokollierung des Ablaufs auf einer Datenverarbeitungsanlage ist eine weitere Aufgabe des Betriebssystems. Sie geschieht meistens auf einer Bedienungsschreibmaschine, über die der Operator als Bediener der Maschinen auch Anweisungen an das System eingeben kann. Mit der Protokollierung ist in vielen Fällen auch die Abrechnung der Kosten der einzelnen jobs verbunden.

Das Betriebssystem ist nach Anlagenausstattung verschieden auf die Speicher verteilt. Im Zentralspeicher ist jeweils nur der Teil, der ständig bereitstehen muß. Der belegte Bereich des Speichers ist dann meistens vor Überschreiben geschützt, er kann nur gelesen werden. Man nennt diesen Teil den residenten Teil. Auf peripheren Speichern stehen die Programme abrufbereit, die nur bei Verwendung in den Zentralspeicher gebracht werden, wie die Übersetzer, Dienstprogramme und Unterprogramme. Dieser periphere Speicher kann z. B. ein Magnetband oder ein Plattenspeicher sein. Das Betriebssystem bildet als Teil der software zusammen mit der hardware eine betriebsfähige DVA.

4. Problemorientierte Sprachen

4.1. Einführung in FORTRAN

Sehr früh schon gewann man die Erkenntnis, daß für einen breiten Einsatz der Computer Programmhilfen geschaffen werden müßten, die eine rasche, übersichtliche und möglichst wenig fehleranfällige Programmgestaltung sowie eine problemlose Übernahme des Programms auf einen anderen Rechnertyp gestatten. Man entwickelte anlagenunabhängige, problemorientierte Programmiersprachen.

Für technische und wissenschaftliche Berechnungen wurde 1954 erstmals FORTRAN (Formula Translation) vorgeschlagen und sehr bald mit großem Erfolg eingesetzt. FORTRAN ist seither ständig erweitert und dem jeweils neuesten Stand der Computertechnik angepaßt worden. Zur Zeit sind drei Sprachebenen von ISO genormt worden: FORTRAN, INTER-MEDIATE FORTRAN und BASIC FORTRAN, letztere eine Untermenge des FORTRAN für kleinere Anlagen. In der Praxis ist FORTRAN IV heute am meisten verbreitet. Hier handelt es sich um eine häufig über FORTRAN hinausgehende, vom Rechnerhersteller erweiterte Sprach-version. Es empfiehlt sich daher, vor Beginn der Programmierung den zur Verfügung stehenden Sprachumfang im FORTRAN-Handbuch des jeweiligen Rechners nachzulesen. Oftmals existie-ren mehrere, vom Ausbau des Rechners abhängige Sprachversionen.

Der Anwender formuliert die Lösung seines Problems in Form eines Q u e l l e n p r o g r a m m s , das vor dem Ablauf zunächst durch ein Übersetzungsprogramm (K o m p i l i e r e r) in die Maschinensprache übertragen werden muß. Das resultierende O b j e k t p r o g r a m m steht dann für beliebig häufige Anwendungen zur Verfügung. Meistens führen erst wiederholte Über-setzungsversuche zum Ziele da, der Anwender sein Quellenprogramm nur selten auf Anhieb fehlerfrei schreibt. Der Kompilierer hilft dem Programmierer bei der Suche nach formalen Fehlern durch entsprechende Mitteilungen während der Übersetzung. Logische Fehler heraus-zufinden bleibt dem Programmierer überlassen; hierzu wird man mit dem übersetzten Pro-gramm eine wohldurchdachte Reihe von Testläufen durchführen.

B e i s p i e l . Tafel 4.1 enthält ein in der Programmiersprache FORTRAN geschriebenes Programm zur Berechnung einer Tilgungstabelle, aus der sich die Restschuld am Ende eines jeden Jahres bei Vorgabe des Zinsfußes und der Annuität entnehmen läßt. – Das Beispiel zeigt den Aufbau eines FORTRAN-Programms aus einzelnen (numerierbaren) A n w e i -s u n g e n , die jeweils in einer neuen Zeile beginnen, sich aber über mehrere Zeilen erstrecken können. Man verwendet für das Quellenprogramm zweckmäßig FORTRAN-Programmierformulare, um die Übertragung auf Lochkarten bzw. Lochstreifen zu erleichtern. Die Formulare sind der Lochkarteneinteilung entsprechend in 80 Spalten unterteilt. Die ersten fünf Spalten sind hierbei für eine etwaige Anweisungsnumerierung reserviert, die sechste Spalte dient der Fortsetzungsmarkierung, falls in dieser Zeile eine schon angefangene Anweisung weiterläuft. Die eigentliche Anweisung steht in den Spalten 7 bis 72. Die Spalten 73 bis 80 bleiben bei der Übersetzung unbeachtet und sollten vom Programmierer zur Programm- und Zeilenkennzeichnung verwendet werden. Eine Ausnahme bilden die

K o m m e n t a r z e i l e n , die in der ersten Spalte C enthalten, sonst aber beliebigen
Text haben dürfen; sie werden beim Übersetzen ignoriert.

A u f b a u   e i n e s   F O R T R A N - P r o g r a m m s . Jedes Quellenprogramm besteht aus
einer Folge von S t a t e m e n t s , d. h. Anweisungen oder Vereinbarungen. Man unterscheidet
(in Klammern die Nummern entsprechender Statements in Tafel 4.1)

Ergibtanweisungen	(9)
Steueranweisungen	(5)
Ein-/Ausgabeanweisungen	(10)
Spezifikationsvereinbarungen	(8)
Unterprogrammvereinbarungen	

Zur Darstellung der Statements bedient man sich des auf S. 139 erläuterten 48-Zeichen-Satzes.
Aufbau und Wirkungsweise der einzelnen Statementtypen werden in dieser FORTRAN-Ein-
führung beschrieben.

Tafel 4.1   Tilgungstabelle

```
C       TILGUNGSTABELLE
        KANALE = 10
        KANALA = 7
        READ (KANALE, 1) SCHULD, RATE, ZINS
   1    FORMAT (2F6.0, F5.2)
        WRITE (KANALA, 2) SCHULD, RATE, ZINS
   2    FORMAT (1H1, 15X, 15HTILGUNGSTABELLE/
       1 F8.0, 16H- DM SCHULDSUMME, F9.0,
       2 14H- DM ANNUITAET/12X, 8HZINSFUSS,
       3 F7.2, 8H PROZENT/)
        IF (SCHULD) 3, 3, 5
   3    WRITE (KANALA, 4)
   4    FORMAT (14H EINGABEFEHLER)
        STOP
   5    IF (ZINS) 3, 6, 6
   6    IF (RATE − SCHULD * ZINS/100.) 3, 3, 7
   7    WRITE (KANALA, 8)
   8    FORMAT (32H AM ENDE DES JAHRES VERBLEIBENDE,
       1 15H SCHULD (IN DM)/)
        Q = 1. + ZINS/100.
        JAHR = 1
   9    SCHULD = SCHULD * Q − RATE
        IF (SCHULD) 12, 12, 10
  10    WRITE (KANALA, 11) JAHR, SCHULD
  11    FORMAT (I15, F20.2)
        JAHR = JAHR + 1
        GO TO 9
  12    RATE = RATE + SCHULD
        SCHULD = 0.
        WRITE (KANALA, 11) JAHR, SCHULD
        WRITE (KANALA, 13) RATE
  13    FORMAT (25H0 DIE ANNUITAET IM LETZTEN,
       1 9H JAHR IST, F10.2, 3H DM)
        STOP
        END
```

Eingabe:

⊔32000⊔⊔5400⊔⊔4.5

Ausgabe:

TILGUNGSTABELLE
32000.− DM SCHULDSUMME   5400.− DM ANNUITAET
ZINSFUSS   4.50 PROZENT

AM ENDE DES JAHRES VERBLEIBENDE SCHULD (IN DM)

1	28039.99
2	23901.78
3	19577.35
4	15058.33
5	10335.95
6	5401.07
7	244.11
8	0.00

DIE ANNUITAET IM LETZTEN JAHR IST   255.10 DM

4.1.1. Konstanten. Variablen. Die in den Anweisungen angesprochenen Daten lassen sich ihrem Typ nach unterscheiden; sie sind entweder a r i t h m e t i s c h , wenn sie einen Zahlenwert repräsentieren, l o g i s c h , wenn sie nur die Zustände „wahr" oder „falsch" annehmen können, oder a l p h a n u m e r i s c h , wenn sie Text darstellen. Bei den arithmetischen Daten unterscheidet man g a n z z a h l i g e (INTEGER-) Festpunktgrößen, r e e l l e (REAL-) Größen, die in Gleitpunktform gespeichert werden, und k o m p l e x e (COMPLEX-) Größen, deren Real- und Imaginärteil aus Gleitpunktzahlen bestehen.

Hinsichtlich ihrer Verwendung lassen sich die Daten in K o n s t a n t e n und V a r i a b l e n einteilen. Konstanten sind Daten, deren Wert zum Zeitpunkt der Programmierung bekannt ist, und die diesen Wert während des Programmablaufs niemals ändern. Konstanten werden im Programm durch ihren Wert repräsentiert. − Alle anderen Daten sind Variablen.

K o n s t a n t e n

G a n z z a h l i g e a r i t h m e t i s c h e K o n s t a n t e n sind als Dezimalzahl ohne Dezimalpunkt zu schreiben. Bei positiven Konstanten kann das Vorzeichen entfallen. Die maximale Größe einer ganzzahligen Konstanten ist maschinenabhängig.

R e e l l e a r i t h m e t i s c h e K o n s t a n t e n besitzen stets einen Dezimalpunkt. Der Zahl darf ein Exponententeil nachgestellt sein, der mit dem Buchstaben E beginnt und einen ganzzahligen Exponenten enthält. In einem solchen Falle wird die vorangestellte Dezimalzahl mit der als Exponent genannten Zehnerpotenz multipliziert. Beispiele für reelle Konstanten sind

− 999.99	
0.0	
84.	
7.316E + 2	(= 731.6)
− 2.53E − 3	(= − 0.00253)
6.5E2	(= 650.)

Unzulässig sind hingegen:

                0
                3,471.1
                1.E
                6,3E − 4

Im BASIC FORTRAN gibt es daneben nur noch die alphanumerischen Konstanten. Im vollen FORTRAN besteht die Möglichkeit, reelle Daten auch mit erhöhter Genauigkeit (DOUBLE PRECISION) zu speichern und zu verarbeiten. Reelle Konstanten werden dann als doppelt genau angesehen, wenn die Zahl eine gewisse, maschinenabhängige Mindestgröße an geltenden Ziffern oder einen Exponententeil hat, der mit D anstelle von E beginnt.
Beispiele doppelt genauer Konstanten:

                3.1415926535898
                0.D0
                − 2718.28D − 3

Eine k o m p l e x e K o n s t a n t e besteht aus einem eingeklammerten Paar reeller Konstanten (entweder beide oder keine doppelt genau), die durch ein Komma getrennt werden.
Beispiele sind

                (3.14, 4.379)
                (7.316D − 1, 0.1D0)

Die beiden l o g i s c h e n K o n s t a n t e n schreibt man

                .TRUE.
                .FALSE.

A l p h a n u m e r i s c h e K o n s t a n t e n (Hollerith-Konstanten) können alle Zeichen des 48-Zeichen-Satzes enthalten. Ihrer Definition muß man folglich eine Längenangabe entnehmen können. Je nach verwendetem Kompilierer wird entweder der Konstante diese Längenangabe und der Buchstabe H vorangesetzt, z. B.

                14HGOETHE'S⌴FAUST

oder die Konstante wird durch Apostrophs eingeschlossen. Hierbei werden Apostrophs innerhalb der Konstante durch Doppelapostrophs repräsentiert.

                'GOETHE''S⌴FAUST'.

Alphanumerische Konstanten werden sehr häufig in FORMAT-Vereinbarungen verwendet. Wo man sie sonst noch benutzen darf, ist dem Handbuch der aktuellen Rechenanlage zu entnehmen.

V a r i a b l e werden, wie es in Formeln allgemein üblich ist, durch ihren Namen repräsentiert. Ein Variablenname besteht aus 1 bis 6 alphabetischen oder numerischen Zeichen; an erster Stelle muß ein alphabetisches Zeichen stehen. Gültige Namen sind z. B.

                K
                X
                NUMMER
                D2YDX2

Dagegen sind unzulässig

```
3M
Y (X)
ZAEHLER
Z3.14
```

Den Variablentyp bestimmt man durch eine T y p e n v e r e i n b a r u n g :

INTEGER NUMMER, ZEHLER	(NUMMER und ZEHLER ganzzahlig)
REAL X, KAPPA, NUE	(X, KAPPA, NUE reell)
DOUBLE PRECISION A	(A doppelt genau)
COMPLEX STROM, Z	(STROM, Z komplex)
LOGICAL MERKER, INDIC	(MERKER, INDIC logisch).

Manche Kompilierer gestatten zusätzlich eine Festsetzung des gewünschten Speicherplatz-umfangs. Arithmetische Variablen einfacher Genauigkeit brauchen nicht explizit vereinbart zu werden. Hier tritt dann eine Standard-Vereinbarung in Kraft, die der Variablen, wenn ihr Name mit I, J, K, L, M oder N beginnt, den Typ INTEGER zuweist, sonst den Typ REAL. Viele FORTRAN-Benutzer machen von dieser Möglichkeit Gebrauch und ersparen sich damit häufig jegliche Typenvereinbarung.

B e r e i c h e . Bei vielen Anwendungen ist es unzweckmäßig, vielleicht sogar unmöglich, jeder Variablen einen Namen zu geben, etwa im Programm zur Sortierung einer reellen Zahlenfolge (Tafel 4.2). Hier müßten 2000 Namen vergeben werden; aber selbst wenn man sich dazu ent-schließen würde, ergäbe sich ein unbeschreiblich langes, geistloses Programm. Hier faßt man die Zahlen besser zu einem Zahlenbereich zusammen mit einem gemeinsamen Bereichsnamen. Die individuellen Zahlen werden durch einen Zählindex gekennzeichnet, der eingeklammert hinter dem Namen steht: X(1), X(2), X(3), X(4), . . . , X(2000)   für $X_1, X_2, X_3, X_4, \ldots,$ $X_{2000}.$
Indizes sind grundsätzlich ganzzahlig und weder Null noch negativ. Bei dem Aufruf eines Bereichelementes kann die Indexgröße durch einen arithmetischen Ausdruck sehr beschränkter Gestalt festgelegt werden. Zur Speicherung der Koeffizientenmatrix

$$a_{11} \quad a_{12}$$
$$a_{21} \quad a_{22}$$

verwendet man zweckmäßig einen mit zwei Indizes versehenen zweidimensionalen Bereich

```
A(1,1), A(1,2)
A(2,1), A(2,2)
```

FORTRAN gestattet die Verwendung ein-, zwei- und dreidimensionaler Bereiche. Jedem Bereichselement wird, genau wie jeder Variablen, vom Kompilierer ein genügend großer Speicherplatz zugewiesen. Hierzu ist es erforderlich, daß der Programmierer in einer DIMEN-SION-Vereinbarung die Größe der einzelnen Bereiche festlegt.

```
DOUBLE PRECISION A
LOGICAL GITTER
DIMENSION X(2000), A(2,2), GITTER(3,2,2)
```

vereinbart einen reellen Bereich X mit 2000 Elementen, einen doppelt genauen Bereich A mit $2 \cdot 2 = 4$ Elementen und einen logischen Bereich GITTER mit $3 \cdot 2 \cdot 2 = 12$ Elementen. Der Kompilierer speichert die Elemente eines Bereichs in aufeinanderfolgenden Speicherzellen dergestalt, daß ein Index umso mehr variiert, je weiter links er steht, im obigen Beispiel also

X(1), X(2), X(3), . . . , X(2000)
A(1,1), A(2,1), A(1,2), A(2,2)
GITTER(1,1,1), GITTER(2,1,1), GITTER(3,1,1),
GITTER(1,2,1), GITTER(2,2,1), GITTER(3,2,1),
GITTER(1,1,2), GITTER(2,1,2), GITTER(3,1,2),
GITTER(1,2,2), GITTER(2,2,2), GITTER(3,2,2).

Bei der Anwendung von Bereichsoperationen muß man diese Reihenfolge beachten.

4.1.2. Ausdrücke. Arithmetische und logische Konstanten und Variablen können mit Hilfe typenmäßig passender Operatoren verknüpft werden. Dadurch entstehen arithmetische bzw. logische Ausdrücke, in denen die Ausführungsreihenfolge durch geeignete Klammerung beliebig beeinflußt werden kann.

A r i t h m e t i s c h e   A u s d r ü c k e bestehen entweder nur aus einem arithmetischen Operanden oder aus der Verknüpfung arithmetischer Operanden mittels arithmetischer Operatoren. Man schreibt

+   für Addition
−   für Subtraktion
∗   für Multiplikation
/   für Division
∗∗   für Potenzierung

Hierbei gilt auch der Aufruf einer arithmetischen Funktion, z. B. SIN(X) zur Berechnung des Sinuswertes zum Winkel X, als arithmetischer Operand. Beispiele für arithmetische Ausdrücke sind

B ∗∗ 2 − 4. ∗ A ∗ C
R ∗ SIN ((X + Y)/2.)
3.14
A/B ∗ C

Der Aufbau und die Verarbeitung arithmetischer Ausdrücke unterliegt gewissen Regeln:
a) Zwei Operatoren dürfen niemals direkt aufeinander folgen, sondern müssen dann durch eine Klammer getrennt werden:
    A ∗∗ − B ist unzulässig und durch A ∗∗ (− B) zu ersetzen.
b) Zu jeder öffnenden Klammer muß es eine schließende geben.
c) Das Resultat ist vom Typ komplex bzw. doppelt genau bzw. reell, wenn mindestens ein Operand komplex bzw. doppelt genau bzw. reell ist. Nur wenn alle Operanden vom Typ ganzzahlig sind, ist das Resultat ganzzahlig. Die Division M/N liefert daher diejenige ganze Zahl, deren Betrag gleich dem ganzzahligen Bestandteil des Absolutwertes von M/N ist. (− 8)/3 ergibt z. B. − 2.
d) Die Operatoren sind in drei Rangstufen eingeteilt:
    Oberstufe: Potenzierung
    Mittelstufe: Multiplikation und Division
    Unterstufe: Addition und Subtraktion
Die dadurch gegebene Reihenfolge kann durch Klammersetzen nach Wunsch geändert werden.
    A + B ∗ C bedeutet A + (B ∗ C). Im anderen Fall hat man (A + B) ∗ C zu schreiben.
e) Folgen mehrere Potenzierungen aufeinander, wird von rechts nach links gerechnet.
    A ∗∗ B ∗∗ C ist in FORTRAN IV statthaft und bedeutet A ∗∗ (B ∗∗ C).

Innerhalb der anderen beiden Rangstufen erfolgt die Bearbeitung von links nach rechts.
A/B * C bedeutet (A/B) * C. Bewegt man sich im Bereich sehr großer Zahlen, ist es auch
wichtig zu wissen, daß L + M − N wie (L + M) − N berechnet wird.
Durch geeignete Klammern erzwingt man jede andere Reihenfolge.
f) Wenn der Exponent einer Potenzierung vom Typ ganzzahlig ist, erfolgt die Berechnung der
Potenz durch wiederholte Multiplikation. In allen anderen Fällen geschieht die Berechnung über
die Exponential- und die Logarithmusfunktion.

A ** (N + K − 1) bedeutet A * A * A * . . . * A (mit N + K − 1 Operanden).
A ** B wird berechnet wie EXP (B * ALOG (A)) bzw. (bei doppelt genauem
A) wie EXP (B * DLOG (A)).

Folglich führt eine komplexe, eine negative und eine Basis mit dem Wert Null nur dann nicht zu
einem Abbruch des Programmlaufes, wenn der Exponent von ganzzahligem Typ ist. Potenzierungen mit komplexen Exponenten sind nicht statthaft. Im Programmbeispiel „Tilgungstabelle"
(Tafel 4.1) findet man arithmetische Ausdrücke z. B. in der mit der Nummer 6 markierten
IF-Anweisung als deren Klammerinhalt und im Statement 9 auf der rechten Seite der Ergibtanweisung.

L o g i s c h e A u s d r ü c k e können im BASIC FORTRAN nicht gebildet werden; hierzu
braucht man den Sprachumfang des vollen FORTRAN. Das Ergebnis eines solchen Ausdrucks
ist stets .TRUE. oder .FALSE.
Je nach Typ der Operanden verwendet man in einem logischen Ausdruck Vergleichsoperatoren
oder logische Operatoren.
V e r g l e i c h s o p e r a t o r e n verknüpfen zwei arithmetische Größen (die aber nicht vom
Typ COMPLEX sein dürfen) zu einem logischen Wert:

.LT.   kleiner als
.LE.   kleiner oder gleich
.EQ.   gleich
.NE.   nicht gleich
.GE.   größer als oder gleich
.GT.   größer als

3.14 .LE. − 0.3 liefert den Wert .FALSE., da 3.14 weder kleiner noch gleich − 0.3 ist. Der
Ausdruck A .NE. B ist .TRUE., falls A und B arithmetisch verschiedene Werte repräsentieren.
L o g i s c h e O p e r a t o r e n bedingen als Operanden logische Größen, die allerdings ihrer-
seits Ergebnisse von Vergleichsoperationen sein können. Es gibt drei Operatoren:

.NOT.   Negation
.AND.   Konjunktion
.OR.   Disjunktion

.NOT. verlangt nur einen (logischen) Operanden, der diesem Operator folgen muß. Nur wenn
der zweite Operator .NOT. ist, dürfen zwei logische Operatoren direkt aufeinander folgen.
Indem man arithmetische und logische Ausdrücke geeignet kombiniert, lassen sich beliebige
B e d i n g u n g e n bilden. Die allgemeine quadratische Gleichung $ax^2 + bx + c = 0$ mit
nicht-komplexen Koeffizienten a, b, c besitzt genau dann nicht-komplexe Lösungen, wenn
(bei entsprechender Variablenbezeichnung) der logische Ausdruck

A .NE. 0. .AND. .NOT. B * B − 4. * A * C .LT. 0.
.OR. A .EQ. 0. .AND. B .NE. 0.
.OR. A .EQ. 0. .AND. B .EQ. 0. .AND. C .EQ. 0.

den Wert .TRUE. hat. In diesem Ausdruck brauchen keine Klammern gesetzt zu werden, da folgende R a n g f o l g e f ü r O p e r a t o r e n festgelegt ist:

Höchste Rangstufe:	**
2. Stufe:	*, /
3. Stufe:	+, −
4. Stufe:	.LT., .LE., .EQ., .NE., .GE., .GT.
5. Stufe:	.NOT.
6. Stufe:	.AND.
7. Stufe:	.OR.

4.1.3. Ergibtanweisungen. Das Ergebnis eines arithmetischen bzw. logischen Ausdrucks läßt sich durch eine Ergibtanweisung abspeichern. Der Speicherplatz wird dabei in Form eines Variablennamens oder eines Bereicheelementes gekennzeichnet; sein bisheriger Wert wird durch den Wert des Ausdrucks ersetzt

$$variable = ausdruck$$

Das Gleichheitszeichen ist nicht im üblichen mathematischen Sinne zu verstehen, sondern hat die Bedeutung eines Ergibtzeichen.

Arithmetische Ausdrücke können nur arithmetischen, logische Ausdrücke nur logischen Zielgrößen zugewiesen werden. Arithmetische Ergibtanweisungen können (außer bei komplexen Größen) mit einer Typumwandlung verbunden sein, wenn die Zielgröße von anderem Typ als der Wert des Ausdrucks ist. Bei der Zuweisung eines reellen Ausdrucks an eine INTEGER-Größe findet keine Aufrundung statt.

$$N = 3.9$$

bewirkt, daß der INTEGER-Variablen der Wert 3 zugewiesen wird. Andere Beispiele gültiger Ergibtanweisungen sind, wenn A, B, C(5), Q, ZINS reell, D und E komplex, I und K ganzzahlig und L logisch vereinbart sind,

$Q = 1. + ZINS/100.$	
$I = I + 1$	
$K = A + I$	(mit Umwandlung REAL in INTEGER)
$C(5) = K − I/2 * 2$	(mit Umwandlung INTEGER in REAL)
$D = D * E − 6.28$	
$L = A .GT. B$	

4.1.4. Steueranweisungen. Der Ablauf eines Programms erfolgt im Prinzip in der Reihenfolge der Anweisungen. Die Praxis zeigt, daß es wünschenswert ist, diesen Grundsatz durchbrechen zu können, wenn nämlich gewisse Programmstücke wiederholt durchlaufen werden müssen. Bei der Berechnung der Tilgungstabelle (Tafel 4.1) muß am Ende eines jeden Jahres die verbleibende Schuld ermittelt werden. Dies geschieht dadurch, daß jedesmal zu der entsprechenden Anweisung zurückgesprungen wird durch die u n b e d i n g t e S p r u n g a n w e i s u n g GO TO 9, die auf das Statement Nr. 9 zurücksetzt. Allgemein hat die unbedingte Sprunganweisung die Form

$$GO\ TO\ n,$$

wobei n für die Nummer einer (ausführbaren) Anweisung steht. Die b e r e c h n e t e S p r u n g a n w e i s u n g

$$GO\ TO\ (n_1, n_2, \ldots, n_m), i$$

bewirkt einen Sprung zur Anweisung n_j, wenn die durch i gekennzeichnete nichtindizierte ganzzahlige Variable den zwischen 1 und m liegenden Wert j hat. Liegt der Wert von i außerhalb 1 bis m, erfolgt kein Sprung, so daß dann die auf diese Sprunganweisung folgende Anweisung ausgeführt wird.

GO TO (217, 218, 217, 217, 218, 301), K

veranlaßt die Programmfortsetzung bei der Anweisung Nr. 217, falls K einen der Werte 1, 3 oder 4 hat, bei 218, falls K gleich 2 oder 5 ist, bei 301, falls K gleich 6 ist.

Die gesetzte Sprunganweisung

GO TO k, $(n_1, n_2, \ldots, n_m)$

setzt voraus, daß die nichtindizierte ganzzahlige Variable k zuvor durch eine spezielle ASSIGN-Anweisung auf eine der Anweisungsnummern $n_1, n_2, \ldots, n_m$ gesetzt worden ist.

ASSIGN 218 TO K
GO TO K, (217, 218, 217, 217, 218, 301)

veranlaßt die Fortsetzung des Programmablaufs bei der Anweisung Nr. 218.
Von erheblich größerer Wichtigkeit als die zuletzt genannten beiden Sprunganweisungen sind die bedingten Sprunganweisungen, die bedingungsabhängig eine Programmverzweigung bewirken.

Die arithmetische IF-Anweisung

IF (a) n_1, n_2, n_3

setzt fest, daß je nach Wert des durch a angedeuteten arithmetischen Ausdrucks das Programm fortzusetzen ist bei

n_1, falls $a < 0$
n_2, falls $a = 0$
n_3, falls $a > 0$

gilt. Auch wenn der arithmetische Ausdruck z. B. niemals positive Werte annehmen kann, müssen alle drei Anweisungsnummern genannt werden.

IF (RATE − SCHULD * ZINS/100.) 3, 3, 7

verlangt die Fortsetzung bei der Anweisung Nr. 3, falls die Rate kleiner oder gleich dem Zinsbetrag ist, sonst bei Nr. 7.
Wenn man nicht im BASIC FORTRAN arbeitet, hätte man dafür auch die logische IF-Anweisung

IF (b) s

verwenden können. b steht für einen logischen Ausdruck, s stellt eine einzelne Anweisung dar, die aber nicht erneut eine IF-Anweisung sein darf. − Falls der logische Ausdruck b den Wert .TRUE. hat, wird die Anweisung s eingeschoben, sonst nicht.

IF (RATE .LE. SCHULD * ZINS/100.) GO TO 3

ist gleichbedeutend mit der obigen arithmetischen IF-Anweisung, sofern die Nachfolgeanweisung die Nummer 7 trägt.
Zu den Steueranweisungen zählt die wichtige und vielgebrauchte Schleifenanweisung, die in einer der beiden Formen

DO n i = n_1, n_2
DO n i = n_1, n_2, n_3

auftritt. Hierbei steht n für die Nummer einer nachfolgenden (ausführbaren) Anweisung.

i bezeichnet eine nichtindizierte ganzzahlige Variable (Laufvariable); n_1, n_2, n_3 müssen entweder positive ganzzahlige Konstanten oder nichtindizierte ganzzahlige Variable mit positivem Wert sein. Die DO-Anweisung

DO 6 K = 1, N

setzt fest, daß die nachfolgenden Anweisungen bis einschließlich derjenigen mit der Nummer 6 zunächst mit K = 1, dann mit K = 2, usw., schließlich mit K = N auszuführen sind. Die allgemeinere DO-Anweisung

DO 6 K = 1, N, 2

unterscheidet sich darin, daß K nur die Werte 1, 3, 5, ... durchläuft, solange dabei N nicht überschritten wird. n_3 gibt also die Schrittweite an, die bei der ersten Form auf 1 festgesetzt ist, n_1 und n_2 bilden die Laufgrenzen. Sobald die Laufvariable i sämtliche so erlaubten Werte durchlaufen hat, wird das Programm bei der hinter dem Statement Nr. n stehenden Anweisung fortgesetzt. Im Programmausschnitt

```
      SUMME = 0.
      QSUMME = 0.
      DO 10 K = 25, 100, 2
      SUMME = SUMME + K
   10 QSUMME = QSUMME + K * K
      BRUCH = SUMME/QSUMME
```

wird das Verhältnis der Summe aller ungeraden Zahlen zwischen 25 und 99 zur Summe ihrer Quadrate berechnet. Eine DO-Schleife darf nur über die DO-Anweisung, nicht aber durch einen Einsprung betreten werden, da sonst keine ordnungsgemäße Initialisierung der Laufvariablen gegeben ist. Innerhalb der DO-Schleife dürfen die Laufvariable i, deren Grenzen n_1 und n_2 und die Schrittwerte n_3 zwar verwendet, aber nicht verändert werden. Nach normalem Verlassen der DO-Schleife, d. h. nachdem die Laufvariable alle zugelassenen Werte durchlaufen hat, enthält die Laufvariable keinen festgesetzten Wert mehr. Bei vorzeitigem Verlassen der DO-Schleife infolge einer Steueranweisung besitzt die Laufvariable jedoch ihren aktuellen Wert.

Die Anweisung mit der Nummer n am Ende der DO-Schleife darf keine Vereinbarung und auch keine GO TO-, arithmetische IF-, DO-, STOP-, PAUSE- oder RETURN-Anweisung sein, da sonst die Schleifensteuerung der DO-Anweisung gestört würde. Aus diesem Grunde darf die Schleife auch nicht durch eine logische IF-Anweisung beendet werden, deren .TRUE.-Ausgang eine dieser Anweisungen ist. Es kann aber vorkommen, daß eine Steueranweisung innerhalb der DO-Schleife einen Sprung an das Schleifenende veranlaßt. Dann muß hier eine CONTINUE-Anweisung stehen, die als Sammelpunkt für solche Sprünge dient, sonst aber nichts veranlaßt. Im Programmausschnitt

```
      DO 10 K = 1, 50
      IF (NR-NUMMER(K)) 10, 20, 10
   10 CONTINUE
```

wird die Tabelle NUMMER nach der Zahl NR abgesucht. Die Anweisung 20 liegt außerhalb dieser Schleife.

P r o g r a m m - B e i s p i e l . Tafel 4.2 enthält ein Programm zur Sortierung einer Folge von maximal 2000 reellen Zahlen. Auf einer Vorlaufkarte ist in den ersten fünf Spalten die effektive Anzahl (auf Wunsch mit Pluszeichen) anzugeben. Die folgenden Eingabekarten enthalten je fünf Zahlen der Folge in je 16 Spalten; die letzte Lochkarte ist unter Umständen

nur teilweise gefüllt. Nach Beendigung der Sortierung wird die geordnete Folge über Schnelldrucker ausgegeben.

Tafel 4.2   Sortierung einer reellen Zahlenfolge

```
C        SORTIERUNG EINER REELLEN ZAHLENFOLGE (MAXIMAL 2000 ZAHLEN)
C        ERSTE KARTE SP.1–5 ANZAHL ZAHLEN. UEBRIGE KARTEN JE 5 ZAHLEN
         DIMENSION ZAHL (2000)
         KANALE = 10
C        EINGABEKANAL FUER LOCHKARTEN
         KANALA = 7
C        AUSGABEKANAL FUER SCHNELLDRUCKER
         READ (KANALE, 1) MENGE
    1    FORMAT (I5)
         WRITE (KANALA, 2) MENGE
    2    FORMAT (1H1, I6, 7H ZAHLEN)
         IF ((MENGE − 2) * (2000 − MENGE)) 3, 4, 4
    3    WRITE (KANALA, 31)
   31    FORMAT (1H +, 15X, 13HEINGABEFEHLER)
         STOP
    4    READ (KANALE, 5) (ZAHL (M), M = 1, MENGE)
    5    FORMAT (5F 11.3)
         N = MENGE − 1
         DO 6 K = 1, N
         KPLUS1 = K + 1
         DO 6 L = KPLUS1, MENGE
         IF (ZAHL (K) − ZAHL (L)) 6, 6, 7
    7    A = ZAHL (K)
         ZAHL (K) = ZAHL (L)
         ZAHL (L) = A
    6    CONTINUE
         WRITE (KANALA, 8) (ZAHL (M), M = 1, MENGE)
    8    FORMAT (1H0, 2X, 27HLISTE DER SORTIERTEN ZAHLEN/
    1    1H0, 56 (/4E 17.6)/(1H1, 60 (/4E 17.6)))
         STOP
         END
```

Eingabe:

```
  19
      1641 | 22.3674E−1 |   −0.3156 |       −41 |    −9.91
       6.8 |      22E−1 |  4356−03  |     1.1+4 |   1.2+4
    −43+21 |           |    12.−54  |     −3−3  |   81 69
    +12+81 | 1234567890 |      6.3 | 14.7 |         |
```

Ausgabe:

```
19 ZAHLEN
LISTE DER SORTIERTEN ZAHLEN

− 0.430000E + 020    − 0.990999E + 001    − 0.410000E + 001    − 0.315600E + 000
− 0.300000E − 005      0.000000E + 000      0.119999E − 052      0.223674E − 008
  0.220000E − 002      0.435599E − 002      0.164099E + 001      0.630000E + 001
  0.680000E + 001      0.147000E + 002      0.810690E + 002      0.110000E + 005
  0.123456E + 007      0.120000E + 041      0.119999E + 080
```

Das Programm enthält zwei geschachtelte DO-Schleifen, die beide mit der Anweisung 6 enden. – Man kann beliebig tief schachteln; einzige Bedingung ist, daß jede DO-Schleife mindestens so weit reicht wie jede ihrer inneren Schleifen. Insbesondere, wenn die Laufgrenzen Variable sind, kann es vorkommen, daß die obere Grenze n_2 kleiner als die untere Grenze n_1 ist. Je nach Art des Kompilierers wird dann die DO-Schleife einmal, nämlich mit n_1, durchlaufen, oder sie wird übersprungen. Es empfiehlt sich daher, eine solche Situation zu vermeiden.

In die Gruppe der Steueranweisungen gehören ferner die Anweisungen zur zeitweisen Unterbrechung und zur Beendigung des Programms.
Die PAUSE- A n w e i s u n g

     PAUSE

   oder PAUSE n,

wobei n eine maximal fünfstellige vorzeichenlose ganze Zahl darstellt, veranlaßt das Programm anzuhalten. Dem Bediener wird davon Kenntnis gegeben, bei Verwendung der zweiten Art dieses Statements wird ihm auch die Zahl n mitgeteilt. Der Operator kann manuell eine Fortsetzung des Programms bei dem auf PAUSE folgenden Statement veranlassen. PAUSE ist demnach zeitaufwendig und sollte nur dann verwendet werden, wenn zum weiteren Programmablauf eine Bedienungsmaßnahme, z. B. der Wechsel von Magnetbändern, erforderlich ist.
Die STOP- A n w e i s u n g

     STOP

   oder STOP n

beendet den Programmablauf. Falls die zweite Form gewählt wird, erfolgt eine Eintragung der Zahl n in das Computer-Protokoll. Nur wenn als letztes eine STOP-Anweisung zu befolgen ist, wird der Ablauf des FORTRAN-Programms ordnungsgemäß beendet. Die STOP-Anweisung, die zur Objektzeit ausgeführt wird, darf nicht mit der END- V e r e i n - b a r u n g verwechselt werden. Diese dient dazu, bei der Übersetzung dem Kompilierer das physische Ende eines FORTRAN-Quellenprogramms anzuzeigen.
Die Steueranweisungen CALL und RETURN treten im Zusammenhang mit Unterprogrammen auf. Sie werden deswegen auch erst dort (Abschn. 4.1.6) erläutert.

4.1.5. Anweisungen für die Eingabe und Ausgabe. Bei fast allen Problemen sind die Daten, mit denen später einmal gerechnet werden soll, nicht von vornherein bekannt, so daß sie erst im Moment der Programmausführung vom Rechner empfangen werden können. Aber auch wenn man alle Daten kennt, sollte man, um flexibel zu bleiben, sie nicht als Konstanten im Programm speichern. Außerdem benötigt das Programm immer nur die Daten für einen einzigen Programmablauf; man würde Platz vergeuden, wenn man die Daten für alle Durchläufe speichern ließe. – Für das Lesen der Daten verwendet man die E i n g a b e - a n w e i s u n g .

Die am Ende einer Berechnung gewonnenen Resultate müssen dem Menschen vom Computer übergeben werden; dies geschieht durch eine A u s g a b e a n w e i s u n g .

Eingabe: READ (kanalangabe, formatnummer) datenliste

Ausgabe: WRITE (kanalangabe, formatnummer) datenliste

Die Anweisungen enthalten drei Angaben:

1. Kanalnummer des externen Mediums (woher/wohin)

2. Nummer der FORMAT-Anweisung, in der die Form der externen Daten anzugeben ist (wie)

3. Liste der zu übertragenden Daten (wer)

Die häufig recht umfangreichen Angaben über die äußere Form der Daten sind bewußt von diesen Anweisungen getrennt worden und bilden eine eigene FORMAT- A n w e i s u n g , die man für verschiedene Ein-/Ausgabeanweisungen zugleich verwenden kann. Die Ein-/Ausgabe-geräte werden durch ihre Kanalnummer spezifiziert. Diese Nummern sind nicht generell festgelegt; man muß sie im FORTRAN-Handbuch der verwendeten Anlage nachschlagen.

Im ersten Programm-Beispiel (Tafel 4.1) hat die Lochkarteneingabe die Kanalnummer 10. Diese Nummer wird hier zu Beginn des Programms nach KANALE gebracht, um beim Übergang zu einem anderen Rechner nur diese Ergibtanweisung ändern zu müssen.

Die Anweisung

    READ (KANALE, 1) SCHULD, RATE, ZINS

besagt, daß drei REAL-Zahlen von Lochkarten gelesen und unter den Bezeichnungen SCHULD, RATE und ZINS gespeichert werden sollen. Die Anweisung mit der Nummer 1 ist eine FORMAT-Anweisung und gibt darüber Auskunft, in welcher Form die drei Zahlen auf der Lochkarte zu finden sind.

Ganz entsprechend veranlaßt

    WRITE (KANALA, 2) SCHULD, RATE, ZINS

die Ausgabe der in SCHULD, RATE und ZINS gespeicherten Daten auf dem Gerät, dessen Kanalnummer in KANALA gespeichert ist und bei der verwendeten Anlage den Schnell-drucker kennzeichnet. Man hätte auch

    WRITE (7,2) SCHULD, RATE, ZINS

schreiben können.

Die D a t e n l i s t e besteht aus einer Aufzählung der Variablen, die zu übertragen sind. Die einzelnen Variablenangaben werden durch Kommas getrennt. – Dem zweiten Programm-Beispiel (Tafel 4.2) mit

    4 READ (KANALE, 5) (ZAHL(M), M = 1, MENGE)

entnimmt man, daß durch eine einzige Variablenangabe sogleich beliebig viele Elemente eines Bereiches, hier ZAHL(1), ZAHL(2), . . . , ZAHL(MENGE) übertragen werden können. M erfüllt hierbei die Aufgabe eines Laufindex. Jede derartige DO-gesteuerte Angabe ist zu klammern. Solche Angaben können geschachtelt werden, so daß z. B. bei Verwendung zweier eindimensionaler Bereiche X(4) und Y(4) und eines zweidimensionalen Bereiches A(3, 2) durch die Anweisung

    WRITE (KANALA, 15) ((A (I, J), J = 1, 2), X(I), Y(I), I = 1, 3, 2)

die Ausgabe von

A (1, 1), A (1, 2), X (1), Y (1), A (3, 1), A (3, 2), X (3), Y (3) veranlaßt wird.

Die Variablenangabe kann auch aus einem Bereichsnamen allein bestehen. Dann erfolgt eine Übertragung des genannten Bereiches in der Reihenfolge der Speicherung.

    WRITE (KAUS, 81) A, (X(I), I = 1, 2), Y

bewirkt z. B. die Ausgabe von

A (1, 1), A (2, 1), A (3, 1), A (1, 2), A (2, 2), A (3, 2), X (1), X (2), Y (1), Y (2), Y (3), Y (4).

Insbesondere bei Ausgabeanweisungen fehlt häufig die Datenliste; hier findet dann keine Übertragung von Variablenwerten statt. Durch

```
    WRITE (KANALA, 4)
    4 FORMAT (14H⎵EINGABEFEHLER)
```
wird der Text EINGABEFEHLER gedruckt.

Die in den Ein-/Ausgabeanweisungen durch ihre Nummer vertretene FORMAT- A n w e i s u n g enthält im wesentlichen Angaben über die Form der Daten auf dem externen Medium. In diesem Sinne handelt es sich bei ihr auch um eine Vereinbarung und nicht um eine ausführbare Anweisung.

```
    10 WRITE (KANALA, 11) JAHR, SCHULD
    11 FORMAT (I5, F20. 2)
```
weist dem Variablenwert von JAHR die FORMAT-Angabe I5, demjenigen von SCHULD die Angabe F20. 2 zu und bewirkt, daß für die Ausgabe der INTEGER-Zahl JAHR 5 Druckstellen, für die Ausgabe der REAL-Zahl SCHULD 20 Druckstellen verwendet werden, von denen die beiden letzten zwei Nachkommastellen enthalten und die drittletzte den Dezimalpunkt aufnimmt.

Den Elementen der Datenliste sind durch die FORMAT-Anweisung entsprechende Formatangaben zugeordnet. Diese beginnen stets mit einem der Buchstaben I (für INTEGER-Elemente), E, F, G (für REAL-Elemente), D (für DOUBLE PRECISION-Elemente), L (für LOGICAL-Elemente) oder A (für Elemente mit alphanumerischem Text). Daneben gibt es Formatangaben, die nicht auf ein Element der Datenliste Bezug nehmen, z. B.

    15HTILGUNGSTABELLE

Die einzelnen Angaben in der FORMAT-Anweisung werden durch Kommas oder Schrägstriche getrennt. Der Schrägstrich bewirkt zusätzlich, daß der in Arbeit befindliche Satz des externen Mediums beendet und ein neuer zur Verarbeitung herangezogen wird. Unter einem Satz versteht man je nach dem Medium z. B. eine Lochkarte, eine Druckzeile, eine Lochstreifenzeile.

Die Bedeutung der Formatangaben hängt davon ab, ob sie Eingabe- oder Ausgabe-Anweisungen zugeordnet werden; ihre Erläuterung ist entsprechend unterteilt. Hierbei stehen w und d anstelle vorzeichenloser positiv-ganzer Zahlen, d kann auch Null sein.

F o r m a t a n g a b e n   f ü r   A u s g a b e a n w e i s u n g e n . Iw verwendet man zur Aufbereitung einer INTEGER-Größe. Das Ausgabefeld umfaßt w Stellen, in das die Zahl rechtsbündig mit Nullenunterdrückung gesetzt wird. Bei zu geringer Feldweite werden die vorderen Stellen abgeschnitten.

Beispiele interner und externer Zahlendarstellungen bei Verwendung von I3 sind

intern	extern
-12	-12
$+9$	9
-381	381
67431	431

Fw.d   gehört stets zu einer REAL-Größe. Das Ausgabefeld umfaßt w Stellen, in das die Zahl rechtsbündig mit Dezimalpunkt und d Nachkommastellen gesetzt wird. Hinter dem Dezimalpunkt findet keine Nullenunterdrückung statt. Bei zu geringer Feldweite werden führende Stellen abgeschnitten.

Beispiele für F5. 2 sind

intern	extern
3.146	3.14
12.1	12.10
− 4.31	− 4.31
− 41.3	41.30
1581.03	81.03

Ew.d empfiehlt sich für REAL-Größen, bei denen mit größeren Schwankungen zu rechnen ist, denn die Zahl erscheint in normalisierter Gleitpunktform. Das Ausgabefeld umfaßt w Stellen, in das die Zahl rechtsbündig mit d-stelliger Mantissenlänge und zwei- oder dreistelligem Exponententeil (zur Basis 10) gesetzt wird. Der Mantissenteil beginnt mit Vorzeichen, Null, Dezimalpunkt, der Exponententeil mit E und/oder Exponentenvorzeichen. Daraus ergeben sich zwingend die Forderungen

$$w \geq d + 7 \quad \text{bei zweistelliger Exponentendarstellung mit E bzw. dreistelliger ohne E,}$$
$$w \geq d + 8 \quad \text{bei dreistelliger Exponentendarstellung mit E.}$$

Die durch Ew.d gewählte Darstellungsform ist zwar schwerer lesbar als die zu Fw.d gehörige, bietet aber die Gewähr, daß keine führenden Stellen abgeschnitten werden.

Beispiele für E11. 3 (bei dreistelligem Exponent mit E) sind

intern	extern
238.9	0.238E + 003
− 0.02	− 0.200E − 001
0.0004	0.400E − 003

Für den Real- und Imaginärteil einer COMPLEX-Größe wird je eine Formatangabe vom Typ E oder F benötigt.

Gw.d kann in BASIC FORTRAN nicht benutzt werden. Bei dieser „generalisierten" Ausgabe einer REAL-Größe entscheidet deren Betrag, ob im F- oder E-Format übertragen wird. Solange die erste signifikante Ziffer der Zahl zwischen der d-ten Stelle vor dem Dezimalpunkt und der 1. Stelle hinter dem Dezimalpunkt liegt, erfolgt die Ausgabe im F-Format mit der Feldlänge w − 4 und so vielen Nachkommastellen, daß insgesamt d geltende Ziffern übertragen werden; hinter die Zahl werden 4 Leerzeichen gesetzt. − Falls die Ausgabegröße nicht in diesem Bereich liegt, wird im Format Ew.d ausgegeben. Beispiele für G10.3:

intern	extern
8124.5	0.812E + 04
− 812.45	− 812.
− 81.245	− 81. 2
8.1245	8. 12
0.81245	0. 812
0.081245	0.812E − 01

Dw.d ist die Formatangabe für DOUBLE PRECISION-Größen. Die externe Form gleicht derjenigen von Ew.d, wenn man davon absieht, daß der Exponententeil hierbei auf vielen Anlagen mit D anstelle von E eingeleitet wird.

Lw dient als Formatangabe einer LOGICAL-Größe. Das Ausgabefeld besteht aus w − 1 Leerzeichen und T für .TRUE.- bzw. F für .FALSE.-Werte.

Aw verwendet man zur Ausgabe von alphanumerischem Text, dessen Speicherplatz in der Datenliste durch eine Variablenbezeichnung angegeben wird. Hierbei ist zu beachten, daß die unter einem Variablennamen maximal speicherbare Zeichenanzahl g anlagenabhängig ist.

Falls dann w ≦ g gilt, werden die ersten w Zeichen in das Ausgabefeld gebracht; bei w > g besteht das Feld aus w − g Leerzeichen und dahinter den g Zeichen des Speicherplatzes.

Beispiel: Für g = 8 mit

      VORNAM: HEINZ␣␣␣

      NAME: FINK␣␣␣␣

liefert die Anweisung

```
WRITE (KANALA, 14) VORNAM, NAME
14 FORMAT (A1, A9)
```

das Ausgabefeld

      H␣FINK␣␣␣␣

wH nimmt keinen Bezug auf die Datenliste der zugehörigen WRITE-Anweisung, sondern veranlaßt die Übergabe der w Zeichen, die in der FORMAT-Anweisung dem H unmittelbar folgen, an das Ausgabefeld:

```
WRITE (KANALA, 3)
3 FORMAT (14HGOETHE'S␣FAUST)
```

erzeugt das Ausgabefeld GOETHE'S␣FAUST.

Auf vielen Anlagen verwendet man, um das lästige Zeichenzählen durch den Programmierer zu vermeiden, statt wHtext die Angabe des Textes in Apostrophs. Im Text selbst vorkommende Apostrophs müssen hierbei durch Doppelapostrophs angegeben werden.

```
WRITE (KANALA, 3)
3 FORMAT ('GOETHE''S␣FAUST')
```

führt dann auch zum Ausgabefeld GOETHE'S␣FAUST.

wX liefert ein aus w Leerzeichen bestehendes Ausgabefeld, ohne daß auf die Datenliste Bezug genommen wird.

Das WRITE/FORMAT-Anweisungspaar übergibt dem externen Medium die so entstandenen und aneinandergereihten Ausgabefelder, wobei die im FORMAT-Statement deklarierte Satzeinteilung vorgenommen wird. Ein Satz wird beendet, sobald als Trennzeichen der Schrägstrich erscheint, das Ende der FORMAT-Anweisung erreicht wird, oder in der FORMAT-Anweisung eine Formatangabe erreicht wird, der kein Element der Datenliste mehr zugeordnet werden kann. Im Gegensatz zur Ausgabe über eine Schreibmaschine, bei der am Satzende Wagenrücklauf und Zeilentransport selbständig veranlaßt wird, erfolgt die Zeilen- und Seitensteuerung beim Schnelldrucker stets zu Beginn des Satzes. Dazu wird das erste Zeichen des ersten Ausgabefeldes eines Schnelldruckersatzes vom Text abgetrennt und zur Drucksteuerung verwendet. Folgende Steuerzeichen sind festgelegt:

Leerzeichen	Übergang an den Anfang der nächsten Zeile
0	Übergang an den Anfang der übernächsten Zeile
+	Rückkehr an den Anfang der momentanen Zeile
1	Übergang an den Anfang der ersten Zeile der nächsten Seite

Auf einer Anlage, deren Schnelldruckerkanalnummer 7 ist, bewirkt die Anweisungsfolge

```
WRITE(7,20)
20␣FORMAT(16H1JEDEM␣REDLICHEN/1H+,17X,
1␣7HBEMUEHN/20H␣SEI␣BEHARRLICHKEIT␣,
2␣8HVERLIEHN/1H0,17X,6HGOETHE)
```

folgenden Ausdruck am Anfang einer neuen Seite:

JEDEM␣REDLICHEN␣BEMUEHN
SEI␣BEHARRLICHKEIT␣VERLIEHN

GOETHE

Anstelle eines einzigen Trennzeichen-Schrägstriches kann man beliebig viele Schrägstriche hintereinander schreiben. Zwischen je zwei aufeinanderfolgenden Schrägstrichen entsteht ein leerer Satz, der wie ein Satz aus einem Leerzeichen behandelt wird. Auf diese Weise kann man beim Drucken das Vorsetzen um eine beliebige Anzahl von Zeilen veranlassen.

F o r m a t a n g a b e n   f ü r   E i n g a b e a n w e i s u n g e n . Iw   ist die Formatangabe für eine INTEGER-Größe. Die nächsten w Zeichen des Eingabesatzes enthalten die Zahl, die unter dem zugehörigen Namen aus der Datenliste gespeichert wird. Leerzeichen werden wie Nullen behandelt.

Wenn LKE die Kanalnummer der Lochkarteneingabe enthält und auf der nächsten Lochkarte

␣—4␣1␣␣2345

gelocht ist, wird durch

READ(LKE,100)K,L
100␣FORMAT(I7,I2)

der Wert — 40100 nach K und 23 nach L gebracht.

Fw.d, Ew.d, Gw.d   sind für Eingabeanweisungen funktionsmäßig identische Format-angaben. Das externe Feld umfaßt w Stellen und enthält eine Zahl, die der zugehörigen REAL-Größe aus der Datenliste zugeordnet wird. Leerzeichen im externen Feld werden wie Nullen behandelt.

Das externe Feld besteht aus dem Mantissenteil und gegebenenfalls dem Exponententeil. Der Mantissenteil kann mit einem Vorzeichen eingeleitet werden und besteht weiter aus einer Reihe von Ziffern, in denen ein Dezimalpunkt enthalten sein kann. Falls das Feld auch einen Exponententeil besitzt, muß er eine der folgenden Formen aufweisen:

a) Vorzeichenbehaftete ganze Zahl
b) E, gefolgt von einer ganzen (evtl. vorzeichenbehafteten) Zahl
c) D, gefolgt von einer ganzen (evtl. vorzeichenbehafteten) Zahl
Hinsichtlich des Wertes sind E und D von gleicher Bedeutung.

Falls der Mantissenteil keinen Dezimalpunkt enthält, gelten die hinteren d Stellen dieses Teiles als hinter dem Dezimalpunkt befindlich; im anderen Falle ist d bedeutungslos.

B e i s p i e l

Eingabesatz   4713.E2␣␣␣␣␣␣␣␣␣341034+1

Anweisung   READ(LKE,12)A,B,C
                   12␣FORMAT(F8.2,E11.1,F5.0)

nachher in A: $4{,}713 \cdot 10^{23}$
          B: 34,1
          C: 340

Die Eingabedaten für das Sortierprogramm (Tafel 4.2) zeigen die Vielfalt der Eingabeformen.

Dw.d   dient als Formatangabe, wenn der Feldinhalt unter einer DOUBLE PRECISION-Größe zu speichern ist, im übrigen gelten dieselben Regeln wie bei den Formatangaben E, F, G.

Lw   wird als Formatangabe einer LOGICAL-Größe verwendet. Das w-stellige externe Feld kann mit einer Leerzeichenfolge beginnen, danach hat T (für .TRUE.) oder F (für .FALSE.) zu folgen. Der Rest des Feldes ist bedeutungslos.

Aw   gibt an, daß das w-stellige externe Feld alphanumerischen Text enthält, von dem maximal g Zeichen der nächsten Variablen aus der Datenliste zugewiesen werden. Die Anzahl g der unter einem Variablennamen speicherbaren Zeichen ist anlagenabhängig. Wenn nun w ≦ g gilt, werden die w Zeichen des externen Feldes linksbündig gespeichert, dahinter g−w Leerzeichen. Im Falle w > g werden w−g Zeichen des externen Feldes übergangen und die restlichen g Zeichen gespeichert.

Beispiel mit g = 8:
Eingabesatz   A12,34.5+6*7BCDE␣␣␣␣␣

Anweisung   READ(LKE,9)R,S,T
                   9␣FORMAT(A1,A8,A12)

nachher in R: A␣␣␣␣␣␣␣
          S: 12,34.5+
          T: CDE␣␣␣␣␣

wH   veranlaßt, daß die nächsten w Zeichen des Eingabesatzes in der FORMAT-Anweisung selbst direkt hinter H gespeichert werden. Auf die Datenliste wird hierbei kein Bezug genommen.

Beispiel:
Eingabesatz   ␣11.05.74

Anweisung   READ(KANALE, 10)
                   10␣FORMAT(9H␣BELIEBIG)
danach lautet die FORMAT-Anweisung
                   10 FORMAT(9H␣11.05.74)
Anstelle von wH verwenden viele Anlagen den in Apostrophs gesetzten Text. Dann wird im Beispiel aus
                   10␣FORMAT('␣BELIEBIG')
die Format-Anweisung
                   10␣FORMAT('␣11.05.74').

wX   schreibt man, wenn die nächsten w Stellen des externen Satzes überlesen werden sollen. Die Satzsteuerung erfolgt bei der Eingabe genauso wie bei der Ausgabe.

Wechselspiel zwischen Ein-/Ausgabeanweisung und zugeordneter FORMAT-Anweisung. Jedem Element der Datenliste einer E/A-Anweisung muß eine passende Formatangabe zugeordnet werden können. Hieraus darf man jedoch nicht schließen, daß eine Formatanweisung genau so viele an die Datenliste gebundene Formatangaben enthalten muß wie die Datenliste lang ist. Die Anzahl der Formatangaben kann sowohl kleiner als auch größer sein. Wenn z. B. vier REAL-Größen hintereinander im externen Satz mit der Formatangabe F8.3 erscheinen, kann man statt F8.3, F8.3, F8.3, F8.3 bequemer 4F8.3 schreiben. Anstelle von F6.1, I5, F6.1, I5 deklariert man 2(F6.1,I5). Durch Verwendung entsprechender in Klammern gesetzter Wiederholungsgruppen läßt sich

FORMAT(L4,I1,L4,I1,A3,F5.0,L1,F5.0,L1,F5.0,L1,L4,I1,L4,I1,A3,F5.0,L1,F5.0,L1,F5.0,L1)

ersetzen durch

FORMAT(2(2(L4,I1),A3,3(F5.0,L1))).

Eine weitere Schachtelung ist nicht zulässig, da außer der Klammerstufe 0 (vorgeschriebene Klammerung hinter FORMAT) nur die Klammerstufen 1 und 2 erlaubt sind. Jeder Wiederholungsgruppe kann dabei ein Wiederholungsfaktor vorangestellt sein; wenn er fehlt, wird er als 1 angenommen.

Im Wechselspiel zwischen E/A-Anweisung und zugeordneter FORMAT-Anweisung beginnt stets die FORMAT-Anweisung. Sie arbeitet so lange, bis eine Formatangabe erreicht wird, die an die Datenliste geknüpft ist. Sollte die Datenliste erschöpft sein, beendet FORMAT sowohl den laufenden Satz als auch den Ein-/Ausgabevorgang. Wenn die Datenliste noch nicht abgearbeitet ist und das an der Reihe befindliche Element vom entsprechenden Typ ist, erfolgt die Übertragung im gewünschten Sinne. Danach arbeitet FORMAT so lange alleine weiter, bis entweder das Ende der gesamten FORMAT-Anweisung erreicht ist oder wiederum Bezug auf die Datenliste genommen wird. Im letzteren Falle wird mit der Untersuchung der noch verbliebenen Datenliste in der eben geschilderten Weise fortgefahren.

Wenn das Ende der FORMAT-Anweisung erreicht ist, wird der gegenwärtige externe Satz beendet und danach die Datenliste geprüft, ob sie vollständig verarbeitet ist. Sollte das der Fall sein, wird der Ein-/Ausgabevorgang beendet.

Stehen jedoch noch unverarbeitete Elemente in der Datenliste, wird die FORMAT-Verarbeitung wiederaufgenommen, und zwar

am Anfang der FORMAT-Anweisung, falls sie keine Wiederholungsgruppe besitzt,
am Anfang der am weitesten rechts stehenden Wiederholungsgruppe 1. Stufe, falls Wiederholungsgruppen auftreten.

Im Zahlensortierungsprogramm (Tafel 4.2) heißt es (KANALA bezeichnet die Schnelldrucker-Kanalnummer):

```
      WRITE(KANALA,2)MENGE
    2    FORMAT(1H1,I6,7H⊔ZAHLEN)
         . . .
      WRITE(KANALA,8)(ZAHL(M),M=1,MENGE)
    8    FORMAT(1H0,2X,27HLISTE⊔DER⊔SORTIERTEN⊔ZAHLEN/
    1    1H0,56(/4E17.6)/(1H1,60(/4E17.6)))
```

Angenommen, es seien MENGE = 502 Zahlen zu drucken. FORMAT-Anweisung 2 steuert an den Anfang einer neuen Seite, druckt wegen der Formatangabe I6 die Zahl aus, die unter dem ersten in der Datenliste aufgeführten Namen enthalten ist, und schreibt ⊔ZAHLEN dahinter. Das Ende der FORMAT-Anweisung ist erreicht, so daß die Druckzeile beendet wird, und da keine weiteren Elemente mehr in der Datenliste stehen, geht es bei der nächsten hinter WRITE stehenden ausführbaren Anweisung (in Tafel 4.2 eine IF-Anweisung) weiter. Wenn dann die zweite WRITE-Anweisung erreicht wird, steuert die FORMAT-Anweisung 8 die Ausgabe. Das erste Zeichen des neuen Satzes ist 0, woraufhin um zwei Zeilen weitergeschaltet und am Zeilenanfang begonnen wird. Es werden zwei Leerzeichen und der Text LISTE⊔DER⊔ SORTIERTEN⊔ZAHLEN gedruckt, danach wird erneut um zwei Zeilen weitergeschaltet. Die Wiederholungsgruppe 56(/4E17.6) wird wie /4E17.6/4E17.6/4E17.6 . . . (56 mal)/4E17.6 verarbeitet. Die gegenwärtige Zeile wird daher beendet und (da ein durch E17.6 beschriebenes Feld bei dreistellig gedruckten Exponenten stets mit drei Leerzeichen beginnt) auf den Anfang der nächsten Zeile gesetzt. Dort werden die ersten vier Elemente des Bereiches ZAHL gedruckt, in der nächsten Zeile die nächsten vier, usw., bis 56 derartige Zeilen ausgegeben worden sind. Die letzte Zeile wird beendet und nun am Anfang einer neuen Seite begonnen, da der nächste Satz das Steuerzeichen 1 besitzt. Das weitere Ausdrucken geschieht jedoch erst in der zweiten Zeile, da der erste Satz sogleich hinter dem Steuerzeichen durch / beendet wird. Nunmehr werden 60 Zeilen lang je vier Elemente des Zahlenbereiches gedruckt, so daß bei Erreichen des Endes der FORMAT-Anweisung von den 502 Zahlen bereits 464 ausgedruckt sind.

Das Ende der FORMAT-Anweisung ist zwar erreicht, nicht aber das Ende der Datenliste. Folglich beginnt die FORMAT-Anweisung am Anfang der am weitesten rechts stehenden Wiederholungsgruppe 1. Stufe

$$(1H1,60(/4E17.6))$$

so daß eine neue Druckseite angefangen wird. Nachdem 9 weitere Zeilen mit je 4 Zahlen des Bereichs gedruckt sind, findet die FORMAT-Anweisung für 4E17.6 nur noch zwei Elemente der Datenliste vor. Die Formatangabe E17.6 wird zweimal verwendet, dann beendet FORMAT die laufende Zeile, da die Datenliste erschöpft ist, und schließt den Druckvorgang ab.

F o r m a t f r e i e E i n - / A u s g a b e a n w e i s u n g e n . In den bisher besprochenen Fällen stimmen die externe und die interne Darstellungsform der Daten nicht überein. Die FORMAT-Anweisung steuert die notwendige Umwandlung von der einen in die andere Form. Wenn Daten jedoch nur zeitweise in einen Hilfsspeicher (z. B. Magnetplatte oder Magnetband) gebracht werden müssen, um den Hauptspeicher zu entlasten, ist es nicht nötig, die Daten zuvor aufzubereiten, so daß die Datenumwandlung beim Rücktransport gleichfalls entfällt. Für derartige Übertragungen benutzt man die f o r m a t f r e i e n E i n - / A u s g a b e a n w e i - s u n g e n

   READ(kanalangabe) datenliste
   WRITE(kanalangabe) datenliste

Die Datenmenge, die durch eine WRITE-Anweisung übertragen wird, bildet hierbei einen Satz. Durch jede formatfreie READ-Anweisung wird ein ganzer Satz gelesen, auch wenn ihre Datenliste nicht alle Daten des Satzes nennt. Fehlt daher bei der formatfreien READ-Anweisung die Datenliste völlig, so wird damit einfach ein Satz überschlagen.

E r g ä n z e n d e A n w e i s u n g e n f ü r d i e E i n - u n d A u s g a b e . Bei beiden Arten der READ- und WRITE-Statements werden die einzelnen Sätze nacheinander übertragen, die Dateien werden also sequentiell verarbeitet. Einige externe Medien, z. B. Magnetband- und Magnetplattengeräte, bieten dabei die Möglichkeit, Dateien auch rückwärts zu lesen, also auf Sätze zurückzugreifen, die schon verarbeitet sind.

REWIND k a n a l a n g a b e bewirkt, daß auf den Anfang der Datei positioniert wird.

BACKSPACE k a n a l a n g a b e setzt auf den Anfang des vorangegangenen Satzes zurück. Wenn vorher schon der Dateianfang positioniert war, bleibt diese Anweisung wirkungslos.

ENDFILE k a n a l a n g a b e veranlaßt die Markierung des Dateiendes.

Bei sequentieller Verarbeitung erhält man nur dadurch Zugriff zum gewünschten Satz, daß man alle Sätze, die zwischen ihm und dem momentan zur Verarbeitung anstehenden Satz liegen, Schritt für Schritt durchgeht. Wenn sich die Datei auf einem Speicher mit Direktzugriff, z. B. einem Magnetplattenspeicher, befindet, ist dieser Weg unnötig zeitaufwendig. FORTRAN bietet Möglichkeiten für die d i r e k t e V e r a r b e i t u n g von Dateien. Man informiert sich darüber im einzelnen im FORTRAN-Handbuch der benutzten Anlage. Jede Datei, für die man einen direkten Zugriff zu den einzelnen Sätzen wünscht, muß in einer DEFINE FILE-

Anweisung eigens vereinbart werden, in der Angaben über die Dateinumerierung, die maximale Satzanzahl, die maximale Satzlänge, die Formatierung der Sätze und die Satznummerkennzeichnung zu machen sind. Die betreffenden READ/WRITE-Anweisungen enthalten neben den üblichen Spezifikationen zusätzlich die gewünschte Satznummer. Man kann die Zugriffszeiten zusätzlich reduzieren, indem man rechtzeitig vor READ/WRITE eine entsprechende FIND-Anweisung gibt.

4.1.6. Prozeduren und Unterprogramme. Bei der Analyse eines Problems stellt man häufig fest, daß an verschiedenen Stellen Berechnungen nach übereinstimmender Vorschrift auszuführen sind. Es wäre unrationell, die entsprechenden Programmteile, die sich meistens nur in der Bezeichnung der darin vorkommenden Größen unterscheiden, einzeln zu erstellen. Vielfach gibt es auch Programmabschnitte, die man wörtlich aus anderen Programmen übernehmen könnte. In solchen und ähnlichen Fällen programmiert man die entsprechenden Teile in Form von P r o z e d u r e n .

FORTRAN bietet verschiedene Prozedurarten: Die wichtigsten Funktionen sind im Übersetzer schon enthalten und brauchen nur noch aufgerufen zu werden (e i n g e b a u t e F u n k - t i o n e n). Eigene Funktionen kann man entweder als F o r m e l f u n k t i o n e n oder als FUNCTION-Unterprogramme erstellen. Prozeduren, die nicht den Charakter von Funktionen mit einem einzigen Ergebnis haben, lassen sich schließlich in Form von SUBROUTINE-U n t e r p r o g r a m m e n formulieren.

U n t e r p r o g r a m m e werden grundsätzlich als selbständige Einheiten getrennt vom Anwenderprogramm (Hauptprogramm) übersetzt — entweder auch zu verschiedenen Zeiten, so daß die übersetzten Programme zum Zeitpunkt der Programmausführung vom Binderprogramm im Betriebssystem der Anlage zu einem ablauffähigen Gesamtprogramm zusammengesetzt werden müssen, oder in einem gemeinsamen Übersetzungsvorgang mit anschließendem automatischen Binden.

Bei getrennt übersetzten Programmen kann es niemals durch eine unbeabsichtigte Übereinstimmung der Bezeichnung von Variablen zu Kollisionen kommen, da nach der Übersetzung alle Namen durch die Speicheradressen der Variablen ersetzt sind.

F u n k t i o n s a u f r u f e sind in arithmetischen bzw. logischen Ausdrücken erlaubt. Sie werden wie Variablenbezeichnungen behandelt und bestehen aus dem Funktionsnamen und der in Klammern stehenden Liste der aktuellen Parameter, die wiederum Ausdrücke, gelegentlich auch Funktionsnamen, sein können. Die einzelnen aktuellen Parameter werden durch Kommas getrennt; sie müssen in Typ und Anzahl zur Funktion „passen". Innerhalb eines Ausdrucks hat die Funktionsberechnung natürlich sogar Vorrang vor der Potenzierung.

SUBROUTINE- A u f r u f e erfolgen in eigenen CALL-Anweisungen mit Angabe des gewünschten SUBROUTINE-Namens und (bei Bedarf) einer geklammerten Liste der aktuellen Parameter.

E i n g e b a u t e F u n k t i o n e n . Die Menge der eingebauten Funktionen hängt vom Umfang des Übersetzers ab. Man tut gut daran, den Katalog der verfügbaren Funktionen im FORTRAN-Handbuch der verwendeten Anlage zu studieren. Mindestens die in Tafel 4.3 genannten Funktionen stehen zur Verfügung.

F o r m e l f u n k t i o n e n . Wenn ein Programm an mehreren Stellen die Berechnung einer nicht eingebauten Funktion verlangt, kann der Programmierer diese Funktion selbst definieren. Besteht die Funktionsberechnung nur aus einem einzigen Ausdruck, so bietet sich die Erklärung als Formelfunktion an. Dies geschieht in einer an den Programmanfang gestellten Ergibtanweisung, deren linke Seite aus dem Funktionsnamen und der geklammerten Liste der Argumente, deren rechte Seite aus dem Ausdruck zur Funktionsberechnung besteht. Die

Tafel 4.3   Eingebaute Funktionen in BASIC FORTRAN

Definition (a = Argument)	Anzahl der Argumente	Funktions- name	Argument- typ	Typ des Funk- tionswertes
e^a	1	EXP	REAL	REAL
ln a	1	ALOG	REAL	REAL
sin a	1	SIN	REAL	REAL
cos a	1	COS	REAL	REAL
arctan a	1	ATAN	REAL	REAL
tanh a	1	TANH	REAL	REAL
$\sqrt{a}$	1	SQRT	REAL	REAL
$|a|$	1	ABS	REAL	REAL
$|a|$	1	IABS	INTEGER	INTEGER
Typumwandlung	1	FLOAT	INTEGER	REAL
Typumwandlung ohne Rundung	1	IFIX	FLOAT	INTEGER
$|a_1|$ · Vorzeichen (a_2)	2	SIGN	FLOAT	FLOAT[1])
$|a_1|$ · Vorzeichen (a_2)	2	ISIGN	INTEGER	INTEGER[1])

verwendeten Argumentnamen sind hierin als Attrappen anzusehen, die nur dazu dienen, Typ, Anzahl und Reihenfolge späterer echter Argumente zu kennzeichnen. In der Definition einer Formelfunktion können alle eingebauten Funktionen, die externen Funktionen und solche Formelfunktionen, die davor schon definiert worden sind, aufgerufen werden. Formelfunktionen gelten nur in dem Programm als bekannt, das auch ihre Definition enthält.

P r o g r a m m - B e i s p i e l . Tafel 4.4 enthält ein Programm in BASIC-FORTRAN zur Berechnung einer Sternersatzschaltung zu einer Dreieckschaltung. Um die dabei auftretenden Multiplikationen und Divisionen komplexer Zahlen übersichtlich zu gestalten, wird eine Umrechnung der komplexen Zahlen aus der Nebenform in ihre Hauptform vorgenommen

$$x + jy = r \cdot e^{j\varphi}$$

Diese Umwandlung kommt im Programm mehrfach vor, deswegen werden zu Beginn des Programms die beiden Formelfunktionen BETRAG(X,Y) zur r-Berechnung und WINKEL(X,Y) zur φ-Berechnung definiert. Wie man sieht, gelingt letztere nur mit Mühe in einem einzigen Ausdruck. Im Falle X = 0 erfolgen sogar Divisionen durch Null mit undefiniertem Ergebnis, ohne allerdings Schaden anzurichten, da anschließend mit Null multipliziert wird mit dem Resultat Null: Der Ausdruck 1./X * X liefert das Resultat Eins, wenn X ≠ 0 gilt, und Null, falls X = 0 ist. Hier wird der Umstand ausgenutzt, daß in FORTRAN Zahlenüberläufe und Divisionen durch Null nicht automatisch zu Programmunterbrechungen führen. Mit Hilfe der häufig eingebauten Unterprogramme OVERFL bzw. DVCHK kann man sich jedoch anzeigen lassen, ob Überlauf oder Division durch Null eingetreten ist.

FUNCTION- U n t e r p r o g r a m m e . Bei Formelfunktionen kann es von Nachteil sein, daß sie über ihr eigenes Programm hinaus nur dadurch bekanntgemacht werden können, daß man

---

[1]) Nur definiert für $a_2 \neq 0$.

Tafel 4.4 Dreieck-Stern-Umwandlung

```
C       DREIECK-STERN-UMWANDLUNG
        DIMENSION ZND (2, 3), ZHS (2, 3), ZNS (2, 3)
        BETRAG (X, Y) = SQRT (X * X + Y * Y)
        WINKEL (X, Y) = (ATAN (Y/X) + (1. − SIGN (1., X)) * 1.570796)/X * X
      1     + (1. − 1./X * X) * SIGN (1.57096, Y)
        KANALE = 10
        KANALA = 7
        READ (KANALE, 1) ZND
  1     FORMAT (2F20.6)
        R = BETRAG (ZND (1, 1) + ZND (1, 2) + ZND (1, 3), ZND (2, 1) + ZND (2, 2)
      1     + ZND (2, 3))
        IF (R) 2, 2, 4
  2     WRITE (KANALA, 3) ZND
  3     FORMAT (3 (2E20.6/), 27H0STERNUMWANDLUNG UNMOEGLICH)
        STOP
  4     W = WINKEL (ZND (1, 1) + ZND (1, 2) + ZND (1, 3), ZND (2, 1) + ZND (2, 2)
      1     + ZND (2, 3))
        DO 5 I = 1,3
        I1 = I + 1 − I/3 * 3
        I2 = I + 2 − (I + 1)/3 * 3
        ZHS (1, I) = BETRAG (ZND (1, I1), ZND (2, I1)) * BETRAG (ZND (1, I2),
      1     ZND (2, I2))/R
        ZHS (2, I) = WINKEL (ZND (1, I1), ZND (2, I1)) + WINKEL (ZND (1, I2),
      1     ZND (2, I2)) − W
        ZNS (1, I) = ZHS (1, I) * COS (ZHS (2, I))
  5     ZNS (2, I) = ZHS (1, I) * SIN (ZHS (2, I))
        WRITE (KANALA, 6) ZND, ZNS
  6     FORMAT (36H1VORGEGEBENE WIDERSTAENDE IM DREIECK//
      1 3 (E 15.6, 4H + J *, E 15.6, 4H OHM/), 25H0GEGENUEBERLIEGENDE WIDER
      2 7HSTAENDE,
      3 9H IM STERN//3 (E15.6, 4H + J *, E15.6, 4H OHM/))
        STOP
        END
```

Eingabe:

5.		−1.769
1.		0.942
2.		−0.909

Ausgabe:

VORGEGEBENE WIDERSTAENDE IM DREIECK

```
0.500000E + 001  + J *  −0.176900E + 001  OHM
0.100000E + 001  + J *   0.942000E + 001  OHM
0.200000E + 001  + J *  −0.909000E + 001  OHM
```

GEGENUEBERLIEGENDE WIDERSTAENDE IM STERN

```
0.315720E + 001  + J *   0.190386E + 000  OHM
0.121121E + 001  + J *  −0.747542E + 000  OHM
0.719638E + 000  + J *   0.523786E + 000  OHM
```

Tafel 4.5   Biegelinie eines Trägers mit Streckenlast

```
C         BIEGELINIE EINES BEIDSEITIG AUFGELAGERTEN TRAEGERS
C         MIT STRECKENLAST
          DIMENSION C0 (5), C1 (5), C2 (5), C3 (5)
          C0 (1) = 1.
          C0 (2) = − 2.
          C0 (3) = 0.
          C0 (4) = 1.
          C0 (5) = 0.
          C1 (1) = 4.
          C1 (2) = − 6.
          C1 (3) = 0.
          C1 (4) = 1.
          C2 (1) = 12.
          C2 (2) = − 12.
          C2 (3) = 0.
          C3 (1) = 24.
          C3 (2) = − 12.
          KANALE = 10
          KANALA = 7
          READ (KANALE, 1) Q0, E, AI, AL, A, B, H
    1     FORMAT (7F10.0)
          WRITE (KANALA, 2) Q0, AI, E, AL, A, B, H
    2     FORMAT (51H1BIEGELINIE EINES BEIDSEITIG AUFGELAGERTEN TRAEGERS,
        1 17H MIT STRECKENLAST//4H Q0=, F6.2, 6H KP/CM, 7X, 2HI=, F8.1,
        2 6H  CM ** 4,5X, 2HE=, E13.5, 9H KP/CM ** 2/3H L=, F7.1, 3H CM, 7X, 2HA=,F7.1,
        3 3H  CM, 6X, 2HB=, F7.1, 3H CM, 6X, 2HH=, F7.1, 3H CM//)
          IF (Q0) 3, 3, 5
    3     WRITE (KANALA, 4)
    4     FORMAT (14H EINGABEFEHLER)
          STOP
    5     IF (E) 3, 3, 6
    6     IF (AI) 3, 3, 7
    7     IF (AL) 3, 3, 8
    8     IF ((A − B) * H) 9, 3, 3
    9     WIRTE (KANALA, 10)
   10     FORMAT (4X, 4HX/CM, 7X, 4HY/CM, 12X, 2HY', 11X, 6HY' ' * CM, 8X,
        1 10HY' ' ' * CM * * 2/)
          FAKTOR = Q0 * AL * * 4/(24. * E * AI)
          Z = A/AL
   12     X = Z * AL
          Y = FAKTOR * HORNER (4, C0, Z)
          YS = FAKTOR * HORNER (3, C1, Z)/AL
          YSS = FAKTOR * HORNER (2, C2, Z)/AL * * 2
          YSSS = FAKTOR * HORNER (1, C3, Z)/AL * * 3
          PX = X + 0.05
          WRITE (KANALA, 11) PX, Y, YS, YSS, YSSS
   11     FORMAT (1X, F7.1, 4E15.6)
          Z = Z + H/AL
          IF (Z − B/AL) 12, 12, 13
   13     STOP
          END


C         HORNER-SCHEMA
          FUNCTION HORNER (N, PKOEFF, ARG)
```

```
      DIMENSION PKOEFF (5)
      M = N + 1
      HORNER = 0.
      DO 1 I = 1, M
   1  HORNER = HORNER * ARG + PKOEFF (I)
      RETURN
      END
```

Eingabe:

⎵⎵⎵⎵⎵⎵⎵⎵⎵2⎵⎵⎵⎵⎵⎵1.E5⎵⎵⎵⎵⎵⎵1940⎵⎵⎵⎵⎵⎵⎵600⎵⎵⎵⎵⎵⎵⎵⎵⎵⎵0⎵⎵⎵⎵⎵⎵⎵600⎵⎵⎵⎵⎵⎵⎵⎵⎵10

Ausgabe:

BIEGELINIE EINES BEIDSEITIG AUFGELAGERTEN TRAEGERS MIT STRECKENLAST

Q0 = 2.00 KP/CM   I = 1940.0 CM * * 4   E = 0.10000E + 006 KP/CM * * 2
L = 600.0 CM   A = 0.0 CM   B = 600.0 CM   H = 10.0 CM

X/CM	Y/CM	Y'	Y' ' * CM	Y' ' ' * CM * * 2
0.0	0.000000E + 000	0.927835E − 001	0.000000E + 000	− 0.309278E − 005
10.0	0.927324E + 000	0.926306E − 001	− 0.304123E − 004	− 0.298969E − 005
20.0	0.185161E + 001	0.921787E − 001	− 0.597938E − 004	− 0.288659E − 005
30.0	0.276993E + 001	0.914381E − 001	− 0.881443E − 004	− 0.278350E − 005
40.0	0.367945E + 001	0.904192E − 001	− 0.115463E − 003	− 0.268041E − 005
50.0	0.457742E + 001	0.891323E − 001	− 0.141752E − 003	− 0.257732E − 005
60.0	0.546123E + 001	0.875876E − 001	− 0.167010E − 003	− 0.247422E − 005
70.0	0.632835E + 001	0.857955E − 001	− 0.191237E − 003	− 0.237113E − 005
80.0	0.717635E + 001	0.837663E − 001	− 0.214433E − 003	− 0.226804E − 005
90.0	0.800292E + 001	0.815103E − 001	− 0.236598E − 003	− 0.216494E − 005
100.0	0.880583E + 001	0.790378E − 001	− 0.257732E − 003	− 0.206185E − 005
110.0	0.958299E + 001	0.763591E − 001	− 0.277835E − 003	− 0.195876E − 005
120.0	0.103323E + 002	0.734845E − 001	− 0.296907E − 003	− 0.185567E − 005
130.0	0.110520E + 002	0.704244E − 001	− 0.314948E − 003	− 0.175257E − 005
140.0	0.117402E + 002	0.671890E − 001	− 0.331958E − 003	− 0.164948E − 005
150.0	0.123952E + 002	0.637886E − 001	− 0.347938E − 003	− 0.154639E − 005
160.0	0.130155E + 002	0.602337E − 001	− 0.362886E − 003	− 0.144330E − 005
170.0	0.135994E + 002	0.565343E − 001	− 0.376804E − 003	− 0.134020E − 005
180.0	0.141457E + 002	0.527010E − 001	− 0.389690E − 003	− 0.123711E − 005
190.0	0.146530E + 002	0.487440E − 001	− 0.401546E − 003	− 0.113402E − 005
200.0	0.151202E + 002	0.446735E − 001	− 0.412371E − 003	− 0.103092E − 005
210.0	0.155462E + 002	0.405000E − 001	− 0.422165E − 003	− 0.927836E − 006
220.0	0.159299E + 002	0.362337E − 001	− 0.430927E − 003	− 0.824744E − 006
230.0	0.162706E + 002	0.318849E − 001	− 0.438659E − 003	− 0.721651E − 006
240.0	0.165674E + 002	0.274639E − 001	− 0.445360E − 003	− 0.618558E − 006
250.0	0.168196E + 002	0.229811E − 001	− 0.451030E − 003	− 0.515465E − 006
260.0	0.170268E + 002	0.184468E − 001	− 0.455670E − 003	− 0.412373E − 006
270.0	0.171884E + 002	0.138712E − 001	− 0.459278E − 003	− 0.309280E − 006
280.0	0.173041E + 002	0.926466E − 002	− 0.461855E − 003	− 0.206187E − 006
290.0	0.173737E + 002	0.463753E − 002	− 0.463402E − 003	− 0.103095E − 006
300.0	0.173969E + 002	0.884852E − 007	− 0.463917E − 003	− 0.245792E − 011
310.0	0.173737E + 002	− 0.463738E − 002	− 0.463402E − 003	0.103090E − 006
320.0	0.173041E + 002	− 0.926454E − 002	− 0.461856E − 003	0.206182E − 006
330.0	0.171884E + 002	− 0.138710E − 001	− 0.459278E − 003	0.309275E − 006
340.0	0.170268E + 002	− 0.184466E − 001	− 0.455670E − 003	0.412368E − 006
350.0	0.168197E + 002	− 0.229810E − 001	− 0.451031E − 003	0.515460E − 006

360.0	0.165674E + 002	− 0.274638E − 001	− 0.445361E − 003	0.618553E − 006
370.0	0.162706E + 002	− 0.318848E − 001	− 0.438660E − 003	0.721646E − 006
380.0	0.159299E + 002	− 0.362336E − 001	− 0.430928E − 003	0.824738E − 006
390.0	0.155462E + 002	− 0.404999E − 001	− 0.422165E − 003	0.927831E − 006
400.0	0.151202E + 002	− 0.446734E − 001	− 0.412371E − 003	0.103092E − 005
410.0	0.146531E + 002	− 0.487439E − 001	− 0.401546E − 003	0.113401E − 005
420.0	0.141457E + 002	− 0.527009E − 001	− 0.389691E − 003	0.123710E − 005
430.0	0.135995E + 002	− 0.565343E − 001	− 0.376804E − 003	0.134020E − 005
440.0	0.130155E + 002	− 0.602336E − 001	− 0.362887E − 003	0.144329E − 005
450.0	0.123953E + 002	− 0.637886E − 001	− 0.347938E − 003	0.154638E − 005
460.0	0.117402E + 002	− 0.671889E − 001	− 0.331959E − 003	0.164948E − 005
470.0	0.110520E + 002	− 0.704243E − 001	− 0.314949E − 003	0.175257E − 005
480.0	0.103323E + 002	− 0.734845E − 001	− 0.296908E − 003	0.185566E − 005
490.0	0.958301E + 001	− 0.763590E − 001	− 0.277836E − 003	0.195875E − 005
500.0	0.880586E + 001	− 0.790377E − 001	− 0.257733E − 003	0.206185E − 005
510.0	0.800295E + 001	− 0.815103E − 001	− 0.236598E − 003	0.216494E − 005
520.0	0.717638E + 001	− 0.837663E − 001	− 0.214434E − 003	0.226803E − 005
530.0	0.632838E + 001	− 0.857955E − 001	− 0.191238E − 003	0.237112E − 005
540.0	0.546126E + 001	− 0.875876E − 001	− 0.167011E − 003	0.247422E − 005
550.0	0.457745E + 001	− 0.891323E − 001	− 0.141753E − 003	0.257731E − 005
560.0	0.367948E + 001	− 0.904192E − 001	− 0.115465E − 003	0.268040E − 005
570.0	0.276997E + 001	− 0.914381E − 001	− 0.881457E − 004	0.278349E − 005
580.0	0.185165E + 001	− 0.921787E − 001	− 0.597954E − 004	0.288659E − 005
590.0	0.927365E + 000	− 0.926306E − 001	− 0.304139E − 004	0.298968E − 005
600.0	0.398183E − 004	− 0.927836E − 001	− 0.176970E − 008	0.309277E − 005

sie erneut definiert. Wenn die Erklärung statt dessen in einem eigenen, unabhängig übersetzten Unterprogramm erfolgt, besteht die Möglichkeit, daß spätere Anwender lediglich das Objektprogramm ihrem eigenen anfügen. Definition und Verwendung eines FUNCTION-Unterprogramms zeigt das P r o g r a m m - B e i s p i e l in Tafel 4.5. Bei der Berechnung der Biegelinie eines beidseitig aufgelagerten Trägers mit Streckenlast müssen verschiedentlich Funktionswerte ganzer rationaler Funktionen berechnet werden[1]. Ein solches Problem taucht mit Sicherheit auch in vielen anderen Zusammenhängen auf; daher ist es günstig, die Berechnung (hier das Horner-Schema) in ein FUNCTION-Unterprogramm zu verlagern.

Die Polynomkoeffizienten denkt man sich hierbei zweckmäßig als Elemente eines eindimensionalen Bereichs gespeichert, dessen Name samt dem Polynomgrad und dem Funktionsargument zu übergeben sind. Im konkreten Fall wird man den Koeffizientenbereich allerdings nicht so eng dimensionieren; wenn die volle FORTRAN-Sprache zur Verfügung steht, sollte man den Bereich im FUNCTION-Unterprogramm sogar „angepaßt", d. h. mit variabler Dimensionsangabe, definieren. Als erstes Funktionsargument wählt man dann den um Eins erhöhten Polynomgrad

```
      FUNCTION HORNER (M,PKOEFF,ARG)
      DIMENSION PKOEFF(M)
      HORNER = 0.
      DO 1 I=1,M
    1 HORNER=HORNER*ARG+PKOEFF(I)
      RETURN
      END
```

Der Typ des Funktionswertes richtet sich nach dem Funktionsnamen, kann aber auch explizit

---

[1]) S. Abschn. 4.2.11.3.

im FUNCTION-Statement vereinbart werden, z. B.

      INTEGER FUNCTION ANZAHL(parameterliste)

oder   REAL FUNCTION KAPPA(parameterliste)

oder   LOGICAL FUNCTION MERKER(parameterliste)

oder   DOUBLE PRECISION FUNCTION DETERM(parameterliste)

oder   COMPLEX FUNCTION LOG(parameterliste)

Jede Parameterliste muß mindestens einen Parameter enthalten. Als formale Parameter im Unterprogramm können nichtindizierte Variablen, Bereiche und Namen anderer Unterprogramme verwendet werden. Die beim Aufruf im Anwenderprogramm zu nennenden aktuellen Parameter müssen zu den entsprechenden formalen passen; sie können in Form von Ausdrücken, aber auch als Bereichs- bzw. Unterprogrammnamen auftreten. Die Zuweisung des Funktionswertes erfolgt im Unterprogramm durch Ergibtanweisungen an den Funktionsnamen ohne Parameterliste. RETURN veranlaßt den Rücksprung in das aufrufende Programm. Ein Unterprogramm kann mehrere RETURN-Anweisungen enthalten, aber nur ein END-Statement zur Kennzeichnung des physischen Endes des Unterprogramms.

Tafel 4.6 zeigt ein Programm zur Berechnung des Strahlungsflusses Φ aus dem Sichtloch eines Hochofens gemäß

$$\Phi = \pi \cdot A \cdot \int_{\lambda_1}^{\lambda_2} \frac{c^2 \cdot h}{\lambda^5 \cdot [\exp{(c \cdot h/k \cdot T \cdot \lambda)} - 1]} \, d\lambda$$

(Lichtgeschwindigkeit c, Plancksches Wirkungsquantum h, Boltzmann-Konstante k, absolute Temperatur T, Wellenlängenbereich $\lambda_1 \leqq \lambda \leqq \lambda_2$, Strahlfläche A)

Die Einteilung der Datenkarten und die Einheitenwahl der Eingabegrößen entnimmt man Tafel 4.7. Das Druckbild für die Schnelldruckerausgabe (Tafel 4.8) gibt einen Eindruck von der Ausgabeform. Die Eingabegrößen werden darin in unveränderten Einheiten, der errechnete Strahlungsfluß in W protokolliert. Das Integral wird mit der Simpson-Regel, also durch Unterteilung des Integrationsintervalls in eine wählbare Anzahl von Teilintervallen und intervallweises Ersetzen der Kurve durch Parabelbögen, näherungsweise berechnet.

Die Simpson-Regel ist als FUNCTION-Unterprogramm SIMPS geschrieben und steht damit auch für andere Integrationsaufgaben zur Verfügung. Das Programm muß bei seinem Aufruf mit der Intervallzahl, der unteren und oberen Integrationsgrenze und dem Namen der zu integrierenden Funktion versorgt werden. Die Berechnung des Integranden erfolgt im FUNCTION-Unterprogramm FUNKT, dessen Parameterliste wegen des Aufrufes in SIMPS nur aus dem Funktionsargument bestehen kann. Das Hauptprogramm ist so allgemein wie möglich geschrieben worden und kann für ganz andere Integrationsaufgaben ebenfalls verwendet werden, indem man nur das Programm FUNKT auswechselt. Daher ist der Text der Seitenüberschrift auch nicht festgelegt, sondern wird der ersten Datenkarte entnommen. Der Name FUNKT erscheint nur im SIMPS-Aufruf und bedarf daher einer besonderen EXTERNAL-Vereinbarung, da der Kompilierer beim Übersetzen des Hauptprogramms sonst FUNKT für den Namen einer REAL-Variablen halten müßte, und das Unterprogramm FUNKT beim Binden der einzelnen Programme zum ablauffähigen Anwenderprogramm folglich gar nicht hinzugezogen würde.

Eine gewisse Schwierigkeit bereiten die funktionsspezifischen Parameter T und A, die vom Unterprogramm FUNKT gelesen werden müssen, da das allgemein angelegte Hauptprogramm weder Anzahl noch Art der Parameter kennt. Es kann allenfalls die Existenz neuer Parameterwerte durch eine „Schalterstellung" weitermelden. FUNKT hat die Pflicht, diesen Schalter

Tafel 4.6   Strahlungsfluß aus dem Sichtloch eines Hochofens

```
C        SIMPSON-INTEGRATION EINER BELIEBIGEN FUNKTION
C        1. LOCHKARTE SP. 1–80 UEBERSCHRIFT
C        2. LOCHKARTE SP. 1     =1= FUNKTIONSPARAMETER LESEN
C                               =0= DIE BISHERIGEN PARAMETER VERWENDEN
C                               =9= ENDE DER BERECHNUNG
C                      SP. 2–6  ANZAHL DER TEILINTERVALLE
C                      SP. 7–21 UNTERE INTEGRATIONSGRENZE
C                      SP. 22–36 OBERE INTEGRATIONSGRENZE
C        WEITERE KARTEN NUR, FALLS SP. 1=1, DANN LIEST DAS
C        FUNKTIONSUNTERPROGRAMM DIE FUNKTIONSPARAMETER
         COMMON KA, KANALE, KANALA, LINIE
         EXTERNAL FUNKT
         DIMENSION TEXT (10)
         KANALE = 10
         KANALA = 7
         READ (KANALA, 1) TEXT
   1     FORMAT (10A8)
  11     WRITE (KANALA, 2) TEXT
   2     FORMAT (1H1, 10A8///)
         LINIE = 0
  10     READ (KANALE, 3) KA, N, XA, XB
   3     FORMAT (I1, I5, 2F15.0)
         IF (KA − 2) 4, 5, 5
   5     STOP
   4     IF (N) 6, 6, 7
   6     WRITE (KANALA, 8)
   8     FORMAT (14H EINGABEFEHLER)
         STOP
   7     XINTEG = SIMPS (N, XA, XB, FUNKT)
         WRITE (KANALA, 9) N, XA, XB, XINTEG
   9     FORMAT (15H SCHRITTANZAHL=, I5/15H UNTERE GRENZE=, E14.6,
  1            16H     OBERE GRENZE=, E14.6/15H INTEGRALWERT=, E14.6///)
         LINIE = LINIE + 6
         IF (LINIE − 60) 10, 11, 11
         END


C        UNTERPROGRAMM SIMPSON-INTEGRATION EINER BELIEBIGEN FUNKTION
         FUNCTION SIMPS (N, A, B, F)
         H = (B − A)/(2. * N)
         SIMPS = 0.
         K = 2 * N − 1
         DO 1 I = 1, K, 2
         X = A + I * H
   1     SIMPS = SIMPS +F (X − H) + 4. * F (X) + F (X + H)
         SIMPS = SIMPS * H/3.
         RETURN
         END


C        SPEKTRALER STRAHLUNGSFLUSS EINES SCHWARZEN KOERPERS
C        ALS FUNKTION DER WELLENLAENGE
         FUNCTION FUNKT (LAMBDA)
         REAL LAMBDA
         COMMON MERKER, KANALE, KANALA, L
         IF (MERKER) 1, 2, 1
```

```
   1      READ (KANALE, 3) T, A
   3      FORMAT (2F15.0)
          WRITE (KANALA, 4) T, A
   4      FORMAT (15H TEMPERATUR=, E14.6, 16H  STRAHLFLAECHE=, E14.6/)
          L = L + 2
          MERKER = 0
   2      FUNKT = 3.141593 * A * 2.997925E8 * * 2 * 6.6256E — 34/(LAMBDA * * 5*
     1      (EXP (2.997925E8 * 6.6256E — 34/(1.380535E — 23 * T * LAMBDA)) — 1.))
          RETURN
          END
```

Eingabe:

STRAHLUNGSFLUSS AUS DEM SICHTLOCH EINES HOCHOFENS

1	1	0.863E—6	2.015E—6
		2000	0.001
0	10	0.863E—6	2.015E—6
0	20	0.863E—6	2.015E—6
1	5	0.863E—6	2.015E—6
		2500	0.001
0	10	0.863E—6	2.015E—6
0	10	0.800E—6	2.500E—6
9			

Ausgabe:

STRAHLUNGSFLUSS AUS DEM SICHTLOCH EINES HOCHOFENS

TEMPERATUR = 0.200000E + 004   STRAHLFLAECHE = 0.100000E — 002

SCHRITTANZAHL =   1
UNTERE GRENZE = 0.862999E — 006   OBERE GRENZE = 0.201499E — 005
 INTEGRALWERT = 0.207385E + 003

SCHRITTANZAHL =   10
UNTERE GRENZE = 0.862999E — 006   OBERE GRENZE = 0.201499E — 005
 INTEGRALWERT = 0.206437E + 003

SCHRITTANZAHL =   20
UNTERE GRENZE = 0.862999E — 006   OBERE GRENZE = 0.201499E — 005
 INTEGRALWERT = 0.206436E + 003

TEMPERATUR = 0.250000E + 004   STRAHLFLAECHE = 0.100000E — 002

SCHRITTANZAHL =   5
UNTERE GRENZE = 0.862999E — 006   OBERE GRENZE = 0.201499E — 005
 INTEGRALWERT = 0.603826E + 003

SCHRITTANZAHL =   10
UNTERE GRENZE = 0.862999E — 006   OBERE GRENZE = 0.201499E — 005
 INTEGRALWERT = 0.603822E + 003

SCHRITTANZAHL =   10
UNTERE GRENZE = 0.799999E — 006   OBERE GRENZE = 0.249999E — 005
 INTEGRALWERT = 0.765491E + 003

Tafel 4.7   Karteneinteilung

		SEITENÜBERSCHRIFT (SP. 1–80)		

	1	2	3	4	5	6	7	8	9	10	11	12	13	14	15	16	17	18	19	20	21	22	23	24	25	26	27	28	29	30	31	32	33	34	35	36	37	38	39	40

KARTENART (1)	ANZAHL DER SIMPSON-INTE-GRATIONS-INTERVALLE	UNTERE INTEGRATIONSGRENZE (λ in m)	OBERE INTEGRATIONSGRENZE (λ in m)

1	2	3	4	5	6	7	8	9	10	11	12	13	14	15	16	17	18	19	20	21	22	23	24	25	26	27	28	29	30	31	32	33	34	35	36	37	38	39	40

	TEMPERATUR (in K)	**SICHTLOCHGRÖSSE** (in m²)

1	2	3	4	5	6	7	8	9	10	11	12	13	14	15	16	17	18	19	20	21	22	23	24	25	26	27	28	29	30	31	32	33	34	35	36	37	38	39	40

KARTENART (0)	ANZAHL DER SIMPSON-INTE-GRATIONS-INTERVALLE	UNTERE INTEGRATIONSGRENZE (λ in m)	OBERE INTEGRATIONSGRENZE (λ in m)

1	2	3	4	5	6	7	8	9	10	11	12	13	14	15	16	17	18	19	20	21	22	23	24	25	26	27	28	29	30	31	32	33	34	35	36	37	38	39	40

KARTENART (9)	**ENDEKARTE**

1	2	3	4	5	6	7	8	9	10	11	12	13	14	15	16	17	18	19	20	21	22	23	24	25	26	27	28	29	30	31	32	33	34	35	36	37	38	39	40

nach Lesen der Daten sofort zurückzustellen, da erst nach einer Reihe von FUNKT-Aufrufen, nämlich nach Beendigung von SIMPS, im Hauptprogramm fortgefahren wird.

Diese geheime Verständigung der Programme untereinander wird durch Speicherung der betreffenden Daten im C O M M O N - B e r e i c h möglich. Hierunter versteht man einen Daten-Speicherteil, dessen Lage allen Programmen grundsätzlich bekannt ist. Den in der COMMON-Vereinbarung eines Programms aufgeführten Variablen werden in dieser Reihenfolge Speicherplätze im COMMON-Bereich zugewiesen.

Tafel 4.8 Druckbild

```
          0         10        20        30        40        50
1234567890123456789012345678901234567890123456789012345678901234567890

STRAHLUNGSFLUSS AUS SICHTLOCH EINES HOCHOFENS

    TEMPERATUR=-0.99999E+999

    SCHRITTANZAHL =---9
    UNTERE GRENZE = 0.99999E+999    STRAHLFLAECHE=-0.99999E+999
    INTEGRALWERT = 0.99999E+999     OBERE GRENZE = 0.99999E+999

    SCHRITTANZAHL =---9
    UNTERE GRENZE = 0.99999E+999    OBERE GRENZE =-0.99999E+999
    INTEGRALWERT = 0.99999E+999
```

So bedeutet

COMMON KA, KANALE, KANALA, LINIE

die Zuweisung der COMMON-Speicherplätze mit den Nummern 1 bis 4 an die Variablen KA, KANALE, KANALA, LINIE des Hauptprogramms. – Wenn nun in FUNKT

COMMON MERKER, KANALE, KANALA, L

vereinbart wird, beziehen sich die Namen MERKER, KANALE, KANALA, L hier ebenfalls auf diese COMMON-Speicherplätze Nr. 1 bis 4. Wird daher im Hauptprogramm, um das Vorliegen neuer Parameterwerte zu kennzeichnen, unter KA der Wert 1 gespeichert, so hat in FUNKT die Variable MERKER ebenfalls den Wert 1. Daraufhin liest und druckt FUNKT bei seinem ersten Aufruf die neuen Parameterwerte und stellt MERKER auf Null, so daß diese Anweisungen bei den folgenden Aufrufen übergangen werden. Erst die nächste Datenkarte kann KA und damit MERKER verändern.

Man kann die Parameterliste eines Unterprogramms häufig sehr verkürzen, indem Anwender- und Unterprogramm verabreden, die meisten aktuellen Parameter auf bestimmten Plätzen des COMMON-Bereiches zu übergeben. Wenn das ablauffähige Programm dabei eine größere Anzahl solcher Unterprogramme enthält, kann die COMMON-Liste ziemlich lang und unübersichtlich sein, unverständlich insbesondere in den Unterprogrammen, da die COMMON-Liste stets von Anfang bis zu den im jeweiligen Programm verwendeten Variablen zu schreiben ist. Die volle FORTRAN-Sprache vereinfacht das Verfahren durch Aufteilung des COMMON-Bereiches in einen namenlosen und eine beliebige Anzahl zu benennender COMMON-B l ö c k e . In der COMMON-Anweisung werden dann nur die gerade benutzten Blöcke aufgezählt. Sie beginnt mit den Größen im namenlosen Block, daran schließen sich die Blocklisten an, die jedesmal von dem in Schrägstriche gesetzten Blocknamen eingeleitet werden.

```
COMMON R,S/U1/C,D,E/B/A/WX/W,X,Y,Z      im Hauptprogramm
COMMON /U1/T,XT,YT                      im ersten Unterprogramm
COMMON /WX/P,Q                          im zweiten Unterprogramm
COMMON A1,A2,/B/A3                      im dritten Unterprogramm
```

SUBROUTINE- U n t e r p r o g r a m m e . FUNCTION-Unterprogramme werden in arithmetischen bzw. logischen Ausdrücken aufgerufen. Bei der Berechnung des Ausdrucks tritt an die Stelle des Funktionsaufrufes der ermittelte Funktionswert.

Ein Unterprogramm, das aus den kartesischen Koordinaten eines Punktes die Polarkoordinaten berechnet, kann nicht als ein FUNCTION-Unterprogramm formuliert werden, da zwei Resultate zu übergeben sind. Wenn nicht genau ein Resultat anfällt, muß man die Prozedur als SUBROUTINE-Unterprogramm formulieren.

Tafel 4.9   Lineare Regression

```
C     MITTELWERTE, REGRESSIONSGERADE,
C     BESTIMMTHEITSMASS B, KORRELATIONSKOEFFIZIENT R
      DIMENSION X (500), Y (500)
      KANALE = 10
      KANALA = 7
      READ (KANALE, 1) N, (X (I), Y (I), I = 1, N)
  1   FORMAT (I3/(4E13.0))
      WRITE (KANALA, 2) (X (I), Y (I), I = 1, N)
  2   FORMAT ((1H1, 15X, 1HX, 22X, 1HY/50 (/2E23.6)))
      CALL STREUM (N, X, Y, XM, YM, SXY)
      CALL STREUM (N, X, X, XM, Z, SXX)
      A = SXY/SXX
      Y0 = YM - A * XM
      CALL STREUM (N, Y, Y, YM, Z, SYY)
      B = A * A * SXX/SYY
      R = SIGN (SQRT (B), A)
      WRITE (KANALA, 3) XM, YM, A, Y0, B, R
  3   FORMAT (1H0, 7H    XM =, E 16.6, 7H    YM =, E 16.6/1H0,
     1  4X, 5HY = (,E14.6, 9H) * X + (,E14.6, 1H)/1H0,
     2  4X, 3HB = ,E16.6, 4X, 3HR =, E16.6)
      STOP
      END


C     MITTELWERT UND STREUUNG
      SUBROUTINE STREUM (K, A, B, AM, BM, C)
      DIMENSION A (500), B (500)
      AM = 0.
      BM = 0.
      C = 0.
      DO 1 I = 1, K
      AM = AM + A (I)
      BM = BM + B (I)
  1   C = C + A (I) * B (I)
      AM = AM/K
      BM = BM/K
      C = C/K - AM * BM
      RETURN
      END
```

Eingabe:

14

4	2	7	4
17	50	14	36
12	20	11	28
20	48	15	54
17	40	13	34
15	26	19	68
10	26	18	56

Ausgabe:

X	Y
0.400000E + 001	0.200000E + 001
0.700000E + 001	0.400000E + 001
0.170000E + 002	0.500000E + 002
0.140000E + 002	0.360000E + 002
0.120000E + 002	0.200000E + 002
0.110000E + 002	0.280000E + 002
0.200000E + 002	0.480000E + 002
0.150000E + 002	0.540000E + 002
0.170000E + 002	0.400000E + 002
0.130000E + 002	0.340000E + 002
0.150000E + 002	0.260000E + 002
0.190000E + 002	0.680000E + 002
0.100000E + 002	0.260000E + 002
0.180000E + 002	0.560000E + 002

XM = 0.137142E + 002   YM = 0.351428E + 002
Y = (0.375676E + 001) * X + (−0.163784E + 002)
B = 0.808537E + 000   R = 0.899186E + 000

Jedes SUBROUTINE-Unterprogramm beginnt mit der Anweisung

    SUBROUTINE name(parameterliste)
oder   SUBROUTINE name

Der Aufruf eines solchen Unterprogramms im Anwenderprogramm erfolgt durch eine gesonderte CALL-Anweisung

    CALL name(aktuelle parameterliste)
bzw.   CALL name.

Das Programm in Tafel 4.9 dient der statistischen Auswertung einer Folge von maximal 500 Meßwertpaaren (x, y). Es berechnet den x- und den y-Mittelwert, ermittelt eine mögliche lineare Abhängigkeit zwischen den x- und den y-Werten und prüft, wie weit diese Regressionsgerade gesichert ist. Die Berechnung der Mittelwerte und Streuungen erfolgt in dem SUBROUTINE-Unterprogramm STREUM. Die Definition SUBROUTINE STREUM(K,A,B,AM, BM,C) schreibt vor, daß beim Aufruf die Meßwertanzahl sowie der Name des ersten und der des zweiten Bereiches, in denen die Meßwertpaare gespeichert sind, zu nennen sind. Daraus berechnet STREUM

$$AM = \frac{\sum_{I=1}^{K} A(I)}{K} \qquad BM = \frac{\sum_{I=1}^{K} B(I)}{K} \qquad C = \frac{\sum_{I=1}^{K} (A(I) - AM) * (B(I) - BM)}{K}$$

Wie beim FUNCTION-Unterprogramm gilt ein Aufruf als beendet, sobald eine RETURN-Anweisung erreicht wird. Die END-Anweisung zeigt dem Kompilierer das physische Ende des Unterprogramms an.

Die Parameterübergabe beim Aufruf eines Unterprogramms geschieht grundsätzlich entweder „d e m W e r t e n a c h" oder „d e m N a m e n n a c h".

Bei der Übergabe eines Parameters dem Werte nach liefert das aufrufende Programm den Wert des aktuellen Parameters an den Formalparameter des Unterprogramms, so daß die Berechnung im Unterprogramm wirklich mit dem Formalparameter erfolgen kann. Wenn dabei eine Wertzuweisung an den Formalparameter vorkommt, wird der Wert des Formalparameters erst bei Erreichen der RETURN-Anweisung an den aktuellen Parameter übertragen.

Die Parameterübergabe dem Namen nach kann man sich so vorstellen, daß beim Aufruf überall im Unterprogramm der Name des formalen Parameters durch den Namen des aktuellen Parameters ersetzt wird. Bereichsnamen und Unterprogrammnamen können nur dem Namen nach übertragen werden.

Die Übertragungsart wird schon bei der Übersetzung des Unterprogramms festgelegt. Daher können andere reine Eingangsparameter, deren Formalparameter im Unterprogramm also keine Wertzuweisung erfahren, nur dem Wert nach übergeben werden, da die zugehörigen aktuellen Parameter durch beliebige Ausdrücke repräsentiert sein können.

Ausgangsparameter sowie Durchgangsparameter bestehen beim Aufruf nur aus einem Variablennamen, einer Bereichselementbezeichnung, einem Bereichsnamen oder einem Unterprogrammnamen. Deren Handhabung ist vom Kompilierer abhängig; einige übertragen grundsätzlich dem Namen nach, andere so weit wie möglich dem Werte nach, so daß eine besondere Kennzeichnung der Formalparameter (Einschließen in Schrägstriche) erforderlich ist, wenn eine Übertragung dem Namen nach ausdrücklich verlangt wird.

Beim Unterprogramm STREUM ist es wichtig zu wissen, welche Übertragungsart gewählt wird. Der Aufruf

```
      CALL STREUM(N,X,X,XM,XM,SXX)
```

liefert bei Namensaufruf ein falsches Resultat XM und daher auch einen falschen Wert für SXX, denn hierbei wird gerechnet

```
          XM=0.
          SXX=0.
          DO 1 I=1,N
          XM=XM+X(I)
          XM=XM+X(I)
        1 SXX=SXX+X(I) * X(I)
          XM=XM/N
          XM=XM/N
          SXX=SXX/N−XM * XM
```

so daß am Ende XM um den Faktor 2/N verfälscht ist. Bei Wertaufruf werden XM und SXX richtig berechnet:

```
          K=N
          AM=0.
          BM=0.
          C=0.
          DO 1 I=1,K
```

```
      AM=AM+X(I)
      BM=BM+X(I)
   1  C=C+X(I) * X(I)
      AM=AM/K
      BM=BM/K
      C=C/K−AM * BM
      XM=AM
      XM=BM
      SXX=C
```

Wenn ein Unterprogramm aufgerufen wird, beginnt die Ausführung grundsätzlich mit der ersten Anweisung, die keine Vereinbarung mehr darstellt. Soll anderswo angefangen werden, muß man im Unterprogramm diesen (zusätzlichen) Eingang durch eine ENTRY- V e r e i n - b a r u n g kennzeichnen, die wie ein FUNCTION- oder SUBROUTINE-Statement aufgebaut ist, also neben dem für diesen Eingang zuständigen Unterprogrammnamen eine passende Parameterliste aufweist.

ENTRY-Eingänge führen bei FUNCTION-Unterprogrammen zu FUNCTION-Definitionen, bei SUBROUTINE-Unterprogrammen zu SUBROUTINE-Definitionen.

4.1.7. Weitere FORTRAN-Statements. Im Zusammenhang mit der Vereinbarung von Variablen und Bereichen sind folgende Anweisungen bisher nicht erwähnt worden:

EQUIVALENCE ordnet innerhalb eines Programms unterschiedlich benannten Größen denselben Speicherplatz zu. Man kann damit Platz sparen, ohne auf sinnvolle Bezeichnungen verzichten zu müssen.

```
      EQUIVALENCE (A,G,X), (C,U(2))
```

bewirkt, daß A, G, X drei verschiedene Bezeichnungen eines Speicherplatzes sind, und daß C den Speicherplatz von U (2) anspricht. Wenn Bereichselemente mit EQUIVALENCE auf COMMON-Plätze gesetzt werden, ist darauf zu achten, daß durch die konsekutive Speicherung des Bereiches keine Erweiterung des COMMON-Bereiches rückwärts über den Anfang hinaus erzwungen werden soll.

S e t z e n v o n A n f a n g s w e r t e n . Im BASIC FORTRAN lassen sich Variable nur durch entsprechende Ergibtanweisungen initialisieren. Wenn die volle Sprache zur Verfügung steht, kann man Variablen, Bereichselementen und Bereichen durch die DATA- A n w e i s u n g Anfangswerte zuordnen.

```
      DIMENSION A(3,4)
      DATA PI, U, V/3.141593,−3.7,5.9E−6/,A/12*1.0/
```

legt fest, daß PI, U, V die Anfangswerte 3.141593 bzw. − 3.7 bzw. 5.9E − 6 erhalten und setzt alle Elemente von A auf 1.0.

Manche Kompilierer gestatten die Festlegung von Anfangswerten direkt in expliziten Typ-vereinbarungen.

Größen, die im unbenannten COMMON-Block stehen, können mit DATA jedoch nicht initialisiert werden, solche in benannten COMMON-Blöcken nur in einem gesonderten BLOCKDATA- S p e z i f i k a t i o n s u n t e r p r o g r a m m , das lediglich der Initialisierung dient und daher auch keine ausführbaren Anweisungen enthalten darf.

```
BLOCK DATA
DIMENSION X(3)
COMMON /U1/A,B,C/E/X
DATA A/-6.5/,X/0.0,2*10.0/
END
```

regelt die Zuweisung von Anfangswerten in den COMMON-Blöcken U1 und E. Wenn auch nur eine Größe in einem Block initialisiert werden soll, müssen in der COMMON-Vereinbarung des BLOCKDATA-Unterprogramms natürlich trotzdem alle Größen dieses Blocks genannt werden.

4.1.8. Abschließendes Programm-Beispiel. Tafel 4.10 enthält ein Programm zur Berechnung der Steighöhe einer Raumsonde. Wenn man mit R den Radius des betrachteten Himmelkörpers, mit g seine Schwerebeschleunigung, mit v die Geschwindigkeit der Sonde zum Zeitpunkt t und mit h die dann erreichte Höhe über der Oberfläche bezeichnet, gilt

$$\frac{dt}{dv} = -\frac{(h + R)^2}{g \cdot R^2}$$

$$\frac{dh}{dv} = -\frac{v \cdot (h + R)^2}{g \cdot R^2} \tag{4.1}$$

mit den Anfangsbedingungen, daß zum Zeitpunkt t = 0 die Höhe h_0 und die Geschwindigkeit v_0 erreicht sind. Das vorliegende Programm weist hierbei Geschwindigkeiten, die über der Fluchtgeschwindigkeit liegen, zurück.

Die Größen t und h lassen sich in Abhängigkeit von v exakt berechnen. Das Programm verwendet dennoch zur Integration des Systems von Differentialgleichungen d i e M e t h o d e v o n R u n g e - K u t t a - G i l l. Mit den Umbenennungen

$$v \Rightarrow x \quad t \Rightarrow y_2 \quad h \Rightarrow y_3$$

und der Festsetzung $y_1 = x$ lautet das Differentialgleichungssystem

$$y_1' = 1$$

$$y_2' = f(y_1, y_2, y_3) \tag{4.2}$$

$$y_3' = g(y_1, y_2, y_3)$$

mit den Anfangsbedingungen

$$y_1(x_0) = x_0; \quad y_2(x_0) = y_{20}; \quad y_3(x_0) = y_{30}$$

Die numerische Lösung des Systems erfolgt intervallweise, wobei (für i = 1, 2, 3) die Werte $y_i(x + \Delta x)$ und die Hilfsgrößen $q_i(x + \Delta x)$ am Ende des Intervalls aus $y_i(x)$ und $q_i(x)$ am Anfang des Intervalls in vier Schritten ermittelt werden.

Man setzt $y_i(x) \Rightarrow y_i$ und $q_i(x) \Rightarrow q_i$, wobei $q_i(x_0) = 0$ gilt.

1. Schritt:

$$k_1 = 1; \quad k_2 = f(y_1, y_2, y_3); \quad k_3 = g(y_1, y_2, y_3)$$

$$a = 1/2; \quad b = 2; \quad c = 1/2$$

$$y_i + \Delta x \cdot [a \cdot (k_i - b \cdot q_i)] \qquad \Rightarrow y_i$$
$$q_i + 3 \cdot [a \cdot (k_i - b \cdot q_i)] - c \cdot k_i \Rightarrow q_i$$

2. Schritt: Wiederholung des 1. Schrittes mit den neuen Werten y_i und q_i, aber mit

$$a = 1 - \sqrt{\frac{1}{2}} ; \qquad b = 1; \qquad c = 1 - \sqrt{\frac{1}{2}}$$

3. Schritt: Wiederholung des 1. Schrittes mit den neuen Werten y_i und q_i, aber mit

$$a = 1 + \sqrt{\frac{1}{2}} ; \qquad b = 1; \qquad c = 1 + \sqrt{\frac{1}{2}}$$

4. Schritt: Wiederholung des 1. Schrittes mit den neuen Werten y_i und q_i, aber mit

$$a = 1/6; \quad b = 2; \quad c = 1/2$$

Danach setzt man $y_i \Rightarrow y_i (x + \Delta x)$ und $q_i \Rightarrow q_i (x + \Delta x)$.

Das Geschwindigkeitsintervall zwischen der Anfangsgeschwindigkeit v_0 und der End-
geschwindigkeit $v = 0$ wird daher in so viele Teile zerlegt, wie es der Anwender wünscht,
im Beispiel sind es 100, und nur am Ende einer vorgebbaren Anzahl solcher Intervalle
(hier fünf) werden die Werte von v, t, h gedruckt.

Die Berechnung von t und h am Ende jedes der vorgegebenen Geschwindigkeits-Teilintervalle
wird im SUBROUTINE-Unterprogramm RUKUGI vorgenommen. RUKUGI wiederum
verwendet das SUBROUTINE-Unterprogramm GILL, in dem die vier Schritte des Runge-
Kutta-Gill-Verfahrens für ein Rechenintervall ausgeführt werden.

RUKUGI versucht zunächst, mit einem einzigen Rechenintervall pro Geschwindigkeits-
Teilintervall auszukommen, nimmt aber zur Kontrolle auch eine Berechnung mit zwei halben
Intervallen vor. Sofern die dabei auftretenden relativen Abweichungen unter der vom Haupt-
programm vorgegebenen Größe $5 \cdot 10^{-6}$ liegen, gibt RUKUGI an das Hauptprogramm zurück.
Dort werden die erhaltenen Werte t und h als Anfangswerte für die Berechnung des nächsten
Teilintervalls verwendet.

Falls aber eine zu große Abweichung aufgetreten war, wird die Größe des Rechenintervalls
so lange halbiert, bis die Werte hinreichend genau sind. Nach Möglichkeit wird hierbei nur
ein Stück des genannten Teilintervalls so kleinabständig berechnet, denn sobald die Abweichungen zu gering werden, erfolgt wiederum eine Verdoppelung der Schrittweite. Die vom
Anwender festgelegte Mindestschrittzahl wird jedoch niemals unterschritten. – Die „effektive
Maximalschrittzahl" ist dann das Verhältnis des gesamten y-Intervalls zur kleinsten jemals
verwendeten Schrittweite.

Die Werte der Funktionen

$$F = -\frac{(h + R)^2}{g \cdot R^2} \qquad\qquad G = -\frac{v \cdot (h + R)^2}{g \cdot R^2}$$

werden in zwei FUNCTION-Unterprogrammen berechnet. Das Gesamtprogramm ist bausteln-
artig zusammengesetzt, so daß man zur Lösung eines ganz anderen Systems von Differentialgleichungen nur das Hauptprogramm und die beiden FUNCTION-Unterprogramme auszu-
wechseln braucht.

Tafel 4.10   Flugbahn einer Raumsonde

```
C       NUMERISCHE BERECHNUNG DER FLUGBAHN EINER RAUMSONDE
C       MIT DEM RUNGE-KUTTA-GILL-VERFAHREN
        COMMON R, A, Q, MAXFAK, FAKTOR
        INTEGER FAKTOR
        DIMENSION ANFVTH (3), Q (3)
        Q (1) = 0.
        Q (2) = 0.
        Q (3) = 0.
        MAXFAK = 1
        FAKTOR = 1
        KANALE = 10
        KANALA = 7
        READ (KANALE, 1) G, R, ANFVTH (3), ANFVTH (1), ISZ, IDSZ
    1   FORMAT (4E15.0, 2I5)
        A = G * R * R
        ANFVTH (2) = 0.
        IF (G) 8, 8, 2
    2   IF (R) 8, 8, 3
    3   IF (ANFVTH (1)) 8, 8, 4
    4   IF (ANFVTH (3)) 8, 5, 5
    5   IF (2. * A — ANFVTH (1) * * 2 * (ANFVTH (3) + R)) 8, 8, 6
    6   IF (IDSZ) 8, 8, 7
    7   IF (IDSZ — ISZ) 10, 10, 8
    8   WRITE (KANALA, 9) G, R, ANFVTH (3), ANFVTH (1), ISZ, IDSZ
    9   FORMAT (1H0, 4E15.0, 2I5, 2X, 13HEINGABEFEHLER)
        STOP
   10   IR = R/1000.
        WRITE (KANALA, 11) IR, G
   11   FORMAT (32H1RAUMSONDENFLUG IN REINEM VAKUUM///
      1 22H HIMMELSKOERPER-RADIUS, I8, 3H KM//
      2 33H SCHWEREBESCHLEUNIGUNG AUF DESSEN/12H OBERFLAECHE, F8.3,
      3 13H METER/SEK * * 2///33H GESCHW. FLUGDAUER   FLUGHOEHE/
      4                  32H  (M/S)        (SEK)        (METER)/)
        IR = ANFVTH (1)
        WRITE (KANALA, 12) IR, ANFVTH (2), ANFVTH (3)
   12   FORMAT (1H, I6, 2E13.4)
        DELTA = — ANFVTH (1)/ISZ
        DO 15 K = 1, ISZ
        DELTAV = DELTA
        CALL RUKUGI (ANFVTH, DELTAV, 5.E — 6)
        IF (K — K/IDSZ * IDSZ) 13, 14, 13
   13   IF (K — ISZ) 15, 14, 15
   14   IR = ANFVTH (1)
        WRITE (KANALA, 12) IR, ANFVTH (2), ANFVTH (3)
   15   CONTINUE
        IR = MAXFAK * ISZ
        WRITE (KANALA, 16) IR
   16   FORMAT (29H1EFFEKTIVE MAXIMALSCHRITTZAHL, I8/1H1)
        STOP
        END


C       FUNKTIONSGENERATOR F
        FUNCTION F (Y)
        DIMENSION Y (3)
```

```
          COMMON R, A
          F = - (Y (3) + R) * * 2/A
          RETURN
          END


C         FUNKTIONSGENERATOR G
          FUNCTION G(Y)
          DIMENSION Y (3)
          COMMON R, A
          G = - Y (1) * (Y (3) + R) * * 2/A
          RETURN
          END


C         RUNGE-KUTTA-GILL-VERFAHREN
          SUBROUTINE RUKUGI (Y, DY1, RELGEN)
          COMMON R, A, Q, MAXFAK, FAKTOR
          INTEGER FAKTOR, ZAHLER
          DIMENSION Y (3), YANF (3), YDOPP (3), QANF (3), QDOPP (3), Q (3)
          ZAHLER = FAKTOR
          DY1 = DY1/FAKTOR
100       DO 1 I = 1, 3
          YANF (I) = Y (I)
  1       QANF (I) = Q (I)
          MERKER = 0
 10       DO 2 I = 1, 3
          Y (I) = YANF (I)
          Q (I) = QANF (I)
          YDOPP (I) = YANF (I)
  2       QDOPP (I) = QANF (I)
          CALL GILL (YDOPP, QDOPP, DY1)
          CALL GILL (Y, Q, DY1/2)
          CALL GILL (Y, Q, DY1/2)
          Z1 = ABS ((Y (2) - YDOPP (2))/Y (2))
          Z2 = ABS ((Y (3) - YDOPP (3))/Y (3))
          IF (Z1 - Z2) 3, 3, 4
  3       DELTA = Z2/15.
          GO TO 5
  4       DELTA = Z1/15.
  5       IF (DELTA - 10. * RELGEN) 7, 6, 6
  6       MERKER = 1
          DY1 = DY1/2.
          FAKTOR = 2 * FAKTOR
          IF (FAKTOR - MAXFAK) 61, 61, 60
 60       MAXFAK = FAKTOR
 61       ZAHLER = 2 * ZAHLER
          GO TO 10
  7       IF (DELTA - 0.15 * RELGEN) 8, 8, 9
  8       IF (MERKER) 9, 80, 9
 81       DY1 = 2. * DY1
 80       IF (ZAHLER - ZAHLER/2 * 2) 9, 81, 9
          FAKTOR = FAKTOR/2
          ZAHLER = ZAHLER/2
          GO TO 10
  9       DO 90 I = 1, 3
 90       Y (I) = Y (I) + (Y (I) - YDOPP (I))/15.
          ZAHLER = ZAHLER - 1
```

```
        IF (ZAHLER) 100, 91, 100
  91    RETURN
        END

  C     RUNGE-KUTTA-GILL-SCHRITT
        SUBROUTINE GILL (Y, Q, H)
        DIMENSION Y (3), Q (3), AK (3), A (4), B (4), C (4)
        AK (1) = 1.
        A (1) = 0.5
        A (2) = 0.2928932
        A (3) = 1.707107
        A (4) = 0.1666667
        B (1) = 2.
        B (2) = 1.
        B (3) = 1.
        B (4) = 2.
        C (1) = 0.5
        C (2) = 0.2928932
        C (3) = 1.707107
        C (4) = 0.5
        DO 1 J = 1, 4
        AK (2) = F (Y)
        AK (3) = G (Y)
        DO 1 I = 1, 3
        Y (I) = Y (I) + H * (A (J) * (AK (I) − B (J) * Q (I)))
  1     Q (I) = Q (I) + 3. * (A (J) * (AK (I) − B (J) * Q (I))) − C (J) * AK (I)
        RETURN
        END
```

Eingabe:

␣␣␣␣␣␣␣␣␣␣␣9.81␣␣␣␣␣␣␣␣␣␣6.37E6␣␣␣␣␣␣␣␣␣␣200000␣␣␣␣␣␣␣␣␣␣␣␣2000␣␣100␣␣␣␣␣5

Ausgabe:

RAUMSONDENFLUG IN REINEM VAKUUM

HIMMELSKOERPER-RADIUS   6370 KM

SCHWEREBESCHLEUNIGUNG AUF DESSEN
OBERFLAECHE   9.809 METER/SEK * * 2

GESCHW. (M/S)	FLUGDAUER (SEK)	FLUGHOEHE (METER)
2000	0.0000E + 000	0.2000E + 006
1900	0.1087E + 002	0.2212E + 006
1800	0.2182E + 002	0.2414E + 006
1700	0.3284E + 002	0.2607E + 006
1600	0.4391E + 002	0.2790E + 006
1500	0.5505E + 002	0.2962E + 006
1400	0.6624E + 002	0.3124E + 006
1300	0.7748E + 002	0.3276E + 006
1200	0.8877E + 002	0.3417E + 006
1100	0.1001E + 003	0.3548E + 006
1000	0.1115E + 003	0.3667E + 006

900	0.1229E + 003	0.3776E + 006
800	0.1343E + 003	0.3873E + 006
700	0.1458E + 003	0.3959E + 006
600	0.1573E + 003	0.4034E + 006
500	0.1689E + 003	0.4098E + 006
400	0.1804E + 003	0.4150E + 006
300	0.1920E + 003	0.4190E + 006
200	0.2036E + 003	0.4219E + 006
100	0.2152E + 003	0.4236E + 006
0	0.2268E + 003	0.4242E + 006

EFFEKTIVE MAXIMALSCHRITTZAHL   100

4.2. Einführung in ALGOL

Die Programmiersprache ALGOL ist im Jahre 1957 in Amerika und Europa geplant und 1958 in einem ersten Bericht festgelegt. Notwendig gewordene Änderungen wurden in der endgültigen Fassung von 1960 vorgenommen. Es ist deshalb üblich, von ALGOL 60 zu sprechen. Die Ein- und Ausgabe in dieser Sprache wurde erst 1964 berücksichtigt. Gleichzeitig war es nötig, den vollen Sprachenumfang einzuschränken, da von verschiedenen Herstellern Beschneidungen vorgenommen worden waren. Mit dieser Teilmenge – Subset genannt – wird heute meistens gearbeitet. Sie wird auch hier zugrunde gelegt. Die Ein- und Ausgabe wird nach den Vorschriften von 1964 eingeführt. Die Beispiele sind auf der Anlage Siemens 303 getestet. Sie besitzt einen Kompilierer für ALGOL-Subset.

Gegenüber FORTRAN (nach dem Stand von 1960) hat ALGOL als Vorzüge:
1. ALGOL ist als Sprache streng grammatisch festgelegt. Damit wurde eine wissenschaftliche Behandlung von Programmiersprachen und Übersetzungsvorgängen möglich.
2. ALGOL ist zur Wiedergabe von Rechenverfahren flexibler und bietet wesentlich mehr Sprachelemente. Die Veröffentlichung und Sammlung von Algorithmen, die in ALGOL geschrieben sind, war ein Ziel.

Nachteile erkennt man gleichfalls im Vergleich mit FORTRAN:
1. Es fehlte die Ein- und Ausgabe zunächst ganz, dann wurde sie nur ungenügend berücksichtigt. Das hat das praktische Arbeiten mit ALGOL gewiß erschwert.
2. Der Sprachumfang war zu groß, so daß sich eine Vielzahl eingeschränkter Sprachen herausbildete, ehe eine Teilmenge (Subset) festgelegt wurde.

ALGOL ist – wie es der Name sagt: algorithmic language – eine Sprache, die es erlaubt, auf einfache und elegante Weise Rechenverfahren (Algorithmen) so festzulegen, daß der Ablauf daraus erkannt und von einem Kompilierer in ein Maschinenprogramm übersetzt werden kann. Diese sprachliche Wiedergabe von Rechenverfahren ist von den technischen Gegebenheiten weitgehend unabhängig, während die Ein- und Ausgabe sich ständig der Entwicklung anpassen muß. Der leitende Gesichtspunkt dieser knappen Einführung in ALGOL soll daher sein: Welche Möglichkeiten bietet ALGOL zur Beschreibung von Rechenverfahren (Algorithmen)?

4.2.1. Elemente der Sprache. Das Alphabet der Sprache ALGOL enthält zunächst die Buchstaben A, B, C, . . . Z, die zehn Ziffern 0, 1, 2, . . . 9, sowie einige Sonderzeichen, die für die

Beschreibung von Algorithmen nötig sind. Mit Hilfe der Buchstaben und Ziffern kann man nach den Regeln der ALGOL-Grammatik Namen (identifier) bilden, die u. a. zur Bezeichnung von Variablen dienen können. Ein solcher Name muß immer mit einem Buchstaben beginnen, dem eine beliebige Folge von Buchstaben und Ziffern angehängt werden kann. Dabei sind allerdings nur die ersten sechs von unterscheidender Bedeutung, d. h. zwei beliebig lange Namen, die in den ersten sechs Symbolen übereinstimmen, werden als gleich betrachtet, z. B. XSTRICH und XSTRICHSTRICH.

Als Veränderliche können drei verschiedene Typen eingeführt werden.
1. 'REAL' werden die Veränderlichen vereinbart, deren Werte sich in Gleitpunktform darstellen lassen,
2. 'INTEGER' – Veränderliche haben als Werte ganze Zahlen, und
3. 'BOOLEAN' sind die Variablen, die logische Werte haben, d. h. „wahr" oder „falsch".

A l l e Veränderlichen müssen – anders als in FORTRAN – hinsichtlich ihres Typs durch eine Vereinbarung festgelegt werden. Das geschieht durch Zusammenstellung in einer Liste, in der die Namen der Veränderlichen gleichen Typs durch Kommata getrennt aufgeführt werden. Die Typenkennzeichnung ('REAL', 'INTEGER' oder 'BOOLEAN') geht voran, die einzelnen Listen werden durch ";" getrennt. Wird z. B. in einem Programm vereinbart:

    'REAL' X,Y,Z,XSTR,U,V;
    'INTEGER' N,I,P,S;
    'BOOLEAN' A1,A2,Q; . . .

so werden in diesem Programm n u r die aufgeführten Variablennamen verwendet, und es sind X, Y, Z, XSTR, U, V vom Typ 'REAL', N, I, P, S vom Typ 'INTEGER' und A1, A2, Q vom Typ 'BOOLEAN'. Es gehört zu jedem ALGOL-Programm ein solcher Vereinbarungsteil, sofern in einem Programm Namen für Veränderliche benutzt werden.

Den verschiedenen Typen von Variablen entsprechend gibt es verschiedene Typen von Konstanten. Es sind dies:
1. Vorzeichenlose Zahlen in Gleitpunktdarstellung $a_{10}b$, wobei a die Mantisse, b den Exponenten kennzeichnet und $_{10}$ die sogenannte „Basiszehn" als ein Zeichen gilt und auf Eingabegeräten als erlaubtes Zeichen zugelassen sein sollte. Erlaubt sind folgende Formen von Gleitpunktzahlen: a, $_{10}b$, $a_{10}b$, wobei a eine ganze Zahl, ein Dezimalbruch oder eine ganze Zahl und Dezimalbruch sein kann. Dagegen muß b immer eine ganze Zahl sein. Tafel 4.11 gibt eine Zusammenstellung von Beispielen. Ein Dezimalbruch wird immer mit "." geschrieben.

Unter der ALGOL-Schreibweise steht jeweils die arithmetische Form

2. Vorzeichenlose ganze Zahlen werden immer ohne Dezimalpunkt geschrieben.
3. Die logischen Konstanten sind die beiden Wahrheitswerte wahr ('TRUE') und falsch ('FALSE').

4.2.2. Arithmetische Ausdrücke und Anweisungen. Zur Bildung arithmetischer Ausdrücke bedarf es weiterer sprachlicher Elemente. Es sind dies die folgenden über Konstante und Variable hinaus:
1. Operationszeichen: + für Addition, – für Subtraktion (oder beide als Vorzeichen), × für Multiplikation, / für Division und 'POWER' zur Bildung von Potenzen.
2. Klammern dienen dazu, die Reihenfolge der auszurührenden Operationen zu beeinflussen.
3. Sog. Standardfunktionen. Sie sind in Tafel 4.12 zusammengestellt.

Tafel 4.11 Zahldarstellungen in der Form $a_{10}b$

	a	$_{10}b$	$a_{10}b$
1. a ganze Zahl	3	$_{10}-5$	$3_{10}7$
b ganze Zahl	3	10^{-5}	$3 \cdot 10^7$
	27031	$_{10}7$	$27031_{10}-1$
	27031	10^7	2703, 1
	-87	$_{10}-21$	$-87_{10}3$
	-87	10^{-21}	-87000
2. a Dezimalbruch	.173		$.173_{10}2$
	0,173		17,3
	.015		$.015_{10}1$
	0,015		0,15
	.00731		$.00731_{10}-1$
	0,00731		0,000731
3. a ganze Zahl und	21.0753		$21.0753_{10}4$
Dezimalbruch	21,0753		210753
	5.07		$5.05_{10}-2$
	5,07		0,0507

Tafel 4.12 Standardfunktionen

ALGOL-Form	Bedeutung
ABS(A)	$\lvert A \rvert$
ARCTAN(A)	Hauptwert von arctan A
SIN(A)	sin A, A in Bogenmaß
COS(A)	cos A, A in Bogenmaß
LN(A)	ln A, für $A \leqq 0$ nicht definiert
EXP(A)	e^A
SQRT(A)	$\sqrt{A}$ für $A < 0$ nicht definiert
SIGN(A)	sgn A = $\begin{cases} +1 \text{ für } A > 0 \\ 0 \text{ für } A = 0 \\ -1 \text{ für } A < 0 \end{cases}$
ENTIER(A)	größte ganze Zahl $\leqq$ A

Dabei ist zu beachten, daß als Argument jeweils ein arithmetischer Ausdruck auftreten kann. Die Argumente stehen in runden Klammern. Die Namen der Funktionen sind ohne explizite Vereinbarung gültig. Das sind die Elemente, mit denen arithmetische Ausdrücke gebildet werden können. Grundlage für die Bildung arithmetischer Ausdrücke sind also: Zahlen, Variable und Standardfunktionen. Sie können durch Operationszeichen und Klammern zusammengefügt werden, und zwar nach Regeln, die der Bildung arithmetischer Ausdrücke in der Mathematik in vielem gleich sind. Zu beachten ist − als wichtigster Unterschied −, daß das ×-Zeichen immer gesetzt werden muß. Es ist als z. B.

a (b + c) in ALGOL zu schreiben als A × (B + C).

Ferner ist zu beachten, daß die Argumente der Standardfunktionen in Klammern erscheinen:

sin ωt wird in ALGOL durch SIN (OMEGA × T) wiedergegeben.

Vereinbart man die Namen der Standardfunktionen als Namen von Veränderlichen, so muß man beachten, daß dann die entsprechenden Funktionen nicht mehr angesprochen werden

Tafel 4.13   Beispiele arithmetischer Ausdrücke

arithmetischer Ausdruck	ALGOL-Schreibweise
1.	Veränderliche vom Typ 'REAL'
$(a + b)\,(a - b)$	(A + B) × (A − B)
$0{,}5 \cdot (x_n + \dfrac{a}{x_n})$	0.5 × (XN + A/XN)
$\dfrac{1}{2\pi\omega}$	1.0/(2.0 × PI × OMEGA)
$\dfrac{F_{RY}}{F_{RX}}$	FRY/FRX
$\sqrt{F_{RX}^2 + F_{RY}^2}$	SQRT (FRX × FRX + FRY × FRY)
$e^{-\delta t} \sin(\omega t + \varphi)$	EXP (− DELTA × T) × SIN (OMEGA × T + PHI)
$\dfrac{a}{-2}$	A/(− 2.0)
$\dfrac{a}{b/c}$	A/(B/C) oder A × C/B
$\dfrac{1}{y} + \sqrt{y}$	1.0/Y + SQRT (Y)
$\ln \dfrac{1}{\sqrt{1 + z^2}}$	LN (1.0/SQRT (1.0 + Z × Z))
2.	Veränderliche vom Typ 'INTEGER'
$\dfrac{n\,(n - 1)}{2}$	N × (N − 1)/2
$2^k - 1$	2 'POWER' K − 1
2^{k-1}	2 'POWER' (K − 1)
Rest d. Division u/ℓ	U − U/L × L
3.	N vom Typ 'INTEGER'
	A vom Typ 'REAL'
$a^{n^2 - 1}$	A 'POWER' (N × N − 1)
$(a^b)^n$	A 'POWER' B 'POWER' N
a^{b^n}	A 'POWER' B 'POWER' N)

können. Wurde z. B. vereinbart 'REAL' SIN; so könnte man die Veränderliche mit dem Namen SIN verwenden, nicht aber die Standardfunktion SIN für sin x.

Arithmetische Ausdrücke werden von links nach rechts verarbeitet, sofern gleicher Rang bei den Operatoren vorliegt. Der Rang ist dabei in folgender Weise festgelegt. Den höchsten Rang haben die Standardfunktionen. In

$$A + B \times SIN\ (X)$$

wird zuerst SIN (X) gebildet. Im Rang folgen 'POWER' $\times$ und / und zuletzt + und − nach der Regel „Punktrechnung geht vor Strichrechnung". Im Ausdruck

$$A + B \times SIN\ (X)\ 'POWER'2$$

wird zuerst SIN (X) gebildet, mit 2 potenziert, mit B multipliziert und dann zu A addiert. Beispiele sind in Tafel 4.13 zusammengestellt.

Ergebnis der durch arithmetische Ausdrücke festgelegten Rechenoperationen ist jeweils ein Zahlenwert. Dieser kann einer Variablen zugewiesen werden. Diese Variable muß auf der linken Seite des Zuweisungszeichens := erscheinen, während auf der rechten Seite der Ausdruck stehen muß. Das ganze nennt man eine Zuweisungsanweisung (assignment statement). Beispiele dafür sind

$$A := 5.0 + X;$$
$$R := A \times SIN\ (OMEGA \times T + PHI);$$

Diese Zuweisung kann an mehrere Variable erfolgen. Man spricht dann von Mehrfachzuweisungen, z. B.

$$A := A1 := B := 5.0 + COS\ (X);$$

Hier wird der Wert der rechten Seite A, A1 und B zugewiesen.

4.2.3. Einfache Ein- und Ausgabeoperationen.

Einer Variablen kann nicht nur durch eine Zuweisungsanweisung ein Wert zugewiesen werden, sondern auch durch eine Eingabeoperation über ein Externgerät. Das geschieht durch Aufruf eines Unterprogramms mit dem Namen INREAL. In Klammern dahinter stehen zwei Angaben: die Kanalnummer des Eingabegerätes und der Variablenname einer als 'REAL' vereinbarten Größe. Die Kanalnummer sei z. B. (Siemens 303) 9 für Lochstreifeneingabe, 10 für Lochkarteneingabe, so wird durch den Aufruf:

$$INREAL\ (10,X)$$

der Variablen X über Lochkarteneingabe ein Wert zugewiesen. Dabei ist vorausgesetzt, daß der Wert auf dem Eingabemedium (Lochkarte, Lochstreifen) bereitgestellt ist.

Die zuzuweisenden Daten werden in der ALGOL-Form nach Tafel 4.11 auf Lochkarten oder auf Lochstreifen abgelocht. Dabei sind Vorzeichen (+ oder −) erlaubt. Enthielte also die Lochkarte die Zahl $5.07_{10} - 2$, so würde mit obiger Anweisung X der Wert 0,0507 zugewiesen. Die Eingabeanweisung entspricht dann einer Zuweisung $X := 5.07_{10} - 2$.

Für die Zuweisung ganzer Zahlen über Eingabe ist das entsprechende Unterprogramm ININTEGER nicht unter den Standardprozeduren für Ein- und Ausgabe, muß also jeweils hinzugefügt werden. Eine ganze Zahl kann aber auch über eine REAL-Variable zugewiesen werden. Nehmen wir an, es seien vereinbart:

$$'REAL'\ B;$$
$$'INTEGER'\ I;$$

so kann man die auf dem Datenstreifen oder auf Lochkarten stehende ganze Zahl zunächst B zuweisen

    INREAL (10,B);

Die nachfolgende Zuweisung

    I := B;

bewirkt eine Umwandlung der Gleitpunktzahl, die B zugewiesen wurde, in eine ganze Zahl. Allgemein gilt, daß der Wert des rechts vom Zuweisungszeichen stehenden Ausdrucks in eine Konstante des Typs verwandelt wird, den die links stehende Variable hat, bevor er dieser Variablen zugewiesen wird.

Die Ausgabe einer 'REAL' vereinbarten Größe geschieht ebenfalls durch den Aufruf eines Unterprogramms, nämlich des Unterprogramms OUTREAL. In der Klammer folgt hier zunächst die Kanalnummer, darauf ein arithmetischer Ausdruck, der als REAL-Konstante berechnet wird. Mit der Ausgabeanweisung

    OUTREAL (0,X);

würde z. B. der Wert von X über Blattschreiber (Kanalnummer 0 bei Siemens 303) ausgedruckt. Es wäre aber auch möglich, durch

    OUTREAL (0,A × SIN (OMEGA × T + PHI));

zunächst $a \cdot \sin (\omega t + \varphi)$ zu berechnen und sodann auszugeben. Es ist bei Ein- und Ausgabe zu beachten, daß das Format der Daten nicht festgelegt werden muß. Bei der Eingabe kann die Zahl in ALGOL-Schreibweise z. B. irgendwo auf der Lochkarte stehen, von der nächsten durch Leerstelle (blank) oder Komma getrennt. Bei der Ausgabe wird eine Standardform festgelegt. Bei der SIEMENS-Anlage 303 werden die REAL-Größen in der Form

$$- 9.999999_{10} - 999 \sqcup \sqcup$$

ausgegeben. Das Zeichen $\sqcup$ bedeutet Leerstelle (blank), eine 9 steht hier an den Stellen, wo Ziffern ausgegeben werden. Das Vorzeichen + wird unterdrückt. So könnten z. B. ausgegeben werden

$$- 3.715925_{10} - 003, \text{ d. h. } - 3{,}715925.10^{-3}$$
$$4.219683_{10} \quad 002, \text{ d. h. } \quad 4{,}219683.10^{2}$$

4.2.4. Programmaufbau. Mit den bisher betrachteten Sprachelementen kann man einfache Programme schreiben. Ein Programm besteht immer aus Anweisungen und den dazu nötigen Vereinbarungen. Die einzelnen Anweisungen und Vereinbarungen werden durch ; getrennt und alle zusammen durch 'BEGIN' und 'END' als eine Einheit, als ein Block, gekennzeichnet. Es müssen dabei alle Vereinbarungen in einem solchen Block vor den Anweisungen stehen.

Zwischen den einzelnen Vereinbarungen und Anweisungen können beliebig viele Leerstellen eingefügt werden, sie selbst können beliebig lang sein. Die Berechnung z. B. von $z = a \cdot \sin (\omega t + \varphi)$ könnte mit folgendem Programm geschehen:

    'BEGIN'
    INREAL (10,A); INREAL (10,OMEGA);
    INREAL (10,T); INREAL (10,PHI);
    Z := A × SIN (OMEGA × T + PHI);
    OUTREAL (0,Z)
    'END'

Die Werte von a, ω, t, φ werden über Lochkarten den Variablen zugewiesen, sodann wird der arithmetische Ausdruck $a \cdot \sin (\omega t + \varphi)$ berechnet und sein Wert z zugewiesen. Dieser Wert wird dann über Blattschreiber ausgegeben.

Um die Lesbarkeit eines Programms zu erhöhen, können zwischen Anweisungen und zwischen Vereinbarungen Kommentare eingestreut werden. Sie sind ohne Einfluß auf Übersetzung, Rechenlauf und Ausgabe, sie erscheinen nur im Abdruck des Programms. Sie müssen mit 'COMMENT' beginnen. Es könnte z. B. das obige Programm beginnen:

```
'BEGIN'
'COMMENT' PROGRAMM ZUR BERECHNUNG VON
        Z = A × SIN (OMEGA × T + PHI);
'REAL' A,OMEGA,T,PHI,Z;
  . . .
```

An den Begrenzer 'END' kann der Kommentar direkt angeschlossen werden. z. B. könnte das Programm durch

```
  . . .
'END' ENDE DES PROGRAMMS;
```

beendet werden. Vor 'END' braucht kein Semikolon zu stehen.

4.2.5. Logische Ausdrücke und Vergleiche.
Den als 'BOOLEAN' charakterisierten Variablen können nur Werte zugewiesen werden, die den Konstanten 'TRUE' oder 'FALSE' gleich sind. Diese Werte können sich aus logischen Ausdrücken oder Vergleichen ergeben. Dazu müssen eingeführt werden
1. die Vergleichsoperatoren, die Werte arithmetischer Ausdrücke vergleichen,
2. logische Operationszeichen, die die Verknüpfung logischer Konstanten möglich machen.
Diese Zeichen sind in Tafel 4.14 zusammengestellt.

Tafel 4.14   Vergleichsoperatoren und logische Verknüpfungszeichen

1. Vergleichsoperatoren Zeichen	dargestellt durch:
$=$	'EQUAL'
$\neq$	'NOTEQUAL'
$<$	'LESS'
$\geq$	'NOTLESS'
$>$	'GREATER'
$\leq$	'NOTGREATER'

2. Logische Verknüpfungen Zeichen	dargestellt durch:
$\neg$	'NOT'
$\wedge$	'AND'
$\vee$	'OR'
$\supset$	'IMPL'
$\equiv$	'EQUIV'

Der Vergleich zweier arithmetischer Ausdrücke ergibt entweder „wahr" oder „falsch". Der Vergleichsausdruck

A + B × SIN (OMEGA × T) 'GREATER' U × COS (V);

ist wahr, wenn $a + b \cdot \sin \omega t > u \cdot \cos v$ und falsch, wenn $a + b \cdot \sin \omega t \leqq u \cdot \cos v$ ist.

Ist z. B. K als logische Variable 'BOOLEAN' K; vereinbart, so kann ihr der Wert des obigen Ausdrucks zugewiesen werden

K := A + B × SIN (OMEGA × T) 'GREATER' U × COS (V);

Die logischen Verknüpfungen haben dabei einen geringeren Rang als die Vergleichsoperatoren und die arithmetischen Verknüpfungen. Eine vollständige Rangliste gibt Tafel 4.15.

Die logischen Verknüpfungen haben die nach den Wahrheitstabellen der Booleschen Algebra definierten Wahrheitswerte. Mit ihrer Hilfe können

1. Logische Veränderliche kombiniert werden, z. B.

Z := A 'AND' B 'AND' C

falls die Veränderlichen Z, A, B, C, als 'BOOLEAN' vereinbart sind

2. Vergleiche logisch gekoppelt werden, z. B.

A + B 'GREATER' C 'AND' U 'LESS' V
'OR' X 'EQUAL' Y

Tafel 4.15   Rangliste der Operatoren

Anordnung nach abnehmenden Rang:

Standardfunktionen
'POWER'
× und/
+ und −
'EQUAL', 'NOTEQUAL',
   'LESS', 'NOTLESS',
   'GREATER', 'NOTGREATER'
'NOT'
'AND'
'OR'
'IMPL'
'EQUIV'

In diesem Ausdruck wird zuerst A + B berechnet, sodann werden die Vergleiche

$a + b > c$
$u < v$
$x = y$

ausgeführt, sie ergeben drei logische Werte. Sie seien Z1, Z2, Z3. Dann bleibt zu bilden

$Z_1 \wedge Z_2 \vee Z_3$.

Der Verknüpfung ∧ hat den Vorrang vor ∨, so daß zunächst $Z_1 \wedge Z_2$ herausgenommen und dann das Ergebnis mit Z_3 durch ∨ verknüpft wird.

4.2.6. Vereinbarung und Verwendung von Feldern. Bei vielen Rechenverfahren treten nicht nur Variable, sondern auch indizierte Variable auf. Das ist z. B. in der Vektor-, Matrizen- und Tensorrechnung der Fall. Komponenten eines Vektors sind $a_1, a_2 \ldots a_n$; Matrizenelemente werden mit $a_{11}, a_{12}, \ldots$ bezeichnet. Es ergibt sich daher die Notwendigkeit, diese Indizierung in die Programmiersprache aufzunehmen.

In arithmetischen Ausdrücken können die indizierten Größen durch Verwendung eckiger Klammern angesprochen werden. Je nach Vereinbarung stehen in diesem Klammernpaar ein, zwei oder drei ganzzahlige Konstante oder Variable oder arithmetische Ausdrücke. Ist mehr als ein Index vereinbart, so werden sie durch Kommata getrennt. Es bedeuten z. B.

A [1] a_1
A [I] a_i
PHI [I,J] $\varphi_{i,j}$
ALPHA [2 × N + 1,KAPPA + I,L + M] $\alpha_{2n+1,\,\kappa+i,\,\ell+m}$
B [− 1,0] $b_{-1,0}$

Die Verwendung dieser indizierten Größen setzt allerdings eine entsprechende Vereinbarung voraus. So wie die Elemente einer Matrix Elemente einer Gesamtheit, nämlich der Matrix, so sind die indizierten Größen Elemente eines Feldes. Der Name muß daher als Name eines Feldes (array) vereinbart werden. Diese drei Dinge werden in der Feldvereinbarung festgelegt.

1. Daß es sich um ein Feld handelt, wird durch den Begrenzer 'ARRAY' gesagt.

2. Die Indexgrenzen werden für jeden Index in der Form „untere Grenze : obere Grenze" festgelegt, mehrere solcher Festlegungen (für mehrere Indizes) durch Kommata getrennt.

3. Die Angabe des Typs der Elemente wird dadurch vorgenommen, daß 'REAL', 'INTEGER' oder 'BOOLEAN' vor 'ARRAY' geschrieben wird. Die Angabe 'REAL' kann entfallen, 'ARRAY' ist also gleichbedeutend mit 'REAL' 'ARRAY'. So bedeutet die Vereinbarung

    'ARRAY' D [0:5]

die Festlegung eines Feldes D mit den Elementen: $d_0, d_1, d_2, d_3, d_4, d_5$, von denen jedes eine REAL-Veränderliche darstellt. Wird

    'BOOLEAN' 'ARRAY' ALPHA [− 3:0,1:3]

vereinbart, so sind die Elemente des Feldes

$\alpha_{-3,1}$	$\alpha_{-3,2}$	$\alpha_{-3,3}$
$\alpha_{-2,1}$	$\alpha_{-2,2}$	$\alpha_{-2,3}$
$\alpha_{-1,1}$	$\alpha_{-1,2}$	$\alpha_{-1,3}$
$\alpha_{0,1}$	$\alpha_{0,2}$	$\alpha_{0,3}$

als 'BOOLEAN' vereinbarte Veränderliche anzusprechen.

Indizierte Veränderliche, als Elemente eines Feldes, dürfen auf der linken Seite einer Zuweisungsanweisung stehen. In dem letzten Beispiel wäre also eine Zuweisung der Form

    ALPHA [− 1,2] := A + B × C 'LESS' C 'AND' X 'EQUAL' Y

möglich.

In einer Feldvereinbarung kann statt des Feldnamens eine Namensliste erscheinen, wenn sie alle Elemente gleichen Typs und gleiche Indexgrenzen haben. So würden durch

    'INTEGER' 'ARRAY' K,L,M,N [1:5,0:2];

vier Felder mit ganzzahligen Elementen festgelegt, deren Indizes jeweils die Bereiche 1 bis 5 und 0 bis 2 durchlaufen können. Zu beachten ist, daß ein als Feld vereinbarter Name nicht auch als der Name einer einfachen Veränderlichen erklärt werden darf.

Die Angaben für „untere Grenze" und „obere Grenze" in der Feldvereinbarung dürfen arithmetische Ausdrücke sein, insbesondere auch Variable. Das ermöglicht, wie noch zu zeigen ist, den Feldbereich während der Rechnung veränderlich zu lassen. Hier sei angenommen, daß den Variablen bereits Werte zugewiesen seien. Eine Feldvereinbarung für einen Vektor z. B.

    'ARRAY' A [M + N : 2 × M + N];

würde ein Feld reservieren, dessen Elemente die folgenden sind:

$$a_{m+n}, a_{m+n+1}, a_{m+n+2}, \cdots a_{2m+n}.$$

Hier erkennt man einen wichtigen Unterschied von ALGOL gegenüber FORTRAN. Letztere Sprache erlaubt nur die untere Grenze 1 und i. a. nur eine Konstante als obere Grenze.

4.2.7. Aufbau von Schleifen. Bei Rechenverfahren ist es oft erforderlich, daß eine bestimmte Operation oder auch mehrere Operationen wiederholt ausgeführt werden. Die Wiederholung kann einerseits solange fortgeführt werden, bis eine bestimmte Anzahl erreicht ist, andererseits kann sie von Bedingungen abhängig gemacht werden. Im ersten Fall werden die Schritte, die ausgeführt sind, gezählt, im zweiten wird die Wiederholung von logischen Werten abhängig gemacht. Schließlich können beide Wiederholungssteuerungen kombiniert werden. Die Folge von Anweisungen, die zyklisch durchlaufen werden kann, nennt man eine Schleife. Um solche Schleifen und Schleifensteuerungen in ALGOL darstellen zu können, bedarf es weiterer sprachlicher Elemente. Zunächst ist es notwendig, die Schleife zu kennzeichnen, d. h. die Anweisungen, die mehrfach durchlaufen werden sollen (sofern es mehrere sind) als zusammengehörig zu kennzeichnen. Das geschieht, indem man vor die erste Anweisung 'BEGIN' und hinter die letzte ein 'END' schreibt. Man nennt das Ganze eine Verbundanweisung (compound statement). Es ist weiter erlaubt, zwischen 'BEGIN' und 'END' vor der ersten Anweisung neue Vereinbarungen über Variable in den Anweisungen zu treffen. Man spricht dann von einem Block. Dabei ist zu beachten, daß diese Vereinbarungen nur in diesem Block gelten, während des Rechenlaufs nur beim Eintritt in den Block Gültigkeit haben und beim Verlassen wieder rückgängig gemacht werden.

Verbundanweisungen oder Blöcke können auch ohne Schleifensteuerung verwendet werden. Sofern also eine Schleife aus mehr als einer Anweisung besteht, muß sie eine solche Verbundanweisung oder ein Block sein. So wäre z. B.

```
'BEGIN'
S1 := S1 + X;
S2 := S2 + X
'END'
```

eine Verbundanweisung, dagegen

```
'BEGIN'
'INTEGER' K;
K := L
S1 := S1 + X;
S2 := S2 + X
'END'
```

ein Block, in dem eine Veränderliche K als 'INTEGER' vereinbart ist.

Die Schleifensteuerung geschieht durch eine vor die Schleife gestellte Laufanweisung (forstatement) der Form

```
'FOR' variable := . . . 'DO'
```

Anstelle der Variablen kann der Name einer Variablen beliebigen Typs (ohne Index) stehen. Die drei Punkte kennzeichnen den Ort, an dem die Steuerungsangaben eingefügt werden. Diese Steuerung kann auf zweifache Weise geschehen. Es seien A, A_1, A_2, A_3 arithmetische Ausdrücke und B ein logischer Ausdruck. Dann gibt es folgende Formen:

1. Steuerung durch arithmetische Ausdrücke in zwei verschiedenen Weisen:
a) A   einfacher arithmetischer Ausdruck,
b) A_1 'STEP' A_2 'UNTIL' A_3,
2. Steuerung in Abhängigkeit von einer Bedingung in der Form

```
A 'WHILE' B
```

Die verschiedenen Steuerungsformen können beliebig kombiniert werden, und zwar dadurch, daß sie in einer Liste zusammengestellt werden.

Die Laufanweisung

'FOR' I := 1 'STEP' 1 'UNTIL' N 'DO'

würde besagen, daß die nachfolgende Schleife n-mal durchlaufen wird, wobei der Schleifen-zähler auf 1 gesetzt und solange erhöht wird, bis er dem Wert von n gleich ist. Die Steuerungs-angabe ist also

1 'STEP' 1 'UNTIL' N

Sie wird in die Laufanweisung

'FOR' I := . . . 'DO'

eingefügt.

Die Laufanweisung

'FOR' I := 7,8,15,19,3 'DO'

enthält eine Liste einfacher arithmetischer Ausdrücke als Steuerungswerte, nämlich

7, 8, 15, 19, 3

Auf diese Größe I kann in der Schleife Bezug genommen werden. Würde man z. B. beide Beispiele kombinieren:

'FOR' I := 7,8,15,19,3,1 'STEP' 1 'UNTIL' N 'DO'

so würde I der Reihe nach folgende Werte annehmen:

7, 8, 15, 19, 3, 1, 2, 3, 4 . . . bis zum Wert von N.

Die zweite Steuerungsform könnte z. B. folgende Gestalt haben:

'FOR' X := (A + B) × 0.5 'WHILE' B − A 'GREATER' EPS
'AND' F (X) 'NOTEQUAL' 0 'DO'

Hier würde vor jedem Durchlauf der Schleife x neu gesetzt durch Berechnung von $(a + b) \cdot 0,5$ und zwar solange $b - a > \epsilon$ und $f(x) \neq 0$ sind.

Mit Hilfe der Schleifenbildung kann die Summierung von Größen beschrieben werden. Es seien die beiden Summen

$$\sum_{i=1}^{n} x_i \text{ und } \sum_{i=1}^{n} x_i^2$$

zu bilden (z. B. zur Berechnung von Mittelwert und Streuung). Man setzt dazu die Inhalte zweier Speicher auf Null (S1 und S2), und addiert den über Externgerät eingegebenen Wert von XU zu dem Inhalt von S1 und S2 und führt diese Operation n-mal aus. Das ergibt folgenden Programmausschnitt:

```
S1 := S2 := 0;
'FOR' K := 1 'STEP' 1 'UNTIL' NI 'DO'
'BEGIN'
INREAL (9,XU);
S1 := S1 + XU;
S2 := S2 + XU × XU
'END'
```

Die Verbundanweisung beginnt mit 'BEGIN' und endet mit 'END'. Sie wird durch die Lauf-anweisung

'FOR' K := 1 'STEP' 1 'UNTIL' NI 'DO'

gesteuert. In der Schleife wird auf K nicht Bezug genommen. Die Anweisungen werden so oft ausgeführt, wie es der Wert von NI angibt.

4.2.8. Ausgabe von Zeichen. Bei der Ausgabe von Ergebnissen wird man bestrebt sein, ein Druckbild zu erzielen, aus dem die wesentlichen Angaben, die die Zahlenwerte ergänzen, jederzeit wieder abgelesen werden können. Es ist vor allem notwendig, über Zahlenwerte hinaus Texte, also Folgen von Zeichen, auszugeben. Dazu wird man eine Ausgabeprozedur zur Verfügung stellen, die auf dem vom Kompilierer bereitgestellten Unterprogramm OUTSYMBOL aufbaut. Es soll hier gezeigt werden, wie man dieses Unterprogramm direkt verwenden kann.

Durch Aufruf von OUTSYMBOL kann ein Zeichen eines vorgegebenen Alphabets auf einem anzugebenden Kanal ausgegeben werden. Diese Angaben folgen dem Namen OUTSYMBOL in der Reihenfolge:

Kanalnummer, Alphabet, Nr. des Zeichens im Alphabet.

Die erste und dritte Angabe können durch arithmetische Ausdrücke gemacht werden. Das Alphabet wird als eine Zeichenkette (string) eingegeben, der zwei Apostrophs vorangestellt sind und die durch zwei Apostrophs beendet wird. Die Ausgabe mehrerer Zeichen kann durch Laufanweisung geschehen. So würde z. B. durch

```
'FOR' I := 1,2,3,6,4,2,5,4 'DO'
OUTSYMBOL (0, "DERTX  ",I);
```

der Text DER TEXT geschrieben. Das Alphabet besteht aus 6 Zeichen, das erste ist D, das zweite E usf. I nimmt die Werte 1, 2, 3, 6, . . . an, so daß zuerst das 1., dann das 2. Zeichen ausgegeben werden. Der Text wird ausgegeben durch achtmaligen Aufruf des Unterprogramms OUTSYMBOL.

Einfacher wird die Ausgabe, wenn man als Alphabet den auszugebenden Text selbst angibt und die Zeichen der Reihe nach abruft. Es würde der obige Text auch durch

```
'FOR' I := 1 'STEP' 1 'UNTIL' 8 'DO'
OUTSYMBOL (0, "DER TEXT", I)
```

ausgegeben.

Die Länge eines Strings kann durch Unterprogramm ermittelt werden. Es hat den Namen LENGTH und verlangt als Angabe in der Klammer die Zeichenkette. Die Länge ist dann unmittelbar in LENGTH gespeichert. Im letzten Beispiel könnte es in folgender Weise verwendet werden:

```
'FOR' I := 1 'STEP' 1 'UNTIL' LENGTH ("DER TEXT") 'DO'
OUTSYMBOL (0, "DER TEXT", I)
```

Zum Aufbau eines Druckbildes ist weiter erforderlich, daß eventuell Leerzeilen eingefügt werden, daß eine neue Zeile begonnen wird. Diese Steuerungen des Ausgabegerätes sind maschinenabhängig. Bei dem Siemens-Rechner z. B. erfolgt ein Wagenrücklauf, wenn als Nr. des Zeichens im Alphabet −3, ein Zeilenvorschub des Blattschreibers, wenn −9 angegeben wird. Eine Leerzeile könnte also durch −3, −9, −9 erreicht werden. In dem obigen Beispiel würde das erreicht durch:

```
'FOR' I := − 3, − 9, − 9, 1 'STEP' 1 'UNTIL' LENGTH
        ("DER TEXT") 'DO'
OUTSYMBOL (0, "DER TEXT", I)
```

Besser allerdings wäre folgende Form:

```
M := LENGTH ("DER TEXT");
'FOR' I := − 3, − 9, − 9, 1 'STEP' 1 'UNTIL' M 'DO'
OUTSYMBOL (0, "DER TEXT", I)
```

In dieser Version würde die Länge des Strings nur einmal ermittelt, im vorhergehenden Beispiel dagegen achtmal.

4.2.9. Programm zur Berechnung von Mittelwert und Streuung. Tafel 4.16 zeigt den Abdruck eines vollständigen Programms zur Berechnung von Mittelwert und Streuung sowie der Vertrauensgrenzen.

Nach dem Kommentar in Zeile 2 beginnen in Zeile 3 die Vereinbarungen der Variablennamen. In Zeile 5 steht die erste Anweisung. Sie dient mit Zeile 6 und 7 der Ausgabe einer Überschrift. In Zeile 8 wird n über Lochstreifen ein Wert zugewiesen (die Anzahl der einzulesenden Werte), ebenso t_{005}, das zur Berechnung der Vertrauensgrenzen dient.

Tafel 4.16

```
 1 'BEGIN'
 2 'COMMENT'BERECHNUNG V. MITTELWERT,STREUUNG U. VERTRAUENSGRENZEN;
 3   'REAL'NR.T005,XQ,XU,XO,SQ,S1,S2,S3,S4;
 4 'INTEGER'NI,K;
 5 'FOR'K:=−3,−9,−9,1'STEP'1'UNTIL'56,−3,−9,−9'DO'
 6 OUTSYMBOL(0,"BERECHNUNG VON MITTELWERT,STREUUNG UND
 7 VERTRAUENSGRENZEN",K);
 8 INREAL(9,NR); NI:=NR; INREAL(9,T005);
 9 S1:=S2:=0;
10 'FOR'K:=1'STEP'1'UNTIL'NI'DO'
11 'BEGIN'
12    INREAL(9,XU);
13    S1:=S1+XU;
14    S2:=S2+XU×XU
15 'END';
16 XQ:=S1/NR;
17 SQ:=(S2−NR×XQ×XQ)/(NR−1);
18 S3:=SQRT(SQ);
19 S4:=S3×T005/SQRT(NR);
20 XU:=XQ−S4;
21 XO:=XQ+S4;
   'FOR'K:=−3,−9,−9,1'STEP'1'UNTIL'20'DO'
   OUTSYMBOL(0,"MITTELWERT        =",K);
   OUTREAL(0,XQ);
25 'FOR'K:=−3,−9, −9, 1 'STEP'1'UNTIL'20'DO'
   OUTSYMBOL(0,"STREUUNG          =",K);
   OUTREAL(0,SQ);
   'FOR'K:=−3,−9,−9,1'STEP'1'UNTIL'20'DO'
   OUTSYMBOL(0,"STANDARDABWEICHUNG =",K);
30 OUTREAL(0,S3);
   'FOR'K:=−3,−9,−9,1'STEP'1'UNTIL'25'DO'
   OUTSYMBOL(0,"UNTERE VERTRAUENSGRENZE =",K);
   OUTREAL(0,XU);
   'FOR'K:=−3,−9,−9,1'STEP'1'UNTIL'25'DO'
35 OUTSYMBOL(0,"OBERE VERTRAUENSGRENZE  =",K);
   OUTREAL(0,XO);
   'FOR'K:=−3,−9,−9,1'STEP'1'UNTIL'19'DO'
   OUTSYMBOL(0,"BERECHNUNG BEENDET;",K);
39 'END'
```

Mit Zeile 9 beginnt das Rechenverfahren. Wie in Abschnitt 4.2.7 erläutert, werden durch 9–15 die Summen

$$S_1 = \sum_{i=1}^{n} x_i \quad \text{und} \quad S_2 = \sum_{i=1}^{n} x_i^2$$

berechnet. Mit diesen Werten werden dann ermittelt

in Zeile 16 der Mittelwert $X_Q = S_1/n$

in Zeile 17 die Streuung $S_Q = \dfrac{S_2 - nX_Q^2}{n-1}$

in Zeile 18 die Standardabweichung $S_3 = \sqrt{S_Q}$

in Zeile 19–21 die Vertrauensgrenzen

$$X_u = X_Q - \frac{S_3 \cdot t_{005}}{n} \qquad X_0 = X_Q + \frac{S_3 \cdot t_{005}}{n}$$

Sodann werden die Werte mit erläuterndem Text ausgegeben. Ergebnisse und Datenstreifen zeigt Tafel 4.17.

Tafel 4.17

DATENSTREIFEN:

50 ,1.96

44.2,48.5,47.8,54.0,49.5,47.4,45.1,48.4,47.1,54.8

46.9,52.6,43.2,48.3,47.6,48.1,44.8,51.9,49.9,42.4

43.7,51.3,48.5,46.2,46.0,46.7,51.6,45.3,53.8,55.0

48.2,42.8,47.9,45.0,47.3,44.0,44.5,47.1,48.8,47.8

50.6,53.1,43.8,45.8,44.1,49.1,46.9,47.5,50.0,48.3

BERECHNUNG VON MITTELWERT,STREUUNG UND VERTRAUENSGRENZEN

MITTELWERT   = 4.786390_{10} 001

STREUUNG   = 1.019260_{10} 001

STANDARDABWEICHUNG   =   3.192585

UNTERE VERTRAUENSGRENZE   = 4.697896_{10} 001

OBERE VERTRAUENSGRENZE   = 4.874883_{10} 001

BERECHNUNG BEENDET;

4.2.10. Unbedingte und bedingte Anweisungen. Der normale Programmablauf geschieht so, daß nach Ausführung einer Anweisung die nächstfolgende bearbeitet wird. Es kann aber nötig werden, diese Abfolge zu durchbrechen, derart, daß zu einer besonders zu kennzeichnenden Anweisung vor- oder zurückgesprungen werden soll. Es ergibt sich also die Notwendigkeit, neue Sprachelemente dafür vorzusehen. Eine Anweisung muß gekennzeichnet werden: das geschieht durch Vorsetzen einer Marke (label). Eine solche Marke ist ein Name, wie er in Abschn. 4.2.1 zunächst für Variable eingeführt und verwendet wurde. Diesem Namen muß ein Doppelpunkt folgen. Dadurch ist er als Marke ausgewiesen. Eine Anweisung kann durch eine oder mehrere Marken herausgehoben werden. Der Anweisung

X := Y + Z;

kann z. B. die Marke BEGINN vorangestellt werden:

BEGINN: X:= Y + Z;

Sie kann durch die zweite Marke S1 gekennzeichnet werden:

BEGINN: S1: X:= Y + Z

Die Anweisung, die bewirkt, daß die Rechnung bei einer Anweisung fortgesetzt wird, die durch eine solche Marke herausgestellt wird, hat die Form 'GOTO' Marke, also z. B.

'GOTO' BEGINN;

Nimmt man an, daß diese Anweisung irgendwo im Programm erscheint, so bewirkt sie an dieser Stelle, daß die Rechnung mit der Anweisung X := Y + Z; fortgesetzt wird, die die Marke BEGINN trägt. Bei den bedingten Anweisungen wird die Ausführung einer einzelnen Anweisung oder einer Verbundanweisung von dem Wahrheitswert eines Booleschen Ausdrucks abhängig gemacht. Sie haben die Form

'IF' B 'THEN' S1 'ELSE' S2;

wobei B der Boolesche Ausdruck, S1 und S2 einzelne Anweisungen oder Verbundanweisungen sind. Ist 'ELSE' S2 vorhanden, so handelt es sich um die zweiseitige Form der bedingten Anweisung. Den Ablauf zeigt Bild 4.18. Hat der logische Ausdruck den Wert „wahr", wird die Anweisung S1 ausgeführt, hat er den Wert „falsch", wird zu S2 verzweigt. Danach wird in beiden Fällen im Programm fortgefahren. Fehlt dagegen 'ELSE' S2, so wird bei Vorliegen von „wahr" S1 ausgeführt, bei „falsch" unmittelbar mit der nächsten Anweisung fortgefahren. Bild 4.19 zeigt diese einseitige Form. Wie ein logischer Ausdruck B gebildet sein kann, ist im Abschnitt 4.2.5 gezeigt worden. Er kann insbesondere eine Boolesche Variable, ein Boolescher

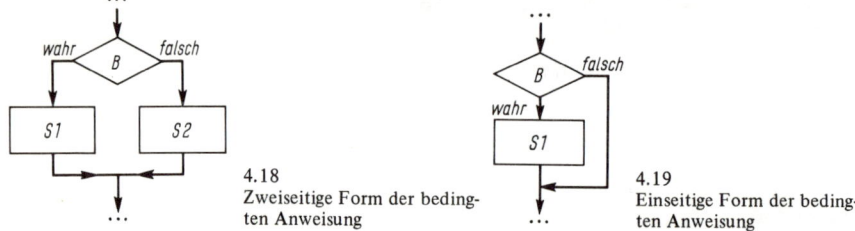

4.18
Zweiseitige Form der bedingten Anweisung

4.19
Einseitige Form der bedingten Anweisung

Ausdruck aus einer Kombination von Vergleichen sein. Eine bedingte Anweisung könnte z. B. von der Gestalt

'IF' X 'GREATER' Y 'AND' Z 'EQUAL' Y 'OR' X 'EQUAL' Y
'THEN' 'BEGIN' INREAL (9,U); X := U 'END'
'ELSE' U := Z;

. . .

sein. Der Boolesche Ausdruck

$$x > y \wedge z = y \vee x = y$$

liefert „wahr" oder „falsch". Diese Wahrheitswerte werden in folgender Weise ermittelt.
Zunächst werden die Vergleiche durchgeführt ($x > y$, $z = y$, $x = y$), dann wird die Verknüpfung
der Werte von $x > y$ und $z = y$ durch „und" vorgenommen und schließlich wird dieser Wert
mit dem von $x = y$ durch „oder" verknüpft. Ist der gesamte Ausdruck „wahr", so wird die
Verbundanweisung hinter 'THEN' ausgeführt, d. h. es wird U eingelesen und X zugewiesen, ist
er „falsch", so wird der Wert von Z der Variablen U zugewiesen.

Es ist durchaus möglich, daß die Verbundanweisungen S1 und S2 selbst bedingte Anweisungen
enthalten, allerdings darf eine solche bei S1 nur als Verbundanweisung auftreten, bei S2
hingegen direkt. Während also

'IF' U 'EQUAL' V 'THEN' 'GOTO' S3 'ELSE' 'IF' A
'LESS' Z 'THEN' X := Y 'ELSE' Z := U

möglich ist, muß in dem anderen Fall die bedingte Anweisung
in 'BEGIN' und 'END' eingeschlossen werden, kurz gesagt, es
dürfen 'THEN' und 'IF' nicht aufeinander folgen. Soll z. B.
der in Bild 4.20 dargestellte Ablaufplan in ALGOL dargestellt
werden, so kann das mit der Anweisung

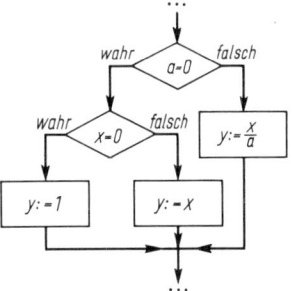

'IF' A 'EQUAL' 0 'THEN' 'BEGIN' 'IF' X 'EQUAL'
0 'THEN' Y := 1 'ELSE' Y := X 'END' 'ELSE'
Y := X/A;

4.20   Programmablaufplan für eine bedingte Anweisung

geschehen. Auf diese Weise lassen sich auch komplizierte Abläufe durch bedingte Anweisungen
darstellen .

In diesem Zusammenhang soll darauf hingewiesen werden, daß in ALGOL auch bedingte
Zuweisungen möglich sind. Soll einer Variablen in Abhängigkeit von einem logischen Ausdruck
B entweder ein Ausdruck A_1 oder ein Ausdruck A_2 zugewiesen werden, so hat diese Zuweisung
die Form

Variable := 'IF' B 'THEN' A_1 'ELSE' A_2;

Auch hier kann der Boolesche Ausdruck eine logische Kombination von Vergleichen oder
Booleschen Variablen sein. Zum Beispiel würde durch die Zuweisung

A := 'IF' U + V 'GREATER' Z 'THEN' U/Z 'ELSE' V/Z;

im Falle, daß der Vergleich $u + v > z$ „wahr" liefert, a der Wert von $\frac{u}{z}$, im Falle, daß er „falsch"
ergibt, der Wert von $\frac{v}{z}$ zugewiesen.
Bei der bedingten Zuweisung kann der Ausdruck A_2 selbst wieder einen bedingten Ausdruck
enthalten, A_1 dagegen muß ein einfacher arithmetischer Ausdruck sein.

4.2.11. Prozeduren. Eine der wichtigsten sprachlichen Möglichkeiten, die ALGOL bietet, ist
das Vereinbaren von Unterprogrammen, die durch Aufruf an verschiedenen Stellen des
Programms angesprochen und verwendet werden können. Solche Prozeduren werden zum Teil
vom Kompilierer bereitgestellt, nämlich die arithmetischen Standardfunktionen und die
Prozeduren für die Ein- und Ausgabe. Darüber hinaus können Folgen von Anweisungen, die
mehrfach geschrieben werden müßten, nach bestimmten Regeln als Prozeduren vereinbart
werden.

4.2.11.1. Eigentliche Prozeduren. Die Ausgabe von Texten ist in Abschn. 4.2.8 dargestellt
worden. Dabei wurden die Grundprogramme OUTSYMBOL und LENGTH verwendet. Es soll
nun gezeigt werden, wie mit diesen Unterprogrammen eine Prozedur für Textausgabe aufgebaut
werden kann. Dabei sind drei Angaben wesentlich:
1. die Kanalnummer des Ausgabegerätes. Sie sei mit KNR bezeichnet.
2. der auszugebende Text als Variable TEXT,
3. die Anzahl der Zeilenvorschübe. Diese Angabe sei in ZV gespeichert,
wobei vereinbart wurde, daß, falls dieser Wert < 1 ist, weder ein Wagenrücklauf noch ein
Zeilenvorschub ausgeführt wird. In dem zu schreibenden Programm muß die Länge des Textes
ermittelt werden. Sie werde nach K gespeichert. Falls K = 0 ist, wird kein Text ausgegeben.
Den Ablaufplan für dieses Programmstück zeigt Bild 4.21. Das zugehörige ALGOL-Programm
zeigt Tafel 4.22.

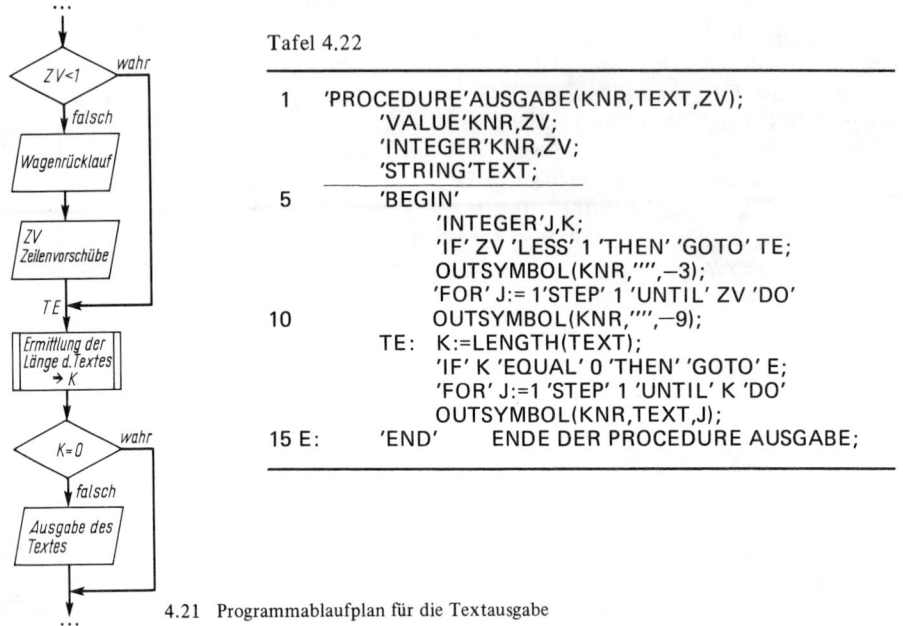

Tafel 4.22

```
 1    'PROCEDURE'AUSGABE(KNR,TEXT,ZV);
      'VALUE'KNR,ZV;
      'INTEGER'KNR,ZV;
      'STRING'TEXT;
 5    'BEGIN'
      'INTEGER'J,K;
      'IF' ZV 'LESS' 1 'THEN' 'GOTO' TE;
      OUTSYMBOL(KNR,'''',−3);
      'FOR' J:= 1'STEP' 1 'UNTIL' ZV 'DO'
10    OUTSYMBOL(KNR,'''',−9);
  TE: K:=LENGTH(TEXT);
      'IF' K 'EQUAL' 0 'THEN' 'GOTO' E;
      'FOR' J:=1 'STEP' 1 'UNTIL' K 'DO'
      OUTSYMBOL(KNR,TEXT,J);
15 E:    'END'     ENDE DER PROCEDURE AUSGABE;
```

4.21 Programmablaufplan für die Textausgabe

Es besteht aus dem Prozedurkopf (Zeile 1–4) und dem Prozedurrumpf (Zeile 5–15). Der
Rumpf ist nach dem Ablaufplan von Bild 4.21 geschrieben.

Diese Prozedur soll für die Ausgabe von beliebigen Texten mit verschiedener Anzahl von
Zeilenvorschüben und für verschiedene Kanäle gültig sein, selbst die Namen dieser drei
Variablen sollen beliebig sein. Würden z. B. anstelle der Variablennamen

      KNR, TEXT, ZV

die Namen

      I, UEBER, M

beim Aufruf verwendet, so soll der in UEBER gespeicherte Text über den Kanal ausgegeben
werden, dessen Angabe in I enthalten ist. Die Anzahl der Zeilenvorschübe ist in M gespeichert.
Die Namen KNR, TEXT, ZV sollen also in der Prozedur nicht wesentlich sein. Sie kennzeichnen nur die Stellen, an denen beim Aufruf die entsprechenden Variablen einzusetzen

sind. Diese den Platz freihaltenden Variablennamen nennt man f o r m a l e P a r a m e t e r.
Vereinbarungen darüber werden im Prozedurkopf vorgenommen. Der Prozedurkopf besteht
aus dem die Vereinbarung kennzeichnenden Begrenzer 'PROCEDURE', dem Namen
(AUSGABE) und der Liste der formalen Parameter, eingeschlossen in runde Klammern im
obigen Beispiel Zeile 1:

>   'PROCEDURE' AUSGABE (KNR,TEXT,ZV);

Weiterhin müssen die Namen in einem Spezifikationsteil vereinbart werden. So werden z. B.
KNR, ZV als 'INTEGER', TEXT als eine Zeichenkette – 'STRING' – spezifiziert (Zeile 3
und 4).

Der Aufruf dieser Prozedur AUSGABE geschieht an allen Stellen im Programm, an denen
Text ausgegeben werden soll, durch einen Aufruf, eine sog. Prozeduranweisung, bei der zu dem
Namen des Unterprogramms in runden Klammern die Liste der Namen der Variablen hinzugefügt wird, die zu verwenden sind. Im Unterschied zu den formalen Parametern der Vereinbarung heißen die wirklich zu verwendenden Variablen (oder eventuell Ausdrücke)
a k t u e l l e P a r a m e t e r. Die Prozeduranweisungen

>   AUSGABE (I,UEBER,M)
>   . . .
>   AUSGABE (KANAL,TEXT1,Z)

sprechen die Prozedur AUSGABE an. Wichtig ist, daß formale und aktuelle Parameter in der
Anzahl und im Typ übereinstimmen müssen.

Bei den Parametern ist zu unterscheiden, ob es sich um Werte von Variablen (oder Ausdrücken)
handelt, die für die Rechnung in der Prozedur zur Verfügung gestellt werden, oder im Variable,
deren Werte bei der Rechnung verändert werden. Ist an den Stellen, an denen ein formaler
Parameter auftritt, nur der Wert von Interesse, den die Variable bei dem Aufruf hat, so kann
diese Variable in der Vereinbarung als 'VALUE' vereinbart werden. Das hat zur Folge, daß
an all diesen Stellen nur der Wert eingesetzt wird, nicht der Name der Variablen. In Tafel 4.22,
Zeile 2 werden KNR und ZV als 'VALUE' vereinbart, d. h. überall, wo ZV auftritt, wird der
Wert des aktuellen Parameters eingesetzt und ebenso für KNR. Die Prozeduren für Ein- und
Ausgabe, die bei der Übersetzung bereitgestellt werden, sind solche Prozeduren, z. B. ist der
Prozedurkopf von OUTSYMBOL in folgender Weise vereinbart zu denken:

>   'PROCEDURE' OUTSYMBOL (CHANNEL,STRING,SOURCE);
>   'VALUE' CHANNEL,SOURCE;
>   'STRING' STRING;

Dabei können für CHANNEL und SOURCE arithmetische Ausdrücke als aktuelle Parameter
fungieren, deren Wert bei Aufruf ermittelt wird.

Als formale Parameter können auch Feldnamen verwendet werden. Diese Namen müssen
entsprechend spezifiziert werden ('REAL' 'ARRAY', 'INTEGER' 'ARRAY' oder 'BOOLEAN'
'ARRAY'), ohne daß Indexgrenzen anzugeben wären, z. B.

>   'INTEGER' 'ARRAY' A,B,C;
>   'REAL' 'ARRAY' X,Y,Z;

4.2.11.2. Funktionsprozeduren. Eine andere Art, Unterprogramme in ALGOL zu verwenden,
zeigte der Aufruf der Standardfunktionen. Sie sind im Abschnitt 4.2.2 eingeführt worden. Sie
werden nicht durch Prozeduranweisungen aufgerufen. Sie sind sog. Funktionsprozeduren.
Diese Form läßt sich auch bei der Vereinbarung von Prozeduren verwenden. Die Standardfunktionen brauchen selbst nicht vereinbart zu werden. Die Funktionsprozeduren sind ein

Sonderfall der Prozeduren, nämlich der Fall, daß im Unterprogramm genau ein Wert berechnet und einer Variablen zugewiesen wird, und zwar wird angenommen, daß der Name dieser Variablen gleich dem Namen der Prozedur ist. Wenn z. B. SIN (X) in einem arithmetischen Ausdruck verwendet wird, so heißt das,
1. daß die Prozedur mit dem Namen SIN aufgerufen wird,
2. daß der Sinuswert des aktuellen Parameters X einer Variablen mit dem Namen SIN zugeordnet wird.

Im Unterschied zu den eigentlichen Prozeduren, die durch Prozeduranweisung aufgerufen werden, erfordert die Vereinbarung von Funktionsprozeduren, daß die Zuweisung im Programm an mindestens einer Stelle wirklich geschieht. Die Prozedur muß also eine Zuweisung

SIN := . . .

enthalten. Die Vereinbarung des Typs der Veränderlichen geschieht durch Voransetzen des entsprechenden Begrenzers vor 'PROCEDURE'. Ist der Name als 'REAL' vereinbart zu denken, so muß die Prozedur mit

'REAL' 'PROCEDURE' . . .

beginnen, entsprechend mit 'INTEGER' oder 'BOOLEAN', falls ein ganzzahliger oder logischer Wert ermittelt wird.

Bei den formalen Parametern in der Prozedurvereinbarung kann erläuternder Text in folgender Form an Stelle des trennenden Kommas eingefügt werden:

)Text: (

So wird z. B. die Vereinbarung

'REAL' 'PROCEDURE' HORNER (X,A,N)

zu

'REAL' 'PROCEDURE' HORNER (X) KOEFFIZIENTEN: (A)
GRAD DES POLYNOMS: (N);

Das gilt für eigentliche wie für Funktionsprozeduren. Im obigen Beispiel wird eine Vereinbarung für ein Unterprogramm zur Berechnung des Wertes eines Polynoms begonnen. Das Polynom habe die Form

$$y = a_n x^n + a_{n-1} x^{n-1} + a_{n-2} x^{n-2} + \cdots + a_1 x + a_0$$

Die Koeffizienten seien in der Folge

$$a_0, a_1, a_2, \ldots, a_n$$

in einem Feld mit dem Namen A gespeichert. Der Wert von x stehe in X bereit, der Grad n sei der Wert von N. Der Wert von y werde in HORNER gespeichert. Der Prozedurkopf hat dann die Gestalt

'REAL' 'PROCEDURE' HORNER (X) KOEFFIZIENTEN: (A)
GRAD DES POLYNOMS: (N);
'VALUE' X,N;
'REAL' X; 'INTEGER' N; 'ARRAY' A;

Die Berechnung von y wird mit dem sog. Horner-Schema vorgenommen. Es beruht auf der Umformung

$$y = (\cdots((a_n \cdot x + a_{n-1}) x + a_{n-2}) x + \cdots + a_1) x + a_0$$

aus der man den Rechnungsablauf entnehmen kann. Zunächst wird y der Wert a_n zugewiesen, sodann im einzelnen ausgeführt

$$y := y \cdot x + a_{n-1}$$
$$y := y \cdot x + a_{n-2}$$

.

.

.

$$y := y \cdot x + a_1$$
$$y := y \cdot x + a_0$$

Das Zuweisungszeichen soll ausdrücken, daß der rechts stehende Ausdruck gebildet und y zugewiesen werden soll, allgemein

$$y := a_n$$
$$y := y \cdot x + a_i \text{ für } \quad i = n-1, n-2, \ldots, 0$$

In dieser Form läßt sich der Algorithmus direkt übernehmen, und es ergibt sich als Prozedurrumpf, wenn HORNER als Name für die Veränderliche y gesetzt wird

```
'BEGIN'
'INTEGER' I;
    HORNER := A [N];
    'FOR' I := N − 1 'STEP' − 1 'UNTIL' 0 'DO'
    HORNER := HORNER × X + A [I]
'END'   ENDE DER REAL PROCEDURE HORNER
```

Da zwischen 'BEGIN' und 'END' eine Vereinbarung über I auftritt, ist dieser Prozedurrumpf ein Block und keine Verbundanweisung. Die Anwendung dieser Funktionsprozedur wird im folgenden Beispiel gezeigt.

4.2.11.3. Programm zur Berechnung der Biegelinie eines Trägers. Für den in Bild 4.23 dargestellten Belastungsfall ergibt die Integration der Biegegleichung für die Biegelinie

$$y = \frac{q_0 \ell^4}{24EI} \left(\left(\frac{x}{\ell}\right)^4 - 2\left(\frac{x}{\ell}\right)^3 + \left(\frac{x}{\ell}\right)\right) \tag{4.3}$$

4.23   Beidseitig aufgelagerter Träger

ein Polynom 4. Grades. Dabei ist E der Elastizitätsmodul, I das Flächenträgheitsmoment, q_0 Streckenlast und ℓ Länge des Trägers. Für den Anstieg der Biegelinie erhält man

$$\frac{dy}{dx} = \frac{q_0 \ell^3}{24EI} \left(4\left(\frac{x}{\ell}\right)^3 - 6\left(\frac{x}{\ell}\right)^2 + 1 \right) \tag{4.4}$$

ein Polynom 3. Grades.
Der Momentenverlauf ist proportional zur 2. Ableitung und wird durch ein Polynom 2. Grades, der Querkraftverlauf durch ein Polynom 1. Grades dargestellt. Die vierte Ableitung ist konstant

Tafel 4.24

```
'BEGIN' 'COMMENT' BIEGELINIE EINES AUF ZWEI STUETZEN AUFGELAGERTEN
    TRAEGERS MIT GLEICHSTRECKENLAST. DER TRAEGER HABE DIE LAENGE L,
    DAS FLAECHENTRAEGHEITSMOMENT I UND DEN ELASTIZITAETSMODUL E;
'REAL' 'PROCEDURE' HORNER (X)KOEFFIZIENTEN: (A)GRAD DES POLYNOMS: (N);
    'VALUE' X,N; 'REAL' X; 'INTEGER' N; 'ARRAY' A;
'BEGIN' 'INTEGER' I;
    HORNER:=A[N];
    'FOR' I:=N−1 'STEP' −1 'UNTIL' 0 'DO'
    HORNER:=HORNER × X + A[I]
'END' ENDE DER REAL PROCEDURE HORNER;


'REAL' Q0,L,E,I,A,B,DX,B0,B1,B2,B3,Y,YS1,YS2,YS3,X,XB;
'INTEGER' J;                  'ARRAY' A0[0:4],A1[0:3],A2[0:2],A3[0:1];


'FOR' J:= −3,−9,−9,−9,1 'STEP' 1 'UNTIL' 51 'DO'
OUTSYMBOL (0, "BIEGELINIE EINES BEIDSEITIG AUFGELAGERTEN TRAEGERS.",
    J);
INREAL (9,Q0); INREAL (9,E); INREAL (9,I); INREAL (9,L);
'FOR' J:= −3,−9,−9,1 'STEP' 1 'UNTIL' 13 'DO'
OUTSYMBOL (0, "EINGABEWERTE:",J);
'FOR' J:= −3,−9,−9,1 'STEP' 1 'UNTIL' 3 'DO' OUTSYMBOL (0, "Q0=",J);
    OUTREAL (0,Q0);
'FOR' J:= −3,−9,1 'STEP' 1 'UNTIL' 3 'DO' OUTSYMBOL (0, "E = ",J);
    OUTREAL (0,E);
'FOR' J:= −3,−9,1 'STEP' 1 'UNTIL' 3 'DO' OUTSYMBOL (0, "I = ",J);
    OUTREAL (0,I);
'FOR' J:= −3,−9,1 'STEP' 1 'UNTIL' 3 'DO' OUTSYMBOL (0, "L = ",J);
    OUTREAL (0,L);
INREAL (9,A); INREAL (9,B); INREAL (9,DX);
A0[0] := A0[2] := A1[1] := A2[0] := 0.0;
A2[1] := −1.0; A3[0] := −0.5; A1[3] := 4.0; A1[2] := −6.0; A0[3] := −2;
    A1[0] := A0[1] := A0[4] := A2[2] := A3[1] := 1.0;
B3 := Q0 × L/(E × I); B2 := B3 × L × 0.5; B1 := B2 × L/12.0; B0 := B1 × L;
'FOR' J:= −3,−9,−9,1 'STEP' 1 'UNTIL' 14 'DO'
OUTSYMBOL (0, "Q0/(E × I)  IST : ",J); OUTREAL (0,B3/L);
'FOR' J:= −3,−9,−9,1 'STEP' 1 'UNTIL' 42 'DO'
OUTSYMBOL (0, "     X              Y        UND ABLEITUNGEN",J);
        'FOR' X:=A 'STEP' DX 'UNTIL' B 'DO'
            'BEGIN'
                XB:= X/L;
                Y:=  B0 × HORNER (XB,A0,4);
                YS1:=B1 × HORNER (XB,A1,3);
                YS2:=B2 × HORNER (XB,A2,2);
                YS3:=B3 × HORNER (XB,A3,1);
                'FOR' J:= −3,−9 'DO' OUTSYMBOL (0, " ",J);
                OUTREAL (0,X); OUTREAL (0,Y);
                'FOR' J:= −3,−9 'DO' OUTSYMBOL (0, " ",J);
                OUTREAL (0,YS1); OUTREAL (0, YS2); OUTREAL (0, YS3);
            'END' ENDE DER BERECHNUNG DER BIEGELINIE;
'FOR' J:= −3,−9,−9,−9,1 'STEP' 1 'UNTIL' 18 'DO'
OUTSYMBOL (0, "ENDE DER RECHNUNG;",J)
'END' ENDE DES PROGRAMMS;
```

$$y^{(4)} = \frac{q_0}{EI} \qquad (4.5)$$

Die Funktionswerte all dieser Funktionen können mit der Funktionsprozedur HORNER berechnet werden, und zwar soll nicht das erweiterte Horner-Schema benutzt werden, sondern es sollen alle Funktionswerte durch Aufruf von HORNER bestimmt werden. Das vollständige ALGOL-Programm ist in Tafel 4.24 dargestellt. Ergebnisse und die verwendeten Daten zeigt Tafel 4.25.

Tafel 4.25

DATENSTREIFEN:

2.0 $1.0_{10}5$ 1940   600

BIEGELINIE EINES BEIDSEITIG AUFGELAGERTEN TRAEGERS.

EINGABEWERTE:

$$Q0 = 2.000000$$
$$E = 1.000000_{10}\ 005$$
$$I = 1.940000_{10}\ 003$$
$$L = 6.000000_{10}\ 002$$

$Q0/(E \times I)$ IST : $1.030927_{10}-008$

X	Y	UND ABLEITUNGEN
0	0	
$9.278347_{10}-002$	0	$-3.092783_{10}-006$
$1.000000_{10}\ 001$	$9.273235_{10}-001$	
$9.263056_{10}-002$	$-3.041236_{10}-005$	$-2.989690_{10}-006$
$2.000000_{10}\ 001$	1.851614	
$9.217866_{10}-002$	$-5.979382_{10}-005$	$-2.886598_{10}-006$
$3.000000_{10}\ 001$	2.769933	
$9.143812_{10}-002$	$-8.814433_{10}-005$	$-2.783505_{10}-006$
$4.000000_{10}\ 001$	3.679448	
. . .		
$2.900000_{10}\ 002$	$1.737370_{10}\ 001$	
$4.637443_{10}-003$	$-4.634020_{10}-004$	$-1.030930_{10}-007$
$3.000000_{10}\ 002$	$1.739689_{10}\ 001$	
0	$-4.639175_{10}-004$	0
$3.100000_{10}\ 002$	$1.737371_{10}\ 001$	
$-4.637466_{10}-003$	$-4.634020_{10}-004$	$1.030926_{10}-007$
. . .		
$5.800000_{10}\ 002$	1.851612	
$-9.217872_{10}-002$	$-5.979397_{10}-005$	$2.886597_{10}-006$
$5.900000_{10}\ 002$	$9.273266_{10}-001$	
$-9.263064_{10}-002$	$-3.041256_{10}-005$	$2.989690_{10}-006$
$6.000000_{10}\ 002$	0	
$-9.278347_{10}-002$	0	$3.092783_{10}-006$

Darin ist zunächst die Prozedur HORNER vereinbart, sodann die Veränderlichen 'INTEGER' und 'REAL' sowie die Koeffizienten als Felder je nach Grad des Polynoms. A0 [0 : 4] ist die Vereinbarung für die Koeffizienten des Polynoms für die Biegelinie. Es folgt die Ausgabe der den Variablen q_0, E, I und ℓ durch Eingabe zugewiesenen Werte und die Zuweisung von Werten zu A, B, DX, wodurch Anfangs- und Endwerte sowie Schrittweite der Rechnung festgelegt werden. Der Zuweisung der Werte der Koeffizienten folgen die arithmetischen Zuweisungen, die vor der eigentlichen Rechnung ausgeführt werden können.

$$\frac{q_0\ell}{EI}, \ \frac{q_0\ell^2}{2EI}, \ \frac{q_0\ell^3}{24EI}, \ \frac{q_0\ell^4}{24EI}$$

Der Wert von $\frac{q_0}{EI}$ wird ausgegeben. Nach dem Drucken der Überschrift beginnt die Rechnung für x von a bis b in Schritten dx.

Für $\frac{x}{\ell}$ werden jeweils y und die Ableitung y', y'', y''' durch Aufruf von HORNER berechnet und ausgegeben.

4.2.11.4. Programm für das Verfahren von Runge-Kutta-Gill. Für die Lösung von Differential-gleichungssystemen der Form

$$y_i' = f_i(x, y_1, y_2, \ldots y_n) \quad i = 1, 2, \ldots n \tag{4.6}$$

ist für die Verwendung von Unterprogrammen für Datenverarbeitungsanlagen das Verfahren von Runge-Kutta durch Gill modifiziert (s. Abschn. 4.1.8). Die Anfangsbedingungen

$$y_{i0} = y_i(x_0) \quad i = 1, 2, \ldots n \tag{4.7}$$

seien vorgegeben. Dann besteht die Aufgabe, die das Verfahren lösen soll, darin, um einen Schritt mit der Schrittweite h weiterzurechnen und die Funktionswerte an der Stelle $x_0 + h$ zu ermitteln. Dieses Verfahren läßt sich dann mit den Werten an der Stelle $x_0 + h$ wiederholen, wobei sich die Werte an der Stelle $x_0 + 2h$ ergeben usw. Dabei wird eine Gleichung

$$y_0' \equiv 1 \tag{4.8}$$

hinzugefügt, um die Sonderstellung der unabhängigen Veränderlichen x aufzuheben.

Das Verfahren ist in der Prozedur RUKUGI dargestellt. Den Ablaufplan zeigt Bild 4.26, das Programm Tafel 4.27. Als Parameter sind in die Liste aufgenommen
1. das Feld Y mit den n + 1 Anfangswerten für den durchzuführenden Schritt,
2. die Schrittweite H,
3. die Felder K und Q mit jeweils n + 1 Elementen. K und Q enthalten Hilfsgrößen, die q_i, i = 0, 1 ... n, sind zu Anfang = 0 zu setzen. Die Elemente von K werden berechnet.
4. N enthält den Wert von n,
5. YABL ist ein formaler Parameter, an dessen Stelle der Name der Prozedur stehen muß, in der die rechten Seiten f_i berechnet werden. YABL ist als 'PROCEDURE' spezifiziert. Im Programm hat der aktuelle Parameter den gleichen Namen. YABL ist als Prozedur vereinbart.

Ändert man die rechten Seiten, d. h. will man mit dem Programm ein anderes System lösen, so ist nur diese Prozedur YABL auszutauschen. Tafel 4.27 zeigt das Verfahren zur Lösung des Systems

$$y_1' = \frac{1}{y_2} \qquad\qquad y_2' = -\frac{1}{y_1}$$

Tafel 4.27

```
'BEGIN'
'COMMENT' PROGRAMM ZUM LOESEN EINES DIFFERENTIALGLEICHUNGSSYSTEMS
    MIT DEM VERFAHREN VON RUNGE-KUTTA-GILL;

'PROCEDURE' RUKUGI (Y,H,K,Q,N,YABL);
    'VALUE' H,N; 'ARRAY' Y,K,Q; 'REAL' H; 'INTEGER' N; 'PROCEDURE' YABL;
'BEGIN'
    'ARRAY' A,B,C[1:4]; 'INTEGER' I,J; 'REAL' D;
        A[1] := C[1] := C[4] := 0.5;
        A[2] := C[2] := 0.292893;
        A[3] := C[3] := 1.707107;
        A[4] := 0.1666667;
        B[1] := B[4] := 2.0;
        B[2] := B[3] := 1.0;
        'FOR' J:=1 'STEP' 1 'UNTIL' 4 'DO'
            'BEGIN'
            YABL (Y,K,N);
            'FOR' I:=0 'STEP' 1 'UNTIL' N 'DO'
                'BEGIN'
                D:= A[J] × (K[I] − B[J] × Q[I]);
                Y[I]:= Y[I] + H × D;
                Q[I]:= Q[I] + 3.0 × D − C[J] × K[I]
            'END' I-SCHLEIFE;
        'END' J-SCHLEIFE;
'END' PROCEDURE RUKUGI;

'PROCEDURE' AUSGABE (KNR,TEXT,ZV);
    'VALUE' KNR,ZV;
    'INTEGER' KNR,ZV;
    'STRING' TEXT;
    'BEGIN'
        'INTEGER' J,K;
        'IF' ZV 'LESS' 1 'THEN' 'GOTO' TE;
        OUTSYMBOL (KNR, ' ' ' ',−3);
        'FOR' J:=1 'STEP' 1 'UNTIL' ZV 'DO'
        OUTSYMBOL (KNR, ' ' ' ' , −9);
    TE:  K:=LENGTH (TEXT);
        'IF' K 'EQUAL' 0 'THEN' 'GOTO' E;
        'FOR' J:=1 'STEP' 1 'UNTIL' K 'DO'
        OUTSYMBOL (KNR,TEXT,J);
E: 'END'      ENDE DER PROCEDURE AUSGABE;

'PROCEDURE' YABL (Y,K,N);
'VALUE' N;
'INTEGER' N; 'ARRAY' Y,K;
    'BEGIN'
        K[0] := 1.0;
        K[1] := 1.0/Y[2];
        K[2] := 1.0/Y[1]
    'END' PROCEDURE YABL;

'REAL' H,XE,B;
'INTEGER' N,I,P,M;
    INREAL (9,H); N:=H; INREAL (9,H); INREAL (9,XE); INREAL (9,B);
    P:=B;
```

4.26 Programmablaufplan für das
Verfahren von Runge-Kutta-
Gill (Tafel 4.27)

```
'BEGIN'
  'ARRAY' K,Q,Y[0:N];
  AUSGABE (P, "LOESUNG DES DIFFERENTIALGLEICHUNGSSYSTEMS",3);
  AUSGABE (P, "-------------------------------------------------------------------------- ",1);
  AUSGABE (P, "MIT DEM VERFAHREN VON RUNGE-KUTTA-GILL.",2);

  'FOR' I :=0 'STEP' 1 'UNTIL' N 'DO'
  Q[I] := 0.0;

  'FOR' I :=0 'STEP' 1 'UNTIL' N 'DO'
  'BEGIN'
  INREAL (9,B); Y[I] :=B
  'END';
  AUSGABE (P, "   ARGUMENT            Y            Q",3);
LOESEN:
  AUSGABE (P, ' ' ' ' ,2);
  OUTREAL (P, Y[0]); OUTREAL (P, Y[1]);  OUTREAL (P, Q[1]);
  'IF' N 'LESS' 2 'THEN' 'GOTO' WEITER;
  'FOR' I:=2 'STEP' 1 'UNTIL' N 'DO'
    'BEGIN'
    AUSGABE (P, ' '            ' ',1); OUTREAL (P, Y[I]);
  OUTREAL (P, Q[I]);
  'END';
WEITER:
  'IF' H 'GREATER' 0.0 'THEN'
        'BEGIN'
            'IF' Y[0] 'NOTLESS' XE 'THEN' 'GOTO' ENDE
        'END'
                        'ELSE'
        'BEGIN'
            'IF' Y[0] 'NOTGREATER' XE 'THEN' 'GOTO' ENDE
        'END';
  RUKUGI (Y,H,K,Q,N,YABL);
  'GOTO' LOESEN;
ENDE: M:=LENGTH ("ENDE DER RECHNUNG; ");
  'FOR' I:=-3,-9, 1 'STEP' 1 'UNTIL' M 'DO';
OUTSYMBOL (P, "ENDE DER RECHNUNG; ",I);
'END'
'END'    ENDE DES PROGRAMMS;
```

Die Ausgabe von Texten geschieht mit Hilfe der Ausgabeprozedur. Ergebnisse zeigt Tafel 4.28.

4.2.11.5. Raumsondenflug im Vakuum. Das Programm zur Lösung eines Differential-gleichungssystems mit dem Verfahren von Runge-Kutta-Gill läßt sich verwenden, um das im Abschnitt 4.1.8 dargestellte Problem des Raumsondenfluges zu lösen. Das abgeänderte Programm ist in Tafel 4.29 wiedergegeben. Die Tafel 4.30 enthält das Ergebnis und den Abdruck des verwendeten Datenstreifens.

4.2.12. Blockstruktur. In dem in Tafel 4.27 dargestellten Programm sind drei Felder K, Q, Y mit den Indexgrenzen 0 und N vereinbart. Der Wert von N wird drei Zeilen vorher über H durch Eingabe zugewiesen

```
        INREAL (9,H); N := H;
```

Tafel 4.28

DATENSTREIFEN:

2	0.1	1.5	0
0	1.0	1.0	

LOESUNG DES DIFFERENTIALGLEICHUNGSSYSTEMS

MIT DEM VERFAHREN VON RUNGE-KUTTA-GILL.

ARGUMENT	Y	Q
0	1.000000	0
	1.000000	0
$1.000000_{10}-001$	1.105170	0
	$9.048378_{10}-001$	0
$2.000001_{10}-001$	1.221401	0
	$8.187314_{10}-001$	0
$3.000002_{10}-001$	1.349856	0
	$7.408190_{10}-001$	0
$4.000002_{10}-001$	1.491821	0
	$6.703209_{10}-001$	0
$5.000002_{10}-001$	1.648716	0
	$6.065317_{10}-001$	0
$6.000001_{10}-001$	1.822112	0
	$5.488127_{10}-001$	0
$7.000000_{10}-001$	2.013744	0
	$4.965863_{10}-001$	0
$7.999999_{10}-001$	2.225531	0
	$4.493300_{10}-001$	0
$8.999998_{10}-001$	2.459591	0
	$4.065706_{10}-001$	0
$9.999997_{10}-001$	2.718268	0
	$3.678804_{10}-001$	0
1.099999	3.004149	0
	$3.328719_{10}-001$	0
1.199999	3.320097	0
	$3.011950_{10}-001$	0
1.299999	3.669274	0
	$2.725325_{10}-001$	0
1.399999	4.055175	0
	$2.465976_{10}-001$	0
1.499999	4.481659	0
	$2.231308_{10}-001$	0
1.599999	4.952997	0
	$2.018971_{10}-001$	0

ENDE DER RECHNUNG;

Tafel 4.29

```
'BEGIN'
'COMMENT' PROGRAMM ZUM LOESEN EINES DIFFERENTIALGLEICHUNGSSYSTEMS
    MIT DEM VERFAHREN VON RUNGE-KUTTA-GILL;

'PROCEDURE' RUKUGI (Y,H,K,Q,N,YABL);
  'VALUE' H,N;  'ARRAY' Y,K,Q;  'REAL' H;  'INTEGER' N;  'PROCEDURE' YABL;
'BEGIN'
  'ARRAY' A,B,C[1:4]; 'INTEGER' I,J; 'REAL' D;
    A[1] := C[1] := C[4] := 0.5;
    A[2] := C[2] := 0.292893;
    A[3] := C[3] := 1.707107;
    A[4] := 0.1666667;
    B[1] := B[4] := 2.0;
    B[2] := B[3] := 1.0;
      'FOR' J:=1 'STEP' 1 'UNTIL' 4 'DO'
        'BEGIN'
          YABL (Y,K,N);
          'FOR' I:=0 'STEP' 1 'UNTIL' N 'DO'
            'BEGIN'
            D := A[J] × (K[I] − B[J] × Q[I]);
            Y[I] := Y[I] + H × D;
            Q[I] := Q[I] + 3.0 × D − C[J] × K[I]
            'END' I-SCHLEIFE;
          'END' J-SCHLEIFE;
'END'   PROCEDURE RUKUGI;


'PROCEDURE' AUSGABE (KNR,TEXT,ZV);
  'VALUE' KNR,ZV;
  'INTEGER' KNR,ZV;
  'STRING' TEXT;
  'BEGIN'
      'INTEGER' J,K;
      'IF' ZV 'LESS' 1 'THEN' 'GOTO' TE;
      OUTSYMBOL (KNR, ' ' ' ' ,−3);
      'FOR' J:=1 'STEP' 1 'UNTIL' ZV 'DO'
      OUTSYMBOL (KNR, ' ' ' ' ,−9);
  TE:  K:=LENGTH (TEXT);
      'IF' K 'EQUAL' 0 'THEN' 'GOTO' E;
      'FOR' J:=1 'STEP' 1 'UNTIL' K 'DO'
      OUTSYMBOL (KNR,TEXT,J);
E: 'END'          ENDE DER PROCEDURE AUSGABE;


'PROCEDURE' YABL (Y,K,N);
'VALUE' N;
'INTEGER' N;  'ARRAY' Y,K;
  'BEGIN'
  K[0] := 1.0;
  B := (Y[2] + R) × (Y[2] + R);
  K[1] := − B/GR2;
  K[2] := − B × Y[0]/GR2
  'END'    PROCEDURE YABL;


'REAL' H,R,G,GR2,B;  'ARRAY' K,Q,Y[0:2];
'INTEGER' I,M,L,U,N;
```

```
INREAL (9,G); INREAL (9,R); GR2:=G*R*R;
INREAL (9,H); L:=H; INREAL (9,H); N:=H;
Q[0] := Q[1] := Q[2] := 0.0;
INREAL (9,B);   Y[0] := B;
INREAL (9,B);   Y[1] := B;
INREAL (9,B);   Y[2] := B;
'IF' G 'NOTGREATER' 0.0 'OR' B 'NOTGREATER' 0.0 'OR' Y[0] 'NOTGREATER' 0.0
   'OR' Y[2] 'LESS' 0.0 'OR' 2.0 × GR2 'NOTGREATER' Y[0] × Y[0] × (Y[3] + R) 'OR'
   N 'NOTGREATER' 0 'OR' L 'NOTGREATER' 0 'OR' L 'GREATER' N
'THEN'
   'BEGIN'
   AUSGABE (0, "FEHLERHAFTE EINGABE. ",3); 'GOTO' ENDE;
      'END';
H := − Y[0]/N;

AUSGABE (0, "RAUMSONDENFLUG IN REINEM VAKUUM",3);
AUSGABE (0, "HIMMELSKOERPER-RADIUS    ",2);
OUTREAL (0,R/1000.0); AUSGABE (0, "KM",0);
AUSGABE (0, "SCHWEREBESCHLEUNIGUNG AUF DESSEN OBERFLAECHE",2);
OUTREAL (0,G); AUSGABE (0,"M/S × × 2",0);
AUSGABE (0,"GESCHWINDIGKEIT    FLUGDAUER        FLUGHOEHE",3);
AUSGABE (0, "      M/S              SEK            M",2);

'FOR' U:=0 'STEP' 1 'UNTIL' N 'DO'
   'BEGIN'
      'IF' U − U/L × L 'EQUAL' 0 'OR' U 'EQUAL' N 'THEN'
         'BEGIN'
            AUSGABE (0, ' ' ' ' ,1);
            OUTREAL (0,Y[0]); OUTREAL (0,Y[1]); OUTREAL (0,Y[2]);
         'END';
      'IF' U 'NOTEQUAL' N 'THEN'
         RUKUGI (Y,H,K,Q,2,YABL);
      'END';

ENDE:  M:=LENGTH (' 'ENDE DER RECHNUNG;' ');
       'FOR' I:= −3, −9, −9, −9, 1 'STEP' 1 'UNTIL' M 'DO'
       OUTSYMBOL (0, ' 'ENDE DER RECHNUNG;' ' ,I);
'END'   ENDE DES PROGRAMMS;
```

Das ist nur möglich, weil vor der Vereinbarung der Felder ein neuer Block beginnt ('BEGIN').
Es ist nicht möglich, zu schreiben

```
INREAL (9,H); N := H;
'ARRAY' K, Q, Y[0 : N];
```

und zwar deswegen nicht, weil dann N einen Wert hat, aber die Vereinbarung erst nach zwei
Anweisungen folgt. Das aber ist nicht statthaft.

Dagegen können in einem inneren Block neue Vereinbarungen getroffen werden. In Tafel 4.27
liegt folgende Struktur vor (die Prozedurvereinbarungen seien fortgelassen)

```
'BEGIN'
   'REAL' H, XE, B;
   'INTEGER' N, I, P, M;
   INREAL (9,H); N := H; INREAL (9,H); INREAL (9,XE); INREAL (9,B);
   P := B;
```

Tafel 4.30

RAUMSONDENFLUG IN REINEM VAKUUM

HIMMELSKOERPER-RADIUS $6.370000_{10}003$ KM

SCHWEREBESCHLEUNIGUNG AUF DESSEN OBERFLAECHE 9.810000 M/S**2

GESCHWINDIGKEIT M/S	FLUGDAUER SEK	FLUGHOEHE M
$1.999999_{10}\ 003$	0	$2.000000_{10}\ 005$
$1.899999_{10}\ 003$	$1.087914_{10}\ 001$	$2.212136_{10}\ 005$
$1.800000_{10}\ 003$	$2.182693_{10}\ 001$	$2.414664_{10}\ 005$
$1.699999_{10}\ 003$	$3.284035_{10}\ 001$	$2.607394_{10}\ 005$
$1.599999_{10}\ 003$	$4.391632_{10}\ 001$	$2.790144_{10}\ 005$
$1.500000_{10}\ 003$	$5.505163_{10}\ 001$	$2.962735_{10}\ 005$
$1.400000_{10}\ 003$	$6.624301_{10}\ 001$	$3.125005_{10}\ 005$
$1.300000_{10}\ 003$	$7.748709_{10}\ 001$	$3.276796_{10}\ 005$
$1.199999_{10}\ 003$	$8.878045_{10}\ 001$	$3.417959_{10}\ 005$
$1.099999_{10}\ 003$	$1.001195_{10}\ 002$	$3.548356_{10}\ 005$
$9.999998_{10}\ 002$	$1.115009_{10}\ 002$	$3.667857_{10}\ 005$
$9.000000_{10}\ 002$	$1.229208_{10}\ 002$	$3.776343_{10}\ 005$
$8.000000_{10}\ 002$	$1.343756_{10}\ 002$	$3.873705_{10}\ 005$
$7.000000_{10}\ 002$	$1.458615_{10}\ 002$	$3.959848_{10}\ 005$
$6.000000_{10}\ 002$	$1.573747_{10}\ 002$	$4.034680_{10}\ 005$
$4.999999_{10}\ 002$	$1.689115_{10}\ 002$	$4.098132_{10}\ 005$
$4.000000_{10}\ 002$	$1.804679_{10}\ 002$	$4.150134_{10}\ 005$
$3.000000_{10}\ 002$	$1.920401_{10}\ 002$	$4.190636_{10}\ 005$
$2.000000_{10}\ 002$	$2.036241_{10}\ 002$	$4.219593_{10}\ 005$
$1.000000_{10}\ 002$	$2.152161_{10}\ 002$	$4.236980_{10}\ 005$
$-6.230676_{10}-005$	$2.268120_{10}\ 002$	$4.242777_{10}\ 005$

ENDE DER RECHNUNG;

Datenstreifen:

9.81	$6.37_{10}6$
5	100
2000	0 $2_{10}5$

```
'BEGIN'
'ARRAY' K, Q, Y[0 : N];
 . . .
'END'
'END' ENDE DES PROGRAMMS
```

Die Felder K, Q, Y können nur in dem inneren Block, nicht in dem äußeren angesprochen werden. Man spricht von l o k a l e n Namen (lokal in Bezug auf den inneren Block). Die Variablen H, XE, B, N, usw., die im äußeren Block vereinbart sind, können auch im inneren Block benutzt werden. Es handelt sich dann um sog. g l o b a l e Größen.

Man beachte, daß der Speicherplatz für K, Q und Y nicht schon bei der Übersetzung des

Programms bereitgestellt werden kann. Erst beim Rechenlauf wird der Wert von N zugewiesen, erst dann kann also der Speicherplatz reserviert werden, und zwar genau dann, wenn die Steuerung in den Block hineinführt. Nach Verlassen des Blockes wird der Speicherplatz wieder freigegeben. Es bedarf also während des Rechenlaufs einer ständigen Überwachung der Speicherverteilung.

Es ist auch möglich, eine Veränderliche in einem inneren Block neu zu vereinbaren. Enthält ein Programm z. B. zwei innere Blöcke, so kann ein Variablennamen in diesem neu vereinbart werden, z. B.

```
    'BEGIN'
    S1 : X := Y
        'BEGIN'
            'REAL' S1
            'BEGIN'
                'PROCEDURE' S1 . . .
                  . . .
            'END'
          . . .
        'END';
        'GOTO' S1
    'END'
```

Hier wird die Vereinbarung über S1 (Marke) im äußeren Block beim Eintritt in den ersten inneren Block aufgehoben und S1 als 'REAL' vereinbart. Auch diese Vereinbarung wird beim Übergang in den zweiten inneren Block außer Kraft gesetzt. Hier wird S1 als 'PROCEDURE' festgelegt. Nach Verlassen der inneren Blöcke und Rückführung in den äußeren ist S1 wieder als Marke vereinbart und kann deshalb z. B. in einer unbedingten Anweisung erscheinen.

4.2.13. Verteiler. Eine weitere sprachliche Möglichkeit bietet sich in ALGOL durch die Vereinbarung sog. Verteiler 'SWITCH'. Sie sind zu denken als Zusammenfassung mehrerer Marken, die in einem Programm erscheinen. Es werde z. B. vereinbart

```
    'SWITCH' ALPHA := S1, S2, AL, EXIT, L;
```

mit den Marken

```
    S1, S2, AL, EXIT, L;
```

die irgendwo im Programm erscheinen und bestimmte Stellen kennzeichnen. Der Verteiler hat den Namen ALPHA. Dann gibt ein Index hinter ALPHA an, um welche Marke es sich handelt. Es ist also ALPHA [1] gleich S1, ALPHA [2] gleich S2, ALPHA [3] gleich AL usf. Wird z. B. ALPHA [4] in einer unbedingten Anweisung verwendet

```
    'GOTO' ALPHA [4];
```

so würde das Programm mit der Anweisung fortgeführt, die die Marke EXIT hat. Die bedingte Anweisung

```
    'IF' A 'EQUAL' 0 'THEN' 'GOTO' ALPHA [1]
    'ELSE' 'IF' A 'LESS' 0 'THEN' 'GOTO' ALPHA [3]
                'ELSE' 'GOTO' ALPHA [2]
```

würde bewirken, daß falls a = 0 wahr ist, das Programm zur Anweisung mit der Marke S1 verzweigt. Falls a ≠ 0 wird im Fall, daß a < 0, zu der mit der Marke AL, falls a > 0 zu der mit der Marke S2 verzweigt.

4.2.14. Ein Programm für die Berechnung statischer Größen. Es sei ein ebenes Kräftesystem in der Ebene gegeben, und zwar durch die Komponenten der Kräfte in x- und y-Richtung F_{xi} und F_{yi} und die Angriffspunkte der Kräfte x_i und y_i, $i = 1, 2, \ldots n$. Zu ermitteln seien:
1. die resultierende Kraft F_R

$$F_R = \sqrt{F_{Rx}^2 + F_{Ry}^2} \quad \text{mit} \quad F_{RX} = \sum_{i=1}^{n} F_{xi} \qquad F_{RY} = \sum_{i=1}^{n} F_{yi}$$

2. der Winkel φ, den die Wirkungslinie der Resultierenden mit der x-Achse bildet

$$\varphi = \begin{cases} \arctan \dfrac{F_{Ry}}{F_{Rx}}, & \text{falls } F_{Rx} \neq 0 \\[2mm] \pi/2, & \text{falls } F_{Rx} = 0 \end{cases}$$

3. das Moment im Nullpunkt

$$M_0 = M_{01} - M_{02} \quad \text{mit} \quad M_{01} = \sum_{i=1}^{n} F_{yi}x_i \qquad M_{02} = \sum_{i=1}^{n} F_{xi}y_i$$

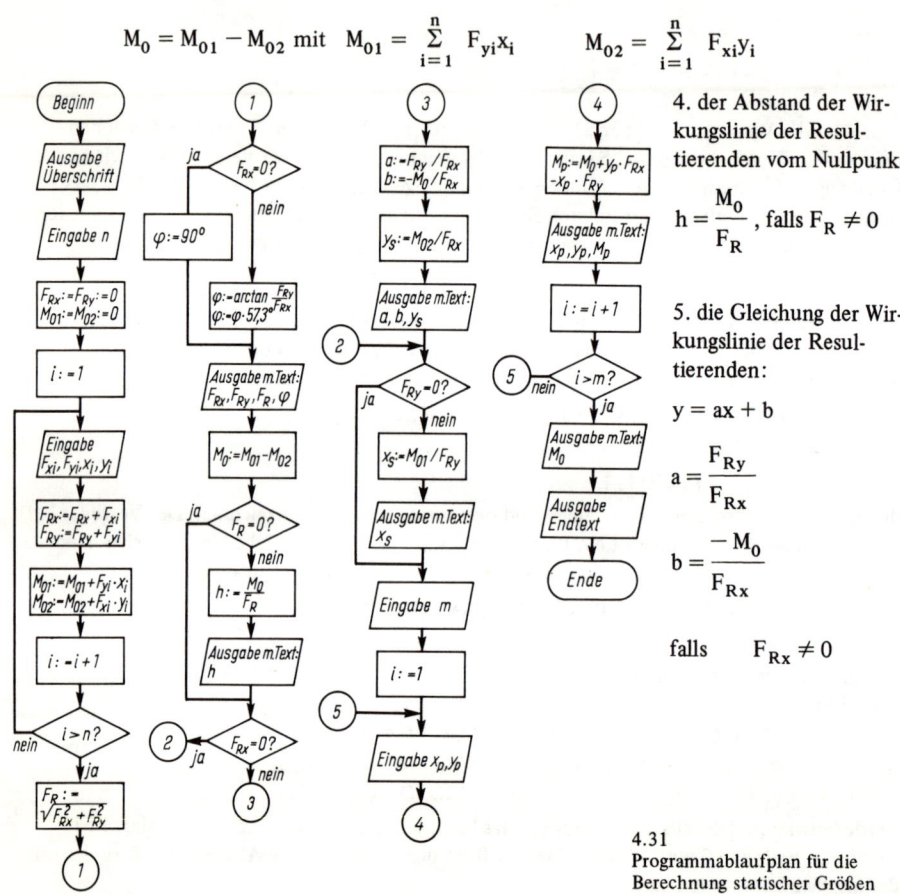

4. der Abstand der Wirkungslinie der Resultierenden vom Nullpunkt

$$h = \frac{M_0}{F_R}, \text{ falls } F_R \neq 0$$

5. die Gleichung der Wirkungslinie der Resultierenden:

$$y = ax + b$$

$$a = \frac{F_{Ry}}{F_{Rx}}$$

$$b = \frac{-M_0}{F_{Rx}}$$

falls $F_{Rx} \neq 0$

4.31
Programmablaufplan für die
Berechnung statischer Größen

Tafel 4.32

```
'BEGIN' 'COMMENT'  BERECHNUNG DER RESULTIERENDEN KRAFT FR BELIEBIGER
                   KRAEFTE IN DER EBENE, FERNER BERECHNUNG DES DREH-
                   MOMENTES UM DEN PUNKT P;
        'REAL' FXI, FYI, XI, YI, M01, M02, FRX, FRY, PHI, FR, M0, XS, YS, XP, YP,
            MP, H, A, B;
        'INTEGER' N, M, I, J;
        'FOR' I := −3, −9, −9, −9, 1 'STEP' 1 'UNTIL' 34 'DO'
        OUTSYMBOL (0, "BERECHNUNG VON FRX, FRY, M01, M02:", I);
        INREAL (9,XI); N := XI;
            FRX := FRY := M01 := M02 := 0; 'FOR' I := 1 'STEP' 1 'UNTIL' N 'DO'
        'BEGIN'
            INREAL (9,FXI); INREAL (9,FYI); INREAL (9,XI); INREAL (9, YI);
            FRX := FRX + FXI; FRY := FRY + FYI;
            M01 := M01 + FYI × XI; M02 := M02 + FXI × YI;
        'END';
            FR := SQRT (FRX × FRX + FRY × FRY);
        'IF' FRX 'EQUAL' 0 'THEN' 'BEGIN' PHI := 90; 'GOTO' ZM1; 'END';
            PHI := ARCTAN (FRY/FRX); PHI := PHI × 57.2958;
ZM1:        'FOR' I := −3, −9, −9, 1 'STEP' 1 'UNTIL' 16 'DO'
        OUTSYMBOL (0, "KRAEFTEREDUKTION", I);
        'FOR' I := −3, −9, 1 'STEP' 1 'UNTIL' 60, −3, −9 'DO'
        OUTSYMBOL (0, ' '      FRX              FRY                 FR
            PHI ' ' ,I);
        OUTREAL (0, FRX); 'FOR' I := 1 'STEP' 1 'UNTIL' 3 'DO'
        OUTSYMBOL (0, ' '    ' ' , I); OUTREAL (0, FRY); 'FOR' I := 1 'STEP' 1
        'UNTIL' 3 'DO' OUTSYMBOL (0, ' '    ' ' ,I); OUTREAL (0, FR);
        OUTREAL (0, PHI);
            M0 := M01 − M02; 'IF' FR 'EQUAL' 0 'THEN' 'GOTO' ZM2;
            H := M0/FR;
        'FOR' I := −3, −9, −9, −9, 1 'STEP' 1 'UNTIL' 42 'DO'
        OUTSYMBOL (0, ' ABSTAND H VON FR VOM KOORDINATENNULLPUNKT
            ' ' ,I);
        OUTREAL (0, H);
ZM2:        'IF' FRX 'EQUAL' 0 'THEN' 'GOTO' ZM3;
            A := FRY/FRX; B := − M0/FRX; YS := M02/FRX;
        'FOR' I := −3, −9, −9, 1 'STEP' 1 'UNTIL' 32 'DO'
        OUTSYMBOL (0, ' WIRKUNGSLINIE DER RESULTIERENDEN' ' , I);
        'FOR' I := −3, −9, 1 'STEP' 1 'UNTIL' 3 'DO'
        OUTSYMBOL (0, ' 'A= ' ' , I); OUTREAL (0, A);
        'FOR' I := 1 'STEP' 1 'UNTIL' 6 'DO'
        OUTSYMBOL (0, ' ' B= ' ' , I); OUTREAL (0, B);
        'FOR' I := −3, −9, −9, −9, 1 'STEP' 1 'UNTIL' 18 'DO'
        OUTSYMBOL (0, ' KRAEFTEMITTELPUNKT' ' , I);
        'FOR' I := −3, −3, 1 'STEP' 1 'UNTIL' 4 'DO'
        OUTSYMBOL (0, ' 'YS= ' ' , I); OUTREAL (0, YS);
ZM3:        'IF' FRY 'EQUAL' 0 'THEN' 'GOTO' ZM4;
            XS := M01/FRY;
        'FOR' I := −3, −9, 1 'STEP' 1 'UNTIL' 4 'DO'
        OUTSYMBOL (0, ' 'XS= ' ' , I); OUTREAL (0, XS);
ZM4:        INREAL (9, XI); M := XI;
            'FOR' I := −3, −9, −9, −9, 1 'STEP' 1 'UNTIL' 18 'DO'
        OUTSYMBOL (0, ' 'MOMENT IM PUNKTE P' ' , I);
        'FOR' J := 1 'STEP' 1 'UNTIL' M 'DO'
        'BEGIN'
```

```
              INREAL (9,XP); INREAL (9, YP);
              MP := M0 + YP × FRX − XP × FRY;
              'FOR' I := −3, −9, 1 'STEP' 1 'UNTIL' 4 'DO'
              OUTSYMBOL (0, ' 'XP= ' ' , I); OUTREAL (0, XP);
              'FOR' I := 1 'STEP' 1 'UNTIL' 7 'DO'
              OUTSYMBOL (0, ' '   YP= ' ' , I); OUTREAL (0, YP);
              'FOR' I := 1 'STEP' 1 'UNTIL' 7 'DO'
              OUTSYMBOL (0, ' '   MP= ' ' , I); OUTREAL (0, MP);
           'END';
           'FOR' I := −3, −9, −9, −9, 1 'STEP' 1 'UNTIL' 11 'DO' OUTSYMBOL
           (0, ' 'MOMENT M0=   ' ' , I);
           OUTREAL (0, M0); 'FOR' I := −3, −9, −9, −9, 1 'STEP' 1 'UNTIL' 17 'DO'
            OUTSYMBOL (0, ' 'RECHNUNG BEENDET; ' ' , I);
'END'
```

Tafel 4.33

BERECHNUNG VON FRX, FRY, M01, M02:

KRAEFTEREDUKTION

FRX	FRY	FR	PHI
2.694450	5.328420	5.970939	6.317541_{10} 001

ABSTAND H VON FR VOM KOORDINATENNULLPUNKT 5.457847

WIRKUNGSLINIE DER RESULTIERENDEN
A =   1.977554   B = − 1.209466_{10} 001

KRAEFTEMITTELPUNKT
YS = − 1.146881_{10} 001
XS = 3.164764_{10} −001

MOMENT IM PUNKTE P

XP = − 1.000000	YP = 1.000000	MP = 4.061132_{10} 001
XP = 5.000001	YP = 1.000000	MP = 8.640809
XP = 3.000000	YP = − 1.000000	MP = 1.390876_{10} 001

MOMENT M0 = 3.258846_{10} 001

RECHNUNG BEENDET;

BERECHNUNG VON FRX, FRY, M01, M02:

KRAEFTEREDUKTION

FRX	FRY	FR	PHI
0	4.999999_{10} 002	5.000001_{10} 002	9.000000_{10} 001

ABSTAND H VON FR VOM KOORDINATENNULLPUNKT 3.503999
XS =   3.504000

MOMENT IM PUNKTE P

| XP =   2.500000 | YP = 0 | MP = 5.020000_{10} 002 |

MOMENT M0 = 1.752000_{10} 003

RECHNUNG BEENDET;

BERECHNUNG VON FRX, FRY, M01, M02:

KRAEFTEREDUKTION

FRX	FRY	FR	PHI
0	0	0	9.000000_{10} 001

MOMENT IM PUNKTE P

XP = 2.500000	YP = 0	MP = $- 3.000000_{10}$ 002
XP = 7.500001	YP = 0	MP = $- 3.000000_{10}$ 002

MOMENT M0 = $- 3.000000_{10}$ 002

RECHNUNG BEENDET;

BERECHNUNG VON FRX, FRY, M01, M02:

KRAEFTEREDUKTION

FRX	FRY	FR	PHI
4.999999_{10} 002	0	5.000001_{10} 002	0

ABSTAND H VON FR VOM KOORDINATENNULLPUNKT -3.504000

WIRKUNGSLINIE DER RESULTIERENDEN

A = 0   B = 3.504000

KRAEFTEMITTELPUNKT

YS =   3.504000

MOMENT IM PUNKTE P

XP = 0	YP = 2.500000	MP = $- 5.020000_{10}$ 002

MOMENT M0 = $- 1.752000_{10}$ 003

RECHNUNG BEENDET;

BERECHNUNG VON FRX, FRY, M01, M02:

KRAEFTEREDUKTION

FRX	FRY	FR	PHI
0	0	0	9.000000_{10} 001

MOMENT IM PUNKTE P

XP = 1.700000	YP = 0	MP = 0

MOMENT M0 =   0

RECHNUNG BEENDET;

Tafel 4.34

DATENSTREIFEN:

5,	2.82842,	2.82842,	-4,	-4,
	2.59808,	-1.5,	0,	-4,
	0,	5,	3,	0,
	-1.73205,	-1,	2,	3,
	-1,	0,	0,	4,

3,	-1,	1,
5,	1,	
3,	-1;	

2	0.0	208.0	0.0	0.0
	0.0	292.0	6.0	0.0
	2.5	0.0;		
2	30.0	30.0	0.0	0.0
	-30.0	-30.0	10.0	0.0
2	2.5	0.0		
	7.5	0.0;		
2	208.0	0.0	0.0	0.0
	292.0	0.0	0.0	6.0
1	0.0	2.5;		
4	50.0	0.0	1.7	0.0
	-70.0	0.0	0.8	0.0
	-30.0	0.0	1.1	0.0
	50.0	0.0	0.0	0.0
1	1.7	0.0;		

---

6. der Kräftemittelpunkt:

$$X_s = \frac{M_{01}}{F_{Ry}}, \quad \text{falls} \quad F_{Ry} \neq 0 \qquad Y_s = \frac{M_{02}}{F_{RX}}, \quad \text{falls} \quad F_{Rx} \neq 0$$

7. das Moment in $\underset{\cdot}{m}$ Punkten P_j mit den Koordinaten X_j und Y_j

$$M_0 = M_0 + Y_j \cdot F_{RX} - X_i \cdot F_{RY}$$

Den Programmablaufplan zeigt Bild 4.31. Das ALGOL-Programm ist in Tafel 4.32 wiedergegeben. Tafel 4.33 gibt die Ergebnisse für den in Tafel 4.34 wiedergegebenen Datenstreifen wieder. Die Kräftesysteme sind in Bild 4.35 dargestellt.

4.2.15. Berechnung der Biegelinie eines elastisch gebetteten Trägers. Die Biegelinie des in Bild 4.36 dargestellten elastisch gebetteten Trägers erfüllt die Differentialgleichung

$$\frac{d^4y}{dx^4} + \frac{K}{EI}y = \frac{q_0}{EI}$$

Die Randbegingungen lauten, falls aus Symmetriegründen nur die rechte Seite betrachtet wird

$$\frac{dy}{dx}\Big|_{x=0} = 0 \qquad\qquad \frac{d^2y}{dx^2}\Big|_{x=\ell} = 0$$

$$\frac{d^3y}{dx^3}\Big|_{x=0} = \frac{F}{2EI} \qquad\qquad \frac{d^3y}{dx^3}\Big|_{x=\ell} = 0$$

Diese Differentialgleichung hat die Lösung

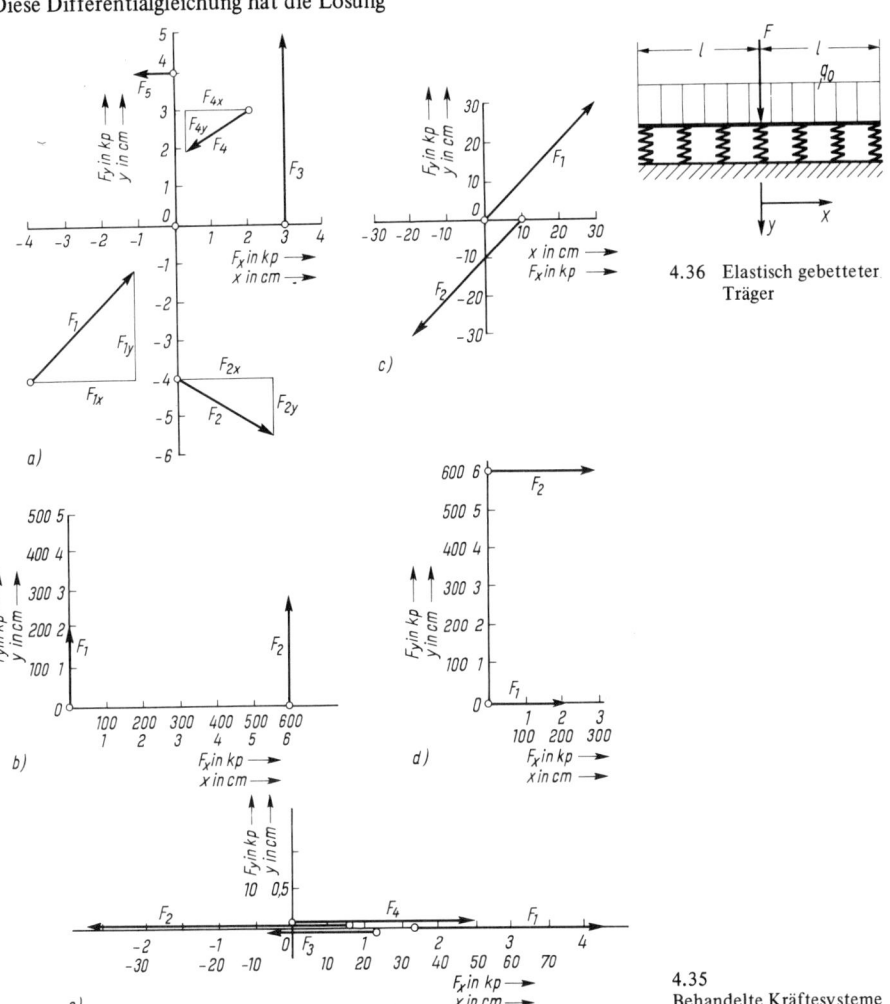

4.36 Elastisch gebetteter Träger

4.35
Behandelte Kräftesysteme

$$y = \frac{q_0}{K} + \frac{F}{2Kr} \, (s \cdot \cosh \lambda x \cdot \cos \lambda x - t \cdot \sinh \lambda x \cdot \sin \lambda x)$$

$$+ \frac{F}{2K} \, (\cosh \lambda x \cdot \sin \lambda x - \sinh \lambda x \cdot \cos \lambda x)$$

mit

$s = \cosh^2 \lambda \ell + \cos^2 \lambda \ell$

$t = \sinh^2 \lambda \ell + \sin^2 \lambda \ell$

$r = \cosh \lambda \ell \cdot \sinh \lambda \ell + \cos \lambda \ell \cdot \sin \lambda \ell$ $\qquad \lambda = \sqrt[4]{\dfrac{K}{4EI}}$

Tafel 4.37 gibt das ALGOL-Programm wieder, Tafel 4.38 die mit ihm errechneten Ergebnisse für zwei verschiedene Fälle.

Tafel 4.37

```
'BEGIN' 'COMMENT' BIEGELINIE EINES ELASTISCH GEBETTETEN TRAEGERS.
   DER TRAEGER RUHE AUF INSGESAMT 2N GLEICHEN FEDERN IN GLEICHEN
   (KLEINEN) ABSTAENDEN. ER WIRD ALS ELASTISCH GEBETTET BETRACHTET
   (K = N x C/L). DIE BELASTUNG BESTEHE AUS EINER GLEICHSTRECKENLAST Q
   UND EINER IN DER MITTE DES TRAEGERS ANGREIFENDEN KRAFT F. DIE
   LAENGE DES TRAEGERS SEI 2L . E x I UND Q SEIEN KONSTANT. DER
   URSPRUNG DES KOORDINATENSYSTEMS (X = 0) WIRD IN DIE MITTE DES
   TRAEGERS GELEGT, DIE DURCHBIEGUNG (Y) NACH UNTEN POSITIV
   GERECHNET;
'REAL' 'PROCEDURE' SINH (X);
   'VALUE' X; 'REAL' X;
   'BEGIN' 'REAL' Z;
    Z := EXP (X);
    SINH := 0.5 x (Z — 1.0/Z)
   'END' REAL PROCEDURE SINH;
   'REAL' 'PROCEDURE' COSH (X);
    'VALUE' X; 'REAL' X;
    'BEGIN' 'REAL' Z;
     Z := EXP (X);
     COSH := 0.5 x (Z + 1.0/Z)
   'END' REAL PROCEDURE COSH;
'REAL' F, K, E, I, L, Q0, A, B, DX, LAMBDA, A0, A1, A2, A3, A4, A5, A6, AN, AZ1, AZ2,
     Y, X, YS1, YS2, YS3, YS4, B1, B2, B3, B4, C1, C2, D1, D2, D3, D4;
'INTEGER' J;

'FOR' J := —3, —9, —9, —9, 1 'STEP' 1 'UNTIL' 47 'DO'
OUTSYMBOL (0, ' 'BIEGELINIE EINES ELASTISCH GEBETTETEN TRAEGERS. ' ', J);
   INREAL (9, Q0); INREAL (9, F); INREAL (9, K); INREAL (9, E); INREAL (9, I);
INREAL (9, L);
   'FOR' J:= —3, —9, —9, 1 'STEP' 1 'UNTIL' 13 'DO'
OUTSYMBOL (0, ' 'EINGABEWERTE: ' ', J);
'FOR' J := —3, —9, —9, 1 'STEP' 1 'UNTIL' 4 'DO' OUTSYMBOL (0, ' 'Q0=   ' ', J);
     OUTREAL (0, Q0);
'FOR' J := —3, —9, 1 'STEP' 1 'UNTIL' 3 'DO' OUTSYMBOL (0, ' 'F=   ' ', J);
     OUTREAL (0, F);
'FOR' J := —3, —9, 1 'STEP' 1 'UNTIL' 3 'DO' OUTSYMBOL (0, ' 'K=   ' ', J);
     OUTREAL (0, K);
```

```
'FOR' J := -3, -9, 1 'STEP' 1 'UNTIL' 3 'DO' OUTSYMBOL (0, ' 'E=   ' ', J);
      OUTREAL (0, E);
'FOR' J := -3, -9, 1 'STEP' 1 'UNTIL' 3 'DO' OUTSYMBOL (0, ' ' I=   ' ', J);
      OUTREAL (0, I);
'FOR' J := -3, -9, 1 'STEP' 1 'UNTIL' 3 'DO' OUTSYMBOL (0, ' ' L=   ' ', J);
      OUTREAL (0, L);

INREAL (9, A); INREAL (9, B); INREAL (9, DX);
LAMBDA := (K/(4.0 × E × I)) 'POWER' 0.25;
A0 := LAMBDA × L; A1 := Q0/K; A2 := 0.5 × F × LAMBDA/K;
A3 := COSH (A0); A4 := SINH (A0); A5 := SIN (A0); A6 := COS (A0);
AN := A3 × A4 + A6 × A5;
AZ1 := A3 × A3 + A6 × A6; AZ2 := A4 × A4 + A5 × A5;
B1 := A2 × LAMBDA/AN;        C1 := AZ1 − AZ2;      D1 := AZ1/AN;
B2 := 2.0 × A2 × LAMBDA × LAMBDA; C2 := AZ1 + AZ2;  D2 := AZ2/AN;
B3 := B2 × LAMBDA;                                  D3 := − C1/AN;
B4 := 2.0 × B3 × LAMBDA;                            D4 := C2/AN;
'FOR' J := -3, -9, 1 'STEP' 1 'UNTIL' 42 'DO'
OUTSYMBOL (0, ' '      X              Y          UND ABLEITUNGEN' ', J);

      'FOR' X := A 'STEP' DX 'UNTIL' B 'DO'
      'BEGIN'
         A0 := LAMBDA × X;
         A3 := COSH (A0); A4 := SINH (A0); A5 := SIN (A0); A6 := COS (A0);
         Y := A1 + A2/AN × (AZ1 × A3 × A6 − AZ2 × A4 × A5) + A2 × (A3 × A5
            − A4 × A6);
         YS1 := B1 × (C1 × A4 × A6 − C2 × A3 × A5 + 2.0 × AN × A4 × A5);
         YS2 := B2 × (− D2 × A3 × A6 − D1 × A4 × A5 + A4 × A6 + A3 × A5);
         YS3 := B3 × (D3 × A3 × A5 − D4 × A4 × A6 + 2.0 × A3 × A6);
         YS4 := B4 × (− D1 × A3 × A6 + D2 × A4 × A5 + A4 × A6 − A3 × A5);
         'FOR' J := -3, -9 'DO' OUTSYMBOL (0, ' '   ' ', J);
         OUTREAL (0, X); OUTREAL (0, Y); OUTREAL (0, YS1); OUTREAL (0, YS2);
            'FOR' J:= -3, -9 'DO' OUTSYMBOL (0, ' ' ' ', J);
         OUTREAL (0, YS3); OUTREAL (0, YS4);
      'END' ENDE DER BERECHNUNG DER BIEGELINIE;

'FOR' J := -3, -9, -9, -9, 1 'STEP' 1 'UNTIL' 18 'DO'
  OUTSYMBOL (0, ' 'ENDE DER RECHNUNG;' ', J);

'END' ENDE DES PROGRAMMS;
```

Im Programm sind zunächst zwei Funktionsprozeduren für die Berechnung von sinh (x) und cosh (x) vereinbart nach ihrer Definition

$$\sinh (x) = \frac{1}{2} (e^x - e^{-x}) \quad \text{und} \quad \cosh (x) = \frac{1}{2} (e^x + e^{-x})$$

Die durch Eingabe der Größen q_0, F, K, E und I zugewiesenen Werte werden mit Text ausgeschrieben. Die Rechnung wird von a beginnend bis b in Schritten Δx durchgeführt. Vorher jedoch werden alle Werte von Ausdrücken berechnet, die nicht von x abhängen, z. B.

$$\lambda = \sqrt[4]{\frac{K}{4EI}}$$

Tafel 4.38

DATENSTREIFEN:

15	1500	200	$2.1_{10}6$	1830	100
0	100	10;			

BIEGELINIE EINES ELASTISCH GEBETTETEN TRAEGERS.

EINGABEWERTE:

Q0 = 1.500000_{10} 001
F = 1.500000_{10} 003
K = 2.000000_{10} 002
E = 2.100000_{10} 006
I = 1.829999_{10} 003
L = 1.000000_{10} 002

X	Y	UND ABLEITUNGEN	
0	$1.209406_{10}-001$	0	$-8.789376_{10}-006$
$1.951608_{10}-007$	$-2.390887_{10}-009$		
1.000000_{10} 001	$1.205327_{10}-001$	$-7.853391_{10}-005$	$-6.957131_{10}-006$
$1.713240_{10}-007$	$-2.369658_{10}-009$		
2.000000_{10} 001	$1.194271_{10}-001$	$-1.399320_{10}-004$	$-5.361552_{10}-006$
$1.478886_{10}-007$	$-2.312119_{10}-009$		
3.000000_{10} 001	$1.177834_{10}-001$	$-1.865352_{10}-004$	$-3.996945_{10}-006$
$1.251749_{10}-007$	$-2.226575_{10}-009$		
4.000000_{10} 001	$1.157381_{10}-001$	$-2.206129_{10}-004$	$-2.854828_{10}-006$
$1.034266_{10}-007$	$-2.120134_{10}-009$		
5.000001_{10} 001	$1.134056_{10}-001$	$-2.443382_{10}-004$	$-1.924595_{10}-006$
$8.282203_{10}-008$	$-1.998744_{10}-009$		
6.000001_{10} 001	$1.108790_{10}-001$	$-2.597707_{10}-004$	$-1.194152_{10}-006$
$6.348532_{10}-008$	$-1.867250_{10}-009$		
7.000000_{10} 001	$1.082314_{10}-001$	$-2.688432_{10}-004$	$-6.503875_{10}-007$
$4.549776_{10}-008$	$-1.729460_{10}-009$		
8.000000_{10} 001	$1.055173_{10}-001$	$-2.733551_{10}-004$	$-2.795389_{10}-007$
$2.890756_{10}-008$	$-1.588213_{10}-009$		
9.000000_{10} 001	$1.027739_{10}-001$	$-2.749636_{10}-004$	$-6.749833_{10}-008$
$1.373855_{10}-008$	$-1.445440_{10}-009$		
1.000000_{10} 002	$1.000227_{10}-001$	$-2.751867_{10}-004$	$2.178348_{10}-012$
$2.326498_{10}-014$	$-1.302254_{10}-009$		

ENDE DER RECHNUNG;

DATENSTREIFEN:

15	1000	200	$2.1_{10}6$	1830	100
0	100	10			

BIEGELINIE EINES ELASTISCH GEBETTETEN TRAEGERS.

EINGABEWERTE:

Q0 = 1.500000_{10} 001
F = 9.999998_{10} 002
K = 2.000000_{10} 002
E = 2.100000_{10} 006
I = 1.829999_{10} 003
L = 1.000000_{10} 002

X	Y	UND ABLEITUNGEN	
0	$1.056271_{10}-001$	0	$-5.859584_{10}-006$
$1.301071_{10}-007$	$-1.593925_{10}-009$		
$1.000000_{10}\ 001$	$1.053551_{10}-001$	$-5.235594_{10}-005$	$-4.638087_{10}-006$
$1.142160_{10}-007$	$-1.579772_{10}-009$		
$2.000000_{10}\ 001$	$1.046180_{10}-001$	$-9.328804_{10}-005$	$-3.574368_{10}-006$
$9.859242_{10}-008$	$-1.541412_{10}-009$		
$3.000000_{10}\ 001$	$1.035222_{10}-001$	$-1.243568_{10}-004$	$-2.664631_{10}-006$
$8.344999_{10}-008$	$-1.484383_{10}-009$		
$4.000000_{10}\ 001$	$1.021587_{10}-001$	$-1.470753_{10}-004$	$-1.903218_{10}-006$
$6.895110_{10}-008$	$-1.413423_{10}-009$		
$5.000001_{10}\ 001$	$1.006037_{10}-001$	$-1.628921_{10}-004$	$-1.283063_{10}-006$
$5.521470_{10}-008$	$-1.332496_{10}-009$		
$6.000001_{10}\ 001$	$9.891935_{10}-002$	$-1.731804_{10}-004$	$-7.961014_{10}-007$
$4.232355_{10}-008$	$-1.244833_{10}-009$		
$7.000000_{10}\ 001$	$9.715428_{10}-002$	$-1.792289_{10}-004$	$-4.335916_{10}-007$
$3.033185_{10}-008$	$-1.152973_{10}-009$		
$8.000000_{10}\ 001$	$9.534491_{10}-002$	$-1.822367_{10}-004$	$-1.863592_{10}-007$
$1.927170_{10}-008$	$-1.058809_{10}-009$		
$9.000000_{10}\ 001$	$9.351599_{10}-002$	$-1.833091_{10}-004$	$-4.499888_{10}-008$
$9.159036_{10}-009$	$-9.636268_{10}-010$		
$1.000000_{10}\ 002$	$9.168180_{10}-002$	$-1.834578_{10}-004\ 1$	$1.452232_{10}-012$
$1.550999_{10}-014$	$-8.681699_{10}-010$		

ENDE DER RECHNUNG;

Außer y werden dann die erste bis vierte Ableitung in einer Schleife berechnet, deren Steuerungsanweisung

'FOR' X := A 'STEP' DX 'UNTIL' B 'DO'

lautet. Die Ableitungen sind mit YS1, YS2, YS3 und YS4 bezeichnet.

4.3. Einführung in PL/I

PL/I (Programming Language One) ist eine in den Jahren 1963 bis 1966 von IBM gemeinsam mit den Benutzerorganisationen GUIDE und SHARE geschaffene universelle Programmiersprache, die sich für die Behandlung technischer Probleme ebenso eignet wie für kaufmännische Aufgaben. PL/I besitzt wesentliche Elemente der klassischen problemorientierten Sprachen ALGOL, COBOL und FORTRAN, bietet jedoch darüber hinaus eine reiche Fülle in der Praxis entwickelter Möglichkeiten. An den Lernenden werden daher entsprechend höhere Anforderungen gestellt. Dieser Abschnitt enthält eine Einführung in die Sprache und soll zum Studium der ausführlichen Lehr- und Handbücher anregen. Eine erhebliche Anzahl von Sprachelementen kann daher nur angedeutet werden oder muß hier sogar unerwähnt bleiben.

PL/I ist eine weitgehend anlagenunabhängige, problemorientierte Sprache. Das vom Anwender geschriebene Quellprogramm wird vor seiner Verwendung mittels eines PL/I-Kompilierers in das Objektprogramm übersetzt. IBM bietet gegenwärtig zwei Kompilierer an, den OS-Kompilierer für PL/I F-Stufe und den DOS-Kompilierer für PL/I D-Stufe. Letzterer ist für Anlagen mit recht begrenzter Kapazität bestimmt; man kann deswegen auch nur eine beträchtlich eingeschränkte Untermenge (Subset) des PL/I-Sprachumfangs verwenden, der dem PL/I-F-Benutzer zur Verfügung steht. Die diesem Kapitel beigefügten vollständigen Programme verwenden nur Sprachelemente des Subsets und nur den 48-Zeichen-Satz, während sich die allgemeinen Erläuterungen auf den vollen Sprachumfang beziehen.

Beispiel 1. Tafel 4.39 enthält ein PL/I-Programm zur Auflösung der Normalform der quadratischen Gleichung

$$x^2 + px + q = 0$$

Das Quellprogramm wird zumeist auf Lochkarten in den Spalten 2 bis 72 abgelocht und in dieser Form vom PL/I-Kompilierer gelesen. Dieser Übersetzer erzeugt ein frei verschiebliches Objektprogramm, das auf einem Großraumspeicher zwischengespeichert und bei Bedarf auch auf Lochkarten ausgegeben wird. Ein Ladeprogramm (Linkage Editor Programm) lädt dieses Objektprogramm dann in den vorgesehenen Speicherbereich.

Tafel 4.39   Wurzeln der quadratischen Gleichung in Normalform

```
QUADGL. .   PROCEDURE OPTIONS (MAIN),.
            /* REELLE LOESUNGEN DER QUADRATISCHEN GLEICHUNG
               X * * 2 + P * X + Q = 0 */
            DECLARE (P, Q, DISKR, X1, X2) FLOAT,.
            GET LIST (P, Q),.
            PUT LIST (P, Q),.
            DISKR = (P/2) * * 2 − Q,.
            IF DISKR LT 0 THEN GO TO ENDE,.
            X1 = − P/2 + SQRT (DISKR),.
            X2 = − P/2 − SQRT (DISKR),.
            PUT LIST (X1, X2),.
ENDE. .     END QUADGL,.
```

Eingabe:

2   − 2.5

Ausgabe:

2.00000E + 00   − 2.50000E + 00   8.70829E − 01   − 2.87083E + 00

Z e i c h e n v o r r a t . Zur Erstellung eines Quellprogramms bedient man sich, je nach Maschinenausrüstung, des 60-Zeichen-Satzes oder des 48-Zeichen-Satzes.

6 0 - Z e i c h e n - S a t z . Der 60-Zeichen-Satz enthält

Gruppe 1:	29	alphabetische Zeichen
		\$, #, @, 26 Buchstaben
Gruppe 2:	10	Dezimalziffern
Gruppe 3:	21	Sonderzeichen
		Leerzeichen
	=	Gleichheitszeichen (Ergibtzeichen)
	+	Pluszeichen (Additionszeichen)

—	Minuszeichen (Subtraktionszeichen)
*	Stern (Multiplikationszeichen)
/	Schrägstrich (Divisionszeichen)
(	Linke Klammer
)	Rechte Klammer
,	Komma
.	Punkt
'	Apostroph
%	Prozentzeichen
;	Semikolon
:	Doppelpunkt
¬	Nicht-Zeichen
&	Und-Zeichen
|	Oder-Zeichen
>	Größer-als-Zeichen
<	Kleiner-als-Zeichen
_	Unterstreichungszeichen
?	Fragezeichen

Zehn Sonderzeichenkombinationen haben spezielle Funktionen

**	Potenzierung
||	Verkettung
>=	Größer als oder gleich
<=	Kleiner als oder gleich
¬=	Nicht gleich
¬>	Nicht größer als
¬<	Nicht kleiner als
/*	Beginn eines Kommentars
*/	Ende eines Kommentars
—>	Zeigersymbol

4 8 - Z e i c h e n - S a t z . Der 48-Zeichen-Satz enthält

Gruppe 1:	27	alphabetische Zeichen
	$,	26 Buchstaben
Gruppe 2:	10	Dezimalziffern
Gruppe 3:	11	Sonderzeichen
		Leerzeichen = + — * / ( ) , . '

Die Zeichen   #   @   _   ?   werden im 48-Zeichen-Satz nicht verwendet. Anstelle der übrigen Sonderzeichen des 60-Zeichen-Satzes und der dort gebräuchlichen Kombinationen schreibt man hier

/ /	Prozentzeichen
, .	Semikolon
. .	Doppelpunkt
LT	Kleiner als
GT	Größer als
OR	Oder
AND	Und
NOT	Nicht

CAT   Verkettung
GE   Größer als oder gleich
LE   Kleiner als oder gleich
NE   Nicht gleich
NL   Nicht kleiner als
NG   Nicht größer als
PT   Zeigersymbol

Die hierbei verwendeten Buchstabenkombinationen gelten bei Verwendung des 48-Zeichen-Satzes als feste, reservierte Wörter, die für andere Zwecke nicht verwendet werden dürfen.
Alle sonstigen Schlüsselwörter, im obigen Beispiel (Tafel 4.39) PROCEDURE, OPTIONS, MAIN, DECLARE, FLOAT, GET, PUT, LIST, IF, THEN, GO, TO und END, gelten nicht als reservierte Wörter. Sie werden vom Kompilierer nur im entsprechenden Zusammenhang als Schlüsselwörter erkannt und verarbeitet.

B e z e i c h n e r . Daten, Anweisungen, Eingangsstellen und Dateien lassen sich durch Angabe eines Bezeichners kennzeichnen. Ein solcher Name besteht aus 1 bis 31 alphanumerischen Zeichen und dem Unterstreichungszeichen. Jeder Bezeichner beginnt mit einem alphabetischen Zeichen. Dateien- und Programmbezeichner, die auch von einem Betriebssystem verarbeitet werden, unterliegen zusätzlichen Einschränkungen.

Gültige Bezeichnungen sind z. B.

X, Zahl31416, $_BETRAG, ZWEITE_ABLEITUNG, #_@$, NMINUS1,

während folgende Namen nicht verwendet werden können:

X-ACHSE, 7BUERGEN, 3M_COMPANY, LINEARES GLEICHUNGSSYSTEM, Z3.1416

A u f b a u   e i n e s   P r o g r a m m s . Ein PL/I-Programm besteht aus einer oder mehreren P r o z e d u r e n , jede Prozedur aus S t a t e m e n t s . Ein Statement enthält V e r e i n - b a r u n g e n oder A n w e i s u n g e n , kann sich über mehrere Zeilen erstrecken und wird durch ein Semikolon abgeschlossen. Statements können Namen erhalten, indem man Marken voranstellt, die durch einen Doppelpunkt abgeschlossen werden. Zur Abgrenzung benachbart stehender Sprachelemente verwendet man im Bedarfsfalle Leerzeichen. Anstelle dieser Leerzeichen kann beliebiger K o m m e n t a r , der durch die Zeichenpaare /∗ und ∗/ begrenzt wird, geschrieben werden.

In Beispiel 1 (Tafel 4.39) enthält die erste Zeile die Vereinbarung, daß die Prozedur QUADGL eine Hauptprozedur ist, also nach Übersetzung und Bereitstellung vom Betriebssystem initialisiert wird. – Nun folgen zwei Kommentarzeilen, darauf folgt eine Vereinbarung, daß die Eingabewerte P und Q, die Zwischengröße DISKR und die Ergebniswerte X1 und X2 in der Standardgleitpunktform zu speichern sind. Anweisungen zum Lesen und Schreiben der Eingabewerte und, falls möglich, zum Berechnen der Ergebniswerte stehen in den nächsten sechs Zeilen. Nun folgt die END-Anweisung der Hauptprozedur, die sowohl bei der Übersetzung als auch beim Programmlauf das Ende des Programms angibt.

4.3.1. Verarbeitung arithmetischer Daten.
PL/I unterscheidet Programmsteuerdaten und Problemdaten. Statementmarken gehören in die erste, arithmetische Daten und Kettendaten in die zweite Kategorie. Die Charakteristiken der Daten können in DECLARE-Vereinbarungen durch A t t r i b u t e festgelegt werden.

A t t r i b u t e   a r i t h m e t i s c h e r   D a t e n . Die Attribute einer arithmetischen Konstanten leiten sich aus ihrer Gestalt her. Arithmetischen Variablen müssen jedoch die Attribute S k a l i e r u n g ,   B a s i s ,   M o d u s und G e n a u i g k e i t zugeordnet werden. Die S k a l i e r u n g ist entweder FIXED für Festpunkt- oder FLOAT für Gleitpunktgrößen. Das B a s i s - Attribut DECIMAL sorgt für dezimale, BINARY für duale Speicherung. Das M o d u s - Attribut REAL bezieht sich auf reelle Zahlen, COMPLEX bewirkt die Speicherung als Zahlenpaar mit Real- und Imaginärteil. Das G e n a u i g k e i t s - Attribut (p, q) legt die Anzahl p der zu speichernden Ziffern fest, wobei das Komma bei Festpunktgrößen hinter der letzten Ziffer, bei Gleitpunktgrößen vor der ersten Ziffer zu denken ist. Bei Festpunktgrößen wird durch den Skalenfaktor q eine andere Kommastellung erreicht: Die ganze Zahl ist mit Basis^{-q} multipliziert zu denken. Das Genauigkeitsattribut bezieht sich auf die gewählte Basis, sorgt bei GET LIST für stellengerechte Eingabe und steuert das Format bei Ausgabe durch PUT LIST. Es muß in der DECLARE-Vereinbarung einem der anderen Attribute unmittelbar folgen. Tafel 4.40 zeigt arithmetische Konstanten und die ihnen automatisch zugewiesenen Attribute. Dabei bedeutet das nachgesetzte B, daß es sich um eine Dualzahl handelt; E leitet die Exponentenangabe bei Gleitpunktzahlen ein.

Tafel 4.40   Attribute arithmetischer Größen

Konstante	Attribute
72.398	FIXED DECIMAL REAL (5, 3)
984	FIXED DECIMAL REAL (3)
0.00243	FIXED DECIMAL REAL (3, 5)
876000	FIXED DECIMAL REAL (3, $-$3)
1101011.01101B	FIXED BINARY REAL (12, 5)
1000100B	FIXED BINARY REAL (5, $-$2)
0.000000001B	FIXED BINARY REAL (1, 9)
234.5E $+$ 7	FLOAT DECIMAL REAL (4)
236E $-$ 2	FLOAT DECIMAL REAL (3)
0.001101E5B	FLOAT BINARY REAL (4)

S t a n d a r d a t t r i b u t e . Falls nicht alle Attribute einer arithmetischen Variablen explizit vereinbart werden, benutzt der Kompilierer vorgeschriebene Standardattribute entsprechend folgenden Regeln:

1. Der Bezeichner erscheint in keiner DECLARE-Vereinbarung
a) Der Name beginnt mit I, J, K, L, M oder N
Standardattribute: FIXED BINARY REAL (15, 0)
b) Der Name beginnt nicht mit I, J, K, L, M oder N
Standardattribute: FLOAT DECIMAL REAL (6)
2. Der Bezeichner erscheint in einer DECLARE-Vereinbarung, jedoch
a) ohne Skalierungsattribut.
Standardattribut: FLOAT
b) ohne Basisattribut. Standardattribut: DECIMAL
c) ohne Modusattribut. Standardattribut: REAL
d) ohne Genauigkeitsattribut. Die verwendete Genauigkeit ergibt sich aus folgender Aufstellung:

Attribute	Standard-Genauigkeit
FIXED DECIMAL	(5)
FIXED BINARY	(15)
FLOAT DECIMAL	(6)
FLOAT BINARY	(21)

I n t e r n e   D a r s t e l l u n g . Die interne Darstellung arithmetischer Größen ist system-abhängig und kann von der durch die Attribute festgelegten Form abweichen, wobei jedoch stets die vorgeschriebene Genauigkeit gewährleistet sein muß.

Bei IBM ist die Zahlenspeicherung wie folgt festgelegt: Dezimale Festpunktzahlen werden in gepackter Form, d. h. mit zwei Dezimalziffern je Byte und dem Vorzeichen in den hintersten vier Bits, gespeichert. Duale Festpunktzahlen werden grundsätzlich als 32-bit-Zahlen verarbeitet. Gleitpunktzahlen erscheinen intern stets als echte Sedezimalbrüche mit einem zwischen − 64 und + 63 liegenden Sedezimalexponenten im ersten Byte. Die Mantisse ist je nach geforderter Genauigkeit drei oder sieben Bytes lang.

A r i t h m e t i s c h e   A u s d r ü c k e . Arithmetische Größen werden in arithmetischen Ausdrücken berechnet. Solche Ausdrücke bestehen aus Operanden, Operatoren und Klammern, im einfachsten Falle nur aus einem Operanden. Die arithmetischen Operatoren unterliegen zur Feststellung der Rangordnung der Einteilung

+	Vorzeichen	
−	Vorzeichen }	höchste Stufe
* *	Potenzierung	
*	Multiplikation }	mittlere Stufe
/	Division	
+	Addition }	niedrigste Stufe.
−	Subtraktion	

Bei Ausführung mehrerer Operationen hat die höhere Stufe stets Vorrang. Innerhalb der höchsten Stufe erfolgt die Verarbeitung von rechts nach links, innerhalb jeder anderen Stufe von links nach rechts. Durch geeignetes Setzen von Klammern kann man die Vorrangigkeit im gewünschten Sinne beeinflussen.

$A + B * C$	bedeutet	$A + (B * C)$
$A/B * C$	bedeutet	$(A/B) * C$
$A * * B * C$	bedeutet	$(A * * B) * C$
$A * * B * * C$	bedeutet	$A * * (B * * C)$
$-A * * B$	bedeutet	$-(A * * B)$

Die A u s f ü h r u n g s a r t   d e r   P o t e n z i e r u n g hängt von der Basis und vom Exponenten ab:

Basis = 0 und Exponent $\leqq$ 0: Berechnung wird abgebrochen

Basis = 0 und Exponent > 0: Wert 0

Basis $\neq$ 0 und Exponent = 0: Wert 1

Basis $\neq$ 0 und Exponent FIXED mit Skalenfaktor q $\leqq$ 0: Berechnung durch fortgesetzte Multiplikation

Basis $\neq$ 0 und Exponent $\neq$ 0 und nicht FIXED mit Skalenfaktor q $\leqq$ 0: Berechnung über die Exponential- und Logarithmusfunktion, falls Basis > 0, Berechnung wird abgebrochen, falls Basis < 0.

Verknüpfung arithmetischer Größen mit unterschiedlichen Attributen. Arithmetische Größen, die durch Addition, Subtraktion, Multiplikation oder Division zu verknüpfen sind, werden zuvor intern so umgewandelt, daß sie übereinstimmende Attribute haben. Hierbei sind die Attribute FLOAT, BINARY und COMPLEX maßgebend. Bei unterschiedlicher Genauigkeit wird die höhere gewählt.

Ausführliche Umwandlungstabellen findet man in den PL/I-Handbüchern. Man spart Speicherplatz und Rechenzeit, wenn man die Verarbeitung gemischter Ausdrücke vermeidet.

Ergibtanweisung. Die Anweisung

A = B + C;

ordnet der Variablen A den Wert zu, der sich durch Addition der unter B und C stehenden Werte ergibt. Allgemein lautet die Gestalt der Ergibtanweisung

variablenbezeichnung = ausdruck;

oder auch

marke: variablenbezeichnung = ausdruck;

wobei die entsprechenden Elemente der Sprache durch kleingeschriebene Wörter angedeutet sind. Die Ergibtanweisung

ZAEHLUNG: N = N + 1;

hat den Namen ZAEHLUNG und dient der Erhöhung der Variablen N um 1. Eine Wertzuweisung für A und B zugleich leistet die Ergibtanweisung

A, B = C;

Es wäre verkehrt, dafür A = B = C; zu schreiben, da hierin das zweite Gleichheitszeichen als logischer Operator aufgefaßt wird, so daß A den Wert 1 oder 0 erhält, je nachdem B gleich C ist oder nicht. Falls die Zielvariable einer Ergibtanweisung andere Attribute besitzt als die errechnete Größe des Ausdrucks, erfolgt bei der Wertzuweisung auch die Umwandlung.

4.3.2. Programmsteuerungsanweisungen. Durch Steuerungsanweisungen kann der lineare Ablauf eines Programms gestoppt und woanders fortgesetzt werden.

GO TO - Anweisung. Die Anweisung

GO TO marke;

bewirkt die Fortsetzung des Programms bei dem hinter GO TO genannten Statement.

IF - Anweisungen

Beispiel 2. Tafel 4.41 enthält ein Programm zur Berechnung des Mittelwertes und der Streuung einer Folge ganzzahliger dreistelliger Meßwerte. Die Folge gilt als beendet, sobald die Zahl 999 gelesen wird. Eine entsprechende Programmsteuerung erfolgt in der IF-Anweisung. Falls zuvor gar keine Meßwerte zu verarbeiten waren, erfolgt eine Fehlermeldung und die Programmbeendigung durch die RETURN-Anweisung.

Einseitige IF - Anweisung. Die Anweisung

IF bedingung THEN anweisung;

bewirkt, falls die Bedingung erfüllt ist, den Einschub der hinter THEN angegebenen einen Anweisung (Bild 4.42). Die Anweisung

Tafel 4.41   Mittelwert und Streuung von Meßdaten

```
STREU. . PROCEDURE OPTIONS (MAIN),.
         /* MITTELWERT UND STREUUNG EINER MESSWERTFOLGE */
         DECLARE (ZAEHLER FIXED (5), SUMME FIXED (7), QUADRAT FIXED (10))
         INITIAL (0), X FIXED (3), (MITTELWERT, STREUUNG) FLOAT (4),.
SCHLEIFE. . GET LIST (X),.
         IF X = 999 THEN GO TO RECHNUNG,.
         PUT LIST (X),.
         ZAEHLER = ZAEHLER + 1,.
         SUMME = SUMME + X,.
         QUADRAT = QUADRAT + X * X,.
         IF ZAEHLER LE 9999 THEN GO TO SCHLEIFE,.
FEHLER. . PUT LIST ('FALSCHE EINGABE'),. RETURN,.
RECHNUNG. .IF ZAEHLER = 0 THEN GO TO FEHLER,.
         MITTELWERT = SUMME/ZAEHLER,.
         STREUUNG = QUADRAT/ZAEHLER − MITTELWERT * * 2,.
         PUT LIST (MITTELWERT, STREUUNG),.
         END STREU,.
```

Eingabe:

667	− 155	− 934	131	963	− 363	755	128	707	144	825
255	167	− 171	416	− 156	− 110					
725	− 728	804	999							

Ausgabe:

667	− 155	− 934	131	963
− 363	755	128	707	144
825	255	167	− 171	416
− 156	− 110	725	− 728	804
2.035E + 02	2.705E + 05			

IF A < 0 THEN A = − A;

kann man verwenden, um die in A gespeicherte Zahl durch ihren Betrag zu ersetzen.

Z w e i s e i t i g e   IF - A n w e i s u n g . Falls bei der Anweisung

IF bedingung THEN anweisung1;
         ELSE anweisung2;

die darin genannte Bedingung erfüllt, ist, wird die hinter THEN genannte Anweisung ausgeführt, die hinter ELSE stehende übergangen; falls die Bedingung nicht erfüllt ist, wird dagegen die erste Anweisung übergangen und die zweite ausgeführt (Bild 4.43). Die erwähnte
Anweisung A = B = C; läßt sich ersetzen durch

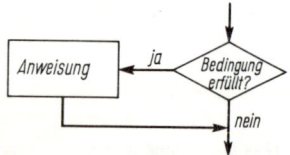

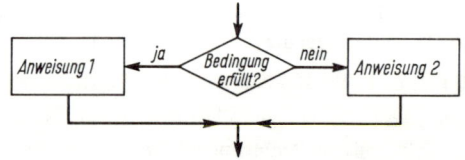

4.42   Einseitige IF-Anweisung

4.43   Zweiseitige IF-Anweisung

```
IF B = C THEN A = 1;
        ELSE A = 0;
```

Man beachte, daß die eingeschobene Anweisung ein GO TO-Statement sein kann, so daß der effektive Ablauf dadurch geändert wird.

S c h a c h t e l u n g e n v o n IF - A n w e i s u n g e n . Sowohl die THEN- als auch die ELSE-Klausel kann wiederum eine IF-Anweisung enthalten. Die wechselseitige Verwendung ein- und zweiseitiger IF-Anweisungen erfordert besondere Sorgfalt. Im Programmausschnitt

```
IF ABS (XNEU − XALT) > = EPSILON * ABS (XNEU)
    THEN IF ITERATIONSZAEHLER < 20 THEN GO TO NEUE_ITERATION;
    ELSE GO TO GENAUIGKEIT_ERREICHT;
ABBRUCH: PUT LIST ('KEINE KONVERGENZ');
```

soll über die Fortsetzung eines Iterationsverfahrens entschieden werden. Falls die vorgeschriebene relative Genauigkeit erreicht ist, soll das Verfahren erfolgreich beendet werden (Statement GENAUIGKEIT_ERREICHT). Falls sie nicht erreicht ist, soll ein neuer Iterationsschritt (Statement NEUE_ITERATION) folgen, solange noch nicht 20 solcher Schritte durchlaufen worden sind. Sonst soll das Verfahren abgebrochen werden

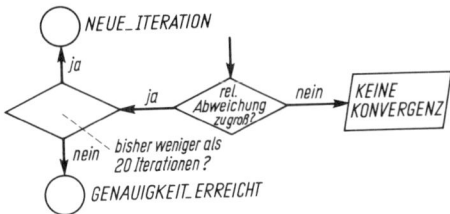

4.44   Falsche Schachtelung von IF-Anweisungen

(Statement ABBRUCH). Obwohl die ELSE-Klausel genau unter der zugehörigen THEN-Klausel steht, läuft das Programm falsch ab (Bild 4.44). Dieser ungewollte Programmablauf entsteht dadurch, daß eine ELSE-Klausel stets der nächstgelegenen, bisher ELSE-freien IF-Anweisung zugeordnet wird. Im obigen Beispiel vermeidet man diese ungewollte Zuordnung durch Einfügung der ELSE-Klausel mit einer leeren Anweisung.

```
IF ABS (XNEU − XALT) > = EPSILON * ABS (XNEU)
    THEN IF ITERATIONSZAEHLER < 20 THEN
        GO TO NEUE_ITERATION;
                        ELSE;
    ELSE GO TO GENAUIGKEIT_ERREICHT;
ABBRUCH: PUT LIST ('KEINE KONVERGENZ');
```

DO - G r u p p e

Beispiel 3. Tafel 4.45 enthält ein Programm zur Auflösung der allgemeinen quadratischen Gleichung $ax^2 + bx + c = 0$ mit reellen Koeffizienten a, b, c. Die im Falle $a \neq 0$ vorhandenen beiden reellen oder komplexen Lösungen werden, zerlegt in Real- und Imaginärteil, als Zahlenpaare gedruckt. Dabei bedeutet die in der PUT LIST-Anweisung vermerkte Option SKIP, daß mit dem Ausdrucken am Anfang einer neuen Zeile begonnen wird. In diesem Programmbeispiel wird die Ausführung mehrerer Anweisungen innerhalb einer Klausel verlangt. Dies erreicht man durch Verwendung einer DO - G r u p p e .

Tafel 4.45   Auflösung der allgemeinen quadratischen Gleichung

```
AQUAGL. .   PROCEDURE OPTIONS (MAIN),.
            /* ALLGEMEINE QUADRATISCHE GLEICHUNG */
            DECLARE (A, B, C, D) FLOAT,.
NEUEGL. .   GET LIST (A),. IF A = 999 THEN RETURN,.
            GET LIST (B, C),. PUT SKIP (3) LIST (A, B, C),.
            IF A = 0 THEN IF B = 0 THEN IF C = 0
                                THEN PUT SKIP LIST ('LOESUNG BELIEBIG'),.
                                ELSE PUT SKIP LIST ('KEINE LOESUNG'),.
                            ELSE PUT SKIP LIST (− C/B),.
                    ELSE DO,.
                    D = B * B − 4 * A * C,. X2 = − B/(A + A),.
                    IF D LT 0 THEN DO,.
                                X1 = X2,.
                                Y1 = SQRT (− D)/(A + A),.  Y2 = − Y1,.
                                END,.
                            ELSE  DO,.
                                X1 = X2 + SQRT(D)/(A + A),.  Y1 = 0,.
                                X2 = X2 + X2 − X1,.  Y2 = 0,.
                                END,.
                    PUT SKIP LIST (X1,'   + J *', Y1),.
                    PUT SKIP LIST (X2,'   + J *', Y2),.
                    END,. GO TO NEUEGL,.
            END AQUAGL,.
```

Eingabe:

-0.384 0.219 -0.775 0.5 -1.5 1.125
0 2 6, ,0.8, , ,0 999

Ausgabe:

$-3.84000E − 01$	$2.19000E − 01$	$-7.75000E − 01$
$2.85156E − 01$	$+ J *$	$-1.39173E + 00$
$2.85156E − 01$	$+ J *$	$1.39173E + 00$
$5.00000E − 01$	$-1.50000E + 00$	$1.12500E + 00$
$1.50000E + 00$	$+ J *$	$0.00000E + 00$
$1.50000E + 00$	$+ J *$	$0.00000E + 00$
$0.00000E + 00$	$2.00000E + 00$	$6.00000E + 00$
$-3.00000E + 00$		
$0.00000E + 00$	$0.00000E + 00$	$8.00000E + 00$
KEINE LOESUNG		
$0.00000E + 00$	$0.00000E + 00$	$0.00000E + 00$
LOESUNG BELIEBIG		

```
DO;
anweisungen;
END;
```

die alle darin enthaltenen Anweisungen formal zu einem einzigen Statement klammert.

DO - A n w e i s u n g . Wenn eine Reihe von Anweisungen wiederholt ausgeführt werden soll, so verwendet man dazu zweckmäßig eine DO-Anweisung. Man unterscheidet d r e i T y p e n d e r DO - A n w e i s u n g :
DO-Gruppe, bedingte DO-Anweisung, DO-Anweisung mit Laufvariablen.

DO - G r u p p e . Die DO-Gruppe beginnt mit DO; und endet mit END; und faßt die dazwischen stehenden Anweisungen so zusammen, daß sie wie eine Anweisung wirken. Damit können z. B. auch in der THEN- und ELSE-Klausel Anweisungsgruppen untergebracht werden. Die DO-Gruppe arbeitet nicht iterativ.

B e d i n g t e DO - A n w e i s u n g . Eine bedingt wiederholte Ausführung der in der DO-Anweisung befindlichen Anweisungen ermöglicht die bedingte DO-Anweisung

```
DO WHILE (bedingung);
anweisungen;
END;
```

Die Anweisungen zwischen DO und END werden immer wieder ausgeführt, solange die angegebene Bedingung erfüllt ist. Sobald diese nicht mehr gültig ist, wird das Programm mit der Anweisung hinter END; fortgesetzt. Man kann diese Anweisung für Iterationsverfahren verwenden, z. B. für die iterative Quadratwurzelberechnung aus a mit dem Newtonschen Verfahren

$$x_{neu} = (x_{alt} + \frac{a}{x_{alt}})/2$$

Dies geschieht in dem Programmausschnitt

```
XALT = 0;
XNEU = A;
DO WHILE (ABS (XNEU – XALT) >= 0.000005 * ABS (XNEU));
    XALT = XNEU;
    XNEU = (XALT + A/XALT)/2;
END;
```

Die bedingte DO-Anweisung sollte man nur dann einsetzen, wenn sichergestellt ist, daß wirklich keine Endlos-Schleife entstehen kann.

DO - A n w e i s u n g m i t L a u f v a r i a b l e n . Dieser dritte Typ der DO-Anweisung ist der umfassendste, schließt jedoch die beiden anderen Typen nicht ein. Unter der allgemein üblichen Vereinbarung, daß Elemente, die in eckigen Klammern stehen, wahlweise auftreten können, solche in geschweiften Klammern dagegen alternativ auftreten müssen, läßt sich dieser Typ so beschreiben:

```
DO variable = spezifikation1 [, spezifikation2] usw. [, spezifikation n];
anweisungen;
END;
```

Hierbei bedeutet „spezifikation"

$$\text{ausdruck1} \quad [\{ \begin{array}{l} \text{[TO ausdruck2] [BY ausdruck3]} \\ \text{[BY ausdruck4] [TO ausdruck5]} \end{array} \}] \text{[WHILE (bedingung)]}$$

Die DO-Anweisung

```
DO variable = ausdruck1 TO ausdruck2 BY ausdruck3 WHILE (bedingung);
anweisungen;
END;
```

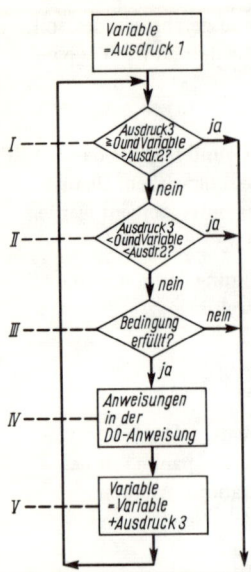

entspricht dem in Bild 4.46 angegebenen Programmablauf.

Beim Fehlen einzelner Elemente der Spezifikation erfolgen Standardreaktionen:

1. TO ausdruck2 fehle, BY ausdruck3 sei vorhanden.
Die Abfragen I und II entfallen.
2. TO ausdruck2 sei vorhanden, BY ausdruck3 fehle.
Es wird ausdruck3 = 1 gesetzt.
3. TO ausdruck2 fehle, BY ausdruck3 fehle, WHILE (bedingung) sei vorhanden. Die Abfragen I und II und die Erhöhung V entfallen.
4. TO ausdruck2 fehle, BY ausdruck3 fehle, WHILE (bedingung) fehle. Die Abfragen I, II und III und die Erhöhung V entfallen. Die Anweisungsfolge IV wird nur einmal durchlaufen.
5. WHILE (bedingung) fehle.
Die Abfrage V entfällt.

4.46   DO-Anweisung mit einer Laufvariablen und einer WHILE-Klausel

Das Betreten von DO - Statements ist mit Ausnahme der DO-Gruppe nur über die DO-Zeile erlaubt.
Die DO-Anweisung mit einer Laufvariablen

          DO ZAHL = 4, 6, − 3 BY − 2 TO − 8, 1 BY 1 WHILE (ZAHL < 5),
                  13, 18, 20 TO 27 WHILE (ZAHL/2 > = 11), 30;
              PUT LIST (ZAHL);
          END;

bewirkt das Ausdrucken der Zahlenfolge 4, 6, − 3, − 5, − 7, 1, 2, 3, 4, 13, 18, 30.

Verschachteln von DO - Anweisungen. Mehrere DO-Anweisungen können verschachtelt werden, wie in nachstehendem Programmausschnitt zur Berechnung aller Primzahlen unter 1000.

          DO N = 2, 3 BY 2 TO 1000;
              DO I = 3 BY 2 WHILE (I * I < = N);
                  J = N/I;
                  IF J * I = N THEN GO TO END_N;
              END;
              PUT LIST (N);
          END_N: END;

DO-Schleifen dürfen sich nicht überlappen. Wenn verschachtelte DO-Schleifen an derselben Stelle enden, genügt es, e i n e Anweisung „END marke;" zu geben, in der die Marke der zur äußersten Schleife gehörigen DO-Zeile genannt wird. Sämtliche davorgehörigen fehlenden END-Anweisungen werden vom Kompilierer implizit gesetzt.

Beispiel 4. Tafel 4.47 enthält ein Programm zur Berechnung eines Schubkurbelgetriebes. Aus den Schubstangenlängen r und ℓ und der Umdrehungszahl n der Kurbel werden (mit $\lambda = r/\ell$)

Tafel 4.47   Bewegungsablauf beim Schubkurbelgetriebe

```
KURBEL. .   PROCEDURE OPTIONS (MAIN),.
            /* BERECHNUNG EINES SCHUBKURBELGETRIEBES */
            DECLARE R FIXED (4, 1), L FIXED (5, 1), N FIXED (5, 1),
                PHIGRAD FIXED (5, 2), (PHI, LAMBDA, OMEGA, C, S, V, A) FLOAT,
                PR PICTURE '----9.V9', (PL, PN) PICTURE '-----9.V9',
                (J, ANZAHL) FIXED (6),.
            GET LIST (R, L, N, ANZAHL),.
            PR = R,. PL = L,. PN = N,.
            PUT LIST ('SCHUBKURBELGETRIEBE'),. PUT SKIP (2),.
            PUT LIST ('R = ' CAT PR CAT ' CM', 'L = ' CAT PL CAT ' CM',
                'N = ' CAT PN CAT ' /MIN'),. PUT SKIP (3),.
            IF R LE 0 OR L LE 2 * R OR N LE 0 OR ANZAHL LE 0
                THEN DO,. PUT LIST ('EINGABEFEHLER'),. RETURN,. END,.
            LAMBDA = R/L,. OMEGA = N * 0.10471976,.
            PUT LIST (' PHI (GR)',' S (CM) ',' V (CM/S) ',' A (CM/S * * 2)'),.
            PUT SKIP,.
            DO J = 0 TO ANZAHL,.
                PHI = 6.28319 * J/ANZAHL,. PHIGRAD = 360 * J/ANZAHL,.
                C = SQRT (1 — LAMBDA * * 2 * SIN (PHI) * * 2),.
                S = R * (1 + (1 — C)/LAMBDA — COS (PHI)),.
                V = OMEGA * R * SIN (PHI) * (1 + LAMBDA * COS (PHI)/C),.
                A = OMEGA * * 2 * R * (COS (PHI) + LAMBDA * (((LAMBDA * SIN (PHI))
                    * * 2 — 2) * SIN (PHI) * * 2 + 1)/C * * 3),.
                PUT SKIP LIST (PHIGRAD, S, V, A),.
            END,.
            END KURBEL,.
```

Eingabe:

·50 375 100   9

Ausgabe:

SCHUBKURBELGETRIEBE
R = 50.0 CM   L = 375.0 CM   N = 100.0/MIN

PHI (GR)	S (CM)	V (CM/S)	A (CM/S * * 2)
0.00	0.00000E + 00	0.00000E + 00	6.21419E + 03
40.00	1.30776E + 01	3.71066E + 02	4.33091E + 03
80.00	4.45645E + 01	5.27687E + 02	2.59527E + 02
120.00	7.75084E + 01	4.23016E + 02	− 3.10707E + 03
160.00	9.73747E + 01	1.56620E + 02	− 4.59046E + 03
200.00	9.73747E + 01	− 1.56621E + 02	− 4.59046E + 03
240.00	7.75083E + 01	− 4.23017E + 02	− 3.10706E + 03
280.00	4.45643E + 01	− 5.27687E + 02	2.59548E + 02
320.00	1.30774E + 01	− 3.71064E + 02	4.33093E + 03
360.00	0.00000E + 00	2.65035E − 03	6.21419E + 03

Weg s, Geschwindigkeit v und Beschleunigung a des Kolbens berechnet (Bild 4.48)

$$s = r \cdot [1 + \frac{1}{\lambda} \cdot (1 - \sqrt{1 - \lambda^2 \sin^2 \varphi}) - \cos \varphi]$$

$$v = \omega \cdot r \cdot \sin \varphi \cdot [1 + \frac{\lambda \cos \varphi}{\sqrt{1 - \lambda^2 \sin^2 \varphi}}]$$

$$a = \omega^2 \cdot r \cdot [\cos \varphi + \lambda \frac{\lambda^2 \sin^4 \varphi - 2\sin^2 \varphi + 1}{(\sqrt{1 - \lambda^2 \sin^2 \varphi})^3}]$$

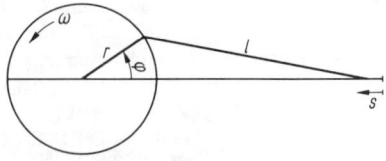

4.48 Schubkurbelgetriebe

Die Rechnung beginnt stets mit $\varphi = 0$. Die Anzahl der weiteren Winkel bis einschließlich 360° liest das Programm aus der Datenkarte, auf der demnach enthalten sein müssen: r/cm, ℓ/cm, n · min, Anzahl der gewünschten Winkel. Eine Erklärung der Ein- und Ausgabeanweisungen findet man im Abschnitt 4.3.4.

Die Variablen PR, PL, PN werden durch das Attribut PICTURE als numerische Zeichenketten vereinbart, weil im PL/I-Subset gewöhnliche arithmetische Daten nicht gekettet werden können.

ON - B e d i n g u n g . Beim Programmlauf kann, z. B. infolge extremer Eingabedaten oder eines logischen Fehlers im Quellprogramm, eine Situation eintreten, die als ungewöhnlich angesehen werden muß, etwa indem arithmetisch Überlauf entstanden oder durch Null zu dividieren war. Vielleicht sollte das Programm auch Daten einlesen, obwohl schon sämtliche Daten verarbeitet worden waren. Diese und eine Anzahl weiterer Situationen werden vom Rechner dauernd überprüft, sofern die entsprechenden Bedingungen handlungsfähig gemacht worden waren. Dazu werden am Anfang eines Programms automatisch die wichtigsten Bedingungen aktiviert, etwa die OVERFLOW-Bedingung zur Erkennung von Gleitpunkt-Überlauf, die ZERODIVIDE-Bedingung für Divisionen durch Null oder die ENDFILE-Bedingung, die darüber wacht, ob noch genügend Eingabedaten vorhanden sind. Tritt eine ungewöhnliche Situation im Sinne einer solchen Bedingung ein, so veranlaßt diese die entsprechende Bedingungsmaßnahme. Wenn nichts anderes festgelegt ist, tritt die Standardmaßnahme in Kraft, die meistens darin besteht, einen Fehlertext zu schreiben und das Programm zu beenden. Der Programmierer kann eine davon abweichende Maßnahme in einer entsprechenden ON-Anweisung

$$\text{ON bedingungsname} \quad \left\{ \begin{array}{c} \text{SYSTEM} \\ \\ \text{ON-einheit} \end{array} \right\} ;$$

anordnen. ON-Einheit ist dabei eine einzelne Anweisung (außer IF, DO oder ON) oder ein BEGIN-Block, d. h. ein Block von Anweisungen, der mit BEGIN; anfängt und mit END; endet. SYSTEM bedeutet, daß die Standardmaßnahme ergriffen werden soll. Die ON-Anweisung steht meistens am Anfang des Programms und kommt nur zum Zuge, wenn die Bedingung aktiv ist und eine entsprechende Situation eingetreten ist.

ON OVERFLOW GO TO UEBERLAUF_MELDUNG;

bewirkt, falls während der weiteren Rechnung Gleitpunkt-Überlauf eintritt, von dort einen Sprung zur Anweisung mit der Marke UEBERLAUF_MELDUNG.

ON ZERODIVIDE K = K + 1;

veranlaßt in dem Moment, da eine Division durch Null eintritt, den Zählvorgang. Danach läuft das Programm hinter der Division weiter.

ON FIXEDOVERFLOW;

hat zur Folge, daß für den Fall eines Festpunktüberlaufs (Ergebnis größer als im Rechner speicherbar) die Leeranweisung ausgeführt wird, bevor das Programm weitergeht. Das bedeutet aber, daß ein derartiger Überlauf ignoriert wird.

Man kann Bedingungen für einzelne Anweisungen oder Anweisungsblöcke aktivieren bzw. aussetzen, indem man B e d i n g u n g s p r ä f i x e setzt.

So bedeutet etwa

```
(SIZE, NOFIXEDOVERFLOW): A = B + C;
```

daß während der Ausführung dieser Anweisung die Bedingung FIXEDOVERFLOW ausgeschaltet wird, dafür aber die Bedingung SIZE, die normalerweise inaktiv ist, aktiviert werden soll. SIZE registriert alle Fälle, in denen bei der Zuweisung einer Variablen links signifikante Ziffern verlorengehen. Wenn im obigen Beispiel nicht die SIZE-Standardmaßnahme verwendet werden soll, schreibt man z. B.

```
(SIZE, NOFIXEDOVERFLOW):   BEGIN;
                           ON SIZE GO TO ZAHL_ZU_GROSS;
                           A = B + C;
                           END;
```

4.3.3. Verarbeitung von Kettendaten

K e t t e n d a t e n . Eine Folge von Zeichen, die logisch als ein Datenelement anzusehen sind, nennt man eine Z e i c h e n k e t t e , eine entsprechende Folge von Binärziffern heißt eine B i t k e t t e . Derartige Ketten treten explizit besonders bei der Textverarbeitung und bei Verknüpfungen logischer Art auf. Implizit werden in jedem Programm bei der Ein- und Ausgabe und bei der Auswertung von Bedingungen derartige Ketten aufgebaut. Eine Zeichenkette kann jedes der zugelassenen Zeichen enthalten. Jedes Zeichen wird bei IBM im EBCDI-Code in einem Byte gespeichert. Bei Bitketten werden jeweils 8 Bits in einem Byte linksbündig mit Nullenfüllung im letzten Byte gespeichert. Bei IBM/360 können Ketten 0 bis 32767 Elemente enthalten.

K e t t e n k o n s t a n t e n . Wie bei arithmetischen Größen, kann man auch bei Kettendaten Konstanten verwenden. Um beim Lesen des Programms Verwechslungen mit arithmetischen Konstanten auszuschließen und um die in der Konstanten vorkommenden Leerzeichen genau abzugrenzen, muß jede Kettenkonstante in Apostrophs eingeschlossen werden. Folgt danach der Buchstabe B, so gilt die Konstante als Bitkettenkonstante.

Zeichenkettenkonstante: ʼzeichenketteʼ
Bitkettenkonstante: ʼbitketteʼB

In der angegebenen Zeichenkette können alle Zeichen des verwendeten Zeichensatzes vorkommen. Zur Vermeidung von Verwechslungen innerer Apostrophs mit dem schließenden Apostroph hat man festgelegt, daß das Apostroph als Element einer Zeichenkette durch zwei unmittelbar aufeinanderfolgende Apostrophs anzudeuten ist. Der Kompilierer erkennt daraus das eine Apostroph. Vor das einleitende Apostroph kann man eingeklammert einen Wiederholungsfaktor schreiben, so daß die gespeicherte Kette aus einer entsprechenden Anzahl von Wiederholungen der angegebenen Kette besteht. Beispiele für Zeichenkettenkonstanten sind

ʼDAS⌴IST⌴EINE⌴ZEICHENKETTE⌴DER⌴LAENGE⌴39ʼ
ʼSHAKESPEAREʼʼSʼʼʼʼHAMLETʼʼʼʼʼ
(gespeichert wird SHAKESPEAREʼS⌴ʼʼHAMLETʼʼ)
(2)ʼMAʼ (gespeichert wird MAMA)

'10111001' (Zeichenkette aus 8 Bytes)
' ' (Nullkette, nicht im Subset zu verwenden)
(10)'␣' (Zeichenkette aus 10 Leerzeichen)

Beispiele für Bitkettenkonstanten:

'1'B
'10111001'B (Bitkette aus 8 Bits, gespeichert in einem Byte)
(6)'1011'B (gespeichert wird 101110111011101110111011)

K e t t e n v a r i a b l e n . Eine arithmetische Variable kann man entweder explizit in einer DECLARE-Anweisung oder implizit entsprechend dem ersten Buchstaben ihres Bezeichners vereinbaren. Kettenvariablen müssen grundsätzlich in einem DECLARE-Statement definiert werden. Als Kettenattribut verwendet man CHARACTER für Zeichenketten und BIT für Bitketten. Jeweils dahinter wird die Kettenlänge eingeklammert angegeben. Ein zusätzliches Attribut VARYING zeigt an, daß die Kette während des Programmablaufs eine bis zur angegebenen Zahl veränderliche Länge haben kann.

B e i s p i e l für die Vereinbarung von Kettenvariablen:

DECLARE Y CHARACTER (9), MERKER BIT (1) INITIAL ('0'B),
        (NAME, ADRESSE) CHARACTER (30) VARYING,
        SCHALTER BIT (15) VARYING;

Kettenvariablen werden stets in ihrer aktuellen Länge verarbeitet.

E r g i b t a n w e i s u n g   f ü r   K e t t e n . Ergibtanweisungen für Ketten werden linksbündig ausgeführt. Wenn das Zielfeld kürzer als das Quellfeld ist, werden rechts die restlichen Elemente des Quellfeldes abgeschnitten. Wenn das Zielfeld größer als das Quellfeld ist, wird rechts aufgefüllt — bei Zeichenketten mit Leerzeichen, bei Bitketten mit Nullen.

Eine Ergibtanweisung, die einer Kettenvariablen einen Wert von anderem Typ zuweist, erzwingt eine vorherige Umwandlung nach denselben Regeln, die auch für die Konversion bei Datenverknüpfungen gelten.

V e r k n ü p f u n g e n   v o n   K e t t e n . Ketten, die sich in arithmetische Größen umwandeln lassen, können arithmetisch verknüpft werden. Viel wichtiger sind Verknüpfungen durch eigens für Ketten geschaffene Operatoren

Logische Operatoren: ¬ , &, |
Verkettung: ||
Vergleichsoperatoren: $<, <=, ¬<, =, ¬=, >, >=, ¬>$

L o g i s c h e   O p e r a t o r e n . Die logischen Operatoren ¬ (Negation), & (Konjunktion), | (Disjunktion) verknüpfen letztlich Bitketten zu Bitketten bitweise gemäß folgender Verknüpfungstabelle:

A	B	¬ A	¬ B	A & B	A | B
0	0	1	1	0	0
0	1	1	0	0	1
1	0	0	1	0	1
1	1	0	0	1	1

Bei unterschiedlicher Länge der Operanden wird der kürzere rechtsseitig mit Nullen verlängert. Bei zusammengesetzten Verknüpfungen hat die Negation Vorrang vor der Konjunktion, die

Konjunktion Vorrang vor der Disjunktion. Ein Operand, der keine Bitkette ist, wird unmittelbar vor Ausführung der logischen Operation intern in eine Bitkette umgewandelt. Hierbei werden die auch sonst gültigen Regeln für die Umwandlung in eine Bitkette verwendet:

A r i t h m e t i s c h e G r ö ß e → B i t k e t t e. Die Umwandlung betrifft bei Festpunktzahlen den ganzzahligen Bestandteil, bei Gleitpunktzahlen die Mantisse. Das Vorzeichen bleibt unberücksichtigt. Unter Verwendung der Funktion CEIL, die in PL/I übrigens ebenso eingebaut ist wie etwa ABS, SIN und SQRT, und deren Funktionswert die kleinste ganze Zahl größer oder gleich dem Funktionsargument ist, kann man die Umrechnung so beschreiben:

Quellenattribute	Bitkettenlänge
DECIMAL FIXED (p, q) mit $p \geqq q$	CEIL $(3.32 \cdot (p - q))$
DECIMAL FIXED (p, q) mit $p < q$	0
DECIMAL FLOAT (p)	CEIL $(3.32 \cdot p)$
BINARY FIXED (p, q) mit $p \geqq q$	$p - q$
BINARY FIXED (p, q) mit $p < q$	0
BINARY FLOAT (p)	p

B e i s p i e l e :

Quellenattribute	Quellengröße	Bitkette
DECIMAL FIXED $(2, 0)$	-84	1010100
DECIMAL FLOAT (3)	$6.50 = 0.0110100_2 \cdot 16^1$	0110100000
BINARY FIXED $(8, 6)$	1.101100	01
BINARY FLOAT (8)	$0.00010001 \cdot 16^3$	00010001

Z e i c h e n k e t t e → B i t k e t t e. Nur die Zeichen 0 und 1 werden umgewandelt und ergeben die Bits 0 und 1. Alle anderen Zeichen setzen die CONVERSION-Bedingung.

V e r k e t t u n g. Durch die Verkettung ‖ (im Subset durch das Schlüsselwort CAT) werden zwei Ketten zu einer Kette gekoppelt. Wenn z. B. A die Kette 'FLUEGEL' und B die Kette 'MUTTER' bezeichnet, ergibt A ‖ B die Kette 'FLUEGELMUTTER'. Falls beide Operanden Bitketten sind, ist auch das Ergebnis eine Bitkette. In allen anderen Fällen ist das Resultat eine Zeichenkette, wobei Operanden, die noch keine Zeichenkette sind, intern entsprechend umgewandelt werden. Diese Konversion in eine Zeichenkette ist in den vorherigen Programmbeispielen bei der Ausgabe bereits verwendet worden, da mit PUT LIST Z e i c h e n k e t t e n ausgedruckt, andere Größen demnach vorher umgewandelt werden.

B i t k e t t e → Z e i c h e n k e t t e. Die Bits 0 und 1 werden umgewandelt in die Zeichen 0 und 1.

D E C I M A L F I X E D (p, q) mit $p \geqq q \geqq 0$ → Z e i c h e n k e t t e. Die Zahl wird in eine Zeichenkette der Länge $p + 3$ umgewandelt. Führende Nullen, außer der Null am Ende des ganzzahligen Bestandteils, werden durch Leerzeichen ersetzt. Falls die Zahl negativ ist, wird ein Minuszeichen gleitend vor die erste Ziffer gesetzt. Im Falle $q > 0$ erscheint ein Dezimalpunkt zwischen dem ganzzahligen und dem gebrochenen Bestandteil.

B e i s p i e l e :

Quellenattribute	Quellengröße	Zeichenkette
DECIMAL FIXED (5)	2497	⊔⊔⊔⊔2497
DECIMAL FIXED (4, 1)	− 121.7	⊔ − 121.7
DECIMAL FIXED (3, 3)	− .567	− 0.567

D E C I M A L   F I X E D (p, q)   mit $p < q$ oder $q < 0$ → Z e i c h e n k e t t e. Die Zahl wird in eine Zeichenkette der Länge $p + 3 + k$ umgewandelt. Hierbei bedeutet k die Anzahl der Ziffern der Zahl $|q|$. Der Bedeutung von q gemäß erscheint die Zahl als p-stellige ganze Zahl − mit Unterdrückung der führenden Nullen und zusätzlich mit gleitendem Minus- bzw. Leerzeichen am Anfang der Zahl − mit angefügtem Skalenfaktor 10^{-q}, der in der Form $F - q$ vermerkt wird.

B e i s p i e l e :

Quellenattribute	Quellengröße	Zeichenkette
DECIMAL FIXED (4, 5)	0.01274	⊔1274F − 5
DECIMAL FIXED (3, 6)	− 0.000002	⊔⊔ − 2F − 6
DECIMAL FIXED (5,−2)	379000	⊔⊔3790F + 2

D E C I M A L   F L O A T (p) → Z e i c h e n k e t t e. Die Zeichenkette hat die Länge $p + 6$, denn außer den p Mantissenziffern enthält die Kette das Vorzeichen der Mantisse (Leerzeichen bei positiven, Minuszeichen bei negativen Zahlen), den Dezimalpunkt, E zu Beginn des Exponententeils, das Exponentenvorzeichen und zwei Exponentenstellen. Die erste gültige Mantissenstelle wird vor den Dezimalpunkt gesetzt.

B e i s p i e l e :

Quellenattribute	Quellengröße	Zeichenkette
DECIMAL FLOAT (6)	$0.173500 \cdot 10^{12}$	⊔1.73500E + 11
DECIMAL FLOAT (5)	$- 0.16632 \cdot 10^{-2}$	− 1.6632E − 03

B i n ä r e   a r i t h m e t i s c h e   G r ö ß e → Z e i c h e n k e t t e. Intern erfolgt zunächst eine Umwandlung in eine dezimale arithmetische Größe, die dann gemäß den eben beschriebenen Regeln konvertiert wird. Für die Umwandlung in die Dezimaldarstellung gelten folgende Vorschriften:

Quellenattribute	Zwischenattribute
BINARY FIXED (p, q) mit $q \geqq 0$	DECIMAL FIXED (1 + CEIL (p/3.32), CEIL (q/3.32))
BINARY FIXED (p, q) mit $q < 0$	DECIMAL FIXED (1 + CEIL (p/3.32), 1 − CEIL (ABS (q)/3.32))
BINARY FLOAT (p)	DECIMAL FLOAT (CEIL (p/3.32))

Beispiele:

Quellenattribute	Quellengröße
BINARY FIXED (3, 3)	0.011_2
BINARY FIXED (15)	1000000000000_2
BINARY FIXED (1, 8)	$1 \cdot 2^{-8}$
BINARY FIXED (3, -4)	$110_2 \cdot 2^4$
BINARY FLOAT (8)	$0.00010001 \cdot 16^3$

Zwischenattribute	Zwischengröße	Zeichenkette
DECIMAL FIXED (2, 1)	0.3	⊔⊔0.3
DECIMAL FIXED (6)	4096	⊔⊔⊔⊔⊔4096
DECIMAL FIXED (2, 3)	$3 \cdot 10^{-3}$	⊔⊔3F $-$ 3
DECIMAL FIXED (2, -1)	$9 \cdot 10^1$	⊔⊔9F $+$ 1
DECIMAL FLOAT (3)	$0.272 \cdot 10^3$	⊔2.72E $+$ 02

Vergleichsoperatoren. Die Vergleichsoperatoren

$$<, <=, \neg<, =, \neg=, >, >=, \neg>$$

verknüpfen die beiden Operanden zu einer Bitkette der Länge 1. Das Ergebnis ist '1'B, wenn der Vergleich wahr ist, sonst '0'B. Abhängig von den Attributen der Operanden unterscheidet man drei Vergleichstypen:

1. Algebraischer Vergleich
2. Zeichenkettenvergleich
3. Bitkettenvergleich.

Diese Reihenfolge entspricht der Typenpriorität. Bei jedem Vergleich wird diejenige Vergleichsart gewählt, die zu dem Operanden mit der höheren Priorität gehört. Der andere Operand wird gegebenenfalls umgewandelt.

Algebraischer Vergleich. Beide Operanden werden auf einheitliche Form gebracht. Hierbei dominiert bei unterschiedlicher Skalierung FLOAT, bei unterschiedlicher Basis BINARY. Bei unterschiedlicher Genauigkeit wird die höhere gewählt. Der Vergleich erfolgt nach den arithmetischen Regeln. Beim Modus COMPLEX dürfen nur die Vergleichsoperatoren = und $\neg$ = verwendet werden.

Beispiele:

$$-3 > -2 \quad \text{ergibt} \quad \text{'0'B}$$
$$3 \neg< 3 \quad \text{ergibt} \quad \text{'1'B}$$
$$5 = -5 \quad \text{ergibt} \quad \text{'0'B}$$

Zeichenkettenvergleich. Die beiden Zeichenketten werden byteweise von links nach rechts verglichen. Die kürzere der beiden Ketten wird rechts durch Leerzeichen verlängert gedacht. Die Wertigkeit eines Bytes ergibt sich bei IBM aus seiner Position im EBCDI-Code.

Bitkettenvergleich. Die beiden Bitketten werden bitweise von links nach rechts verglichen. Die kürzere der beiden Ketten wird rechts durch Null verlängert gedacht. Bit 1 ist größer als Bit 0.

B e i s p i e l : Der Ausdruck (A < = B) > (C ¬ = D) ergibt ′0′B, wenn A größer als B ist und wenn A nicht größer als B und zugleich C ungleich D ist. Man erhält ′1′B, wenn A nicht größer als B und C gleich D ist.

R a n g f o l g e d e r O p e r a t o r e n . Arithmetische und logische Operatoren kann man beliebig gemischt in Ausdrücken verwenden. Die Abarbeitung innerhalb eines Ausdrucks erfolgt entsprechend der R a n g f o l g e d e r O p e r a t o r e n :

Höchste Stufe:	Potenzierung ∗∗, Vorzeichen +, Vorzeichen −, Negation ¬
2. Stufe:	Multiplikation ∗, Division /
3. Stufe:	Addition +, Subtraktion −
4. Stufe:	Verkettung ‖
5. Stufe:	Vergleiche <, < =, ¬<, =, ¬=, >, > =, ¬>
6. Stufe:	Konjunktion &
Niedrigste Stufe:	Disjunktion ∣

Innerhalb der höchsten Stufe erfolgt die Verarbeitung von rechts nach links, bei allen anderen Stufen von links nach rechts, sofern nicht durch das Einfügen von Klammern eine andere Reihenfolge erzwungen wird.

Beispiel 1. Der Ausdruck

$$- A ∗ ∗ B + C = 5 \& D < E ∣ F / G < H$$

wird ebenso verarbeitet wie

$$((((- (A ∗ ∗ B)) + C) = 5) \& (D < E)) ∣ ((F/G) < H)$$

Man erhält ′1′B, wenn $- (A ∗ ∗ B) + C$ gleich 5 und gleichzeitig D < E ist, oder wenn F/G kleiner H ist.

2. Innerhalb eines Programms sei zu prüfen, ob ein Dreieck mit den Seiten A, B, C gleichschenklig oder rechtwinklig ist oder keines von beiden. Im ersten Fall sei das Programm bei der Anweisung mit der Marke SPEZIAL, sonst bei NORMAL fortzusetzen. Die Prüfanweisung lautet

```
IF A = B ∣ B = C ∣ C = A ∣ C ∗ C = A ∗ A + B ∗ B ∣ A ∗ A
    = B ∗ B + C ∗ C ∣ B ∗ B = C ∗ C + A ∗ A
THEN GO TO SPEZIAL; ELSE GO TO NORMAL;
```

Man beachte, daß das Zeichen = je nach seiner Stellung entweder ein Zuweisungszeichen oder ein Vergleichsoperator ist. Im anfänglich erwähnten Anweisungsbeispiel A = B = C; hat das erste Gleichheitszeichen die Bedeutung eines Ergibtzeichens. Nach A wird das Resultat von B = C gebracht, so daß dieses Gleichheitszeichen ein Vergleichsoperator ist. Der Größe A wird in dieser Anweisung demnach entweder ′0′B oder ′1′B zugewiesen.

4.3.4. Reihenweise Ein- und Ausgabe. In PL/I verwendet man entweder die Ein- und Ausgabe mit s a t z w e i s e r oder diejenige mit r e i h e n w e i s e r Übertragung. Bei der s a t z - w e i s e n Ü b e r t r a g u n g besteht die Datenmenge aus einer Anzahl logischer Sätze. Jeder Satz enthält eine oder mehrere Daten. Mit einer Anweisung wird jeweils ein Satz ohne Umwandlung der Daten übertragen. Satzweise Übertragung ist folglich besonders für die Datenübertragung auf externe Zwischenspeicher geschaffen, ebenso für Aufgaben, bei denen der überwiegende Teil der Eingabedaten unverändert auszugeben ist.

Mit der r e i h e n w e i s e n E i n - u n d A u s g a b e ist die Umwandlung der Daten von der externen Zeichenform in die interne Darstellungsform verbunden. Die externen Daten werden als eine k o n t i n u i e r l i c h e Z e i c h e n f o l g e angesehen. Eine möglicherweise vorhandene Einteilung in logische oder physische Sätze wird nur auf ausdrückliche Anforderung hin nicht ignoriert. Wenn sich die Eingabedaten auf Lochkarten befinden, stellt das Ende einer Karte nicht notwendig die Grenze zwischen zwei Daten dar; ausgabeseitig kann man das Drucken eines Wertes über das Ende einer Zeile hinweg in die nächste Zeile fortsetzen. PL/I bietet jedoch auch Möglichkeiten, diese natürlichen Grenzen beachten zu lassen. Die reihenweise Übertragung erfolgt wertweise, so daß die Anweisungen GET und PUT eine Liste der zu übertragenden Daten enthalten müssen. Intern wird dabei ein Zeiger mitgeführt, der auf das nächste zu übertragende Zeichen weist. Die Eingabe-Anweisung hat die Form

GET [FILE (dateiname)] [COPY] [SKIP [(ausdruck)]] datenspezifikation;

für die Ausgabe schreibt man

PUT [FILE (dateiname)] [{ PAGE LINE (ausdruck1)
                          SKIP [(ausdruck2)]
                          LINE (ausdruck) }] [datenspezifikation];

FILE (dateiname) spezifiziert die angesprochene Datei, die vereinbart und implizit oder explizit eröffnet sein muß. PL/I gestattet die Verwendung einer Standard-Eingabedatei SYSIN und einer Standard-Ausgabedatei SYSPRINT, bei denen FILE (dateiname) nicht geschrieben zu werden braucht. Im Regelfall erfolgt dann die Eingabe über Lochkarten, die Ausgabe über einen Schnelldrucker. – COPY veranlaßt während der Eingabe gleichzeitig die Ausgabe der gelesenen Daten über die Standard-Ausgabedatei. – SKIP (ausdruck) setzt den Datei-Zeiger um so viele Sätze weiter, wie in „ausdruck" angegeben ist, bevor die Datenübertragung beginnt. Wenn SYSIN sich auf Lochkarten bezieht, entspricht ein Satz einer Lochkarte. Bei Ausgabe auf SYSPRINT ist ein Satz gleich einer Druckzeile. SKIP wird wie SKIP (1) behandelt. – PAGE und LINE können nur für Druck-Dateien verwendet werden und bewirken dann vor dem Drucken den Übergang zu einer neuen Druckseite bzw. zu der Druckzeile mit der angegebenen Zeilennummer. Wenn bei der Ausgabe keine Datenspezifikation angegeben wird, erfolgt nur eine Satzsteuerung. – „datenspezifikation" enthält die Ein-/Ausgabeart LIST, DATA oder EDIT und, in Klammern gesetzt, die Liste der zu übertragenden Daten. Falls EDIT verwendet wird, folgt darauf in Klammern die Information über die externe Form der Daten.

L I S T - g e s t e u e r t e D a t e n ü b e r t r a g u n g . Besonders in technischen Anwendungsfällen verwendet man gern die LIST-gesteuerte Datenübertragung.

E i n g a b e . Beim Einlesen von Daten können die Daten auf dem externen Datenträger weitgehend formatfrei stehen. Ein oder mehrere Leerzeichen dienen der Abgrenzung einer Größe vor der nächsten. Man kann statt dessen auch eine Trennung durch ein Komma, das zudem beliebig in Leerzeichen eingebettet sein darf, verwenden. Die Größen auf dem externen Medium müssen den Regeln für die Konstanten genügen, so daß Zeichenkettenwerte durch Apostrophs einzugrenzen sind und Bitkettenwerte außerdem noch ein nachgestelltes B aufweisen müssen. Wenn auf dem Eingabemedium zwei Kommas hintereinander erscheinen, bleibt die entsprechende Größe in der Datenliste ungeändert. – Die gelesenen Werte werden den Attributen der zugehörigen Größen angeglichen und ersetzen die bisherigen Werte.

B e i s p i e l : Es sei A = 03.29; B = − 281.4; C = '101101'B; D = 'ABC'
Hierbei seien die Attribute der Variablen gleich denen der genannten Konstanten.
Die Anweisung   GET LIST (A, C, B, D);

bewirkt, wenn auf dem Standard-Eingabemedium steht

$$- 34.29 \quad '01'B, \ , \quad 'UVWXY',$$

daß danach gilt A $= - 34.29$; B $= - 281.4$; C $= '010000'B$; D $= 'UVW'$.

A u s g a b e . In der Datenliste können auch Ausdrücke vorkommen. Sieht man von den etwa spezifizierten Satzsteuerungen ab, so erfolgt die Ausgabe der Werte wiederum reihenweise in Form von Konstanten. Dabei werden Größen, die nicht Zeichenketten sind, intern entsprechend den Konvertierungsregeln umgewandelt. Die Ausgabeform einer Größe wird durch deren Attribute bestimmt. Zeichenketten werden zudem durch einschließende Apostrophs, Bitketten durch einschließende Apostrophs und ein nachgestelltes B gekennzeichnet. Ein Leerzeichen trennt die externen Darstellungsformen der Daten. Bei D r u c k d a t e i e n entfällt die Apostrophierung der Z e i c h e n -ketten, so daß ein übersichtliches Druckbild entsteht. Bei Druckdateien beginnt die Ausgabe, statt mit genau einem Leerzeichen, bei der nächsten Tabulatorposition. IBM verwendet standardmäßig die Positionen 1, 25, 49, 73, 97, 121. Bei den Programmen auf den Tafeln 4.39, 4.41 und 4.47 sind diese Positionen durch ein Vorlaufprogramm geändert worden.

B e i s p i e l : Es sei A $= 0006.3$, B $= 082.4$. Die Attribute der Variablen seien durch ihre Werte angedeutet. Wenn der Schnelldrucker als Standard-Ausgabemedium verwendet wird, erzeugt die Anweisung

PUT LIST ('H = ␣' || A || '␣CM', B || '␣GRAD␣CELSIUS');

folgenden Ausdruck:

H = ␣␣␣␣6.3␣CM␣␣␣␣␣␣␣␣␣␣␣␣␣82.4␣GRAD␣CELSIUS

DATA - g e s t e u e r t e D a t e n ü b e r t r a g u n g . Die DATA-gesteuerte Datenübertragung eignet sich besonders für das Testen eines Programms, da bei dieser Art die externe Form der Daten stets mit dem Namen der zugehörigen Variablen verbunden ist. Daraus folgt, daß im Gegensatz zur LIST-gesteuerten Ausgabe konstante Zwischentexte, die keiner Variablen zugeordnet sind, DATA-gesteuert nicht ausgegeben werden können. Auf dem externen Medium muß die Größe, die DATA-gesteuert übertragen werden soll, im Format

variablenbezeichnung = konstante

erscheinen.

E i n g a b e . Da extern jede Größe ihre Variablenbezeichnung bei sich führt, erübrigt sich eine Datenliste in der Eingabeanweisung. PL/I kennt dennoch beide Anweisungsformen:

GET DATA;
GET DATA (datenliste);

In beiden Fällen dürfen extern nur Bezeichnungen auftreten, die innerhalb des gerade arbeitenden Programmblocks bekannt sind. Die zweite Form gestattet darüber hinaus nur die Veränderung der in der Liste genannten Variablen. In beiden Fällen wird die Bedingung NAME gesetzt, wenn eine unbekannte bzw. unzulässige Variablenbezeichnung angetroffen wird. Wenn keine ON NAME-Anweisung gegeben war, ignoriert das System das falsche Datenfeld und setzt die weitere Bearbeitung der GET DATA-Anweisung fort. Im allgemeinen enthält die Datenreihe mehrere Datenfelder, die durch Leerzeichen oder durch ein Komma, das seinerseits beliebig in Leerzeichen eingeschlossen sein darf, zu trennen sind. Es brauchen weder alle in der Datenliste genannten Variablen in der Datenreihe aufzutreten, noch braucht die durch die Datenliste festgelegte Reihenfolge eingehalten zu werden. Die Datenreihe für den gegenwärtigen GET DATA-Aufruf gilt als beendet, sobald ein Semikolon als Trennzeichen auftritt. Wenn die Datenreihe überhaupt keine weiteren Elemente mehr aufweist (END OF FILE), gilt der GET DATA-Aufruf ebenfalls als beendet.

B e i s p i e l :

```
DECLARE (A, B, C) FIXED,
          D FLOAT INITIAL (0),
          E CHARACTER (4) INITIAL ('FREI');
...
GET DATA;
...
GET DATA (B, E);
...
```

Datenreihe:

C = 1, E = 'ANNE', A = − 1, B = 0; E = 'BIBI';

Nach der Anweisung GET DATA; gilt

A = − 1, B = 0, C = 1, D = 0, E = 'ANNE',

Nach der Anweisung GET DATA (B, E) gilt

A = − 1, B = 0, C = 1, D = 0, E = 'BIBI'.

A u s g a b e . Die beiden Ausgabearten

PUT DATA;
PUT DATA (datenliste);

haben bei der Ausgabe wesentlich verschiedene Bedeutungen. Im zweiten Falle enthält die Datenliste eine Aufzählung aller auszugebenden Variablen. Bei der Form PUT DATA; fehlt diese Liste, darum gibt das System die Werte aller in dem gerade laufenden Programmblock bekannten Variablen, stets einschließlich der Variablenbezeichnungen, aus. Die einzelnen Elemente der Datenreihe werden, außer bei Druckdateien, durch genau ein Leerzeichen getrennt. Die Datenreihe wird durch ein Semikolon abgeschlossen. Bei Druckdateien beginnt die Ausgabe jedes Elementes bei der nächsten Tabulatorposition. Die Formate der auszugebenden Variablen errechnen sich aus ihren Attributen.

B e i s p i e l . Unter der Annahme, daß sich die Standard-Ausgabedatei auf den Schnelldrucker bezieht, erhält man als Ergebnis des Programmausschnitts

```
DECLARE (A, B) DECIMAL FIXED (5, 2),
          C      DECIMAL FLOAT (6);
...
A = − 3.4; B = − 471.11; C = 64.1E − 12;
PUT DATA (A, C);
PUT DATA (B);
...
```

den Ausdruck

A = ␣␣␣ − 3.40␣␣␣␣␣␣␣␣␣␣␣␣␣␣C = ␣6.41000E − 12; ␣␣␣␣␣␣␣␣␣B = − 471.11;

Im Gegensatz zur LIST-gesteuerten Ausgabe werden bei DATA-gesteuerter Ausgabe auch bei den Druckdateien Zeichenketten durch Apostrophs eingeschlossen, Apostrophs innerhalb einer Zeichenkette also durch Apostrophpaare dargestellt.

EDIT - g e s t e u e r t e D a t e n ü b e r t r a g u n g . Bei der LIST- und bei der DATA-gesteuerten Datenübertragung wird über das Format der Eingabedaten nur vorausgesetzt, daß sich aus jedem Wert der Datenreihe schließlich eine Konstante mit den Attributen der Zielgröße bilden läßt. Ein Element der Reihe gilt als beendet, wenn ein Leerzeichen oder ein Komma auftritt. Ausgabeseitig resultiert bei diesen Arten der Datenübertragung das Format einer zu übertragenden Größe aus ihren explizit oder implizit erklärten Attributen. Die EDIT-gesteuerte Datenübertragung hingegen arbeitet mit eigenen, zu der Anweisung gehörigen Formatangaben und gestattet dadurch eine erhebliche Flexibilität. In den Übertragungsanweisungen

$$\left. \begin{matrix} \text{GET} \\ \text{PUT} \end{matrix} \right\} \quad \text{EDIT (datenliste)}\sqcup\text{(formatliste);}$$

gehört zu jedem Element der Datenliste ein Element der Formatliste mit den Angaben über das Übertragungsformat. Eine Übertragungsanweisung enthält mindestens ein derartiges Listenpaar. Die F o r m a t l i s t e kann aus drei Arten von Formatelementen bestehen, den D a t e n f o r m a t e l e m e n t e n , den S t e u e r f o r m a t e l e m e n t e n und den R - F o r m a t e l e m e n t e n . Datenformatelemente beschreiben die Daten in der Datenreihe, Steuerformatelemente braucht man für Seiten-, Zeilen- und Abstandssteuerungen, R-Formatelemente gestatten die Verwendung fremder Formatlisten. Bei der EDIT-gesteuerten Übertragung bestimmt die Datenliste, welche Größen einzulesen bzw. auszugeben sind. Datenliste und Formatliste werden von links nach rechts verarbeitet, wobei die Übertragung eines Datenelementes erst beginnen kann, wenn das nächste Datenformatelement an der Reihe ist. Davorliegende Steuerformatelemente können ohne Rückgriff auf die Datenliste ausgeführt werden. Im folgenden Beispiel folgt aus der Datenliste, daß die drei Größen A, B, C zu übertragen sind, von denen A und B arithmetisch sind, während C eine Zeichenkette darstellt.

D a t e n l i s t e : (A, B, C)
Formatliste: (SKIP (2), COLUMN (60), F (4, 2), X (5), F (5), A (10), COLUMN (90))
Aktionen: SKIP (2): Vorschub auf den Anfang der übernächsten Zeile;
                  COLUMN (60): Vorschub auf Spalte 60 dieser Zeile;
                  F (4, 2): Übertragung von A im Format F (4, 2);
                  X (5): Vorschub um fünf Spalten dieser Zeile;
                  F (5): Übertragung von B im Format F (5);
                  A (10): Übertragung von C im Format A (10).
                  Das Formatelement COLUMN (90) kommt nicht mehr zum Zuge, da die
                  Datenliste abgearbeitet ist.

Die Übertragung gilt als beendet, wenn die Datenliste abgearbeitet ist. Natürlich kann auch einmal die Formatliste vor der Datenliste verbraucht sein. In diesem Falle wird die Formatliste von neuem verwendet.

D a t e n l i s t e : (A, B)
Formatliste: (SKIP (1), F (4, 2), COLUMN (60))
Aktionen: SKIP (1), Übertragung von A mit Format F (4, 2), COLUMN (60),
                  SKIP (1), Übertragung von B mit Format F (4, 2).

Allgemein hat die Formatliste die Gestalt

$$\left(\left\{ \begin{matrix} \text{formatelement} \\ \text{n}\sqcup\text{formatelement} \\ \text{n}\sqcup\text{(formatliste)} \end{matrix} \right\} \left[\left\{ \begin{matrix} \text{, formatelement} \\ \text{, n}\sqcup\text{formatelement} \\ \text{, n}\sqcup\text{(formatliste)} \end{matrix} \right\} \quad \text{... usw.} \right] \right)$$

Hierbei ist n ein Wiederholungsfaktor; das nachfolgende Element arbeitet, als sei es n-mal geschrieben worden. n kann ein in Klammern gesetzter Ausdruck oder eine vorzeichenlose ganze Zahl sein.

Für die D a t e n l i s t e gelten die gleichen Vorschriften wie bei der LIST- und der DATA-gesteuerten Übertragung: Eingabeseitig enthält sie eine Folge von Variablenbezeichnungen, ausgabeseitig können in der Folge auch Ausdrücke auftreten. Die Datenreihe auf dem Eingabemedium ist als eine fortlaufende Zeichenkette anzusehen, die erst durch die Datenformatelemente in eine Folge von Daten aufgegliedert wird. Bei der Ausgabe bildet sich am Ende wiederum eine fortlaufende Zeichenkette, die jedoch durch Seiten- oder Zeilensteuerelemente unterbrochen sein kann. Die bei LIST- und DATA-gesteuerter Ausgabe verwendeten Tabulatorpositionen des Druckers bleiben hier wirkungslos.

D a t e n f o r m a t e l e m e n t e . Die Datenformatelemente steuern formatmäßig die zugehörigen Daten. Es gibt vier verschiedene Arten von Datenformatelementen, nämlich zwei Arten für arithmetische Größen und je eine Art für Zeichenketten und für Bitketten:

F (w [,d [,p]])   Festpunkt
E (w, d [,s])   Gleitpunkt
C (reelles Formatelement [,reelles Formatelement])
A [(w)]   Zeichenkette
B [(w)]   Bitkette

Hierbei bestimmt

w die Anzahl der Zeichen des externen Feldes,

d die Anzahl der Ziffern hinter dem Dezimalpunkt,

p den Skalierungsfaktor,

s die Anzahl der Mantissenziffern.

Zusätzlich gibt es das P-Datenformat zur Übertragung von numerischen Zeichenketten, die das PICTURE-Attribut erhalten haben. Diese PICTURE-Größen werden hauptsächlich bei kaufmännischen Problemen verwendet und deswegen in dieser Einführung nur einmal (Tafel 4.47) benutzt.

Binäre arithmetische Größen werden dezimal übertragen und haben deswegen keine eigenen Datenformatschlüssel.

F (w [,d [,p]]).   Das F-Formatelement wird für arithmetische Größen verwendet, die extern in Festpunktform erscheinen. w gibt die Anzahl der Zeichen innerhalb der externen Zeichenkette an. Im Falle der E i n g a b e kann die Größe innerhalb des w-stelligen Feldes irgendwo als Festpunktkonstante auftreten. Vor und hinter der Zahl können Leerzeichen stehen. Enthält das Feld nur Leerzeichen, so wird die Zahl als Null interpretiert. Wenn im externen Feld ein Dezimalpunkt vorhanden ist, bleibt die Angabe d im Formatelement wirkungslos. Wenn extern kein Dezimalpunkt existiert, gelten die d hinteren Ziffern des externen Feldes als Dezimalbruchziffern. Nicht vorhandenes d wird wie d = 0 behandelt. Das Formatelement kann zusätzlich einen Skalierungsfaktor p aufweisen, der eine Multiplikation der externen Zahl mit 10^p vor der Zuweisung an die Variable bewirkt. Im Gegensatz zu w und d kann p sowohl positiv als auch negativ sein. – Die so erhaltene Zahl wird den Attributen der Zielvariablen angepaßt und abgespeichert.

Bei der A u s g a b e wandelt das System die interne Größe zunächst in eine Festpunktzahl um. Falls ein Skalierungsfaktor angegeben ist, erfolgt dabei gleichzeitig eine Multiplikation mit 10^p. Die externe Zeichendarstellung dieser Zahl wird nun r e c h t s b ü n d i g in das w-stellige Feld gebracht. Falls das Formatelement nur die Feldlänge w aufweist, wird nur der ganzzahlige Bestandteil ohne Dezimalpunkt übertragen. Sonst füllen d Stellen hinter dem Komma, davor der Dezimalpunkt, davor w − d − 1 Stellen vor dem Komma das externe Feld. Führende Nullen werden vor dem Dezimalpunkt durch Leerzeichen ersetzt.

Wenn bei der Eingabe oder bei der Ausgabe signifikante Ziffern oder das Vorzeichen verlorengehen, weil am Ziel nicht genügend Platz vorhanden ist, wird die Bedingung SIZE gesetzt, die, wenn sie aktiviert worden ist, zur Ausgabe einer Fehlermeldung und zum Abbruch des Programmablaufs führt.

B e i s p i e l :

```
      DECLARE (A, B) DECIMAL FIXED (4,2),
              C  DECIMAL FLOAT (8);
      ...
      GET EDIT (A, B, C) (F (7, 3), F (4), F (12, 1, − 4));
      PUT EDIT (A, B, C) (F (10, 3), F (9, 4), F (14, 2, 6));
```

Wenn man die Datenreihe

⌴− 386746.23⌴⌴⌴⌴⌴⌴⌴⌴21.5

eingibt, lautet das Resultat

⌴⌴⌴− 38.670⌴⌴⌴⌴⌴6.23⌴⌴⌴⌴⌴⌴⌴⌴2150.00

$E(w, d\,[,s])$. Extern in Gleitpunktform dargestellte arithmetische Größen werden über das E-Datenformatelement gesteuert. Die externen Formen einer Gleitpunktkonstanten lassen sich so beschreiben:

$$\text{Festpunktkonstante } \left[\left\{ \begin{matrix} [E]\,\{\pm\} \\ E\,[\{\pm\}] \end{matrix} \right\} \text{ Exponent} \right]$$

w gibt die Länge des externen Zahlenfeldes innerhalb der Datenkette an. Im Falle der E i n -
g a b e kann die Gleitpunktkonstante innerhalb des Feldes beliebig von Leerzeichen umgeben sein. Wenn das gesamte Feld jedoch aus Leerzeichen besteht, wird die Bedingung CONVERSION gesetzt, so daß der Programmlauf nach Ausgabe einer Fehlermeldung abgebrochen wird. Die Festpunktkonstante bildet die Mantisse der Gleitpunktzahl. Enthält sie einen Dezimalpunkt, so bleibt die Angabe d im Formatelement wirkungslos, sonst werden die d hinteren Ziffern als Ziffern hinter dem Komma angesehen. Die Angabe von s ist bei der Eingabe bedeutungslos. Der Exponent muß eine vorzeichenlose Zahl sein. Die Gleitpunktkonstante errechnet sich aus der Festpunktkonstanten durch Multiplikation mit der zum Exponententeil gehörigen Zehnerpotenz. Fehlender Exponententeil wird zu Null angenommen. − Die so erhaltene Gleitpunktzahl wird den Attributen der Zielvariablen angepaßt und abgespeichert.

Bei der A u s g a b e hat die Gleitpunktzahl extern die Form

[−] s − d Ziffern . d Ziffern E {±} zweistelliger Exponent

Im Falle d = 0 entfällt auch der Dezimalpunkt. Insgesamt enthält die Zahl s signifikante Ziffern. Wenn s im Formatelement nicht angegeben worden ist, gilt s = d + 1. Die Gleitpunktzahl wird so normalisiert, daß die vorderste Ziffer der Mantisse von Null verschieden ist. Im Exponenten findet keine Nullenunterdrückung statt.

Wenn bei irgendeiner Übertragung signifikante Ziffern oder das Minuszeichen abgeschnitten werden, setzt das System die Bedingung SIZE.

Beispiel:

    DECLARE A DECIMAL FIXED (10, 4),
             B DECIMAL FLOAT (6),
             C DECIMAL FLOAT (2);
    . . .
    GET EDIT (A, B, C) (E (12, 4), E (15, 1), E (8, 3));
    PUT EDIT (A, B, C) (E (12, 0, 2), E (16, 2), E (10, 3, 3));

Bei Eingabe der Datenreihe

    ⊔⊔− 0.1E4⊔⊔⊔⊔⊔⊔⊔⊔⊔⊔⊔⊔2 + 2⊔⊔⊔.133E − 12

erhält man als Ausgabe

    ⊔⊔⊔⊔⊔− 10E + 02⊔⊔⊔⊔⊔⊔⊔⊔2.00E + 01⊔⊔.133E − 12

C (r e e l l e s F o r m a t e l e m e n t [, r e e l l e s F o r m a t e l e m e n t]). Dieses Formatelement überträgt komplexe Größen. Das erste Formatelement bezieht sich auf den Realteil, das
zweite auf den Imaginärteil. Wenn das zweite Element nicht angegeben wird, haben die beiden
Teile das gleiche Format. Extern befinden sich beide Teile hintereinander in der Datenreihe, ohne
daß dem Imaginärteil ein I angehängt wird.

A [(w)].   Die Übertragung von Zeichenketten geschieht über den Formatschlüssel A. w gibt
die Länge der externen Zeichenkette an. Apostrophs werden wie alle anderen Zeichen behandelt.
Bei der E i n g a b e ist die Angabe von w erforderlich. Die nächsten w Zeichen der externen
Datenreihe werden geholt und als Zeichenkette interpretiert. Diese Kette wird linksbündig unter
der Zielvariablen gespeichert, wobei im Falle unterschiedlicher Kettenlängen rechts Leerzeichen
angehängt bzw. Zeichen der externen Kette abgeschnitten werden. Wenn bei der A u s g a b e
im Formatelement die Angabe von w fehlt, wird die aktuelle Länge der auszugebenden Kette
verwendet. Die Übertragung erfolgt linksbündig, gegebenenfalls mit Abschneiden der Zeichen
oder Auffüllung mit Leerzeichen am rechten Ende.
B e i s p i e l :

    DECLARE (A, B, C) CHARACTER (10);
    . . .
    GET EDIT (A, B, C) (A (10), 2   A (5));
    PUT EDIT (A, B, C) (A (7), A (8), A (5));

Bei Eingabe der Datenreihe

    ⊔⊔⊔ELLIPSEKREISPUNKT

erhält man als Ausgabe

    ⊔⊔⊔ELLIKREIS⊔⊔⊔PUNKT

B [(w)].   Dieses Formatelement beschreibt die externe Darstellung von Bitketten. Jedes Bit
wird durch eines der Zeichen 0 oder 1 dargestellt. w gibt die Länge des externen Feldes an. Die
Kette ist weder in Apostrophs eingefaßt noch durch ein nachgestelltes B gekennzeichnet. Bei
der Eingabe kann die Bitkette irgendwo innerhalb der w Zeichen stehen. Vorangehende oder
nachgestellte Leerzeichen werden dabei ignoriert. w muß im Formatelement unbedingt
angegeben werden. Innerhalb der eigentlichen Kette dürfen nur die Zeichen 0 und 1 auftreten,
sonst setzt das System die Bedingung CONVERSION. − Die Übertragung erfolgt linksbündig,
gegebenenfalls mit Abschneiden der Bits oder mit Nullen-Auffüllung am rechten Ende der
Bitkette.
Bei der A u s g a b e kann w fehlen. Dann gilt die aktuelle Länge der zu übertragenden Bit-

kette als Länge der externen Kette. Im Falle ungleicher Längen wird am rechten Ende abgeschnitten bzw. mit Leerzeichen aufgefüllt.

B e i s p i e l :

```
        DECLARE (A, B, C) BIT (12);
        . . .
        GET EDIT (A, B, C) (B (5), B (12), B (10));
        PUT EDIT (A, B, C) (B (7), B (15), B (12));
```

Bei Eingabe der Datenreihe

⊔⊔1⊔⊔010001010011111111110011

erhält man als Ausgabe

1000000010001010011⊔⊔⊔111111001100

S t e u e r f o r m a t e l e m e n t e . Bei der Erläuterung der Steuerformatelemente werden die
Begriffe „Zeile" und „Spalte" verwendet, da diese Formatelemente hauptsächlich für Druckdateien benutzt werden. Mehrere unter ihnen lassen sich jedoch auch auf Nicht-Druckdateien
anwenden; dann sind diese Begriffe durch die allgemeineren Bezeichnungen „Satz" und
„Position im Satz" zu ersetzen. Steuerformatelemente arbeiten ohne Bezug auf die Datenliste. Sie kommen aber nur dann zum Zuge, wenn die Datenliste noch nicht abgearbeitet ist.

PAGE.   Seitenvorschub: Der Druckvorgang wird am Anfang der neuen Seite fortgesetzt. Das
PAGE-Formatelement darf nur bei Druckdateien verwendet werden.

LINE (n).   Der Druckvorgang wird am Anfang der n-ten Zeile fortgesetzt. Wenn auf der
gegenwärtigen Seite diese Zeile schon durchlaufen ist oder eine ungültige Zeilennummer
angegeben wird, setzt das System die Bedingung ENDPAGE, d. h. im Regelfall erfolgt der
Übergang an den Anfang einer neuen Seite. – Das LINE-Formatelement darf nur bei Druckdateien verwendet werden.

SKIP (n).   Es erfolgt ein Übergang an den Anfang derjenigen Zeile, die n Zeilen hinter der
gegenwärtigen Zeile liegt. Wenn n nicht angegeben ist, wird 1 genommen. Nur bei Druckdateien darf n auch Null sein.

COLUMN (n).   Es erfolgt ein Übergang in die n-te Spalte der gegenwärtigen Zeile bzw., wenn
diese Spalte bereits passiert war, in die n-te Spalte der nächsten Zeile.

X (n).   Durch dieses Formatelement werden die nächsten n Zeichen der Datenreihe übergangen, bei Ausgabe-Anweisungen also n Leerzeichen in die Reihe eingefügt.

B e i s p i e l :

```
        DECLARE (A, B, C) CHARACTER (3);
        GET EDIT (A, B, C) (COLUMN (1), A (3), X (2), A (1), SKIP, A (5));
        PUT EDIT (A, B, C) (PAGE, LINE (3), A (3), COLUMN (10), A (3), X (6), A (3));
```

Bei Eingabe der Datenreihe

ABCDEFGHIJKLMNOPQR (1. Satz)
STUVWXYZ   (2. Satz)

erhält man als Ausgabe

ABC⊔⊔⊔⊔⊔⊔F⊔⊔⊔⊔⊔⊔⊔⊔STU   (3. Zeile einer neuen Seite)

Beispiel 5. Das Programm in Tafel 4.49 berechnet, wie häufig die einzelnen Buchstaben des
Alphabets in einem 255 Zeichen langen Text vorkommen. Der Text wird vom Standard-Eingabe-

medium, hier von Lochkarten, EDIT-gesteuert – also ohne einschließende Apostrophs – gelesen und ausgegeben. Das Programm verwendet die beiden eingebauten Funktionen INDEX und SUBSTR. Die Zeichenkettenfunktion INDEX (kette1, kette2) stellt fest, ob die zweite Kette irgendwo vollständig in der ersten Kette vorkommt und nennt, falls das zutrifft, diejenige Position innerhalb der ersten Kette, wo die zweite Kette erstmalig beginnt, sonst Null. INDEX ('ABCACBCABAC', 'AC') liefert demnach den Wert 4. Aus einer Zeichenkette kann man mit SUBSTR (kette, anfangsposition, länge) eine Teilkette zwecks eigenständiger Bearbeitung herausgreifen. Die Teilkette wird durch ihre Anfangsposition innerhalb der Gesamtkette und durch ihre Länge festgelegt. SUBSTR ('ABCACBCABAC', 4, 2) liefert die Kette 'AC'. – Das Programm bestimmt Buchstabe für Buchstabe zunächst innerhalb der gesamten Zeichenkette, dann innerhalb der jeweils verbleibenden Teilkette die Position seines erstmaligen Auftretens. Der jeweilige Buchstabe, drei trennende Punkte und die berechnete Häufigkeit bilden die Ausgabe. Weil jede Zeile jedoch Platz für fünf derartige Resultate bietet, erfolgt die Ausgabe einmal mit einer Formatliste, die mit einem Zeilenwechsel beginnt, und viermal mit einer Formatliste, bei der zunächst vier trennende Leerzeichen gedruckt werden. Hierbei verwendet das Programm die eingebaute Funktion MOD zur Restbestimmung: MOD $(L - 1, 5)$ liefert den Rest bei der Division der Größe $L - 1$ durch 5. Unterschiedliche Formatlisten kann man aufrufen, indem man in der entsprechenden Übertragungsanweisung nicht die Formatliste selbst, sondern ein R-Formatelement notiert. Die darin enthaltene M a r k e n - v a r i a b l e MARKE weist entweder auf die FORMAT-Anweisung NEU (mit Seitensteuerung) oder auf die FORMAT-Anweisung ALT (mit vier Leerzeichen). Markenvariablen werden mit dem Attribut LABEL erklärt.

R - F o r m a t e l e m e n t . Das R-Formatelement R (markenangabe) bedeutet, daß zur Ausführungszeit an seine Stelle die Formatliste tritt, die in derjenigen FORMAT-Anweisung steht, deren Marke man dem R-Formatelement entnehmen kann.

B e i s p i e l :

```
DECLARE FORM LABEL;
. . .
IF ABS (A) < 1E4   THEN LABEL = FEST;
                   ELSE LABEL = GLEIT;
PUT EDIT (A) (R (FORM));
FEST: FORMAT (F (10, 3));
GLEIT: FORMAT (E (10, 3));
```

4.3.5. Datengruppierungen. In allen bisher erläuterten Fällen stehen die verwendeten Daten zumindest formal beziehungslos nebeneinander. Jede Variable stellt ein einziges Element dar und wird als E l e m e n t - V a r i a b l e bezeichnet. Viele Probleme, z. B. das Rechnen mit Matrizen oder die Verarbeitung von Lohnlisten, erfordern die Möglichkeit einer Datengruppierung. PL/I bietet zwei Arten, die B e r e i c h s b i l d u n g und die S t r u k t u - r i e r u n g .

B e r e i c h e . Ein Bereich ist eine n-dimensionale Gruppierung von Datenelementen mit übereinstimmenden Attributen. Die Bezeichnung der Datenelemente erfolgt durch den Bereichsnamen und die Indizes-Angabe innerhalb des Bereichs. Man verwendet nur ganzzahlige Indizes. Ein n-dimensionaler Bereich hat n Indexpositionen. Bereiche müssen vereinbart werden, wobei anstelle der Element-Variablen der Bereichsname und dahinter in

Tafel 4.49   Buchstabenzählung im Text

```
EXTEXT. . PROCEDURE OPTIONS (MAIN),.
          /* BUCHSTABENHAEUFIGKEIT IM TEXT */
          DECLARE ALPHABET CHARACTER (26)
                            INITIAL ('ABCDEFGHIJKLMNOPQRSTUVWXYZ'),
                  TEXT CHARACTER (255), BUCHSTABE CHARACTER (1),
                  MARKE LABEL,
                  (HAEUFIGKEIT, L, K, ABSPOS) FIXED,.
          GET EDIT (TEXT) (A (255)),.
          PUT PAGE EDIT (SUBSTR (TEXT, 1, 80)) (A),.
          PUT SKIP EDIT (SUBSTR (TEXT, 81, 80)) (A),.
          PUT SKIP EDIT (SUBSTR (TEXT, 161, 80)) (A),.
          PUT SKIP EDIT (SUBSTR (TEXT, 241, 15)) (A),. PUT SKIP,.
          DO L = 1 TO 26,.
              BUCHSTABE = SUBSTR (ALPHABET, L, 1),.
              HAEUFIGKEIT = 0,.
              ABSPOS = INDEX (TEXT, BUCHSTABE),.
              DO WHILE (ABSPOS NE 0),.
                 K = 0,.
                 HAEUFIGKEIT = HAEUFIGKEIT + 1,.
                 DO ABSPOS = ABSPOS + 1 TO 255 WHILE (K = 0),.
                    K = INDEX (SUBSTR (TEXT, ABSPOS, 1), BUCHSTABE),.
                 END,. IF K = 0 THEN ABSPOS = 0,.
              END,.
DRUCK. .      IF MOD (L - 1, 5) = 0   THEN MARKE = NEU,.
                                      ELSE MARKE = ALT,.
              PUT EDIT (BUCHSTABE CAT ' . . . ', HAEUFIGKEIT, ' MAL')
                       (R (MARKE), A, F (4), A),.
     NEU. . FORMAT (SKIP),.
     ALT. . FORMAT (X (4)),.
          END,.
          END EXTEXT,.
```

Eingabe:

'SAGE DEUTLICHER, WIE UND WENN. DU BIST UNS NICHT IMMER KLAR.'
GUTE LEUTE, WISST IHR DENN,
OB ICH MIRS SELBER WAR.
GOETHE

Ausgabe:

'SAGE DEUTLICHER, WIE UND WENN. DU BIST UNS NICHT IMMER KLAR.'
GUTE LEUTE, WISST IHR DENN,
OB ICH MIRS SELBER WAR.
GOETHE

A . . . 3 MAL	B . . . 3 MAL	C . . . 3 MAL	D . . . 4 MAL	E . . . 14 MAL
F . . . 0 MAL	G . . . 3 MAL	H . . . 5 MAL	I . . . 9 MAL	J . . . 0 MAL
K . . . 1 MAL	L . . . 4 MAL	M . . . 3 MAL	N . . . 5 MAL	O . . . 2 MAL
P . . . 0 MAL	Q . . . 0 MAL	R . . . 7 MAL	S . . . 6 MAL	T . . . 7 MAL
U . . . 6 MAL	V . . . 0 MAL	W . . . 4 MAL	X . . . 0 MAL	Y . . . 0 MAL
Z . . . 0 MAL				

Klammern und durch Kommas getrennt die Grenzen der einzelnen Dimensionen geschrieben werden. Untere und obere Grenze werden durch einen Doppelpunkt getrennt. Enthält die

Vereinbarung nur eine Angabe je Dimension, so wird diese als obere Grenze und 1 als untere Grenze angenommen.

DECLARE A $(-4: -2,5)$ DECIMAL FIXED $(7, 3)$;

vereinbart einen zweidimensionalen Bereich. Der erste Index kann die Werte $-4, -3, -2$, der zweite die Werte $1, 2, 3, 4, 5$ annehmen. Der Bereich enthält demnach 15 Elemente, sämtlich mit den Attributen DECIMAL FIXED $(7, 3)$:

$$A (-4, 1), A (-4, 2), A (-4, 3), A (-4, 4), A (-4, 5)$$
$$A (-3, 1), A (-3, 2), A (-3, 3), A (-3, 4), A (-3, 5)$$
$$A (-2, 1), A (-2, 2), A (-2, 3), A (-2, 4), A (-2, 5)$$

Wenn auf den gesamten Bereich Bezug genommen werden soll, wird nur der Bereichsname genannt. Ein einzelnes Element des Bereichs wird durch den Bereichsnamen und die vollständige Liste der zu ihm gehörenden Indexwerte aufgerufen. Diese Indexwerte können Ausdrücke sein, die nach Abtrennung gebrochener Bestandteile gültige Indexwerte liefern. Wenn z. B. $I = 3$, $K = 5$ und $L = 8$ gilt, stellt A $(I - K, L/K + I)$ einen Aufruf des Elementes A $(-2, 4)$ dar.

In PL/I gibt es E l e m e n t a u s d r ü c k e , B e r e i c h s a u s d r ü c k e und S t r u k t u r a u s d r ü c k e . Ein Elementausdruck liefert einen einzigen Wert, ein Bereichsausdruck einen Bereich, ein Strukturausdruck eine Struktur. In einem B e r e i c h s - a u s d r u c k muß mindestens ein Bereichsoperand vorkommen. Ein solcher Ausdruck wird Element für Element ausgewertet (wobei ein Index um so häufiger variiert wird, je weiter rechts er steht), so daß alle Bereichsoperanden eines Ausdrucks i d e n t i s c h e G r e n z e n besitzen müssen. Alle bisher für einzelne Elemente verwendeten Operatoren können in Bereichsausdrücken verwendet werden. Die Zuordnung zu einem Zielbereich erfolgt durch die Ergibtanweisung.

B e i s p i e l : Mit

DECLARE (A $(3, 4)$, B $(3, 4)$) DECIMAL FIXED,
C $(3, 4)$ DECIMAL FLOAT,
D $(3, 4)$ BINARY FIXED;

können z. B. folgende Anweisungen gegeben werden:

D = A > B;
IF D $(1, 2)$ = D $(3, 4)$ THEN C $= -A * A + B/3$;
ELSE C $= 2.18 * B/A - 15$;

Man beachte, daß A * A eine elementweise Multiplikation bewirkt und nicht eine Matrixmultiplikation. PL/I bietet die Möglichkeit, U n t e r b e r e i c h e zu spezifizieren, bei denen nur einige Indizes variieren, während die übrigen festgelegt sind. Dies geschieht, indem man statt der variierenden Indizes einen Stern schreibt. Die Anweisung

A $(* ,J) = A (* ,J) - P * A (* ,I)$;

in der P eine Element-Variable sein soll, zieht von jedem Element der Spalte J das P-fache des entsprechenden Elementes der Spalte I ab. — Ein Bereichsaufruf, der an jeder Indexposition einen Stern hat, bezieht sich auf den gesamten Bereich.

Beispiel 6. Tafel 4.50 enthält ein Programm zur Inversion einer Matrix und zur Simultanauflösung linearer Gleichungssysteme mit übereinstimmender Koeffizientenmatrix. Die Rechnung erfolgt nach dem Stiefel-Verfahren mit Bestimmung des optimalen Drehelementes. Da es im Subset die Möglichkeit, mit Unterbereichen zu arbeiten, nicht gibt, war es erforder-

Tafel 4.50 Auflösung linearer Gleichungssysteme nach Stiefel

```
STIFEL. . PROCEDURE OPTIONS (MAIN),.
            DECLARE UEBERSCHRIFT CHARACTER (60), (A (30, 30), D) FLOAT (16),
               (II (30), JJ (30), Z (30), S (30), I, J, K, L, M, N) FIXED (2),.
            GET LIST (UEBERSCHRIFT, M, N),.
            PUT PAGE LIST (UEBERSCHRIFT),. PUT SKIP (2) LIST (M, N),.
            IF M LE 0 OR N LT M OR N GT 30 THEN
            DO,. PUT LIST ('EINGABEFEHLER'),. RETURN,. END,.
            GET LIST (((A (I, J) DO J = 1 TO N) DO I = 1 TO M)),.
            PUT SKIP (2) LIST ('EINGABE'),.
            DO I = 1 TO M,.
               PUT SKIP EDIT ((A (I, J) DO J = 1 TO N)) (R (FORM)),. END,.
FORM. .     FORMAT (SKIP, 5 E (14, 5)),.
            ON OVERFLOW GO TO FEHLER,. ON ZERODIVIDE GO TO FEHLER,.
PIVOT. .    DO L = 1 TO M,.
               D = − 1,.
               DO I = 1 TO M,. DO K = 1 TO L − 1,.
                     IF II (K) = I THEN GO TO ENDI,. END,.
               DO J = 1 TO M,. DO K = 1 TO L − 1,.
                     IF JJ (K) = J THEN GO TO ENDJ,. END,.
               IF ABS (A (I, J)) GT D THEN DO,. D = ABS (A (I, J)),.
                                    II (L) = I,. JJ (L) = J,. END,.
            ENDJ. . END,. ENDI. . END,.
            D = A (II (L), JJ (L)),.
            A (II (L), JJ (L)) = 1,.
            DO I = 1 TO M,.
               A (I, JJ (L)) = A (I, JJ (L))/D,. END,.   /*DREHSPALTE */
            DO J = 1 TO JJ (L) − 1, JJ (L) + 1 TO N,.   /*ALLE UEBRIGEN */
               D = A (II (L), J),. A (II (L), J) = 0,.
               DO I = 1 TO M,. A (I, J) = A (I, J) − D * A (I, JJ (L)),.
            END,. END,.
            END PIVOT,.
            DO K = 1 TO M,. Z (JJ (K)) = II (K),. S (II (K)) = JJ (K),. END,.
            PUT PAGE LIST (UEBERSCHRIFT),.
            PUT SKIP (2) LIST (M, N),. PUT SKIP (2) LIST ('ERGEBNIS'),.
            DO I = 1 TO M,.
            PUT SKIP EDIT ((A (Z (I), S (J)) DO J = 1 TO M),
                           (A (Z (I), J) DO J = M + 1 TO N)) (R (FORM)),. END,.
            GO TO ENDE,.
FEHLER. . PUT PAGE LIST ('ERGEBNIS HIER NICHT BESTIMMBAR'),.
ENDE. .   PUT PAGE,. END STIFEL,.
```

Eingabe:

'LINEARES GLEICHUNGSSYSTEM 3 ∗ 4' 3 4
3 4 2 − 1 − 2 2 1 3 1 − 7 − 1 − 12

Ausgabe:

LINEARES GLEICHUNGSSYSTEM 3 * 4
     3   4
EINGABE

3.00000E + 00	4.00000E + 00	2.00000E + 00	− 1.00000E + 00
− 2.00000E + 00	2.00000E + 00	1.00000E + 00	3.00000E + 00
1.00000E + 00	− 7.00000E + 00	− 1.00000E + 00	− 1.20000E + 01

```
LINEARES GLEICHUNGSSYSTEM 3 * 4
     3                        4
ERGEBNIS
   1.42857E − 01     − 2.85714E − 01      .00000E + 00      1.00000E + 00
 − 2.85714E − 02     − 1.42857E − 01    − 2.00000E − 01    − 2.00000E + 00
   3.42857E − 01       7.14286E − 01      4.00000E − 01      3.00000E + 00
```

Eingabe:

```
'LIN. GLEICHUNGSSYSTEM, VIELE LOESUNGEN' 3 4
3 1 1 − 2 1 − 1 2 − 3 1 3 − 3 4
```

Ausgabe:

```
LIN. GLEICHUNGSSYSTEM, VIELE LOESUNGEN
     3                        4
EINGABE
   3.00000E + 00       1.00000E + 00      1.00000E + 00    − 2.00000E + 00
   1.00000E + 00     − 1.00000E + 00      2.00000E + 00    − 3.00000E + 00
   1.00000E + 00       3.00000E + 00    − 3.00000E + 00      4.00000E + 00

LIN. GLEICHUNGSSYSTEM, VIELE LOESUNGEN
     3                        4
ERGEBNIS
 − 1.35108E + 15       2.70216E + 15      1.35108E + 15      8.00000E − 01
   2.25180E + 15     − 4.50360E + 15    − 2.25180E + 15    − 1.00000E + 00
   1.80144E + 15     − 3.60288E + 15    − 1.80144E + 15      6.00000E − 01
```

Eingabe:

```
'LIN. GLEICHUNGSSYSTEM OHNE LOESUNGEN' 4 5
1 1 1 1 − 2 2 1 − 1 1 − 3 3 2 0 2 − 4 1 0 − 2 0 − 5
```

Ausgabe:

```
LIN. GLEICHUNGSSYSTEM OHNE LOESUNGEN
     4                        5
EINGABE
   1.00000E + 00     1.00000E + 00      1.00000E + 00      1.00000E + 00 − 2.00000E + 00
   2.00000E + 00     1.00000E + 00    − 1.00000E + 00      1.00000E + 00 − 3.00000E + 00
   3.00000E + 00     2.00000E + 00      .00000E + 00      2.00000E + 00 − 4.00000E + 00
   1.00000E + 00      .00000E + 00    − 2.00000E + 00      .00000E + 00 − 5.00000E + 00

LIN. GLEICHUNGSSYSTEM OHNE LOESUNGEN
     4                        5
ERGEBNIS
    .00000E + 00 − 9.60768E + 15      4.80384E + 15      4.80384E + 15    1.44115E + 16
 − 5.19230E + 33   1.03846E + 33      2.07692E + 33 − 3.11538E + 33 − 1.45384E + 34
    .00000E + 00 − 4.80384E + 15      2.40192E + 15      2.40192E + 15    7.20576E + 15
   5.19230E + 33 − 1.03846E + 33 − 2.07692E + 33      3.11538E + 33    1.45384E + 34
```

lich, eine entsprechende Anzahl von DO-Anweisungen zu verwenden. Das Programm verwendet die eingebaute Funktion ABS zur Berechnung des Betrages ihres Argumentes.

S t r u k t u r e n . Im Gegensatz zu den Bereichen, in denen alle Elemente gleiche Attribute besitzen und gleichberechtigt nebeneinanderstehen, stellt die Strukturierung eine Daten-gruppierung nach hierarchischem Prinzip dar. In einer Struktur haben die Datenelemente im allgemeinen unterschiedliche Attribute. Ihres logischen Zusammenhanges wegen werden die Daten zu Unter- und Oberbegriffen zusammengefaßt. Über der gesamten Struktur steht der Strukturname, z. B. AUTO. Die Struktur AUTO besteht aus gewissen Unterstrukturen, wie Motor, Beleuchtung, Bereifung, Innenausstattung, usw. Jede dieser Unterstrukturen besteht möglicherweise wiederum aus Unterstrukturen, bis man schließlich zu den Einzelteilen gelangt. Es kommt nun auf den speziellen Vorgang an, ob man die Gesamtstruktur, eine Unterstruktur oder ein einzelnes Element anspricht. Mit Vorteil wird man den Begriff Auto verwenden, wenn man ein Taxi ruft, statt die Gesamtheit aller Einzelteile aufzuzählen. Ist jedoch nur ein Radventil zu erneuern, dann wird man nicht eine Erneuerung der ganzen Unterstruktur Bereifung bestellen.

Eine Struktur muß vereinbart werden. Hierbei erhalten die einzelnen Stufen der Struktur Nummern. Die Hauptstruktur beginnt stets mit der Nummer 1; die Nummer einer Struktur muß stets größer sein als die Nummer jeder ihrer Oberstrukturen.

Die Aufgliederung einer Lohnlistenstruktur könnte (unter Vernachlässigung der Element-attribute) so aussehen:

```
    1␣LOHNLISTE,
        2␣PERSONALIEN,
            3␣NAME,
                4␣NACHNAME,
                4␣VORNAME,
            3␣ANSCHRIFT,
                4␣ORT,
                    5␣POSTLEITZAHL,
                    5␣NAME,
                4␣STRASSE,
                    5␣NAME,
                    5␣HAUSNUMMER,
        2␣PERSONALNUMMER,
        2␣ARBEITSSTUNDEN,
            3␣NORMALSTUNDEN,
            3␣UEBERSTUNDEN,
        2␣STUNDENLOHN,
            3␣NORMALSTUNDEN,
            3␣UEBERSTUNDEN;
```

Die Hauptstruktur LOHNLISTE besteht aus den Unterstrukturen PERSONALIEN, ARBEITS-STUNDEN, STUNDENLOHN und aus dem Strukturelement PERSONALNUMMER. Die Unterstruktur PERSONALIEN wiederum enthält die beiden Unterstrukturen NAME und ANSCHRIFT. Während man bei NAME nunmehr direkt zu Strukturelementen gelangt, ist ANSCHRIFT nochmals in zwei Unterstrukturen aufgeteilt. Nur in der letzten Stufe repräsen-tieren die Namen einzelne Elemente, so daß bei der Struktur-Vereinbarung auch nur sie mit Attributen zu versehen sind. Innerhalb des Programms kann man die Gesamtstruktur, eine Unterstruktur oder ein Strukturelement zur Verarbeitung ansprechen. Hierbei verwendet man oft g e k e n n z e i c h n e t e   N a m e n , um Doppeldeutigkeiten zu vermeiden. Ein Name ist v o l l s t ä n d i g gekennzeichnet, wenn er, jeweils durch einen Punkt getrennt, aus der

Namensfolge a l l e r umfassenden Strukturen besteht. In der Lohnlistenstruktur sind
LOHNLISTE. PERSONALIEN. ANSCHRIFT, LOHNLISTE. STRASSE, ANSCHRIFT.
ORT Beispiele für gekennzeichnete Namen. Hierbei hätte man sich mit den einfachen Namen
ANSCHRIFT, STRASSE, ORT begnügen können, da keine Verwechslung möglich ist.
NORMALSTUNDEN hingegen bezeichnet sowohl ein Element der Unterstruktur
ARBEITSSTUNDEN als auch eines der Unterstruktur STUNDENLOHN, so daß hier eine
Kennzeichnung unbedingt erforderlich ist, z. B. ARBEITSSTUNDEN. NORMAL-
STUNDEN und STUNDENLOHN. NORMALSTUNDEN. Die Hauptstruktur LOHNLISTE
enthält die Daten eines einzelnen Lohnempfängers. Wenn die Daten aller Beschäftigten
untereinander verarbeitet werden sollen, muß man die einzelnen Strukturen unterscheiden,
indem man z. B. einen B e r e i c h v o n S t r u k t u r e n definiert: 1␣LOHNLISTE(9999)
bei maximal 9999 Arbeitnehmern. Wenn neben der Anschrift des ersten auch die des
zweiten Wohnsitzes von Interesse ist, empfiehlt sich die Einführung eines Anschriften-
bereiches. Damit ergibt sich als vollständige Vereinbarung der genannten Struktur

```
DECLARE 1␣LOHNLISTE(9999),
        2␣PERSONALIEN,
          3␣NAME,
            4␣NACHNAME␣CHARACTER(30),
            4␣VORNAME␣CHARACTER(15),
          3␣ANSCHRIFT(2),
            4␣ORT,
              5␣POSTLEITZAHL␣DECIMAL␣FIXED(4),
              5␣NAME␣CHARACTER(30),
            4␣STRASSE,
              5␣NAME␣CHARACTER(20),
              5␣HAUSNUMMER␣DECIMAL␣FIXED(4),
        2␣PERSONALNUMMER␣DECIMAL␣FIXED(6),
        2␣ARBEITSSTUNDEN,
          3␣NORMALSTUNDEN␣DECIMAL␣FIXED(3),
          3␣UEBERSTUNDEN␣DECIMAL␣FIXED(3),
        2␣STUNDENLOHN,
          3␣NORMALSTUNDEN␣DECIMAL␣FIXED(2, 2),
          3␣UEBERSTUNDEN␣DECIMAL␣FIXED(2, 2);
```

Die Postleitzahl des zweiten Wohnsitzes des Beschäftigten mit der Lohnliste Nr. 35 erhält man in
LOHNLISTE(35).PERSONALIEN.ANSCHRIFT(2).ORT.POSTLEITZAHL
Die einzelnen Bereichsindizes kann man zusammenziehen, die Bezeichnung einschränken, so
daß auch
LOHNLISTE(35,2).POSTLEITZAHL
oder einfach
POSTLEITZAHL(35, 2)
ausreichen.

S t r u k t u r a u s d r ü c k e enthalten mindestens einen Strukturoperanden. Sind mehrere
Strukturoperanden beteiligt, so müssen sie eine übereinstimmende Gliederung aufweisen.
Daneben dürfen im Strukturausdruck nur noch Elementausdrücke auftreten. Alle Operationen
eines Strukturausdrucks werden nacheinander mit jedem ihrer Elemente ausgeführt. Mit

Tafel 4.51   Newton-Verfahren zur Berechnung n-ter Wurzeln

```
NWURZ. . PROCEDURE OPTIONS (MAIN),.
          /* N-TE WURZEL AUS A          KARTENART IN SP. 1
             KARTENART 1 . . . MAXIMALE ITERATIONSZAHL, GENAUIGKEIT
             KARTENART 2 . . . WURZELEXPONENT N, RADIKAND A
             KARTENART 9 . . . ENDE DES PROGRAMMS */
          DECLARE (N, MAXITZAHL INITIAL (20), I, NMINUS 1) FIXED (4),
             KA FIXED (1), (A, RELGEN INITIAL (5E − 6), XALT, XNEU, FAKTOR,
             ADURCHN) FLOAT,
             1 KARTE,  2 KARTENART CHARACTER (1),
                       2 KARTENREST CHARACTER (79),.
LESEN. .  GET EDIT (KARTE)  (A (1), A (79)),.
          IF KARTENART = '9' THEN RETURN,.
          IF KARTENART NE '1' AND KARTENART NE '2' THEN
             FEHLER. . DO,.
          PUT SKIP (2) LIST ('EINGABEFEHLER '),.
          PUT SKIP LIST (KARTENART CAT KARTENREST),. GO TO LESEN,. END,.
          GET STRING (KARTENREST) LIST (N, A),.
          IF N LE 0 THEN GO TO FEHLER,.
          IF KARTENART = '1' THEN IF A LE 0 THEN GO TO FEHLER,.
                                       ELSE DO,.
                                         MAXITZAHL = N,.
                                         RELGEN = A,.
                                         GO TO LESEN,. END,.
          IF KARTENART NE '2' THEN GO TO FEHLER,.
          PUT SKIP (2) EDIT ('MAXIMAL', MAXITZAHL, 'ITERATIONEN. RELATIVE',
          'GENAUIGKEIT', RELGEN) (A, F (5), A, A, E (12, 5)),.
          PUT SKIP EDIT   ('DIE', N, '-TE WURZEL AUS', A, ' IST ')
                          (A, F (5), A, E (13, 5), A),.
          XALT = 0,. XNEU = A,.
          IF A LT 0 AND MOD (N, 2) = 0 THEN DO,.
                                       PUT EDIT ('NICHT REELL') (A),.
                                       GO TO LESEN,. END,.
          NMINUS1 = N − 1,. FAKTOR = NMINUS1/N,. ADURCHN = A/N,.
          DO I = 0 TO MAXITZAHL
             WHILE (ABS (XNEU − XALT) GT RELGEN * ABS (XNEU)),.
          XALT = XNEU,.
          XNEU = FAKTOR * XALT + ADURCHN/XALT * * NMINUS1,. END,.
          IF I = MAXITZAHL + 1 THEN DO.,
          PUT EDIT ('MIT', MAXITZAHL, 'ITERATIONEN NICHT BESTIMMBAR.',
          'XALT =', XALT,' XNEU =', XNEU) (A, F (5), A, A, E (13,5), A, E (13,5)),.
          GO TO LESEN,. END,.
          IF I = 0 THEN DRUCK. . DO,.  PUT EDIT (XNEU) (E (12, 5)),.
                                       GO TO LESEN,. END,.
          IF I = 1 THEN PUT EDIT ('NACH EINER ITERATION ') (A),.
                  ELSE PUT EDIT ('NACH', I, ' ITERATIONEN ') (A, F (5), A),.
          GO TO DRUCK,. END NWURZ,.
```

Eingabe:

```
2 4 3
2 4 − 3
1 5 − 0.0005
1 5 0.00005
2 2 2
9 ENDE-KARTE
```

Ausgabe:

```
MAXIMAL 20 ITERATIONEN. RELATIVE GENAUIGKEIT 5.00000E − 06
DIE 4-TE WURZEL AUS 3.00000E + 00 IST NACH 7 ITERATIONEN 1.31607E + 00

MAXIMAL 20 ITERATIONEN. RELATIVE GENAUIGKEIT 5.00000E − 06
DIE 4-TE WURZEL AUS − 3.00000E + 00 IST NICHT REELL

EINGABEFEHLER
1 5 − 0.0005

MAXIMAL 5 ITERATIONEN. RELATIVE GENAUIGKEIT 5.00000E − 05
DIE 2-TE WURZEL AUS 2.00000E + 00 IST NACH 4 ITERATIONEN 1.41421E + 00
```

```
DECLARE 1⌴STUNDENSUMME,
        2⌴NORMAL⌴DECIMAL⌴FIXED(8)⌴INITIAL(0),
        2⌴UEBER⌴DECIMAL⌴FIXED(8)⌴INITIAL(0);
```
erhält man durch
```
STUNDENSUMME = ARBEITSSTUNDEN(4) + ARBEITSSTUNDEN(81);
```
die Summe der Normal- und der Überstunden des 4. und des 81. Beschäftigten. PL/I bietet
bei Ergibtanweisungen durch die Zuweisung BY NAME die Möglichkeit, auch Strukturen
unterschiedlicher Gliederung zu verwenden, wobei dann nur solche Strukturelemente verknüpft und zugewiesen werden, die mit Ausnahme des Hauptstrukturnamens übereinstimmende Namen haben.

Beispiel 7. Tafel 4.51 enthält ein Programm zur näherungsweisen Berechnung n-ter Wurzeln aus
Eingabezahlen a nach dem Newtonschen Verfahren. Solange der Anwender nichts anderes
verlangt, wird mit einer relativen Genauigkeit von $5 \cdot 10^{-6}$ und mit maximal 20 Iterationen
gearbeitet. Die Programmeingaben erfolgen über Lochkarten, die in Spalte 1 die jeweilige
Kartenart tragen. Karten der Art 1 enthalten eine neue maximale Iterationszahl und eine neue
relative Genauigkeit, Karten der Art 2 die Angabe von n und a. Kartenart 9 meldet das Ende
der Berechnungen. Wenn vom Programm eine Datenkarte gelesen wird, ist demnach die Kartenart nicht vorherzusehen. Insbesondere ist es fraglich, ob in den Spalten 2 bis 80 überhaupt
Zahlen gelocht sind. Eine LIST-gesteuerte Eingabe mit der Maßgabe, zwei Zahlen aus den
Spalten 2 bis 80 zu entnehmen, führt zum Programmabbruch mit Fehlermeldung, sobald die
Karte der Art 9 gelesen wird. Man umgeht diese Schwierigkeit, indem man den Inhalt jeder
Karte zunächst in eine Struktur liest, die aus einer einstelligen und einer 79-stelligen Zeichenkette besteht. Sobald feststeht, daß es sich um eine Karte der Art 1 oder 2 handelt, werden aus
der 79-stelligen Kette durch interne Übertragung die beiden Zahlen herausgesucht und nach
entsprechender Umwandlung gespeichert. Dies erreicht man durch eine modifizierte GET LIST-
Anweisung, bei der die Option STRING (anstelle der impliziten Option FILE) darauf hinweist,
daß die Daten einer intern gespeicherten Quellkette zu entnehmen sind.

4.3.6. Eingefügte Funktionen. In den vorangegangenen Beispielen sind bereits häufig
F u n k t i o n s a u f r u f e als Operanden in Ausdrücken oder selbst als Ausdrücke verwendet worden. PL/I bietet zahlreiche eingefügte Funktionen, die den Programmieraufwand
erheblich verringern. Die Menge der zur Verfügung stehenden Funktionen hängt davon ab,
welche Kompiliererstufe verwendet werden kann. Man informiert sich deswegen zweckmäßig
anhand des gültigen PL/I-Handbuches.

Die eingefügten Funktionen werden wie folgt eingeteilt:

1. Eingefügte Funktionen für Berechnungen
2. Eingefügte Funktionen für Bedingungen
3. Eingefügte Funktionen für basisbezogenen Speicher
4. Eingefügte Funktionen für Multitasking
5. Gemischte eingefügte Funktionen
6. Pseudovariable

E i n g e f ü g t e F u n k t i o n e n f ü r B e r e c h n u n g e n . Die Funktionen dieser Gruppe erleichtern die Programmierung arithmetischer oder mathematischer Operationen und die Handhabung von Ketten und Bereichen. Man unterscheidet eingefügte arithmetische und mathematische Funktionen, eingefügte Kettenfunktionen und eingefügte Funktionen für die Behandlung von Bereichen.

E i n g e f ü g t e a r i t h m e t i s c h e F u n k t i o n e n erwarten als Argumente im allgemeinen Element- oder Bereichsausdrücke. Wenn ein Bereich als Argument auftritt, ist das Ergebnis der Funktion ebenfalls ein Bereich, wobei die Funktion auf jedes Element des Bereiches angewendet wird. Die Anweisung

$$Y = ABS(X);$$

veranlaßt, wenn X (100) und Y (100) vereinbart war, die Speicherung der Beträge sämtlicher 100 Zahlen des Bereiches X im Bereich Y.

Es gibt arithmetische Funktionen für die Datenumwandlung, die Maximum- und Minimumbestimmung, die Vorzeichenbestimmung und die Rundung. Mit Hilfe entsprechender Funktionen kann man ferner eine Steuerung der Ergebnisgenauigkeit bei den Grundoperationen veranlassen.

Die Liste der e i n g e f ü g t e n m a t h e m a t i s c h e n F u n k t i o n e n besteht beim PL/I-F-Kompilierer aus

ATAN (x, y)	COSH (x)	LOG10 (x)	SQRT (x)
ATAND (x, y)	ERF (x)	LOG2 (x)	TAN (x)
ATANH (x)	ERFC (x)	SIN (x)	TAND (x)
COS (x)	EXP (x)	SIND (x)	TANH (x)
COSD (x)	LOG (x)	SINH (x)	

Das nachgesetzte D bedeutet, daß der beteiligte Winkel im Gradmaß angegeben ist. Die Argumente können im allgemeinen Element- oder Bereichsausdrücke sein und in vielen Fällen auch komplexe Werte annehmen.

Bei den e i n g e f ü g t e n K e t t e n f u n k t i o n können die Argumente im allgemeinen ebenfalls aus Element- oder Bereichsausdrücken bestehen. Zu diesen Funktionen zählen INDEX und SUBSTR zum Kettensuchen und zur Teilkettenverarbeitung, LENGTH zur Bestimmung von Kettenlängen, BOOL zur Booleschen Verknüpfung und eine Anzahl von Kettenfunktionen für spezielle Aufgaben. Die e i n g e f ü g t e n B e r e i c h s f u n k t i o n e n SUM (a) und PROD (a) – a repräsentiert einen Bereich – errechnen die Summe bzw. das Produkt aller Bereichselemente. Entsprechend verknüpfen ALL (a) und ANY (a) alle Bitketten eines Bereiches konjunktiv bzw. disjunktiv. Die Funktion POLY (a, x) berechnet ein Polynom mit Koeffizienten aus dem Bereich a. Zwei andere Funktionen ermitteln die gegenwärtigen Grenzen der einzelnen Dimensionen für den vorgegebenen Bereich.

E i n g e f ü g t e F u n k t i o n e n f ü r B e d i n g u n g e n . Diese Funktionen erleichtern dem Programmierer die Suche für den Grund einer wirksam gewordenen ON-Bedingung.

Beispielsweise liefert ONCHAR dasjenige Zeichen, das zum Setzen der CONVERSION-Bedingung geführt hat.

G e m i s c h t e   e i n g e f ü g t e   F u n k t i o n e n . Erwähnenswert sind die Funktionen DATE und TIME zur Ausgabe des gegenwärtigen Datums (Jahr, Monat, Tag) bzw. der momentanen Uhrzeit (Stunde, Minute, Sekunde, Millisekunde). In dieser Gruppe befindet sich ferner die Funktion LINENO zur Ermittlung der gegenwärtigen Zeilennummer der Druckdatei und die Funktion COUNT, mit der man die Anzahl der bei der letzten GET- oder PUT-Anweisung übertragenen Datenelemente bestimmen kann.

P s e u d o v a r i a b l e . Der Aufruf einer eingefügten Funktion gilt als Ausdruck; er kann folglich überall dort erfolgen, wo ein Ausdruck erlaubt ist, z. B. als Operand eines umfassenderen Ausdrucks. Einige eingefügte Funktionen können jedoch auch als Pseudovariable auftreten, folglich überall dort stehen, wo Variable zugelassen sind, z. B. auf der linken Seite einer Ergibtanweisung. In diesen Fällen liefern die eingebauten Funktionen keine Werte, sondern empfangen Daten.

Die Anweisung

ONCHAR = 0;

in der ON-Einheit einer CONVERSION-Bedingung bewirkt, daß das Zeichen 0 den gegenwärtigen Wert der eingebauten Funktion ONCHAR ersetzt und beim neuen Versuch der Umwandlung verwendet wird.

GET LIST (SUBSTR (KETTE, I, J));

bewirkt, daß eine Zeichenkette eingelesen wird, von der die J ersten Zeichen in der Zeichenkette KETTE ab Zeichen Nr. I gespeichert werden. Hierbei können I und J Bereichsnamen sein, wenn auch KETTE ein Bereichsname ist und alle Bereiche identische Grenzen besitzen.

Es ist nicht gestattet, Pseudovariable zu schachteln, so daß die Anweisung

SUBSTR (SUBSTR (KETTE, 3, 4), 2, 1) = 'A';

zurückgewiesen würde.

4.3.7. Blockstruktur. Programmablaufsteuerung. Speicherplatzzuweisung. Eine wesentliche Erleichterung besonders bei der Programmierung umfangreicher Projekte ist die Möglichkeit, PL/I-Programme in einzelne Blöcke zu unterteilen, die ihrerseits wiederum beliebig geschachtelte Blöcke enthalten können. Dadurch können Namen lokalisiert und Variablenzuordnungen beschränkt werden. PL/I unterscheidet PROCEDURE- und BEGIN-Blöcke. Jedes PL/I-Programm besteht aus mindestens einer externen, also nicht mehr in einer anderen enthaltenen Prozedur, der H a u p t p r o z e d u r , die man an der Eintragung MAIN in der OPTIONS-Liste der PROCEDURE-Vereinbarung erkennt; sie bleibt während des gesamten Programmablaufs aktiv. Daneben können weitere externe Prozeduren vorhanden sein, die dann getrennt übersetzt werden müssen. Interne Prozeduren werden stets von einem anderen Block umschlossen.

Beispiel 8. Die Biegelinie eines beidseitig aufgelagerten Trägers mit Streckenlast wird in dem Programm auf Tafel 4.52 berechnet. Das Programm besteht aus einer externen Prozedur, der Hauptprozedur BIEGEL. Darin enthalten ist die interne Funktionsprozedur HORNER, die, wie die eingefügte Bereichsbehandlungsfunktion POLY, Polynomwerte ermittelt. BIEGEL hat LIST-gesteuerte Eingabe und erwartet auf Lochkarten die Werte der Streckenlast $q_0/(kp/cm)$, des Elastizitätsmoduls $E/(kp/cm^2)$, des Flächenträgheitsmomentes I/cm^4, der Trägerlänge ℓ/cm, der Endpunktkoordinaten a/cm und b/cm und der Schrittweite h/cm.

Tafel 4.52   Biegelinie eines beidseitig aufgelagerten Trägers

---

```
BIEGEL. . PROCEDURE OPTIONS (MAIN),.
            /* BIEGELINIE EINES BEIDSEITIG AUFGELAGERTEN TRAEGERS
              MIT STRECKENLAST */
            DECLARE (Q0, E, I, L, A, B, H, FAKTOR, Z,
               C0 (5) INITIAL (1, − 2, 0, 1, 0), C1 (5) INITIAL (4, − 6, 0, 1),
               C2 (5) INITIAL (12, − 12, 0), C3 (5) INITIAL (24, − 12)) FLOAT,.
            GET LIST (Q0, E, I, L, A, B, H),.
            PUT EDIT ('BIEGELINIE EINES BEIDSEITIG AUFGELAGERTEN TRAEGERS'
               ,' MIT STRECKENLAST', 'Q0 =', Q0,' KP/CM', 'I =', I,
                ' CM * * 4', 'E =', E, ' KP/CM * * 2', 'L =', L, ' CM', 'A =', A,
                ' CM', 'B =', B, ' CM', 'H =', H, ' CM')
                (COLUMN (1), A, A, SKIP (2), A, F (6, 2), A, X (7), A, F  (8, 1), A,
                X (6), A, E (12, 15), A, COLUMN (1), A, F (7, 1), A, X (1),
                3 (X (6), A, F (7, 1), A)),. PUT SKIP (3),.
            IF Q0 LE 0 OR E LE 0 OR I LE 0 OR L LE 0 OR A LT B AND H LE 0
            OR A GT B AND H GE 0 THEN DO,. PUT LIST ('EINGABEFEHLER'),.
                                        RETURN,. END,.
            PUT EDIT ('X/CM', 'Y/CM', 'Y ' ' ', 'Y' ' ' ' * CM', 'Y' ' ' ' ' ' * CM * * 2')
                (COLUMN (4), A, X (7), A, X (12), A, X (11), A, X (8), A),.
            PUT SKIP (2),. FAKTOR = Q0 * L * * 4/(24 * E * I),.
            DO Z = A/L BY H/L TO B/L,.
                PUT EDIT (Z * L, FAKTOR * HORNER (4, C0, Z), FAKTOR * HORNER
                    (3, C1, Z)/L, FAKTOR * HORNER (2, C2, Z)/L * * 2, FAKTOR
                    * HORNER (1, C3, Z)/L * * 3) (COLUMN (1), F (7,1), 4 E (15, 5)),.
            END,.

HORNER. . PROCEDURE (GRAD, POLKOEFF, ARG),. /* HORNER-SCHEMA */
            DECLARE (POLKOEFF (5), ARG, F INITIAL (0)) FLOAT,
                GRAD FIXED (1), I FIXED (3),.
            DO I = 1 TO GRAD + 1,.
              F = F * ARG + POLKOEFF (I),. END,.
            RETURN (F),. END HORNER,.
            END BIEGEL,.
```

Eingabe:

2 1E5 1940 600 0 600 10

Ausgabe:

BIEGELINIE EINES BEIDSEITIG AUFGELAGERTEN TRAEGERS MIT STRECKENLAST

Q0 = 2.00 KP/CM	I = 1940.0 CM * * 4	E = 1.00000E + 05 KP/CM * * 2	
L = 600.0 CM	A=.0 CM	B = 600.0 CM	H = 10.0 CM

X/CM	Y/CM	Y'	Y'' * CM	Y''' * CM * * 2
.0	.00000E + 00	9.27835E − 02	.00000E + 00	− 3.09278E − 06
10.0	9.27324E − 01	9.26306E − 02	− 3.04124E − 05	− 2.98969E − 06
20.0	1.85162E + 00	9.21787E − 02	− 5.97938E − 05	− 2.88660E − 06
30.0	2.76994E + 00	9.14382E − 02	− 8.81443E − 05	− 2.78351E − 06
40.0	3.67945E + 00	9.04192E − 02	− 1.15464E − 04	− 2.68041E − 06
50.0	4.57743E + 00	8.91323E − 02	− 1.41753E − 04	− 2.57732E − 06
60.0	5.46124E + 00	8.75877E − 02	− 1.67010E − 04	− 2.47423E − 06

70.0	6.32835E + 00	8.57955E − 02	− 1.91237E − 04	− 2.37114E − 06
80.0	7.17636E + 00	8.37663E − 02	− 2.14433E − 04	− 2.26804E − 06
90.0	8.00292E + 00	8.15104E − 02	− 2.36598E − 04	− 2.16495E − 06
100.0	8.80584E + 00	7.90378E − 02	− 2.57732E− 04	− 2.06186E − 06
110.0	9.58299E + 00	7.63591E − 02	− 2.77835E − 04	− 1.95876E − 06
120.0	1.03324E + 01	7.34845E − 02	− 2.96907E − 04	− 1.85567E − 06
130.0	1.10521E + 01	7.04244E − 02	− 3.14948E − 04	− 1.75258E − 06
140.0	1.17403E + 01	6.71891E − 02	− 3.31959E − 04	− 1.64949E − 06
150.0	1.23953E + 01	6.37887E − 02	− 3.47938E − 04	− 1.54639E − 06
160.0	1.30155E + 01	6.02337E − 02	− 3.62887E − 04	− 1.44330E − 06
170.0	1.35995E + 01	5.65344E − 02	− 3.76804E − 04	− 1.34021E − 06
180.0	1.41458E + 01	5.27011E − 02	− 3.89691E − 04	− 1.23711E − 06
190.0	1.46531E + 01	4.87441E − 02	− 4.01546E − 04	− 1.13402E − 06
200.0	1.51203E + 01	4.46736E − 02	− 4.12371E − 04	− 1.03093E − 06
210.0	1.55462E + 01	4.05001E − 02	− 4.22165E − 04	− 9.27837E − 07
220.0	1.59300E + 01	3.62338E − 02	− 4.30928E − 04	− 8.24745E − 07
230.0	1.62706E + 01	3.18850E − 02	− 4.38660E − 04	− 7.21652E − 07
240.0	1.65674E + 01	2.74640E − 02	− 4.45361E − 04	− 6.18559E − 07
250.0	1.68197E + 01	2.29812E − 02	− 4.51031E − 04	− 5.15466E − 07
260.0	1.70269E + 01	1.84469E − 02	− 4.55670E − 04	− 4.12374E − 07
270.0	1.71885E + 01	1.38713E − 02	− 4.59278E − 04	− 3.09281E − 07
280.0	1.73042E + 01	9.26474E − 03	− 4.61856E − 04	− 2.06188E − 07
290.0	1.73737E + 01	4.63760E − 03	− 4.63402E − 04	− 1.03095E − 07
300.0	1.73969E + 01	1.21667E − 07	− 4.63918E − 04	− 2.70372E − 12
310.0	1.73737E + 01	− 4.63725E − 03	− 4.63402E − 04	1.03090E − 07
320.0	1.73042E + 01	− 9.26441E − 03	− 4.61856E − 04	2.06183E − 07
330.0	1.71885E + 01	− 1.38710E − 02	− 4.59278E − 04	3.09275E − 07
340.0	1.70269E + 01	− 1.84465E − 02	− 4.55670E − 04	4.12368E − 07
350.0	1.68197E + 01	− 2.29810E − 02	− 4.51031E − 04	5.15461E − 07
360.0	1.65674E + 01	− 2.74637E − 02	− 4.45361E − 04	6.18554E − 07
370.0	1.62706E + 01	− 3.18847E − 02	− 4.38660E − 04	7.21646E − 07
380.0	1.59300E + 01	− 3.62335E − 02	− 4.30928E − 04	8.24739E − 07
390.0	1.55462E + 01	− 4.04998E − 02	− 4.22165E − 04	9.27832E − 07
400.0	1.51203E + 01	− 4.46733E − 02	− 4.12371E − 04	1.03092E − 06
410.0	1.46531E + 01	− 4.87438E − 02	− 4.01547E − 04	1.13402E − 06
420.0	1.41458E + 01	− 5.27009E − 02	− 3.89691E − 04	1.23711E − 06
430.0	1.35995E + 01	− 5.65341E − 02	− 3.76805E − 04	1.34020E − 06
440.0	1.30156E + 01	− 6.02335E − 02	− 3.62887E − 04	1.44329E − 06
450.0	1.23953E + 01	− 6.37885E − 02	− 3.47939E − 04	1.54638E − 06
460.0	1.17403E + 01	− 6.71888E − 02	− 3.31959E − 04	1.64948E − 06
470.0	1.10521E + 01	− 7.04243E − 02	− 3.14949E − 04	1.75257E − 06
480.0	1.03324E + 01	− 7.34844E − 02	− 2.96908E − 04	1.85566E − 06
490.0	9.58305E + 00	− 7.63590E − 02	− 2.77836E − 04	1.95876E − 06
500.0	8.80589E + 00	− 7.90376E − 02	− 2.57733E − 04	2.06185E − 06
510.0	8.00297E + 00	− 8.15101E − 02	− 2.36599E − 04	2.16494E − 06
520.0	7.17643E + 00	− 8.37662E − 02	− 2.14434E − 04	2.26803E − 06
530.0	6.32842E + 00	− 8.57954E − 02	− 1.91238E − 04	2.37113E − 06
540.0	5.46130E + 00	− 8.75875E − 02	− 1.67012E − 04	2.47422E − 06
550.0	4.57748E + 00	− 8.91322E − 02	− 1.41754E − 04	2.57731E − 06
560.0	3.67954E + 00	− 9.04192E − 02	− 1.15465E − 04	2.68041E − 06
570.0	2.77002E + 00	− 9.14380E − 02	− 8.81459E − 05	2.78350E − 06
580.0	1.85169E + 00	− 9.21786E − 02	− 5.97954E − 05	2.88659E − 06
590.0	9.27386E − 01	− 9.26305E − 02	− 3.04141E − 05	2.98968E − 06
600.0	9.95459E − 05	− 9.27835E − 02	− 1.76970E − 09	3.09278E − 06

P R O C E D U R E - B l o c k . Jeder PROCEDURE-Block beginnt mit einer PROCEDURE-Vereinbarung und endet mit der zugehörigen END-Anweisung. Die Marke der PROCEDURE-Vereinbarung ist der Prozedurname. Im Regelfall wird die Prozedur durch den Aufruf dieses Namens betreten. Jeder andere mögliche Eingang in eine Prozedur ist durch eine ENTRY-Vereinbarung zu kennzeichnen. Eine Aktivierung der Prozedur ist nur über Prozedur-Aufrufe möglich, nicht aber durch den sequentiellen Programmablauf. Bei einer U n t e r p r o - g r a m m - P r o z e d u r erfolgt der Aufruf in einer speziellen CALL-Anweisung mit dem Prozedur-Eingangsnamen und gegebenenfalls einer Liste der aktuellen Prozedur-Argumente:

CALL RUKUGI (ANFANGSVTH, DELTAV, 5E − 6);

ist der Aufruf einer Prozedur mit dem Eingangsnamen RUKUGI und den drei Argumenten ANFANGSVTH, DELTAV, 5E − 6, mit denen die Prozedur arbeiten soll (Tafel 4.53). Den Argumenten beim Prozedur-Aufruf müssen in der Prozedur P a r a m e t e r gegenüberstehen, die in der Prozedur vereinbart und beim Aufruf durch die Namen der aktuellen Argumente ersetzt werden:

RUKUGI: PROCEDURE (Y, DY1, RELGEN);

Falls gewisse Argumente keinen Namen besitzen, weil sie z. B. aus arithmetischen Ausdrücken bestehen, werden Scheinargumente gebildet, deren Namen beim Aufruf die Parameterplätze einnehmen. Bei einer F u n k t i o n s p r o z e d u r erfolgt der Aufruf wie bei den eingefügten Funktionen durch das Auftreten des Funktionsnamens mit der Argumentenliste innerhalb eines Ausdrucks. Die Attribute des Funktionswertes können in seiner PROCEDURE-Vereinbarung explizit vereinbart werden. Wird darauf verzichtet, so verwendet der Kompilierer die Standardattribute, die zu einer Variablen mit dem Prozedurnamen gehören. Wenn eine von der Standardform verschiedene Vereinbarung des Funktionswertes erfolgt, muß die aufrufende Prozedur ebenfalls eine entsprechende Vereinbarung des Funktionsnamens in einer RETURNS-Deklaration enthalten.

PL/I bietet die Möglichkeit, r e k u r s i v e P r o z e d u r e n , d. h. Prozeduren, die im aktiven Zustand von sich selbst oder von anderen aktiven Prozeduren erneut aktiviert werden können, zu definieren. Die Beendigung einer Prozedur geschieht im allgemeinen durch eine RETURN-Anweisung. Bei Funktionsprozeduren hat man

RETURN (elementausdruck);

zu schreiben, wobei der Elementausdruck den berechneten Funktionswert darstellt. RETURN in der Hauptprozedur beendet das Programm. Prozeduren werden außerdem durch eine GO TO-Anweisung inaktiv, wenn zu einer Stelle verzweigt wird, die außerhalb der Prozedur liegt. Auf diese Weise kann man sehr einfach Fehlerausgänge für Prozeduren festlegen. Man hat dabei jedoch zu beachten, daß im Falle der Funktionsprozeduren kein Funktionswert übergeben wird. Sollte die Stelle, zu der verzweigt wird, in einem Block liegen, der die Prozedur mit der GO TO-Anweisung nicht direkt, sondern über andere Blöcke aktiviert hat, so werden diese ebenfalls beendet. — Wenn während des Ablaufs die END-Anweisung der Prozedur erreicht wird, erfolgt die gleiche Beendigung wie bei der RETURN-Anweisung.

Beispiel 9. Tafel 4.53 enthält ein Programm zur numerischen Berechnung der Flugbahn einer Raumsonde im Vakuum. Dieses Programm besteht aus der Hauptprozedur SONDE, der externen Prozedur RUKUGI (mit der internen Prozedur GILL) und den beiden externen Funktionsprozeduren F und G. Die Flugbahn wird mit der Runge-Kutta-Gill-Methode ermittelt, wobei das System

Tafel 4.53   Flugbahn einer Raumsonde

```
SONDE. . PROCEDURE OPTIONS (MAIN),.
         /* RUNGE-KUTTA-GILL-VERFAHREN ZUR NUMERISCHEN BERECHNUNG
            DER FLUGBAHN EINER RAUMSONDE */
         DECLARE (ANFANGSVTH (3), DELTA, DELTAV, G, (R, A) EXTERNAL)
            FLOAT,
            (SCHRITTZAHL, DRUCKSPRUNGZAHL) FIXED (4),
            MAXFAK EXTERNAL STATIC FIXED (4) INITIAL (1),
            RUKUGI EXTERNAL ENTRY,.
         ON OVERFLOW GO TO OVER,. ON FIXEDOVERFLOW GO TO FOVER,.
         ON SIZE GO TO DATENF,.
(SIZE). . GET LIST (G, R, ANFANGSVTH (3), ANFANGSVTH (1),
                SCHRITTZAHL, DRUCKSPRUNGZAHL),.
         A = G * R * R,. ANFANGSVTH (2) = 0,.
         IF G LE 0 OR R LE 0 OR ANFANGSVTH (1) LE 0 OR
            ANFANGSVTH (3) LT 0 OR
            2 * A LE ANFANGSVTH (1) * * 2 * (ANFANGSVTH (3) + R) OR
            SCHRITTZAHL LE 0 OR DRUCKSPRUNGZAHL LE 0 OR
            DRUCKSPRUNGZAHL GT SCHRITTZAHL THEN DO,.
FALSCHEINGABE. .  PUT LIST (G, R, ANFANGSVTH (3), ANFANGSVTH (1),
                SCHRITTZAHL, DRUCKSPRUNGZAHL,
                'EINGABEFEHLER'),. RETURN,. END,.
         PUT EDIT ('RAUMSONDENFLUG IN REINEM VAKUUM',
            'HIMMELSKOERPER-RADIUS', R/1000, ' KM',
            'SCHWEREBESCHLEUNIGUNG AUF DESSEN',
            'OBERFLAECHE', G, ' METER/SEK * * 2',
            'GESCHW.    FLUGDAUER    FLUGHOEHE',
            ' (M/S)         (SEK)         (METER)')
            (A, SKIP (3), A, F (8), A, SKIP (2), A, SKIP, A,
            F (8, 3), A, SKIP (3), A, SKIP, A),. PUT SKIP (2),.
         PUT EDIT (ANFANGSVTH) (R (FORMAT)),.
FORMAT. . FORMAT (COLUMN (1), F (6), 2 E (13, 3)),.
         DELTA = − ANFANGSVTH (1)/SCHRITTZAHL,.
         DO K = 1 TO SCHRITTZAHL,.
         DELTAV = DELTA,.
         CALL RUKUGI (ANFANGSVTH, DELTAV, 5E − 6),.
         IF MOD (K, DRUCKSPRUNGZAHL) = 0 OR K = SCHRITTZAHL THEN
                PUT EDIT (ANFANGSVTH) (R (FORMAT)),. END,.
         PUT PAGE EDIT ('EFFEKTIVE MAXIMALSCHRITTZAHL',
                MAXFAK * SCHRITTZAHL) (A, F (8)),. RETURN,.
DATENF. . PUT LIST ('FALSCHE ODER ZU GROSSE DATEN AUF DER LOCHKARTE'),.
         RETURN,.
OVER. .  PUT SKIP (2) LIST ('ABBRUCH WEGEN UEBERLAUF'),. RETURN,.
FOVER. . PUT SKIP (2) LIST ('ABBRUCH WEGEN ZU GERINGER SCHRITTWEITE'),.
         END SONDE,.

RUKUGI. . PROCEDURE (Y, DY1, RELGEN),.
         DECLARE (Y (3), YANF (3), YDOPP (3), QANF (3), QDOPP (3),
                DY1, RELGEN, DELTA) FLOAT,
                ZAEHLER FIXED (4),
                (Q (3) FLOAT INITIAL ((3) 0),
                MAXFAK EXTERNAL FIXED (4) INITIAL (1),
                FAKTOR FIXED (4) INITIAL (1)) STATIC,
                MERKER BIT (1),.
         ZAEHLER = FAKTOR,. DY1 = DY1/FAKTOR,.
```

```
INTERV..  YANF = Y,. QANF = Q.. MERKER = '0'B,.
GILLER..  Y = YANF,. Q = QANF,. YDOPP = YANF,. QDOPP = QANF,.
          CALL GILL (YDOPP, QDOPP, DY1),.
          CALL GILL (Y, Q, DY1/2),. CALL GILL (Y, Q, DY1/2),.
          DELTA = MAX (ABS ((Y (2) – YDOPP (2))/Y (2)),
                       ABS ((Y (3) – YDOPP (3))/Y (3)))/15,.
          IF DELTA GE 10 * RELGEN THEN DO,. MERKER = '1'B,. DY1 = DY1/2,.
                                            FAKTOR = 2 * FAKTOR,.
                                            IF FAKTOR GT MAXFAK THEN
                                               MAXFAK = FAKTOR,.
                                            ZAEHLER = 2 * ZAEHLER,.
                                            GO TO GILLER,. END,.
          IF DELTA LE 0.15 * RELGEN AND NOT MERKER AND
             MOD (ZAEHLER, 2) = 0 THEN DO,. DY1 = 2 * DY1,.
                                            FAKTOR = FAKTOR/2,.
                                            ZAEHLER = ZAEHLER/2,.
                                            GO TO GILLER,. END,.
          Y = Y + (Y – YDOPP)/15,.
          ZAEHLER = ZAEHLER – 1,.
          IF ZAEHLER NE 0 THEN GO TO INTERV,.
GILL..    PROCEDURE (Y, Q, H),.
          DECLARE (Y (3), Q (3), K (3) INITIAL (1), H,
                   A (4), INITIAL (0.5, 0.2928932, 1.707107, 0.1666667),
                   B (4) INITIAL (2, 1, 1, 2),
                   C (4) INITIAL (0.5, 0.2928932, 1.707107, 0.5)) FLOAT,
                   (I, J) FIXED (1), (F, G) EXTERNAL ENTRY,.
          DO J = 1 TO 4,.
          K (2) = F (Y),. K (3) = G (Y),.
          Y = Y + H * (A (J) * (K – B (J) * Q)),.
          Q = Q + 3 * (A (J) * (K – B (J) * Q)) – C (J) * K,.
          END,.
          END GILL,.
          END RUKUGI,.


F..       PROCEDURE (Y),.
          DECLARE (Y (3), (R, A) EXTERNAL) FLOAT,.
          RETURN (– (Y (3) + R) * * 2/A),.
          END,.


G..       PROCEDURE (Y),.
          DECLARE (Y (3), (R, A) EXTERNAL) FLOAT,.
          RETURN (– Y (1) * (Y (3) + R) * * 2/A),.
          END,.
```

Eingabe:

9.81 6.37E6 200000 2000 100 5

Ausgabe:

RAUMSONDENFLUG IN REINEM VAKUUM

HIMMELSKOERPER-RADIUS 6370 KM

SCHWEREBESCHLEUNIGUNG AUF DESSEN
OBERFLAECHE 9.810 METER/SEK * * 2

GESCHW. (M/S)	FLUGDAUER (SEK)	FLUGHOEHE (METER)
2000	.000E + 00	2.000E + 05
1900	1.088E + 01	2.212E + 05
1800	2.183E + 01	2.415E + 05
1700	3.284E + 01	2.607E + 05
1600	4.392E + 01	2.790E + 05
1500	5.505E + 01	2.963E + 05
1400	6.624E + 01	3.125E + 05
1300	7.749E + 01	3.277E + 05
1200	8.878E + 01	3.418E + 05
1100	1.001E + 02	3.548E + 05
1000	1.115E + 02	3.668E + 05
900	1.229E + 02	3.776E + 05
800	1.344E + 02	3.874E + 05
700	1.459E + 02	3.960E + 05
600	1.574E + 02	4.035E + 05
500	1.689E + 02	4.098E + 05
400	1.805E + 02	4.150E + 05
300	1.920E + 02	4.190E + 05
200	2.036E + 02	4.219E + 05
100	2.152E + 02	4.237E + 05
− 0	2.268E + 02	4.243E + 05

EFFEKTIVE MAXIMALSCHRITTZAHL 100

$$\frac{dy_1}{dv} = \frac{dv}{dv} = 1 \qquad \frac{dy_2}{dv} = \frac{dt}{dv} = -\frac{(h + R)^2}{g \cdot R^2} \qquad \frac{dy_3}{dv} = \frac{dh}{dv} = -\frac{v \cdot (h + R)^2}{g \cdot R^2}$$

(Fluggeschwindigkeit v, Flugzeit t, Flughöhe h, Planetenradius R, Schwerebeschleunigung g auf der Planetenoberfläche) mit den Anfangsbedingungen

$$y_1(v_0) = v_0 \quad ; \quad y_2(v_0) = t_0 \quad ; \quad y_3(v_0) = h_0$$

integriert wird. Die Größen g und R tauchen in verschiedenen externen Prozeduren auf. Durch entsprechende EXTERNAL-Vereinbarungen sind ihre Namen über die definierende Prozedur hinaus bekannt.

Die Eingabe ist LIST-gesteuert, die Ausgabe erfolgt formatiert. Das Programm führt mindestens so viele Berechnungsschritte aus, wie eingabeseitig festgelegt worden ist, im Beispiel also 100 Schritte. Nicht jeder Schritt braucht gedruckt zu werden; im Beispiel bedeutet 5 als letzte Eingabezahl, daß nur jeder fünfte Wert ausgegeben werden soll. − Falls die vorgeschriebene Rechengenauigkeit es erfordert, werden zeitweise weitere Zwischenpunkte errechnet. Die Schlußzeile des Ausdrucks gibt nun an, wieviele Rechenschritte hätten ausgeführt werden müssen, wenn das gesamte Intervall mit der kleinsten verwendeten Schrittweite hätte durchlaufen werden müssen.

B E G I N - B l o c k . Ein BEGIN-Block beginnt mit der BEGIN-Vereinbarung und endet mit der zugehörigen END-Anweisung. Die BEGIN-Anweisung braucht nicht unbedingt eine Marke zu tragen. Ein BEGIN-Block wird im Regelfall im Zuge der normalen Ablauffolge aktiviert, er kann aber auch über eine GO TO-Anweisung zur BEGIN-Vereinbarung betreten werden. Ein BEGIN-Block wird dadurch beendet, daß entweder die END-Anweisung erreicht wird, oder daß eine GO TO-Anweisung zu einer außerhalb dieses Blocks liegenden Stelle auszuführen ist. Alle zwischengestuften Blöcke werden dabei ebenfalls beendet. Von der Möglichkeit, ein Programm in PROCEDURE-Blöcke aufzuteilen, macht man hauptsächlich dann Gebrauch, wenn das Problem aus mehreren, nur lose zusammenhängenden Teilen besteht, die jedes für sich programmiert werden sollen, oder wenn Bausteine anderer Programme einzubauen sind. Dagegen bieten sich BEGIN-Blöcke an, wenn es hauptsächlich um eine sparsame Speicherbelegung geht und man z. B. dynamische Bereichszuweisungen wünscht. In dem Programm zur Matrixinversion und Gleichungsauflösung könnte man den Bereich A so speichern, daß nur die Plätze zugewiesen werden, die man zur Speicherung der M · N Matrixelemente benötigt, indem man A (M, N) als Bereichsvereinbarung deklariert. Da die in einem Block erforderlichen Platzzuweisungen während des Programmablaufs bei Betreten dieses Blockes in einem „Prolog" erfolgen, setzt die Vereinbarung A (M, N) voraus, daß dann M und N schon bekannt sind, also in einem darüberliegenden Block vereinbart und mit Werten versorgt sein müssen. Die betreffenden Anweisungen des Programms mit dynamischer Bereichszuweisung könnten so aussehen:

```
STIFEL:  PROCEDURE OPTIONS (MAIN);
         DECLARE (M, N) FIXED (2); . . .
         GET LIST (M, N); . . .
         MATIN: BEGIN;
                DECLARE A(M, N) FLOAT (16); . . .
                END MATIN; . . .
         END STIFEL;
```

Nur im Block MATIN ist hierin dem Bereich A die notwendige Anzahl von Speicherplätzen zugewiesen.

S p e i c h e r p l a t z z u o r d n u n g . Die Zuordnung von Speicherplatz zu Variablen kann entweder s t a t i s c h oder d y n a m i s c h erfolgen. Im ersten Fall bleibt die Zuordnung ungeändert, solange das Programm abläuft, im zweiten Fall gibt die Variable ihren Platz frei, sobald ihr Block verlassen wird, bzw. der Programmierer eine entsprechende Anweisung erteilt. PL/I-Programme arbeiten meistens mit dynamisch zugeordneten Variablen. Hierin unterscheidet man nochmals die Typen AUTOMATIC mit blockgesteuerter und CONTROLLED bzw. BASED mit anweisungsgesteuerter Speicherzuordnung.

G ü l t i g k e i t s b e r e i c h d e r V e r e i n b a r u n g v o n N a m e n . Innerhalb eines Programms kann ein Name verschiedene Bedeutungen haben, von denen während des Ablaufs jeweils nur eine gültig ist. Wenn ein Programm aus verschiedenen, unabhängig voneinander programmierten Teilen besteht, braucht daher im allgemeinen keine besondere Vorsorge bezüglich der Wahl von Namen getroffen zu werden, wenn die Regeln über ihren Gültigkeitsbereich beachtet werden: Der gesamte Programmtext eines Blockes zwischen der PROCEDURE- bzw. BEGIN-Anweisung und der zugehörigen END-Anweisung heißt e n t h a l t e n i m B l o c k . Davon heißt derjenige Teil i n t e r n i m B l o c k , der in keinem darin geschachtelten Block enthalten ist. Die Marken einer PROCEDURE- bzw. BEGIN-Anweisung und jeder ENTRY-Anweisung sind nicht in ihrem Block enthalten, sondern intern zu dem enthaltenden Block. Der Gültigkeitsbereich eines Namens hängt nun davon ab, ob eine explizite, eine implizite oder eine textabhängige Vereinbarung vorliegt. Ein Name gilt als e x p l i z i t vereinbart, wenn er in einer DECLARE-Anweisung oder in einer Parameterliste auftritt, oder wenn er als Anweisungsmarke oder als Marke einer PROCEDURE- oder ENTRY-Vereinbarung auftritt. Ein explizit vereinbarter Name ist in dem Block gültig, in dem die Vereinbarung

Tafel 4.54 Gültigkeitsbereiche von Vereinbarungen

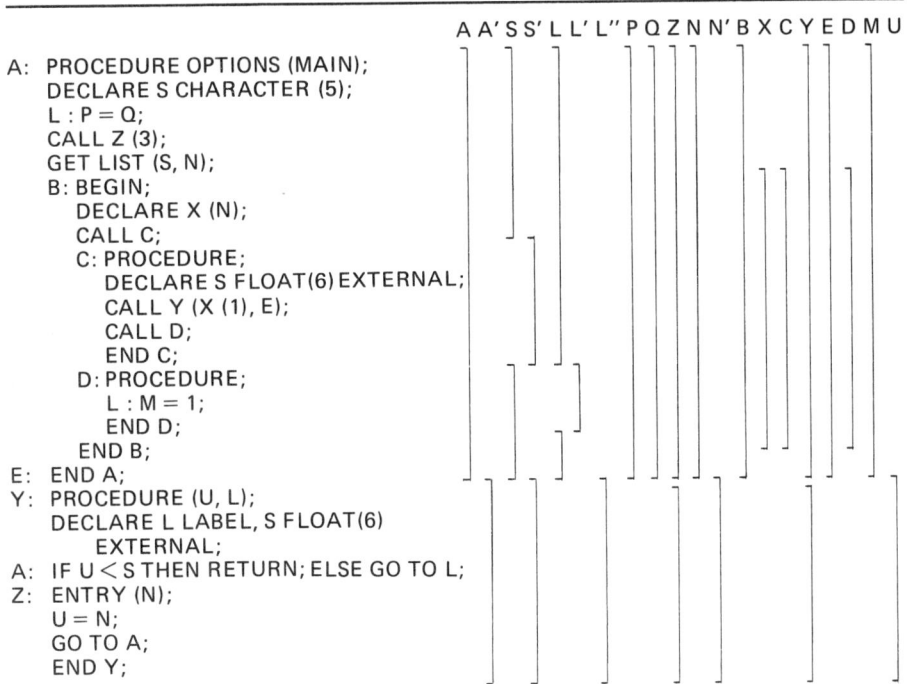

```
                                     A A' S S' L L' L" P Q Z N N' B X C Y E D M U
A:  PROCEDURE OPTIONS (MAIN);
    DECLARE S CHARACTER (5);
    L : P = Q;
    CALL Z (3);
    GET LIST (S, N);
    B: BEGIN;
        DECLARE X (N);
        CALL C;
        C: PROCEDURE;
            DECLARE S FLOAT(6) EXTERNAL;
            CALL Y (X (1), E);
            CALL D;
            END C;
        D: PROCEDURE;
            L : M = 1;
            END D;
        END B;
E:  END A;
Y:  PROCEDURE (U, L);
    DECLARE L LABEL, S FLOAT(6)
        EXTERNAL;
A:  IF U < S THEN RETURN; ELSE GO TO L;
Z:  ENTRY (N);
    U = N;
    GO TO A;
    END Y;
```

intern ist, wobei jedoch alle diejenigen darin enthaltenen Blöcke ausgenommen sind, in denen sich eine erneute explizite Vereinbarung desselben Namens befindet. – T e x t a b h ä n g i g vereinbart ist ein nicht explizit vereinbarter Name, der z. B. auf der linken Seite einer Ergibtanweisung, vor dem Ergibtzeichen einer DO-Anweisung oder in einer GET-Anweisung auftritt oder als Prozedurname in einer CALL-Anweisung oder in einem Funktionsaufruf verwendet wird. Letztere erhalten automatisch die Attribute ENTRY und EXTERNAL. Eine textabhängige Vereinbarung wirkt wie eine explizite Vereinbarung intern zur umfassenden e x t e r n e n Prozedur. Innerhalb des Gültigkeitsbereiches einer expliziten Vereinbarung kann ein Name nicht erneut textabhängig erklärt werden. – Ein Name gilt als i m p l i z i t vereinbart, wenn er weder explizit noch textabhängig erklärt worden ist. Der Gültigkeitsbereich ist der gleiche wie bei textabhängiger Vereinbarung. Wenn z. B. fälschlicherweise B = A + U; programmiert worden ist anstelle von B = A + V; und U sonst nicht vorkommt, gilt U als implizit vereinbart. Eine implizite Vereinbarung wirkt wie eine textabhängige Vereinbarung.

Ein Name, der sogar in einer anderen externen Prozedur wiedererkannt werden soll, ist in beiden Vereinbarungen durch das Attribut EXTERNAL zu kennzeichnen. Dateinamen und die Eingangsnamen externer Prozeduren erhalten standardmäßig das EXTERNAL-, alle anderen Vereinbarungen das INTERNAL-Attribut. Tafel 4.54 zeigt ein willkürlich konstruiertes Programm, bei dem die einzelnen Gültigkeitsbereiche rechtsseitig durch senkrechte Striche angedeutet sind. Die einzelnen Bedeutungen eines mehrfach benutzten Namens sind dabei durch angehängte Apostrophs angedeutet.

5. Probleme beim Einsatz eines Digitalrechners

Zur Lösung technisch-wissenschaftlicher Aufgaben gehören in den meisten Fällen umfangreiche numerische Berechnungen, die den Einsatz eines Digitalrechners wünschenswert erscheinen lassen. Hierbei ergeben sich eine Fülle von Problemen, die in diesem Abschnitt zumindest angedeutet werden sollen.

Ein technisches Problem präsentiert sich zunächst einmal so eingekleidet, daß eine eingehende Untersuchung erforderlich ist, um den mathematischen Kern herauszuschälen. Ist das endlich geschafft, so fängt die eigentliche Arbeit erst an, denn nun beginnt die Suche einer geeigneten Lösungsmethode. Man wird ziemlich schnell entscheiden können, ob eine manuelle Berechnung genügt oder ob ein Digitalrechner einzusetzen ist – schon davon hängt die Wahl der Methode ab. Einen Entschluß, manuell zu rechnen, sollte man aber in jedem Falle nochmals gründlich überprüfen, denn die Erfahrung zeigt, daß häufig mit einer Erweiterung der ursprünglichen Aufgabenstellung zu rechnen ist, so daß man sich schließlich wegen der Fülle des Zahlenmaterials doch für den Digitalrechnereinsatz entscheiden wird.

Wenn die Ausrechnung einem Digitalrechner übertragen werden soll, wird man sich zunächst in dessen Programmbibliothek umsehen, ob für eine solche oder eine ähnliche Aufgabe bereits ein Programm existiert, welche Berechnungsmethode dabei verwendet worden ist, mit welcher Genauigkeit die Resultate ermittelt werden – womit auch die Frage nach der erforderlichen Rechenzeit verbunden ist –, welche Eingabedaten in welcher Form erforderlich sind, und wie die Ergebnisse ausgegeben werden. Im günstigsten Falle entspricht das vorhandene Programm allen Erwartungen, so daß die Lösung der gestellten Aufgabe damit möglich ist. Anderenfalls muß ein eigener Weg gesucht werden. Nur selten besteht die Aufgabe aus einer Ansammlung geschlossener Formeln, in die man nur die Eingangswerte einzusetzen braucht. Häufig steckt in der Aufgabe z. B. die Suche nach Nullstellen algebraischer oder transzendenter Funktionen, die Notwendigkeit, Werte einer in Tabellenform vorliegenden, vielleicht empirischen Funktion zu interpolieren, gewöhnliche oder partielle Differentialgleichungen numerisch zu integrieren. Für jede dieser Aufgaben bieten sich eine Fülle numerischer Verfahren an, unter denen es kein generell bestes gibt. Vielmehr muß man sehr sorgfältig prüfen, welche Methode der konkreten Aufgabe am ehesten angepaßt ist. Das hängt sehr davon ab, wie genau die Eingabewerte sind, wie gut das Problem konditioniert ist, welche Genauigkeitsforderungen an die Ergebnisse gestellt werden, welchen Einfluß also die einzelnen Fehlerarten haben dürfen.

M e ß w e r t f e h l e r werden von außen in den Rechner hineingetragen. Ihre Größenordnung zu kennen ist für die Aufstellung des Programms unerläßlich, um die Genauigkeit der Ergebnisse abschätzen und die Datenausgabe entsprechend steuern zu können. I r r t ü m e r bei der manuellen Dateneingabe darf man nicht einfach leugnen. Daher müssen im Programm so weit wie möglich Plausibilitätskontrollen eingebaut werden.

U m w a n d l u n g s f e h l e r entstehen bei der Eingabe und bei der Ausgabe von Daten dadurch, daß einerseits die Anzahl der speicherbaren Stellen einer Zahl begrenzt ist, daß andererseits die interne Zahlendarstellung, zumindest wenn man – wie bei technischen Problemen fast ausnahmslos erforderlich – Gleitpunktzahlen verwendet, dual ist. Der Digitalrechner verwendet dann statt der wahren Eingabewerte nur Näherungswerte; statt der daraus berechneten wahren Resultate gibt er nur genäherte Werte aus. Die Dezimalzahl 0,1 z. B. stellt sich im Dualsystem als periodischer Dualbruch 0,000$\overline{11}$ dar, so daß 0,1 in keinem Dualrechner exakt berechnet werden kann. Bei Verwendung einer 21-bit-Mantisse beträgt die Abweichung etwa $2^{-25} = 3 \cdot 10^{-8}$. Wenn nun ein Verfahren mit dem Anfangswert 0 und der Schrittweite 0,1 arbeitet, hat man bei Ausgabe dieser Werte spätestens nach 17 Schritten mit Abweichungen in der sechsten Ziffer nach dem Komma zu rechnen, da ausgabeseitig bei der Umwandlung noch gerundet wird. Der bei der Umwandlung entstandene Fehler wächst von Schritt zu Schritt und führt nach einigen hundert Rechnungen dazu, daß mit ganz anderen als den gewünschten Werten gerechnet wird. – Umwandlungsfehler entstehen außerdem bei Exponentenumrechnungen zwischen externer dezimaler und interner dualer Gleitpunktdarstellung.

R u n d u n g s f e h l e r entstehen bei den Verknüpfungen insbesondere von Gleitpunktzahlen durch Additionen, Subtraktionen, Multiplikationen und Divisionen dadurch, daß für die Resultate der Verknüpfungen nur ebensoviele Stellen zur Verfügung stehen wie für die einzelnen Operanden. Durch Rundung bemüht man sich zwar, eine möglichst gute Näherung zu gewinnen, dennoch bleibt meistens ein Fehler übrig. Einmal entstandene Rundungsfehler können sich fortpflanzen und das Resultat einer längeren Kette von Operationen vollständig verfälschen, wie dies bei schlecht konditionierten Problemen geschieht. Um eine einigermaßen exakte Lösung zu erhalten, muß hier mit erhöhter Genauigkeit gerechnet werden, d. h. für die Darstellung der Zahlen müssen mehr Stellen als sonst üblich zur Verfügung gestellt werden. In vielen Programmiersprachen sind spezielle Sprachelemente für das Rechnen mit erhöhter Genauigkeit vorgesehen, so daß keine besonderen programmtechnischen Schwierigkeiten entstehen. Man muß sich allerdings vergegenwärtigen, daß die Verwendung erhöhter Genauigkeit mit einem erheblichen Ansteigen der Rechenzeit verbunden ist. – Im allgemeinen sind die Rundungsfehler jedoch wesentlich kleiner als die durch die Meßungenauigkeit eingeschleppten Fehler; dennoch muß man in der Lage sein, den Einfluß der Rundungsfehler abzuschätzen, um das Programm daraufhin testen zu können, ob es frei von Programmierfehlern ist.

Aus der Wahl des Verfahrens ergeben sich weitere mögliche Fehlerquellen. Wenn z. B. eine Funktion aus einer Wertetabelle durch Interpolation berechnet wird, wenn man mit Hilfe der Simpson-Regel integriert oder Differentialgleichungen mit Runge-Kutta oder Differenzenverfahren löst, weicht man von dem wahren Ergebnis dadurch ab, daß man statt der eigentlich geltenden Formeln Näherungsausdrücke benutzt, die durch Abbruch in der Potenzreihenentwicklung der gesuchten Funktion entstehen. Die hierbei auftretenden Abweichungen nennt man A b b r u c h f e h l e r. Durch Grob- und Feinrechnungen kann man ein gewisse Korrektur vornehmen, wobei jedoch zu beachten bleibt, daß einmal entstandene Abbruchfehler bei weiteren Rechenschritten sich als Ungenauigkeiten der Eingangswerte niederschlagen, so daß die dann entstehenden Resultate in mehrfacher Hinsicht ungenau sind. Über eine größere Distanz hinweg liefert daher eine Korrektur durch Grob- und Feinrechnung häufig keine brauchbaren Resultate.

Zur Nullstellenbestimmung von Funktionen verwendet man gerne das Newtonsche Näherungsverfahren, das unter gewissen Voraussetzungen bei jedem Rechenschritt eine Verbesserung des momentanen Schätzwertes vornimmt

$$x_{neu} = f(x_{alt}).$$

Das Iterationsverfahren ist beendet, wenn $x_{neu} = x_{alt}$ gilt. Praktisch kann man darauf im allgemeinen nicht warten, da es infolge von Rundungsfehlern zu Oszillationen kommen kann. Es ist üblich, wenn auch nicht immer ganz korrekt, die relative oder absolute Differenz zwischen x_{alt} und x_{neu} als Kriterium zu verwenden, also das Verfahren zu beenden, sobald der Unterschied unterhalb einer vorgegebenen Schranke liegt. Vorsichtshalber sollte dabei außerdem festgelegt werden, wie oft maximal iteriert werden darf, um Endlosschleifen infolge zu hoher Genauigkeitsforderungen zu vermeiden. Man kann aber auch festlegen, daß das Verfahren dann zu beenden ist, wenn die Differenzen aufeinanderfolgender Werte betragsmäßig nicht mehr fallen, da sich dann die Rundungsfehler bemerkbar machen, jedenfalls sobald man der wahren Lösung nahe genug ist. — Man muß also mit einer Abweichung vom wahren Wert rechnen. Wenn nun, wie bei der Nullstellensuche von Polynomen durch Abspalten eines Linearfaktors, eine Vereinfachung des Problems unter Verwendung des errechneten Wertes vorgenommen wird, ist anzunehmen, daß die weiteren Rechnungen entsprechend fehlerbehaftet sind. Es empfiehlt sich, am Ende die erhaltenen Werte nur als Schätzwerte für eine Nachiteration am ursprünglichen Problem zu verwenden, bei der Nullstellenberechnung von Polynomen also jede einzelne Nullstellenberechnung unter Verwendung des ursprünglichen Polynoms zu verbessern.

Nachdem die Problemanalyse so weit fortgeschritten ist, daß die Entscheidung über die Berechnungsmethode getroffen worden ist, beginnt die V o r b e r e i t u n g d e r P r o g r a m m i e r u n g . Zunächst legt man M e d i u m u n d F o r m d e r E i n - u n d A u s g a b e d a t e n fest. Sofern die Eingabedaten über Lochkarten und in einem bestimmten Format gelesen werden, benutzt man dazu zweckmäßig ein K a r t e n e i n t e i l u n g s - f o r m u l a r . Tafel 4.7 zeigt eine solche Karteneinteilung.

Man achte weiterhin darauf, daß ausgabeseitig nicht nur die Ergebniswerte erscheinen, sondern daß dabei auch alle Eingabewerte ersichtlich sind. Wenn die Ausgabe über einen Drucker erfolgt, legt man die Ausgabeform in einem D r u c k b i l d fest, in dem für variable Daten die üblichen Bezeichnungen verwendet werden, nämlich X für den Ausdruck eines beliebigen Zeichens, 9 für eine Dezimalziffer, Z für eine Dezimalziffer mit Unterdrückung führender Nullen, das Minuszeichen für die Vorzeichenausgabe mit der Maßgabe, ein Minuszeichen bei negativen, ein Leerzeichen bei positiven Zahlen zu drucken (Tafel 4.8).

Die P r o g r a m m i e r u n g beginnt mit der Aufstellung eines P r o g r a m m a b l a u f - p l a n e s , gegebenenfalls auch eines D a t e n f l u ß p l a n e s . Für die Niederschrift des Programms verwendet man, wenn irgend möglich, vorgedruckte Programmformulare, schon um zu lange Zeilen zu vermeiden, und vor allem, um Irrtümer beim Ablochen des Programms weitgehend auszuschließen. Das gelochte Programm listet man auf und vergleicht es mit der Niederschrift, die man danach nicht mehr verwenden sollte.

Bevor das Programm erstmalig übersetzt und getestet werden kann, müssen T e s t d a t e n zusammengestellt werden, mit deren Hilfe das Programm vollständig auf Funktionstüchtigkeit geprüft werden soll. Folglich sind die Daten so auszuwählen, daß jeder Teil des Programms wenigstens einmal dabei angesprochen wird. Zweckmäßig notiert man sich bei den einzelnen Testdatensätzen, welche Reaktion man jeweils darauf vom Programm erwartet. Dazu gehört auch, daß man sich die numerischen Testresultate in entsprechender Genauigkeit vorher verschafft, wobei die einzugebenden Testdaten hierbei als exakte Werte anzusehen sind. Man darf sich daher nicht damit begnügen, derartige Resultate z. B. mit dem Rechenschieber zu ermitteln. Die Auswahl der erforderlichen Testresultate erfolgt wiederum so, daß alle Teile des Programms abgedeckt werden. Bei größeren Aufgaben sollte man das Programm für diese

Testzwecke so ergänzen, daß auch Zwischenresultate gedruckt werden, um das Testen zu erleichtern.

Beim Übersetzen des Programms erhält man eine Aufstellung der vom Übersetzer entdeckten formalen Fehler — logische Fehler herauszusuchen bleibt dem Programmierer überlassen. Die Fehlerliste erscheint dabei meistens in verschlüsselter Form mit Angabe der Zeilennummer der fehlerhaften Anweisung und einem Fehlercode, dessen Bedeutung man dem zur Anlage gehörigen Übersetzerhandbuch entnehmen kann. Je nach Güte des Übersetzers wird diese Fehlererläuterung mehr oder weniger zutreffend sein. Es empfiehlt sich zu versuchen, alle entstandenen Fehlermeldungen zu analysieren, damit eine wirkungsvolle Korrektur vorgenommen werden kann. Es kann allerdings auch vorkommen, daß ein Fehler derart viele Folgefehler nach sich zieht, daß eine vollständige Aufklärung unmöglich ist. — Bei der anschließenden Korrektur des Programms ist zu prüfen, ob der bisherige Programmablaufplan ebenfalls zu ändern ist, denn alle Programmunterlagen sollten stets auf dem neuesten Stand gehalten werden.

Einer fehlerfreien Übersetzung schließt sich der erste Testlauf an. Im besten Falle liefert das Programm Resultate, die man überprüfen kann; häufig verirrt es sich aber in einer Endlosschleife, die auf logische Fehler im Programm zurückzuführen ist. Dann wird man anhand eines Speicherabzugs versuchen, die Schleife zu lokalisieren und die Fehler zu finden. Es kann dabei vorkommen, daß das Programm sich selbst zerstört hat, so daß im Speicherabzug keine brauchbaren Informationen mehr zu finden sind. In einem solchen Falle leistet ein in den meisten Betriebssystemen vorhandenes Überwachungsprogramm TRACE gute Dienste, das während der Rechnung laufend die wichtigsten Registerinhalte ausdruckt. Nach entsprechender Korrektur beginnt man mit einem neuen Testlauf, bis schließlich Resultate geliefert werden, die alsdann mit den errechneten Testresultaten zu vergleichen sind. Sowohl infolge von Umwandlungs- und Rundungsfehlern als auch infolge von Programmfehlern können hierbei Unterschiede auftreten, so daß die Ursache etwaiger Abweichungen genau zu klären ist. Hierbei empfiehlt sich wiederum die Ausgabe und Kontrolle möglichst vieler Zwischenwerte. Wenn das Programm so weit getestet worden ist, daß keine Fehler mehr festzustellen sind, beginnt die P r o g r a m m - D o k u m e n t a t i o n . Diese vom Programmierer meist als lästig empfundene Arbeit kann nicht hoch genug eingeschätzt werden, denn nur wenn sie sorgfältig ausgeführt worden ist, kann man einerseits erfolgreich mit dem Programm arbeiten, andererseits spätere Änderungen in vernünftiger Zeit vornehmen. Zur Programmdokumentation gehören

1. Datenflußplan
2. Operator-Anweisung
3. Programm-Kurzbeschreibung
4. Lochkarten- und sonstige Satzeinteilungen
5. Druckbild
6. Ausführliche Programmbeschreibung
7. Programmablaufplan
8. Programmausdruck
9. Vom Übersetzer gelieferter Ausdruck
10. Aufstellung der Testdaten mit Abschätzung der Testergebnisse
11. Testspiele

Zu den Programmunterlagen gehören außerdem das Quell- und das Maschinencodeprogramm auf den entsprechenden Datenträgern.

Obige Aufstellung gilt für selbständige Programme. Bei dem Aufbau einer Programmbibliothek ist andererseits großer Wert darauf zu legen, eine möglichst große Anzahl von Unterprogrammen zur Verfügung zu haben, um komplexere Aufgaben mühelos durch einen bausteinartigen Zusammenbau vorhandener Unterprogramme zu lösen. Die Dokumentation eines Unterprogramms geschieht getrennt für das Unterprogramm und für das zugehörige Test- oder Rahmenprogramm. Bei der Unterprogrammdokumentation entfallen meistens die Punkte, die sich auf die Ein- und Ausgabe von Daten beziehen, da nur in Ausnahmefällen vom Unterprogramm her externe Datenbewegungen veranlaßt werden.

An die Stelle der Operator-Anweisung tritt beim Unterprogramm die Benutzer-Anweisung, worin der Unterprogrammaufruf und die Parameterübergabe genau zu schildern sind. In der ausführlichen Programmbeschreibung sind bei Unterprogrammen die Hinweise auf Rechengenauigkeit und Rechenzeit von besonderer Wichtigkeit. Die Programmbibliothek einer DVA darf nicht einer Programmsammlung gleichen, in der sich jedes Stück von den anderen durch besondere Eigenheiten abhebt, sondern es muß dafür gesorgt werden, daß die Unterprogramme einheitlich behandelt werden können, indem z. B. eine einheitliche Aufrufform verwendet wird. Sofern die Unterprogramme in einer problemorientierten Sprache verfaßt wurden, sind diese Forderungen zum größten Teil von selbst erfüllt, nicht aber bei Unterprogrammen in maschinenorientierter Sprache.

Nur wenn die Programmbibliothek alle Dokumentationen vollständig enthält, wenn sie übersichtlich angeordnet ist und wenn sie stets auf dem neuesten Stand gehalten wird, kann sie wirkungsvoll eingesetzt werden und damit die Menge der Probleme, die sich beim Einsatz eines Digitalrechners ergeben, wesentlich reduzieren.

6. Drei ausgewählte Anwendungsgebiete der DV

6.1. Lineare Optimierung mit Hilfe des Simplex-Verfahrens

Seit dem Bekanntwerden der grundlegenden Arbeiten von Kantorowitsch 1939 und Dantzig 1947 wird die Methode der linearen Optimierung (lineare Programmierung) als außerordentlich wirksames Instrument zur optimalen Lenkung von Produktion und Wirtschaft benutzt. Mathematisch handelt es sich bei der linearen Optimierung um eine Extremwertaufgabe für eine Funktion mehrerer Veränderlicher unter Nebenbedingungen. Die Besonderheit dieser an sich bekannten Problemstellung besteht darin, daß alle mathematischen Beziehungen hierbei in Form linearer Gleichungen vorliegen. Das System dieser Nebenbedingungsgleichungen spannt ein konvexes, n-dimensionales Polyeder im euklidischen Raum auf, auf dessen Hülle die Extremwerte zu suchen sind. Methoden der Analysis, wie etwa die Methode der Lagrange-Multiplikatoren, versagen. Eine völlig anders geartete Lösungsmethode wird entwickelt. In dem Maße, wie die Wirksamkeit der linearen Optimierung zur Lösung der verschiedenartigsten Probleme in Wirtschaft und Technik erkannt wurde, ist auch der Ingenieur gehalten, sich dieser Methode zu bedienen.

6.1.1. Grundlagen und Begriffe. Den folgenden allgemeinen Erörterungen sei zunächst ein von seiner mathematischen Struktur her repräsentatives, konkretes Problem nach Piehler [106] vorangestellt:

Beispiel 1. O p t i m a l e H e r s t e l l u n g e i n e r G a s m i s c h u n g . Drei Gase mit unterschiedlichen Herstellungskosten P_i, Heizwerten H_i und Schwefelgehalten S_i (i = 1, 2, 3) seien wie folgt gegeben:

		1. Gas	2. Gas	3. Gas
P_i	$DM/10^3 m^3$	13	36	10
H_i	$kcal/m^3$	1060	1800	5700
S_i	gS/m^3	7	1	2

Aus diesen drei Gassorten ist eine vorgegebene Menge Heizgas zu mischen, dessen Heizwert zwischen gewissen Schranken liegt, dessen Schwefelgehalt eine obere Schranke nicht übersteigt und das möglichst billig ist. Eines der drei Gase allein erfüllt nicht zugleich alle Bedingungen. Das geforderte Gas soll zunächst die folgenden Eigenschaften haben:

Heizgasmenge	$25000 \ m^3$
untere Heizwertschranke	$2200 \ kcal/m^3$
obere Heizwertschranke	$2600 \ kcal/m^3$
obere Schwefelschranke	$3,0 \ gS/m^3$

Außerdem möge das dritte Gas nur in der beschränkten Menge von $8000 \ m^3$ zur Verfügung stehen. Bezeichnet man die einzelnen Gasmengen in $10^3\,\mathrm{m}^3$ mit x_1, x_2, x_3, so lautet das Optimierungsproblem in Form mathematischer Beziehungen:

Sind G die Herstellungskosten in DM, so ist mit G/DM = Z

$$Z = 13x_1 \quad + 36x_2 \quad + 10x_3 = \text{Min!} \qquad \text{(Zielfunktion)} \tag{6.1}$$

$$\begin{aligned}
x_1 \quad &+ x_2 \quad\ + x_3 = 25 &&\text{} &&(1)\\
1060x_1 &+ 1800x_2 + 5700x_3 \leqq 2600\cdot 25 &&\text{(obere Heizwertbedingung)} &&(2)\\
1060x_1 &+ 1800x_2 + 5700x_3 \geqq 2200\cdot 25 &&\text{(untere Heizwertbedingung)} &&(3)\\
7x_1 \quad &+ 1x_2 \quad\ + 2x_3 \leqq \quad\ 3\cdot 25 &&\text{(Schwefelbedingung)} &&(4)\\
&\qquad\qquad\qquad\ x_3 \leqq \quad\ 8 &&\text{(Mengenbedingung)} &&(5)\\
x_1, \quad &\quad x_2, \quad\quad x_3 \geqq \quad\ 0 &&\text{(Nichtnegativitätsbedingungen)} &&(6)
\end{aligned}$$

Die mathematische Fassung des Problems gliedert sich ersichtlich im zwei in ihrer Aussage wesentlich unterschiedliche Komplexe, die für die lineare Optimierung allgemein charakteristisch sind. Einmal ist in einer linearen Beziehung (Zielfunktion) jene Größe in ihrer mathematischen Abhängigkeit erfaßt, die minimal werden soll. Die Gesamtherstellungskosten G der Gasmischung sind bestimmt durch die Summe der Kubikmeterkosten der einzelnen Gassorten multipliziert jeweils mit der Menge der in der Mischung enthaltenen Anteile. Das Ziel oder das Objekt der Optimierung, die Zielfunktion oder die Objektfunktion, ist damit gefunden. Ein Minimum der linearen Zielfunktion ist trivialerweise durch die Wahl von $x_1 = x_2 = x_3 = 0$ gefunden. Jedoch sinnvoll ist das Problem erst dann gestellt, wenn die Variablen x_1, x_2, x_3, über deren Wert für ein Optimum von Z in einer Rechnung entschieden (daher Entscheidungsvariablen genannt) werden soll, durch Nebenbedingungen eingeschränkt werden. In diesem Beispiel wurden sechs dieser ebenfalls linearen Bedingungsgleichungen formuliert. In ihnen sind die Bedingungen, unter denen die Zielfunktion ihr Minimum annehmen soll, wie etwa die obere Heizwertschranke, durch eine Ungleichung erfaßt. Die Anzahl dieser Nebenbedingungsgleichungen oder Ungleichungen kann beliebig sein, nur dürfen diese sich in ihren Aussagen nicht widersprechen. Eine Sonderstellung nehmen die sogenannten Nichtnegativitätsbedingungen $x_1, x_2, x_3 \geqq 0$ ein. Nur für eine Wahl nichtnegativer Entscheidungsvariablen (negative Mengen Gas sind nicht denkbar) kann ein Minimum der Zielfunktion gefunden werden. Allerdings sind in gesondert gelagerten Fällen sogenannte freie Variable möglich.

Mit der Formulierung einer Aufgabe im obigen Beispiel ist das Grundkonzept der linearen Optimierung umrissen worden. Es sei festgehalten: Das Problem besteht darin, für eine Wahl mehrerer Entscheidungsvariablen unter einem System einschränkender Nebenbedingungen das Optimum einer linearen Zielfunktion aufzusuchen. Der allgemeine Charakter der Problemstellung sei noch klarer herausgestellt, indem das Grundsätzliche und die Begriffe im folgenden zusammengestellt werden. Damit wird zugleich der Weg zur Lösung des Problems aufgezeigt.

6.1.2. Das Austauschverfahren. Mit den Entscheidungsvariablen $x_j, j = 1, 2, \ldots m$ sei gegeben

$$\text{Zielfunktion} \qquad Z = \sum_{j=1}^{m} a_j x_j + c_0 \;\rightarrow\; \text{Max!} \tag{6.2}$$

(Soll Z → Min! sein, so $Z^* = -Z \rightarrow$ Max! setzen.)

Die Größe c_0 könnte im obigen Beispiel feste Grundkosten für die Herstellung der Gasmischung darstellen. Die Größe ist daher ein beliebiger Ausgangswert der Zielfunktion. Als einschränkende Bedingungsgleichungen für die Entscheidungsvariablen besteht das System der

Nebenbedin-
gungen $y_i = \sum\limits_{j=1}^{m} a_{ij}x_j + c_i \geqq 0$ $(i = 1, 2, \ldots n)$ (6.3)

Man nennt a_{ij} Kennzahlen, c_i Einsatzgrößen (z. B. beschränkte Gasmengen, Schwefelschranken, u. a.) y_i sind sogenannte Schlupfvariable, die aus rechentechnischen Gründen dazu dienen, Ungleichungen als Gleichungen zu schreiben. Man kann zu einer kleineren Seite einer Ungleichung mit variablen Gliedern den Wert der Schlupfvariablen addieren, um die Gleichheit herzustellen. Z. B. kann die Mengenbedingung im obigen Beispiel $y_5 = -x_3 + 8 \geqq 0$ lauten.

Das allgemeine Problem der linearen Optimierung soll hier nach der Simplexmethode (die geometrische Interpretation des Verfahrens liefert diese Bezeichnung) mit Hilfe des Austauschverfahrens nach Stiefel [36] gelöst werden. Werkzeug ist danach ein Verfahren, das zunächst am Beispiel der Auflösung eines Gleichungssystems mit zwei Veränderlichen erklärt werden soll. Es sei das folgende Gleichungssystem gegeben

$$ax_1 + bx_2 = y_1 \qquad (1)$$
$$cx_1 + dx_2 = y_2 \qquad (2)$$
(6.4)

Faßt man auch y_1 und y_2 als veränderlichen Größen, für die speziell auch feste Werte eingesetzt werden können, auf, so kann jede der Variablen i. a. durch die anderen ausgedrückt werden. Stiefel hat erkannt, daß dieses Austauschen der Variablen gerade für das numerische Auflösen von Gleichungssystemen vorteilhaft ist, weil das Verfahren wenig rechenaufwendig ist und dabei nach einem Schema (Stiefelschema) verfahren werden kann. Man schreibt statt (6.4)

	x_1	x_2
y_1	a	b
y_2	c	d

(6.5)

Sei beispielsweise Gleichung (6.4 (1)) nach x_1 aufgelöst, so ergibt sich $x_1 = (1/a)y_1 - (b/a)x_2$. Diesen Ausdruck für x_1 kann man in Gl. (6.4 (2)) einsetzen und vermittels der entstehenden Gleichung die Abhängigkeit y_2 von y_1 und x_2 ausdrücken. Man erhält $y_2 = (c/a)y_1 + (d - cb/a)x_2$. Im Stiefelschema stellt sich dieser Austausch der Variablen x_1 mit y_1 wie folgt dar

	y_1	x_2
x_1	1/a	$-b/a$
y_2	c/a	$d - cb/a$

(6.6)

Das Austauschen von Variablen des Gleichungssystems kann man je nach Wunsch beliebig fortsetzen, indem man z. B. in einem weiteren Schritt x_2 gegen y_2 austauscht. Man hat dann die Abhängigkeit der Variablen x_1 und x_2 von den Größen y_1 und y_2 gefunden, das inhomogene Gleichungssystem gelöst. Dem hier vollzogenen Rechenschritt beim Eliminieren der Veränderlichen in der Gleichung liegt nun eine durchsichtige Gesetzmäßigkeit der Umwandlung der Zahlenfaktoren zugrunde, die sich schematisch im Stiefelschema zeigt.

Man erkennt im Schema Zeilen und Spalten, deren Anfang oder Kopf jeweils die Variablen einnehmen. In Schema (6.5) steht y_1 vor der ersten Zeile, x_1 über der ersten Spalte usw. Ein Variablenaustausch vollzieht sich über einen Kreuzungspunkt von Zeile und Spalte, über das Drehelement (Pivot). So ist beim Übergang von Schema (6.5) zum Schema (6.6) a das Drehelement, die erste Zeile Drehzeile, die erste Spalte Drehspalte. Auf den ersten Blick ist zu erkennen, daß dieser Austausch einfach ist. In Drehzeile und Drehspalte wird, abgesehen von Vorzeichen, nur durch das Drehelement dividiert. Auch die Transformation der restlichen Elemente vollzieht sich nach einem einfachen Gesetz. Ohne ins Detail zu gehen, sollen nunmehr die Austauschregeln zusammengestellt werden. Am System (6.4) ist ihre Gültigkeit dann unmittelbar zu verfolgen. Allgemein sieht ein solches Gleichungssystem wie folgt aus

$$
\begin{array}{c|cccccccc}
 & x_1 & \cdots\cdots & x_j & \cdots\cdots & x_\varrho & \cdots\cdots & x_m \\
\hline
y_1 & a_{11} & \cdots\cdots & a_{1j} & \cdots\cdots & a_{1\varrho} & \cdots\cdots & a_{1m} \\
\vdots & & & & & & & \\
y_i & a_{i1} & \cdots\cdots & a_{ij} & \cdots\cdots & a_{i\varrho} & \cdots\cdots & a_{im} \\
\vdots & & & & & & & \\
y_k & a_{k1} & \cdots\cdots & a_{kj} & \cdots\cdots & a_{k\varrho} & \cdots\cdots & a_{km} \\
\vdots & & & & & & & \\
y_n & a_{n1} & \cdots\cdots & a_{nj} & \cdots\cdots & a_{n\varrho} & \cdots\cdots & a_{nm} \\
\hline
KZ & -\dfrac{a_{i1}}{a_{ij}} & & & & -\dfrac{a_{i\varrho}}{a_{ij}} & & -\dfrac{a_{im}}{a_{ij}}
\end{array}
\tag{6.7}
$$

Die Kellerzeile KZ ist die Drehzeile nach der Transformation ohne das Drehelement. Sie wird dem Schema als letzte Zeile angefügt und dient als Rechenhilfe.

Für das System (6.7) von n Gleichungen mit m Unbekannten gelten für einen Austauschschritt die folgenden T r a n s f o r m a t i o n s r e g e l n . (Die Elemente im transformierten System werden durch „'" gekennzeichnet.)

1. Drehzeile und Drehspalte durch einfaches Unterstreichen (am besten farblich) kennzeichnen.
2. Auszutauschende Variablen werden am Kopf der Drehspalte und am Beginn der Drehzeile ausgewechselt.
3. Das Drehelement geht in seinen reziproken Wert über

$$a_{ij}' = 1/a_{ij}$$

4. Die restlichen Elemente der Drehzeile werden durch das alte Drehelement dividiert und mit − 1 multipliziert

$$a_{i\varrho}' = - a_{i\varrho}/a_{ij}$$

5. Die restlichen Elemente der Drehspalte werden durch das alte Drehelement dividiert

$$a'_{kj} = a_{kj}/a_{ij}$$

6. Die transformierten restlichen Elemente der Drehzeile werden in der Kellerzeile KZ eingetragen.

7. Die Elemente außerhalb von Drehzeile und Drehspalte transformieren sich wie folgt: Zum Element wird das Produkt aus Kellerzeilenelement der Spalte mal Drehspaltenelement der Zeile des Elements addiert

$$a'_{k\ell} = a_{k\ell} - \frac{a_{kj}a_{i\ell}}{a_{ij}}$$

6.1.3. Das Simplexverfahren. Es ist zu erkennen, daß sowohl die Zielfunktion als auch das System der Nebenbedingungsgleichungen der linearen Optimierung als Stiefelschema geschrieben werden können. Dazu ist zu beachten, daß die „Variable" 1 über der Spalte der c_i gesetzt werden kann. Das Stiefelschema für die lineare Optimierungsaufgabe hat damit die folgende Gestalt

	$x_1 \ldots x_j \ldots x_\ell \ldots x_m$	1	CQZ
y_1	$a_{11} \ldots a_{1j} \ldots a_{1\ell} \ldots a_{1m}$	c_1	c_1/a_{1j}
y_i	$a_{i1} \ldots a_{ij} \ldots a_{i\ell} \ldots a_{im}$	c_i	c_i/a_{ij}
y_k	$a_{k1} \ldots a_{kj} \ldots a_{k\ell} \ldots a_{km}$	c_k	c_k/a_{kj}
y_n	$a_{n1} \ldots a_{nj} \ldots a_{n\ell} \ldots a_{nm}$	c_n	c_n/a_{nj}
Z	$a_1 \ldots a_j \ldots a_\ell \ldots a_m$	c_0	
KZ	$-\dfrac{a_{i1}}{a_{ij}} \qquad -\dfrac{a_{i\ell}}{a_{ij}} \quad -\dfrac{a_{im}}{a_{ij}}$	$\dfrac{c_0}{a_{ij}}$	
CQS	$\dfrac{a_1}{a_{i1}} \quad \dfrac{a_j}{a_{ij}} \quad \dfrac{a_\ell}{a_{i\ell}} \quad \dfrac{a_m}{a_{im}}$		

$$(6.8)$$

Bemerkenswert an diesem Schema sind die zusätzlich angefügte Zeile CQS, die Zeile der charakteristischen Spaltenquotienten, und die Spalte CQZ der sogenannten charakteristischen Zeilenquotienten. Diese Quotienten haben für das spätere Aufsuchen des optimalen Drehelements des Systems eine besondere Bedeutung.

Als charakteristisch für das obige System sei herausgestellt:

a_{ij}-Drehelemente
x_j-Drehspalte
y_i-Drehzeile

Eine Umwandlung von Ungleichungen in Gleichungen mit Hilfe der Schlupfvariablen kann immer so erfolgen, daß die Variablen y_i nicht negativ sind. Für das Folgende soll daher gelten: $y_i \geqq 0$, i = 1, 2, ... n. Am Beispiel des Systems (6.1) folgt für (2)

$$y_2 = -1060x_1 - 1800x_2 - 5700x_3 + 2600 \cdot 25 \geqq 0.$$

Auch für die echte Gleichung (also k e i n e Ungleichung) (1) folgt

$$y_1 = -x_1 - x_2 - x_3 + 25 \geqq 0.$$

Selbstverständlich könnte diese Gleichung auch durch zwei Ungleichungen mit Größer-Gleich- und Kleiner-Gleich-Beziehungen beschrieben werden.

Das System der Nebenbedingungsgleichungen mit der Forderung nichtnegativer y_i und x_j sei einer genaueren Betrachtung unterzogen: Nach Einführung der Schlupfvariablen liegen insgesamt n Gleichungen mit n + m Unbekannten des Systems der a_{ij} und c_i vor. Diese Gleichungen dürfen sich nicht widersprechen. Wäre das der Fall, so hätte das Problem keine Lösung, was für die theoretischen Betrachtungen auszuschließen ist. Das System mit mehr Variablen als Gleichungen ist unterbestimmt und hat i. a. eine unendliche Mannigfaltigkeit von Lösungen, die einzeln dadurch gefunden werden können, daß m beliebige Variable willkürlich vorgegeben werden. Die übrigen n Variablen sind dann eindeutig bestimmbar, wenn ohne Einschränkung der Allgemeinheit angenommen wird, daß der Rang des Systems (6.8) gleich n ist. Eine Lösung mit nichtnegativen Entscheidungsvariablen x_j und Schlupfvariablen y_i nennt man zulässig. n Variable dieser Lösungsmannigfaltigkeit bilden eine Basis von linear unabhängigen Vektoren. Man spricht daher von Basisvariablen. Die restlichen m Variablen heißen Nichtbasisvariable. Geometrisch gesehen wird im n-dimensionalen Bereich ein Simplex, ein Lösungspolyeder aufgebaut, dessen Eckpunkte durch die zulässigen Basislösungen bestimmt werden. Im durch die Zielfunktion erweiterten System (6.8) ist auch Z eine solche weitere Basisvariable, die zugleich mit dem System bestimmbar ist. Eine erste Basislösung des Systems (6.8) ist schnell gefunden: Man setze die m Nichtbasisvariablen am Kopf der Spalten gleich Null. Dann sind die n Werte der n Basisvariablen plus Z als eine solche in der Spalte der c_i mit c_0 ablesbar. Sind insbesondere die c_i nichtnegativ, so hat man damit eine zulässige Basislösung gefunden. System (6.8) wird mit dem Ziel, das Optimum von Z zu finden, durch Austausch- schritte verändert. Diese Austauschschritte vollziehen sich nach den Regeln, die als Trans- formationsregeln oben für ein allgemeines System formuliert wurden, die aber sinngemäß auf System (6.8) anzuwenden sind. Für den ersten Austauschschritt wird ein Drehelement bestimmt. Die Transformation am System wird vollzogen. Dann wird geprüft, ob die Ziel- funktion das Optimum erreicht hat.

Die allgemeine Theorie liefert die Aussage, daß das Optimum von Z, falls ein solches existiert, nach einer endlichen Anzahl von Austauschschritten gefunden wird. Geometrisch bewegt man sich bei diesen Schritten von Eckpunkt zu Eckpunkt des Lösungspolyeders. Dabei kann das Verfahren zur Wahl der Austauschschritte so gewählt sein, daß nichtoptimale Eckpunkte über- sprungen werden und schneller das Optimum erreicht wird.

Leider kann besonders beim maschinellen Rechnen großer Probleme nicht sicher ausgeschlossen werden, daß das Fortschreiten von Eckpunkt zu Eckpunkt mit den Austauschschritten in Zyklen einmündet, so daß das Optimum dann nicht erreichbar ist. Bisher gibt es noch kein

Kriterium, nach dem zwingend der optimale Weg gefunden werden kann, der also am schnellsten zum Ziel führt. Dennoch gibt es Anhaltspunkte für die Wahl optimaler Drehelemente. Ohne Einschränkung der Allgemeinheit sei hier das Maximum gesucht, da das Minimum durch Negation der Zielfunktion zum Maximalproblem wird. Nach jedem Austauschschritt lautet die Zielfunktion als letzte Gleichung des Systems (6.8)

$$Z = a_1 x_1 + a_2 x_2 + \cdots + a_j x_j + \cdots + a_m x_m + c_0, \qquad (6.9)$$

wobei die a_j, $j = 1, 2, \ldots, m$ aus Transformationen entstanden sind. Die hier niedergeschriebenen x-Variablen sind zum Teil y-Variable (durch Austausch Zeilenkopf–Spaltenkopf entstanden). Es werde angenommen, daß nach einem letzten Austauschschritt alle a_j, $j = 1, 2, \ldots m$, negativ sind. Da die Nichtbasisvariablen, am Spaltenkopf stehend, nichtnegativ sein sollen, ist das Maximum von Z für genau eine Wahl dieser Nichtbasisvariablen zu $x_1 = x_2 = \cdots = x_m = 0$ gefunden. In den einzelnen Austauschschritten werden auch die c_i, $i = 1, 2, \ldots n$ transformiert. Durch Nullsetzen der Nichtbasisvariablen am Kopf der Spalten von System (6.8) geben die c_i unmittelbar den Wert der Basisvariablen an, die nach dem letzten Schritt nichtnegativ sein müssen.

Sucht man nun nach der geringsten Anzahl solcher Austauschschritte auf dem Weg zum Maximum von Z, so gibt es dafür einen ersten Hinweis aus den Transformationsregeln. Die Auswahl des Drehelementes kann danach erfolgen, daß bei einem Austauschschritt die Anzahl der nichtnegativ werdenden c_i und der nichtpositiv werdenden a_j maximal ist, und möglichst alle bereits positiven c_i und negativen a_j nichtnegativ bzw. negativ bleiben. Sind alle c_i nichtnegativ und alle a_j negativ, so ist das Optimierungsproblem gelöst. Die Spalte der c_i liefert den optimalen Lösungsvektor, für den $Z = c_0$ das Maximum ($Z = -c_0$ das Minimum) liefert. Erst wenn es nach diesem Auswahlprinzip mehrere gleichwertige „optimale" Drehelemente geben sollte, kann jenes gewählt werden, mit dem sich das c_0 maximal ändert. Alle Elemente a_{ij} müssen bezüglich ihrer Wählbarkeit als Drehelement überprüft werden, ein Verfahren, das langwierig und umständlich ist. Nicht unerwähnt sei, daß sich manche Probleme der Praxis trotz langer Suchzeiten der Drehelemente durch nur wenige Austauschschritte schnell lösen ließen.

Aus der Erfahrung mit vielen konkreten Beispielen soll hier einem Verfahren der Vorzug gegeben werden, das mit vergleichbar geringem Suchaufwand nach einem Drehelement zum Ziel führt, wenn auch die Anzahl der Austauschschritte dabei nicht optimal ist. Dieser Weg geht von einer zulässigen ersten Basislösung aus; alle c_i müssen in diesem Fall von vornherein nichtnegativ sein. Dieser Spezialfall ist Gegenstand theoretischer Erörterungen in den Werken zur Linearoptimierung, z. B. Dantzig [96]. Der Fall negativer c_i wird dort durch das Lösen von Vorproblemen auf diesen zurückgeführt.

Hier wird eine zulässige erste Basislösung durch eine Erweiterung des Systems mit einer zusätzlichen „künstlichen" Variablen und einer weiteren Gleichung gefunden. Das geschieht, nachdem in ersten Schritten evtl. Gleichungen (also keine Ungleichungen) und (oder) freie Variablen (diese unterliegen nicht der Nichtnegativitätsbedingung) ausgesondert werden.

Im weiteren sollen sich die Darlegungen an dem Programmablaufplan (6.1) orientieren. Die speziell zur Lösung des Beispiels zu durchlaufenden Schritte sind dort auch für den allgemeinen Fall vorgezeichnet. So kann wieder auf das obige Beispiel zurückgegriffen werden. Allgemeine Ergebnisse und Aussagen sollen mit den einzelnen Lösungsschritten dieses Beispiels jeweils erläutert werden. System (6.1) hat als Stiefelschema das folgende Aussehen

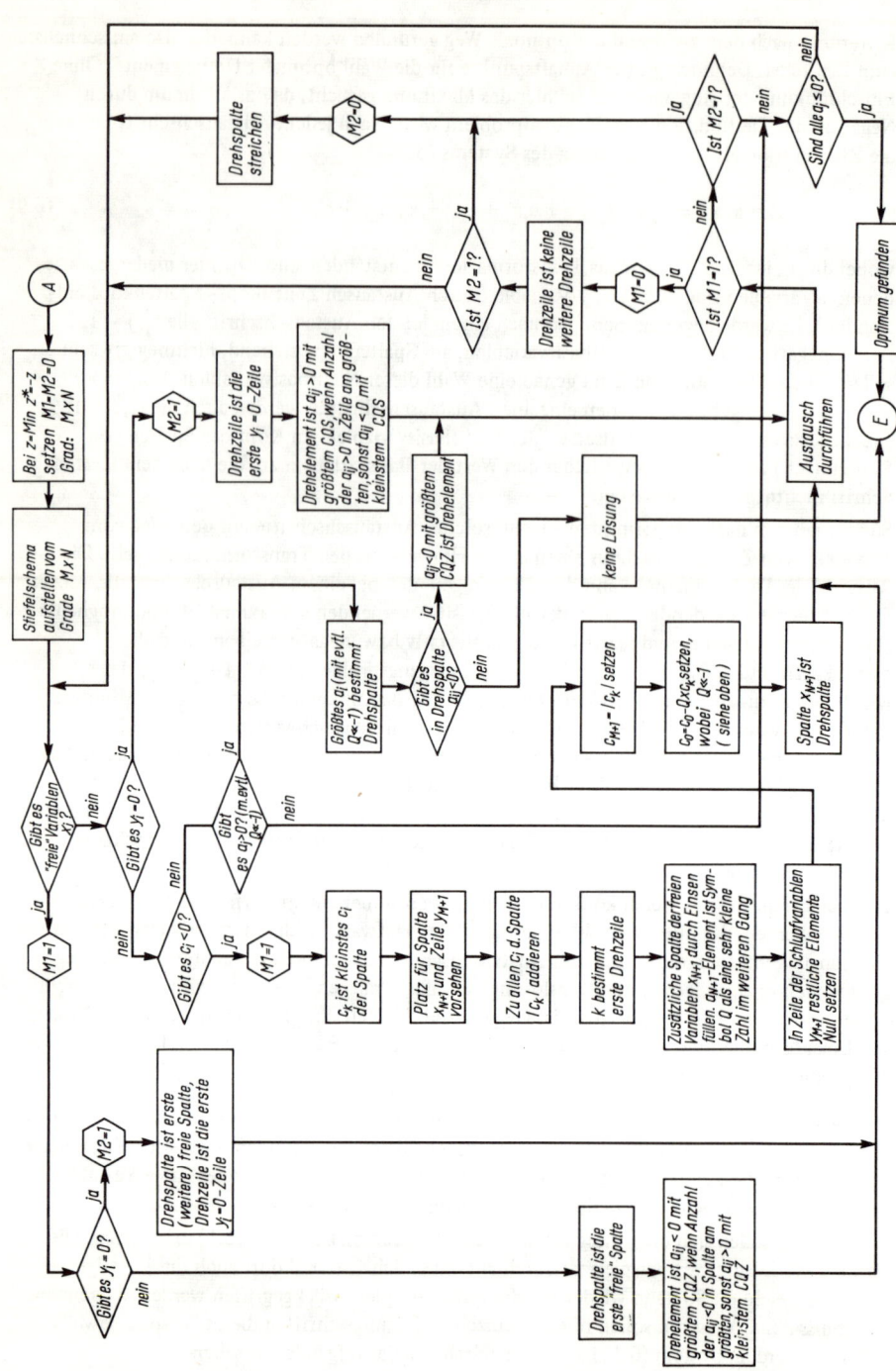

	x_1	x_2	x_3	1
y_1	-1	-1	-1	25
y_2	$-1{,}06$	$-1{,}8$	$-5{,}7$	65
y_3	$1{,}06$	$1{,}8$	$5{,}7$	-55
y_4	-7	-1	-2	75
y_5	0	0	-1	8
Z^*	-13	-36	-10	0
KZ	-1	-1		25
CQS	13	36	10	

$$(6.10)$$

Die erste Zeile des Systems fordert $y_1 = 0$, da hier eine Gleichung aus der Aufgabenstellung vorliegt. Nach einem ersten Austauschschritt mit der ersten Zeile als Drehzeile wird y_1 am Kopf einer der Spalten stehen. y_1 ist dann Nichtbasisvariable und hat auch nach allen weiteren Schritten den Wert Null. Die zugehörige Spalte kann folglich aus dem System gestrichen werden, da ihre weiteren Aussagen ohne Einfluß auf das Ergebnis der Rechnung sind. Nachdem mit der ersten Zeile als Drehzeile ausgetauscht wurde, sollten beim Vorliegen weiterer Gleichungen im System diese weitere Drehzeilen sein (im Programmablaufplan 6.1 sind diese die $y_i = 0$-Zeilen). Die Drehspalte bei jedem dieser Schritte ist wie folgt zu finden:

Ein Austauschschritt mit einer $y_i = 0$-Zeile ist sicherlich einem Auffinden des Maximums der Zielfunktion in wenigen Schritten förderlich, wenn dabei eine maximale Anzahl von Koeffizienten a_j der Zielfunktion nichtpositiv wird. Nach der Transformationsregel 7 gilt für die Elemente dieser Zeile

$$a_\varrho' = a_\varrho - \frac{a_j a_{i\varrho}}{a_{ij}} \leq 0 \qquad \text{woraus folgt} \qquad a_\varrho \leq \frac{a_j a_{i\varrho}}{a_{ij}}.$$

Das Drehelement in der Zeile sollte daher so bestimmt werden, daß der zugehörige CQS (Charakteristische Spaltenquotient) $a_\varrho/a_{i\varrho}$ für alle anderen Elemente mit positivem $a_{i\varrho}$ kleiner und für alle negativen Elemente $a_{i\varrho}$ der Zeile größer als der CQS des Drehelements ist. Dieses Suchverfahren ist allerdings in praktischen Rechnungen umständlich. Durch geeignetes Multiplizieren mit -1 kann i. a. dafür gesorgt werden, daß die Mehrzahl der Koeffizienten einer solchen Gleichung negativ ist. Es genügt daher, unter den negativen $a_{i\varrho}$ jenes mit kleinstem CQS auszuwählen. Im System (6.10) wird danach die dritte Spalte mit x_3 am Kopf Drehspalte. (Durch Unterstreichungen gekennzeichnet.) Die Kellerzeile KZ im System ist die gemäß Transformationsformel 4 abzuändernde Drehzeile ohne das Drehelement. Die weiteren Transformationsregeln 1 bis 7 sind nun zur Umwandlung der Elemente in System (6.10) sinngemäß anzuwenden. Dabei sollte beachtet werden, daß die neuen Elemente außerhalb von Drehspalte und Drehzeile sich dadurch ergeben, daß jeweils vom alten Element das Produkt aus zugehörigem KZ-Element und Drehspaltenelement subtrahiert wird. Nach diesem Austauschschritt erhält man, indem wegen der Festsetzung von $y_1 = 0$ die Drehspalte gestrichen wurde, das neue System (6.11).

6.1 Vollständiger Programmablauf für Simplexverfahren: $CQS = \dfrac{a_j}{a_{ij}}$ charakteristischer Quotient der Spalte, $CQZ = \dfrac{c_i}{a_{ij}}$ charakteristischer Quotient der Zeile.

	x_1	x_2	y_1	x_4	1	1*
x_3	$-1,00$	$-1,00$	$-1,00$	$\underline{1,00}$	$25,00$	$102,50$
y_2	$\underline{4,64}$	$\underline{3,90}$	$5,70$	$\underline{1,00}$	$-77,50$	$\underline{0,00}$
y_3	$-4,64$	$-3,90$	$-5,70$	$\underline{1,00}$	$87,50$	$165,00$
y_4	$-5,00$	$1,00$	$2,00$	$\underline{1,00}$	$25,00$	$102,50$
y_5	$1,00$	$1,00$	$1,00$	$\underline{1,00}$	$-17,00$	$60,50$
y_6	$0,00$	$0,00$		$\underline{1,00}$		$77,50$
Z^*	$-3,00$	$-26,00$	$10,00$	$\underline{Q}$	$-250,00$	$-250,00+Q\cdot77,50$
KZ	$-4,64$	$-3,90$				$0,00$

(6.11)

In diesem System gibt es keine weiteren Gleichungen. Sie wären sonst, wie beschrieben, in weiteren Austauschschritten zu eliminieren. Bei der Eliminierung evtl. auftretender „freier" Variabler ist entsprechend zu verfahren. Im Programmablaufplan 6.1 ist der dann zu beschreitende Weg angegeben.

In (6.11) ist ersichtlich nicht nur die Spalte y_1 gestrichen, sondern zusätzlich sind eine Spalte mit Kopf x_4 und eine Zeile mit Kopf y_6 angefügt. Die Spalte der alten c_i ist gestrichen und stattdessen eine Spalte mit 1* am Kopf angefügt. Auch die Zielfunktion ist modifiziert. Ein Symbol Q erscheint in der Spalte mit Kopf x_4. Das neue Element c_0^* ist ein Zahlenausdruck mit dem Symbol Q als Faktor geworden. Wie zu zeigen sein wird, soll Q eine sehr kleine Zahl ($Q \ll -1$) repräsentieren.

In der gestrichenen c_i-Spalte sind in der zweiten und fünften Zeile negative c_i erkennbar. Eine erste Basislösung, erhältlich durch Nullsetzen der Spaltenkopfvariablen als Nichtbasisvariablen, ist nicht zulässig, da negative Elemente auftreten. Der Wunsch bestand jedoch, von zulässigen Basislösungen auszugehen, um mit geringem Rechenaufwand das Optimum zu finden. Ein negatives c_i in einer Gleichung kann durch einen Kunstgriff beseitigt werden. Man addiert zu einer Seite der Gleichung eine positive Zahl, die vom Betrag größer ist als das c_i. Ein Gleiches auf der anderen Seite der Gleichung verändert diese nicht. Aus der zweiten Gleichung in System (6.11) $y_2 = 4,64\,x_1 + 3,90\,x_2 - 77,50$ erhält man z. B. $y_2 = 4,64\,x_1 + 3,90\,x_2 + x_4 + 0$, mit $x_4 = -77,5$. Wird diese Konstante $-77,50$ (das kleinste der negativen c_i) zu allen ersten fünf Gleichungen des Systems (6.11) bei gleichzeitiger Einführung der „künstlichen" Variablen x_4 addiert, so ändert man die Aussagen der Gleichungen nicht, erhält aber nur nichtnegative c_i (neue c_i-Spalte mit Kopf 1*). x_4 ist nun eine weitere Variable in einem neuen System, das noch ergänzt wird durch die Gleichung $y_6 = x_4 + 77,50 \geqq 0$. Dieses neue System besitzt zulässige Basislösungen (alle c_i sind nichtnegativ), wenn die neue Nichtbasisvariable x_4 gleich Null gesetzt wird. Dadurch ist jedoch die ursprüngliche Aussage des Systems verfälscht. Dem ist dadurch zu begegnen, daß x_4 für die weitere Rechnung eine freie Variable wird. Weiterhin muß zusätzlich zur Ausgangszielfunktion $Z_1 \equiv Z$, die maximiert werden soll, gefordert werden, daß der Ausdruck $Z_2 \equiv y_6 = x_4 + 77,50$ minimal wird. Zusammengefaßt stellt sich daher folgendes Problem: x_4 ist freie Variable im neuen System. Neben $Z_1 = -3,00\,x_1 - 26,00\,x_2 - 250,00$, das maximal werden soll, wird für $Z_2 = x_4 + 77,50$ ein Minimum gesucht. In allgemeiner Formulierung stellt sich das Problem wie folgt:

Bei Gültigkeit der Nebenbedingungen

$$y_i = \sum_{j=1}^{m+1} a_{ij}x_j + c_i \geqq 0, \quad i = 1, 2, \ldots n, \text{ x teils frei, teils} \geqq 0,$$

(6.12)

$$y_{n+1} = x_{m+1} + |c_k| \geqq 0 \quad c_k = \text{Min } c_i, 1 \leqq i \leqq n$$

ist zu maximieren

$$Z_1 = \sum_{j=1}^{m} a_j x_j + c_0$$

und zu minimieren

$$Z_2 = x_{m+1} + |c_k| .$$

Zur Lösung führt man die Zielfunktion

$$Z_3 = Z_1 + Q \cdot Z_2$$

mit einer Konstanten Q, für die gilt $Q \ll -1$ ein. Dann wird das Maximum von Z_3 bestimmt. Man kann beweisen, daß für dieses Maximum von Z_3 die Größe Z_2 minimal sein muß, wenn ein geeignetes $Q \ll -1$ gewählt wird. Dieser Sachverhalt sei ausgedrückt in folgendem

Satz. Wenn Z_3 bei Gültigkeit von System (6.12) maximal ist, so existiert eine Zahl $Q_0 \leqq 0$, so daß für alle $Q < Q_0$ die Größe Z_2 minimal ist, falls dieses Minimum existiert.

B e w e i s : Wäre Z_2 nicht minimal, so ließe sich ein Q_0 finden, so daß für $Q < Q_0$ auch Z_3 nicht maximal ist, im Widerspruch zur Voraussetzung. Die Größe Q_0 läßt sich aus der Formulierung dieses indirekten Beweises mit allen Basislösungen des Systems (6.12) finden unter der Voraussetzung, daß das Minimum von Z_2 existiert.
Es sei $x = \{ x_{0,1}, x_{0,2}, \ldots . x_{0,m+1} \}$ eine zulässige Basislösung von (6.12) mit minimalem Z_2, das voraussetzungsgemäß existiert. Für alle anderen Basislösungen von (6.11) $x_r = \{ x_{r,1}, x_{r,2}, \ldots . x_{r,m+1} \}$, $r = 1, 2, \ldots . p$, kann gezeigt werden, daß bei geeignetem Q_0 die Zielfunktion Z_3 nicht maximal sein kann, wenn zugleich diese Basislösungen nicht Z_2 minimieren. Es sei

$$\delta = \underset{1 \leqq r \leqq p}{\text{Max}} [Z_2(x_r) - Z_2(x_0)]$$

$$= \underset{1 \leqq r \leqq p}{\text{Max}} [x_{r,m+1} + |c_k| - x_{0,m+1} - |c_k|]$$

$$= \underset{1 \leqq r \leqq p}{\text{Max}} [x_{r,m+1} - x_{0,m+1}]$$

Mit $x_{0,m+1} = -|c_k|$ für das Minimum von Z_2, aus $Z_2 = y_{n+1} = x_{0,m+1} + |c_k| \geqq 0$ folgend, ergibt sich

$$\delta = \underset{1 \leqq r \leqq p}{\text{Max}} \, [x_{r,\,m\,+\,1} + |\,c_k\,|\,] > 0.$$

Setzt man ferner

$$\mu = \underset{1 \leqq r \leqq p}{\text{Max}} \, [Z_1\,(x_r) - Z_1\,(x_0)\,] = \underset{1 \leqq r \leqq p}{\text{Max}} \, \sum_{j\,=\,1}^{m} a_j\,(x_{r,\,j} - x_{0,\,j}),$$

so ist $Q \cdot \delta + \mu < 0$ für alle $Q < Q_0 \leqq 0$ mit $Q_0 = \text{Min} \, [-\dfrac{\mu}{\delta},\,0]$. Daraus folgt für alle nicht-optimalen Basislösungen x_r, $r = 1, 2, \ldots, p$, von (6.12) wegen der Gültigkeit von

$$Z_3\,(x_r) - Z_3\,(x_0) = [Z_1\,(x_r) - Z_1\,(x_0)\,] + Q\,[Z_2\,(x_r) - Z_2\,(x_0)\,] < 0,$$

daß $Z_3\,(x_r)$, $r = 1, 2, \ldots p$, nicht maximal ist.

In (6.11) ist x_4 freie Variable geworden. Eine freie Variable muß Basisvariable werden. Wie auch im Programmablaufplan vorgezeichnet, wird die Spalte mit x_4 am Kopf Drehspalte. Nach dem Austauschschritt steht x_4 am Kopf der Zeile. Es ist nicht nötig, diese Zeile in weiteren Schritten mitauszutauschen, um schließlich den Wert von x_4 zu erfahren. x_4 wird den Wert $- 77,50$ annehmen. In den weiteren Rechnungen wird die Zeile x_4 nicht verwandt. Die Wahl der Drehzeile bei nichtnegativen c_i auch für weitere Austauschschritte ergibt sich aus folgender Überlegung: Die Transformationsregeln 4 und 5 zeigen, daß das Drehelement negativ sein sollte, wenn das c_i der Zeile ungleich Null ist. Ein Element c_k transformiert sich gemäß

$$c_k' = c_k - \frac{c_i a_{kj}}{a_{ij}} \quad , \quad k = 1, 2, \ldots i - 1, i + 1, \ldots n.$$

Danach sind die neuen c_k nur dann nicht negativ, also

$$\frac{c_k}{a_{kj}} \leqq \frac{c_i}{a_{ij}} \text{ für } a_{kj} < 0, \text{ wenn unter}$$

negativen a_{ij} jenes a_{ij} mit größtem $CQZ = c_i/a_{ij}$ (siehe System (6.8)) als Drehelement gewählt wird. Drehzeile in (6.11) wird die zweite Zeile (ihre Elemente sind unterstrichen).

Während in Rechnungen „von Hand" eine Zahlenangabe von Q nicht nötig ist (Q ist eine sehr kleine Zahl) fordert das automatische Rechnen eine Festlegung von Q. Die beim elektronischen Rechnen unvermeidlichen Rundungsfehler verlangen, daß Q nicht zu stark von jenen Zahlen abweicht, die insgesamt in einem konkreten Problem auftreten. Leider läßt sich Q nicht genau abschätzen. Lediglich grobe Anhaltspunkte lassen sich finden, wenn man nicht mit großem Aufwand nach einem passenden Wert für Q suchen möchte. Im Beweis des obigen Satzes ist Q durch den Quotienten $- \mu/\delta$ bestimmt. Nimmt man an, daß δ die maximale Differenz von Z_2 für alle Basislösungen ist, so muß δ durch $|\,c_k\,|$, den Betrag des kleinsten der negativen c_i bestimmt sein. Überlegt man sich weiterhin, daß häufig in Problemen $|\,c_k\,|$ in der Größenordnung des größten Wertes aller c_i liegt, so hat man in $\underset{1 \leqq i \leqq n}{\text{Max}} \, c_i$ auch einen

Anhaltswert für den maximal zu erwartenden Wert einer Entscheidungsvariablen x_j (das

Lösungspolyeder darf nicht zu spitz sein). μ als maximale Differenz der durch alle Basislösungen bestimmten Zielfunktionswerte Z_1 dürfte in grober Abschätzung in der Größenordnung von

$$\mu \approx \sum_{j=1}^{m} |a_j| \cdot \underset{1 \leq j \leq m}{\text{Max}} |x_j|$$

liegen. Da $\underset{1 \leq j \leq m}{\text{Max}} x_j$ in der Größenordnung von $\underset{1 \leq i \leq n}{\text{Max}} c_i$ liegt, und δ, wie angenommen werden kann, auch in der Größenordnung von $\underset{1 \leq j \leq m}{\text{Max}} x_j$ liegt, kann für Q als Anhaltspunkt gelten

$$Q < -m \sum_{j=1}^{m} |a_j|.$$

Folglich sollte die negative Summe der Absolutbeträge der Koeffizienten der Zielfunktion gebildet werden.

Zunächst ist die Wahl des Drehelements in System (6.11) erfolgt. Das neue System nach einem Austauschschritt hat das folgende Aussehen

	x_1	x_2	y_2	1	CQZ
x_3	$-5{,}640$	$-4{,}900$	$1{,}000$	$102{,}500$	$-18{,}2$
y_3	$-9{,}280$	$-7{,}800$	$1{,}000$	$165{,}000$	$-17{,}75$
y_4	$\underline{-9{,}640}$	$-2{,}900$	$\underline{1{,}000}$	$\underline{102{,}500}$	$-10{,}63$
y_5	$-3{,}640$	$-2{,}900$	$1{,}000$	$60{,}500$	$-16{,}61$
y_6	$-4{,}640$	$-3{,}900$	$1{,}000$	$77{,}500$	$-16{,}70$
Z	$-3{,}0 - Q \cdot 4{,}64$	$-26 - 3{,}9 \cdot Q$	Q	$-250{,}0 + Q \cdot 77{,}5$	
KZ		$-0{,}301$	$0{,}1057$	$10{,}630$	

Nach Streichen der für weitere Aussagen überflüssigen zweiten Zeile mit dem Kopf x_4 erhält man dem Programmablaufplan folgend als Drehspalte jene mit Kopf x_1 und als Drehzeile jene mit Kopf y_4. Nach vollzogenem Austauschschritt folgt das System

	y_4	x_2	y_2	1	CQZ
x_3	$0{,}585$	$-3{,}203$	$0{,}415$	$42{,}531$	$-13{,}28$
y_3	$0{,}963$	$-5{,}008$	$0{,}037$	$66{,}327$	$-13{,}25$
x_1	$-0{,}104$	$-0{,}301$	$0{,}104$	$10{,}633$	$-35{,}35$
y_5	$0{,}378$	$-1{,}805$	$0{,}622$	$21{,}80$	$-12{,}08$
y_6	$\underline{0{,}481}$	$\underline{-2{,}504}$	$\underline{0{,}519}$	$\underline{28{,}164}$	$-11{,}25$
Z	$0{,}311 + Q \cdot 0{,}481$	$-25{,}097 - Q \cdot 2{,}503$	$-0{,}311 + Q \cdot 0{,}519$	$-281{,}890 + 28{,}177 \cdot Q$	
KZ	$0{,}193$		$0{,}207$	$11{,}257$	

In einem letzten Schritt ist die Drehspalte jene mit Kopf x_2 und Drehzeile jene mit Kopf y_6. Nach dem Austauschschritt erhält man das System

	y_4	y_6	y_2	1
x_3	$-0,031$	$1,279$	$-0,249$	$6,504$
y_3	$0,000$	$2,000$	$-1,000$	$10,000$
x_1	$-0,162$	$0,120$	$0,041$	$7,249$
y_5	$0,031$	$0,721$	$0,249$	$1,496$
x_2	$0,192$	$-0,399$	$0,207$	$11,246$
z	$-4,520 + 0 \cdot Q$	$10,026 + 1,000 \cdot Q$	$-5,506 + 0,0 \cdot Q$	$-564,171 - 0 \cdot Q$

Nunmehr sind unter Berücksichtigung von $Q \ll -1$ alle a_j (die Koeffizienten der Z-Zeile) nichtpositiv. Das Ergebnis der Rechnung lautet daher:

Die minimalen Kosten der Mischung betragen DM 564,17. Vom 1. Gas müssen $7,249 \cdot 10^3 \, \mathrm{m}^3$, vom 2. Gas $11,246 \cdot 10^3 \, \mathrm{m}^3$ und vom 3. Gas $6,504 \cdot 10^3 \, \mathrm{m}^3$ gemischt werden, wenn das Kostenminimum erreicht werden soll. Zu beachten ist, daß das Minimum der Zielfunktion gesucht wurde, aber ein Maximumproblem gerechnet wurde. Der Zielfunktionskoeffizient c_0 erscheint negativ. Erwartungsgemäß ist in c_0 auch die Abhängigkeit von Q verschwunden. Auch die zusätzlich eingeführte Schlupfvariable y_6 ist Null geworden.

6.1.4. Das Verfahren für den Digitalrechner. Zunächst liegt es nahe, das am Beispiel in Abschn. 6.1.3 dargestellte Simplexverfahren der Linearoptimierung in einer Rechnersprache zu programmieren, um dann vor allem umfangreiche Optimierungsprobleme in kurzer Zeit von Datenverarbeitungsanlagen lösen zu lassen. Bei diesem Unterfangen tritt eine spezifische Problematik auf, die allein durch die beim digitalen Rechnen unvermeidlichen Rundungsfehler verursacht ist. So stellt sich heraus, daß geläufige Verfahren der numerischen Mathematik für die Behandlung auf dem Rechner ungeeignet sein können, weil ein Aufsummieren von Rundungsfehlern bei allen arithmetischen Operationen im Rechner letztlich zu falschen Ergebnissen führt. Das Simplexverfahren, wie es im vorhergehenden Abschnitt beschrieben wurde, so vorteilhaft es für das Rechnen auf dem Papier ist, ist durch die vom Ausgangssystem sukzessive zu vollziehenden Austauschschritte, bei denen jeweils eine Matrix transformiert wird, besonders rundungsfehleranfällig. Das führt dazu, daß bei umfangreichen Optimierungsproblemen je nach Grad der Rundungsfehleranfälligkeit durch die auftretenden Koeffizienten ein mehr oder weniger brauchbares Endergebnis erscheint.

Sicherlich gelingt es nicht, das Simplexverfahren so abzuändern, daß ein Akkumulieren von Rundungsfehlern gänzlich vermieden werden kann. Dennoch läßt sich das Verfahren lediglich für die Zwecke des digitalen Rechnens so abändern, daß, allerdings mit zusätzlichen Mitteln, aufgelaufene Rundungsfehler weitestgehend beseitigt werden können. In der Literatur, z. B. in Künzi/Tzschach/Zehnder [101] und in Piehler [106] ist dieses „revidierte Simplexverfahren" als eigens für die Digitalrechnerprogrammierung geeignet, dargestellt. Bei diesem Verfahren werden die Austauschschritte am Gleichungssystem selbst vorgenommen. Der Rechengang sei kurz skizziert: Das System von Gleichungen (6.8) erscheint in der Matrixform

$$Ax + By = c \tag{6.13}$$

Darin ist **B** eine $((m + 1) * (n + 1))$-Einheitsmatrix **E** und **A** die $((n + 1) * m)$-Matrix aus den Elementen a_{ij} mit den a_j, den Zielfunktionskoeffizienten, als die erste Zeile. Das System ist aufgeteilt in einen Anteil mit der Matrix **A** multipliziert mit dem Vektor **x** der Nichtbasisvariablen und dem Anteil mit **B** multipliziert mit dem Vektor der Basisvariablen y unter Einbeziehung von Z als erstem Element des Vektors y. c ist der Vektor mit den Elementen c_i und als erstem Element c_0. Gleichung (6.13), von links mit der inversen Matrix von **B**, $\mathbf{B}^{-1}$, multipliziert, läßt schließlich folgen

$$(\mathbf{B}^{-1}\mathbf{B})\,y = \mathbf{B}^{-1}c - (\mathbf{B}^{-1}\mathbf{A})\,x.$$

Da $(\mathbf{B}^{-1}\mathbf{B}) = \mathbf{E}$ ist, kann das Optimum des gestellten Problems gefunden werden, wenn dafür gesorgt ist, daß y aus nichtnegativen Elementen besteht, wobei y_1, das erste Element des Vektors als Repräsentant des Wertes der Zielfunktion z. B. maximal ist. Ist nun das Matrixprodukt $\mathbf{B}^{-1}\mathbf{A}$ so geartet, daß nach Multiplikation dieses Produktes mit dem Vektor x der Nichtbasisvariablen (durch Auswechseln mit Spalten von **A**x verändert) alle Elemente von $(\mathbf{B}^{-1}\mathbf{A})\,x$ positiv sind bei nichtnegativ zu wählenden x, so findet man durch Nullsetzen des Vektors x die optimale Lösung des Problems im Vektor y. Das Auswahlprinzip, nach dem Basisvariable und Nichtbasisvariable ausgewechselt werden, folgt aus dem Simplexkriterium, wie es in anderer Form im letzten Abschnitt dargestellt wurde. Hier kurz das nun anzuwendende Verfahren: Die erste Zeile von $\mathbf{B}^{-1}$ wird mit den einzelnen Spalten von **A** multipliziert. Das größte Produkt aus diesen Operationen bestimmt die austretende Nichtbasisvariable. Dann bildet man das Produkt aus der aus **A** austretenden Spalte mit den Zeilen von $\mathbf{B}^{-1}$ außer der ersten. Der größte Quotient aus den Elementen von $\mathbf{B}^{-1}c$ dividiert durch diese positiven Spalten-Zeilen-Produkte bestimmt die austretende Basisvariable. Die auf diese Art markant gewordenen Spalten in **A** und **B** werden im System (6.13) einfach ausgewechselt. Damit wird eine Basisvariable zur Nichtbasisvariablen und umgekehrt.

Offenbar muß $\mathbf{B}^{-1}$ nach jedem Auswechseln zum Aufsuchen der im nächsten Schritt auszuwechselnden Spalten neu bestimmt werden (wird im Programm durch Multiplikation mit einer modifizierten Einheitsmatrix vorgenommen). Allerdings geschieht das jeweils aus der durch Rundungsfehler nichtverfälschten Matrix **B**. Das gilt auch für den letzten Schritt. Wenn folglich dafür gesorgt wird, daß beim letzten Invertieren von **B** die Rundungsfehler weitestgehend beseitigt werden, etwa durch Nachiterationsverfahren, s. z. B. Faddeeva [33], so zeigt darin das Verfahren gerade bei umfangreichen Aufgaben seine entscheidenden Vorteile. Diese Nachiteration ist im nachstehenden Programm nicht ausgeführt. Ein weiteres Unterprogramm könnte diesen Schritt vollziehen. Hier war es möglich, durch Rechnen mit doppelter Genauigkeit mittelgroße Probleme zu lösen. Schließlich sei erwähnt, daß dieses Verfahren es erlaubt, nicht aktuell benutzte Größen, wie etwa die Matrix **B**, auf Externspeichern abzulegen, oder in Overlay-Technik[1]) zu arbeiten.

6.1.5. Das Rechnerprogramm. Das nachstehende Programm wurde aus mehreren Unterprogrammen in FORTRAN bausteinartig zusammengestellt. Dem Benutzer wird dadurch wohl vor allem die Möglichkeit geboten, beispielsweise das Einlesen der Daten und ihre anschließende Kontrolle durch Ausschreiben in dem Programm EINGAB nach eigenen Vorstellungen und je nach Rechnerkonstellation zu ändern. Auch ist der Anbau eines Nachiterationsprogramms nach der letzten Inversion der Matrix **B** nahtlos möglich.

Durch das Einleseprogramm EINGAB bestimmt, gestaltet sich das Niederschreiben der Systemdaten auf Lochkarten wie folgt:

---

[1]) Zusammensetzen aus Teilprogrammen.

1. Datenkarte (I3-Format):

Anzahl der Nebenbedingungsgleichungen.

Anzahl der Veränderlichen.

2. Datenkarte(n) (8F10.3-Format): (neue Systemzeile neue Karte)

a) $\sum\limits_{j=1}^{m} a_{ij}x_j \leqq c_i$ b) $\sum\limits_{j=1}^{m} a_{ij}x_j > c_i$ $(i = 1, 2, \ldots, n)$

Koeffizienten a_{ij} zeilenweise ablochen, dabei für b) die mit -1 multiplizierten Koeffizienten.

3. Weitere Datenkarte(n) (9F10.3-Format):

a) Koeffizient c_0,

b) Koeffizienten c_i, i = 1, 2, ... n,

in der Reihefolge der abgelochten Nebenbedingungsgleichungen. Dabei die zu 2b) mit -1 multiplizierten c_i-Werte ablochen.

4. Weitere Datenkarte(n) (8F10.3-Format):

Aus der Zielfunktion $Z = \sum\limits_{j=1}^{m} a_j x_j + c_o$ die Koeffizienten a_j ablochen. (Bei $Z \to$ Min a_j und

c_0 vorher mit -1 multiplizieren. Das Ergebnis der Rechnung ist später negativ zu nehmen.)

Tafel 6.2.   Das revidierte Simplexverfahren

```
C       HAUPTPROGRAMM
        COMMON MZEIL, NSPALT, NGLCH, NFREI, GLSYST, CI, YMATR, YINV, E, XIJ,
        1 X, Y
        DIMENSION GLSYST (32, 31), CI (32), X (30), Y (31), YMATR (32, 32) YINV (3
        1 2, 32), E (32, 32), XIJ (32)
        INTEGER X, Y
        DOUBLE PRECISION XIJ
        KANAL 1 = 1
        KANAL 2 = 3
        CALL REVSIM (KANAL 1, KANAL 2)
        STOP
        END


        SUBROUTINE EINGAB (KANAL 1, KANAL 2)
C       IN DIESEM PROGRAMM WERDEN VON LOCHKARTEN DIE SYSTEMKOEFFIZIEN
C       TEN EINGELESEN. MZEIL = ANZAHL DER NEBENBEDINGUNGSGLEICHUNGEN.
C       NSPALT = ANZAHL DER VERAENDERLICHEN
        COMMON MZEIL, NSPALT, NGLCH, NFREI, GLSYST, CI, YMATR, YINV, E, XIJ,
        1 X, Y
        DIMENSION GLSYST (32, 31), CI (32), X (30), Y (31), YMATR (32, 32), YINV (3
        1 2, 32), E (32, 32), XIJ (32)
        INTEGER X, Y
        DOUBLE PRECISION XIJ
        READ (KANAL 1, 1) MZEIL, NSPALT
        1 FORMAT (2I3)
        MZEIL = MZEIL + 1
        DO 2 I = 2, MZEIL
        2 READ (KANAL 1, 3) (GLSYST (I, J), J = 1, NSPALT)
        3 FORMAT (8F10.3)
        DO 4 I = 2, MZEIL
        4 WRITE (KANAL 2, 5) (GLSYST (I, J), J = 1, NSPALT)
```

```
   5 FORMAT (1X, 8(F10.3, 3X))
     READ (KANAL 1, 3) (CI (I), I = 1, MZEIL)
     WRITE (KANAL 2, 5) (CI (I), I = 1, MZEIL)
     READ (KANAL 1, 3) (GLSYST (1, J), J = 1, NSPALT)
     WRITE (KANAL 2, 5) (GLSYST (1, J), J = 1, NSPALT)
     X (1) = 1
     Y (1) = 1001
     NSPALT = NSPALT + 1
     DO 6 I = 2, NSPALT
   6 X (I) = X (I − 1) + 1
     DO 7 I = 2, MZEIL
   7 Y (I) = Y (I − 1) + 1
     RETURN
     END

     SUBROUTINE REVSIM (KANAL 1, KANAL 2)
C    UEBER DEN COMMON-BEREICH STEHEN DEM UNTERPROGRAMM DIE SYSTEM
C    GROESSEN ZUR VERFUEGUNG. DIE WESENTLICHEN RECHNUNGEN WERDEN
C    IN DOPPELTER GENAUIGKEIT AUSGEFUEHRT
     COMMON MZEIL, NSPALT, NGLCH, NFREI, GLSYST, CI, YMATR, YINV, E, XIJ,
    1 X, Y
     DIMENSION GLSYST (32, 31), CI (32), X (30), Y (31), YMATR (32, 32) YINV (3
    1 2, 32), E (32, 32), XIJ (32)
     DOUBLE PRECISION R, S, CQ1, CQ2, CQ3, QQ, EINS, XIJ
     INTEGER X, Y
     CALL EINGAB (KANAL 1, KANAL 2)
C    UNTERPROGRAMM 'EINGAB' LIEST DIE SYSTEMKONSTANTEN EIN
C    IN DER DO 1-SCHLEIFE WIRD DIE EINHEITSMATRIX E, YINV, YMATR
C    GEBILDET
     EINS = 1.0
     MZEIL = MZEIL + 1
     DO 1 I = 1, MZEIL
     DO 1 J = 1, MZEIL
     IF (I − J) 2, 3, 2
   3 E (I, J) = 1.0
     YINV (I, J) = 1.0
     YMATR (I, J) = 1.0
     GO TO 1
   2 E (I, J) = 0.0
     YMATR (I, J) = 0.0
     YINV (I, J) = 0.0
   1 CONTINUE
     CIMIN = CI (2)
     IMIN = 2
     I1 = MZEIL − 1
C    IN DO 4-SCHLEIFE WIRD AUF NEGATIVE CI-WERTE GEPRUEFT
     DO 4 I = 3, I1
     IF (CI (I) . GE. CIMIN) GO TO 4
     CIMIN = CI (I)
     IMIN = I
   4 CONTINUE
     IF (CIMIN . GE . 0.0) GO TO 6
C    BIS GO TO 88 WIRD DAS SYSTEM MODIFIZIERT, WENN NEGATIVE
C    CI-WERTE GEFUNDEN WERDEN
     Q = 0.0
     I1 = NSPALT − 1
     DO 5 J = 1, I1
```

```
          GLSYST (MZEIL, J) = 0.0
     5    Q = Q + ABS (GLSYST (1, J))
          Q = FLOAT (NSPALT) * Q
          CI (1) = − CIMIN * Q − CI (1)
          GLSYST (1, NSPALT) = − Q
          XIJ (1) = − Q
          CI (MZEIL) = 0.0
          DO 7 I = 2, MZEIL
          CI (I) = CI (I) − CIMIN
          GLSYST (I, NSPALT) = − 1.0
     7    XIJ (I) = − 1.0
          II = IMIN
          JJ = NSPALT
          GO TO 88
     6    MZEIL = MZEIL − 1
          IMIN = 0
          NSPALT = NSPALT − 1
          GO TO 77
    11    CALL MATMLT
C         DIE MULTIPLIKATION DER MATRIX YINV = E * YINV WURDE DURCHGEFUEHR
C         IN DO 9-SCHLEIFE WIRD DIE MATRIX E WIEDER EINHEITSMATRIX
          DO 9 I = 1, MZEIL
          IF (I − II) 17, 18, 17
    18    E (I, II) = 1.0
          GO TO 9
    17    E (I, II) = 0.0
     9    CONTINUE
C         BIS ENDE DER DO 14-SCHLEIFE IST DIE SPALTE VON GLSYST GEFUNDEN,
C         DIE ZUM AUSTAUSCH GELANGT
    77    CQ1 = 0.0
          DO 78 J = 1, MZEIL
          R = YINV (1, J)
          S = GLSYST (J, 1)
    78    CQ1 = CQ1 + R * S

          JJ = 1
          DO 14 I = 2, NSPALT
          CQ2 = 0.0
          DO 27 J = 1, MZEIL
          R = YINV (1, J)
          S = GLSYST (J, I)
    27    CQ2 = CQ2 + R * S
          IF (CQ2. LE. CQ1) GO TO 14
          JJ = I
          CQ1 = CQ2
    14    CONTINUE
          CQ3 = CQ1
C         IN DO 202-SCHLEIFE WIRD DER ZUM AUFSUCHEN DER AUSZUTAUSCHENDEN
C         SPALTE VON YMATR NOETIGE VEKTOR GEBILDET, DER AM ENDE LOESUNG-
C         VEKTOR SEIN KANN
          DO 202 I = 1, MZEIL
          CQ2 = 0.0
          DO 201 J = 1, MZEIL
          R = YINV (I, J)
          S = CI (J)
   201    CQ2 = CQ2 + R * S
   202    XIJ (I) = CQ2
```

```
C         DIE LOESUNG DES PROBLEMS IST GEFUNDEN, WENN CQ1 NICHTPOSITIV
C         IST. BIS DO 404-SCHLEIFE IST DIE SPALTE VON YMATR GEFUNDEN
C         DIE ZUM AUSTAUSCH GELANGT. ZUGLEICH IST DER VEKTOR XIJ ERRECH-
C         NET, DER ALS SPALTE IN DIE MATRIX E EINGEFUEHRT WIRD.
          IF (CQ1. LT. 0.0) GO TO 22
          DO 402 J = 2, MZEIL
          QQ = 0.0
          DO 403 I = 2, MZEIL
          R = YINV. (J, I)
          S = GLSYST (I, JJ)
    403   QQ = QQ + R * S
          IF (QQ.GT.0.0. AND.J. NE. IMIN) GO TO 64
          XIJ (J) = QQ
          GO TO 402
     64   CQ1 = XIJ (J)/QQ
          II = J
          XIJ (J) = QQ
          GO TO 33
    402   CONTINUE
          WRITE (KANAL 2, 333)
    333   FORMAT (1H1, 17HAUFGABE UNLOESBAR)
          GO TO 334
     33   I1 = J + 1
          IF (I1. GT. MZEIL) GO TO 74
          DO 404 J = I1, MZEIL
          QQ = 0.0
          DO 405 I = 2, MZEIL
          R = YINV (J, I)
          S = GLSYST (I, JJ)
    405   QQ = QQ + R * S
          IF (QQ. GT. 0.0. AND. J. NE. IMIN) GO TO 704
          XIJ (J) = QQ
          GO TO 404
    704   CQ2 = XIJ (J)/QQ
          XIJ (J) = QQ
          IF (CQ2. GE. CQ1) GO TO 404
          II = J
          CQ1 = CQ2
    404   CONTINUE
     74   XIJ (1) = CQ3
     88   R = EINS/XIJ (II)
          E (II, II) = R
C         IN DO 502-SCHLEIFE WIRD DIE MATRIX E MIT HILFE DES VEKTOR XIJ
C         MODIFIZIERT
          DO 502 I = 1, MZEIL
          IF (I. NE. II) E (I, II) = - XIJ (I) * R
    502   CONTINUE
C         IN DO 503-SCHLEIFE WERDEN DIE SPALTEN VON GLSYST UND YMATR
C         AUSGETAUSCHT
          DO 503 I = 1, MZEIL
          Q = GLSYST (I, JJ)
          GLSYST (I, JJ) = YMATR (I, II)
    503   YMATR (I, II) = Q
C         BIS GO TO 11 WERDEN DIE BEZEICHNUNGEN DER SPALTENVARIABLEN
C         AUSGETAUSCHT
          I1 = X (JJ)
```

```
         X (JJ) = Y (II − 1)
         Y (II − 1) = I1
         GO TO 11
   22    CQ1 = − XIJ (1)
         WRITE (KANAL 2, 707) CQ1
  707    FORMAT (1H1, 5HZMAX =, D15.7/)
         DO 636 I = 2, MZEIL
         I1 = Y (I − 1) − 1000
         IF (I1) 708, 709, 709
  709    WRITE (KANAL 2, 710) I1, XIJ (I)
  710    FORMAT (1X, 1HY, I3, 3H  =  , D15.7)
         GO TO 636
  708    WRITE (KANAL 2, 711) Y (I − 1), XIJ (I)
  711    FORMAT (1X, 1HX, I3, 3H   =  , D15.7)
  636    CONTINUE
  334    RETURN
         END


         SUBROUTINE MATMLT
C        DIESES UNTERPROGRAMM FUEHRT DIE MATRIXMULTIPLIKATION AUS
C        DABEI WIRD IN DOPPELTER GENAUIGKEIT GERECHNET
         COMMON MZEIL, NSPALT, NGLCH, NFREI, GLSYST, CI, YMATR, YINV, E, XIJ,
         1X, Y
         DIMENSION GLSYST (32, 31) CI (32), X (30), Y (31), YMATR (32, 32), YINV (3
         1 2, 32), E (32, 32) XIJ (32)
         INTEGER X, Y
         DOUBLE PRECISION Q, R, S, XIJ
         DIMENSION HILF (32, 32)
         DO 2 I = 1, MZEIL
         DO 2 J = 1, MZEIL
         Q = 0.0
         DO 3 K = 1, MZEIL
         R = E (I, K)
         S = YINV (K, J)
         R = R * S
   3     Q = Q + R
   2     HILF (I, J) = Q
         DO 1 I = 1, MZEIL
         DO 1 J = 1, MZEIL
   1     YINT (I, J) = HILF (I, J)
         RETURN
         END
```

Tafel 6.3a Eingabewerte zum Rechnerprogramm (System (6.1))	Tafel 6.3b Ergebnisse

6	3						ZMAX = − 0.5641709D 03
1.0	1.0	1.0					
− 1.0	− 1.0	− 1.0					X 2 = 0.1124691D 02
1.06	1.8	5.7					Y 4 = 0.1000000D 02
− 1.06	− 1.8	− 5.7					X 4 = − 0.5499999D 02
7.0	1.0	2.0					X 1 = 0.7249375D 01
0.0	0.0	1.0					Y 6 = 0.1496282D 01
0.0	25.0	− 25.0	65.0	− 55.0	75.0	8.0	Y 7 = 0.2587754D − 04
− 13.0	− 36.0	− 10.0					

6.2. Behandlung von Biegeproblemen

Die große Speicherkapazität der modernen Datenverarbeitungsanlagen in Verbindung mit ihrer hohen Verarbeitungsgeschwindigkeit hat den Einsatz von Verfahren möglich gemacht, die bei Anwendung von Tischrechnern zu zeitraubend wären. Dazu gehören Algorithmen, die das Lösen von umfangreichen Gleichungs- und Ungleichungssystemen voraussetzen, und solche Methoden, die komplizierte Suchvorgänge und hohe Anzahlen von Kombinationen zu variierender Größen verlangen. An zwei Beispielen soll das gezeigt werden.

6.2.1. Anwendung von Differenzenverfahren. Das Ersetzen von Differentialquotienten durch Differenzenquotienten zur Lösung von Differentialgleichungen empfiehlt sich neben anderen Verfahren besonders bei der Lösung von Rand- und Eigenwertaufgaben. Die Anwendung wird hier an zwei einfachen Beispielen erläutert.

Beispiel 1. Der in Bild 6.4 dargestellte Belastungsfall für einen Träger soll mit dem Differenzenverfahren behandelt werden. Das zu lösende Randwertproblem lautet:

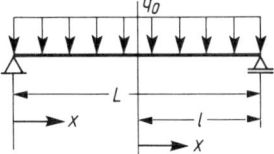

6.4 Beidseitig aufgelagerter Träger

$$\frac{d^4y}{dx^4} = \frac{q_0}{EI}$$

$$\frac{d^2y}{dx^2}\Big|_{x=0} = 0 \quad \frac{d^2y}{dx^2}\Big|_{x=L} = 0 \quad y(0) = 0 \quad y(L) = 0$$

(6.14)

Seine Lösung ist in Abschn. 4.2.11.3 mit Hilfe eines ALGOL-Programmes ermittelt. Da das Problem symmetrisch ist, genügt es, die rechte Hälfte der Biegelinie zu berechnen. Das erfordert die Lösung der abgewandelten Randwertaufgabe

$$\frac{d^4y}{dx^4} = \frac{q_0}{EI}$$

$$\frac{dy}{dx}\Big|_{x=0} = 0 \quad y(\ell) = 0 \quad \frac{d^3y}{dx^3}\Big|_{x=0} = 0 \quad \frac{d^2y}{dx^2}\Big|_{x=\ell} = 0$$

(6.15)

Dabei ist der Ursprung des Koordinatensystems in die Mitte des Trägers gelegt worden. Als Testwerte werden die gleichen benutzt, die im Abschn. 4.2.11.3 verwendet wurden

$$q_0 = 2\frac{kp}{cm} \qquad\qquad E = 10^5\frac{kp}{cm^2}$$

$$I = 1,94 \cdot 10^4 cm^4 \qquad \ell = 300\ cm$$

wobei ℓ hier die halbe Länge des Trägers bedeutet. Die Ersetzung der Differentialquotienten durch Differenzenquotienten geschieht nach den in [36] angegebenen Formeln. Dort ist für die vierte Ableitung zu finden

$$\frac{d^4y}{dx^4} \approx \frac{y_0 - 4y_1 + 6y_2 - 4y_3 + y_4}{h^4} \qquad (6.16)$$

Die Strecke ℓ wird in Teilabschnitte der Länge h unterteilt. Die gesuchten Funktionswerte für die Durchbiegung werden mit $y_0, y_1, y_2 \ldots$ bezeichnet. Die 4. Ableitung soll nach der Differentialgleichung

$$\frac{d^4y}{dx^4} = \frac{q_0}{EI}$$

sein, so daß sich aus Gl. (6.16)

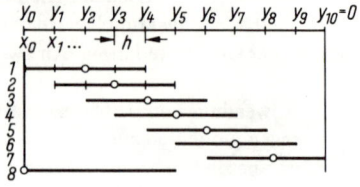

$$y_0 - 4y_1 + 6y_2 - 4y_3 + y_4 = \frac{q_0 h^4}{EI}$$

6.5   Ersetzung der Differentialquotienten durch Differenzenquotienten

mit den ersten fünf Funktionswerten (Bild 6.5, 1. Reihe) ergibt. Entsprechend erhält man für den zweiten Bereich

$$y_1 - 4y_2 + 6y_3 - 4y_4 + y_5 = \frac{q_0 h^4}{EI}$$

Verschiebt man den Bereich der Funktionswerte solange, bis auch y_{10} einbezogen ist, so ergeben sich insgesamt 7 Gleichungen für die 11 Unbekannten $y_0, y_1, \ldots y_{10}$. Die weiteren Gleichungen leiten sich aus den Randbedingungen her. Zunächst ist $y_{10} = 0$. Für die 1., 2. und 3. Ableitung findet man in [36] folgende Formeln

$$y' \approx \frac{-25y_0 + 48y_1 - 36y_2 + 16y_3 - 3y_4}{12h}$$

$$y'' \approx \frac{35y_0 - 104y_1 + 114y_2 - 56y_3 + 16y_4}{12h^2} \qquad (6.17)$$

$$y''' \approx \frac{-5y_0 + 18y_1 - 24y_2 + 14y_3 - 3y_4}{2h^3}$$

wobei y_0 zu x_0 gehört, zu der Stelle, an der die Ableitungen ersetzt werden. Das ergibt die noch fehlenden Gleichungen. Insgesamt erhält man eine sog. Bandmatrix. Bei dieser sind jeweils nur 5 Stellen besetzt, und zwar von vorn beginnend, in jeder Zeile um eine Stelle verschoben. Zur Lösung solcher Bandmatrixen gibt es spezielle Lösungsverfahren.

Für die rechte Seite ist $\frac{q_0 h^4}{EI}$ zu berechnen. Dabei ist $h^4 = \ell^4 \cdot 10^{-4}$, denn es ist $h = \frac{\ell}{10}$

Mit $q_0 = 2\frac{kp}{cm}$ $E = 10^5 \frac{kp}{cm^2}$ $I = 1{,}94 \cdot 10^4 \, cm^4$ und $\ell = 3 \cdot 10^2 \, cm$ ergibt sich

$$\frac{q_0 h^4}{EI} = \frac{q_0 \ell^4 \cdot 10^{-4}}{EI} = 8{,}347 \cdot 10^{-4} \, cm$$

Hierbei steht in Tafel 6.6 das zu lösende Gleichungssystem, eine Zeile jeweils in einem Block, zunächst die 10 Koeffizienten der linken Seite, dann die rechte Seite.

Tafel 6.6 Berechnung der Biegelinie eines beidseitig aufgelagerten Trägers. Lösung mit dem Differenzenverfahren

Eingabewerte

+ 1.00000	− 4.00000	+ 6.00000	− 4.00000
+ 1.00000	+ 0.00000	+ 0.00000	+ 0.00000
+ 0.00000	+ 0.00000	− 8.35052$_{10}$ − 003	
+ 0.00000	+ 1.00000	− 4.00000	+ 6.00000
− 4.00000	+ 1.00000	+ 0.00000	+ 0.00000
+ 0.00000	+ 0.00000	− 8.35052$_{10}$ − 003	
+0.00000	+ 0.00000	+ 1.00000	− 4.00000
+ 6.00000	− 4.00000	+ 1.00000	+ 0.00000
+ 0.00000	+ 0.00000	− 8.35052$_{10}$ − 003	
+ 0.00000	+ 0.00000	+ 0.00000	+ 1.00000
− 4.00000	+ 6.00000	− 4.00000	+ 1.00000
+ 0.00000	+ 0.00000	− 8.35052$_{10}$ − 003	
+ 0.00000	+ 0.00000	+ 0.00000	+ 0.00000
+ 1.00000	− 4.00000	+ 6.00000	− 4.00000
+ 1.00000	+ 0.00000	− 8.35052$_{10}$ − 003	
+ 0.00000	+ 0.00000	+ 0.00000	+ 0.00000
+ 0.00000	+ 1.00000	− 4.00000	+ 6.00000
− 4.00000	+ 1.00000	− 8.35052$_{10}$ − 003	
+ 0.00000	+ 0.00000	+ 0.00000	+ 0.00000
+ 0.00000	+ 0.00000	+ 1.00000	− 4.00000
+ 6.00000	− 4.00000	− 8.35052$_{10}$ − 003	
− 2.50000$_{10}$ + 001	+ 4.80000$_{10}$ + 001	− 3.60000$_{10}$ + 001	+ 1.60000$_{10}$ + 001
− 3.00000	+ 0.00000	+ 0.00000	+ 0.00000
+ 0.00000	+ 0.00000	+ 0.00000	
+ 0.00000	+ 0.00000	+ 0.00000	+ 0.00000
+ 0.00000	+ 0.00000	+ 1.10000$_{10}$ + 001	− 5.60000$_{10}$ + 001
+ 1.14000$_{10}$ + 002	− 1.04000$_{10}$ + 002	+ 0.00000	
− 5.00000	+ 1.80000$_{10}$ + 001	− 2.40000$_{10}$ + 001	+ 1.40000$_{10}$ + 001
− 3.00000	+ 0.00000	+ 0.00000	+ 0.00000
+ 0.00000	+ 0.00000	+ 0.00000	

Die Ergebnisse sind in Tafel 6.7 als rechte Seiten enthalten. Jede Zeile ist als Block gedruckt, in dem die ersten zehn Zahlen die Elemente der inversen Matrix darstellen, das elfte die Lösung. In dem ersten Block ist y_0, im zweiten y_1, usw. enthalten. Die Ergebnisse sind in Tafel 6.8 zusammengestellt und mit den in Abschnitt 4.2.11.3 berechneten Werten verglichen. Mit y_D sind die mit dem Differenzenverfahren ermittelten Werte, mit y_B die mit der Lösungsfunktion berechneten Werte bezeichnet. Die maximale relative Abweichung ist kleiner als 0,026%.

Die Zahlen sind nicht gerundet worden, sondern so wiedergegeben, wie sie vom Rechner ausgegeben wurden.

Tafel 6.7   Berechnung der Biegelinie eines beidseitig aufgelagerten Trägers. Lösung mit dem Differenzenverfahren

Ergebnisse:

$+8.13343_{10}+002$	$+2.93941_{10}+002$	$+2.64946_{10}+002$	$+2.29953_{10}+002$
$+1.89960_{10}+002$	$+1.45969_{10}+002$	$+1.44802_{10}+002$	$-8.33475_{10}-001$
-4.16576	$+1.66636_{10}+002$	$+1.73934_{10}+001$	
$+8.02338_{10}+002$	$+2.90439_{10}+002$	$+2.61944_{10}+002$	$+2.27451_{10}+002$
$+1.87959_{10}+002$	$+1.44468_{10}+002$	$+1.43343_{10}+002$	$-7.50130_{10}-001$
-4.12407	$+1.64218_{10}+002$	$+1.71849_{10}+001$	
$+7.69846_{10}+002$	$+2.79943_{10}+002$	$+2.52947_{10}+002$	$+2.19954_{10}+002$
$+1.81961_{10}+002$	$+1.39970_{10}+002$	$+1.38970_{10}+002$	$-6.66797_{10}-001$
-3.99912	$+1.57303_{10}+002$	$+1.65640_{10}+001$	
$+7.17354_{10}+002$	$+2.62445_{10}+002$	$+2.37950_{10}+002$	$+2.07456_{10}+002$
$+1.71963_{10}+002$	$+1.32471_{10}+002$	$+1.31680_{10}+002$	$-5.83452_{10}-001$
-3.79083	$+1.46388_{10}+002$	$+1.55430_{10}+001$	
$+6.47364_{10}+002$	$+2.37949_{10}+002$	$+2.16953_{10}+002$	$+1.89959_{10}+002$
$+1.57965_{10}+002$	$+1.21973_{10}+002$	$+1.21473_{10}+002$	$-5.00103_{10}-001$
-3.49922	$+1.31973_{10}+002$	$+1.41427_{10}+001$	
$+5.62379_{10}+002$	$+2.07455_{10}+002$	$+1.89958_{10}+002$	$+1.67464_{10}+002$
$+1.39969_{10}+002$	$+1.08476_{10}+002$	$+1.08351_{10}+002$	$-4.16754_{10}-001$
-3.12431	$+1.14559_{10}+002$	$+1.23926_{10}+001$	
$+4.64899_{10}+002$	$+1.71962_{10}+002$	$+1.57965_{10}+002$	$+1.39969_{10}+002$
$+1.17974_{10}+002$	$+9.19800_{10}+001$	$+9.23134_{10}+001$	$-3.33405_{10}-001$
-2.66608	$+9.46465_{10}+001$	$+1.03301_{10}+001$	
$+3.57420_{10}+002$	$+1.32470_{10}+002$	$+1.21973_{10}+002$	$+1.08476_{10}+002$
$+9.19798_{10}+001$	$+7.24843_{10}+001$	$+7.33593_{10}+001$	$-2.50054_{10}-001$
-2.12454	$+7.27341_{10}+001$	$+8.00115$	
$+2.42439_{10}+002$	$+8.99774_{10}+001$	$+8.29792_{10}+001$	$+7.39817_{10}+001$
$+6.29846_{10}+001$	$+4.99880_{10}+001$	$+5.14880_{10}+001$	$-1.66698_{10}-001$
-1.49965	$+4.93212_{10}+001$	$+5.45989$	
$+1.22473_{10}+002$	$+4.54898_{10}+001$	$+4.19906_{10}+001$	$+3.74918_{10}+001$
$+3.19931_{10}+001$	$+2.54946_{10}+001$	$+2.67030_{10}+001$	$-8.33516_{10}-002$
$-7.91509_{10}-001$	$+2.49112_{10}+001$	$+2.76933$	

2. Als zweites Beispiel für die Anwendung von Differenzenverfahren soll die Lösung der Differentialgleichung für den in Bild 6.9 dargestellten Träger auf nachgiebiger Unterlage behandelt werden. Die exakte Lösung ist in Abschn. 4.2.15 ermittelt worden. Die Differentialgleichung lautet:

$$\frac{d^4 y}{dx^4} + \frac{K}{EI}\, y = \frac{q_0}{EI} \tag{6.18}$$

Tafel 6.8 Ergebnisse: Biegelinie des Trägers

| x | y_B | y_D | relative Abweichung |
cm	cm	cm	in %
300	17,3969	17,3934	0,020
330	17,1885	17,1849	0,021
360	16,5674	16,5640	0,021
390	15,5462	15,5430	0,021
420	14,1458	14,1427	0,022
450	12,3953	12,3926	0,022
480	10,3324	10,3301	0,022
510	8,00297	8,00115	0,023
540	5,46130	5,45989	0,026
570	2,77002	2,76933	0,025
600	0	0	0

Es wird auch hier aus Symmetriegründen nur die rechte Hälfte betrachtet. Dann ergeben sich die Randbedingungen:

$$\frac{dy}{dx}\Big|_{x=0} = 0 \qquad\qquad \frac{d^2y}{dx^2}\Big|_{x=\ell} = 0$$

$$\frac{d^3y}{dx^3}\Big|_{x=0} = \frac{F}{2EI} \qquad\qquad \frac{d^3y}{dx^3}\Big|_{x=\ell} = 0$$

6.9 Elastisch gebetteter Träger

Als Beispiel wird gewählt:

$$q_0 = 15\,\frac{kp}{cm}, \quad F = 2000\ kp, \quad \ell = 100\ cm, \quad I = 1830\ cm^4, \quad E = 2,1\cdot 10^6\,\frac{kp}{cm^2},$$

$$K = 200\,\frac{kp}{cm^2}$$

Ersetzt man den Differentialquotienten nach Gl. (6.16) durch den Differenzenquotienten an der Stelle y_2, so geht die Differentialgleichung über in

$$\frac{y_0 - 4y_1 + 6y_2 - 4y_3 + y_4}{h^4} + \frac{K}{EI}y_2 = \frac{q_0}{EI}$$

oder

$$y_0 - 4y_1 + 6y_2 + \frac{Kh^4}{EI}y_2 - 4y_3 + y_4 = \frac{q_0 h^4}{EI} \qquad\qquad (6.19)$$

Die Matrixelemente lauten also:

$$1 \quad -4 \quad 6 + \frac{Kh^4}{EI} \quad -4 \quad 1 \quad 0\ldots0 \qquad \frac{q_0 h^4}{EI}$$

Wiederum ergeben sich 7 Gleichungen aus der Ersetzung der Differentialgleichung durch eine Differenzengleichung. In Tafel 6.10 ist die Matrix dargestellt. Eine Zeile ist jeweils durch einen

Tafel 6.10   Berechnung der Biegelinie eines elastisch gebetteten Trägers. Lösung mit dem Differenzenverfahren

---

Eingabewerte:

+ 1.00000	− 4.00000	+ 6.00052	− 4.00000
+ 1.00000	+ 0.00000	+ 0.00000	+ 0.00000
+ 0.00000	+ 0.00000	+ 0.00000	$-3.90320_{10}-005$
+ 0.00000	+ 1.00000	− 4.00000	+ 6.00052
− 4.00000	+ 1.00000	+ 0.00000	+ 0.00000
+ 0.00000	+ 0.00000	+ 0.00000	$-3.90320_{10}-005$
+ 0.00000	+ 0.00000	+ 1.00000	− 4.00000
+ 6.00052	− 4.00000	+ 1.00000	+ 0.00000
+ 0.00000	+ 0.00000	+ 0.00000	$-3.90320_{10}-005$
+ 0.00000	+ 0.00000	+ 0.00000	+ 1.00000
− 4.00000	+ 6.00052	− 4.00000	+ 1.00000
+ 0.00000	+ 0.00000	+ 0.00000	$-3.90320_{10}-005$
+ 0.00000	+ 0.00000	+ 0.00000	+ 0.00000
+ 1.00000	− 4.00000	+ 6.00052	− 4.00000
+ 1.00000	+ 0.00000	+ 0.00000	$-3.90320_{10}-005$
+ 0.00000	+ 0.00000	+ 0.00000	+ 0.00000
+ 0.00000	+ 1.00000	− 4.00000	+ 6.00052
− 4.00000	+ 1.00000	+ 0.00000	$-3.90320_{10}-005$
+ 0.00000	+ 0.00000	+ 0.00000	+ 0.00000
+ 0.00000	+ 0.00000	+ 1.00000	− 4.00000
+ 6.00052	− 4.00000	+ 1.00000	$-3.90320_{10}-005$
$-2.50000_{10}+001$	$+4.80000_{10}+001$	$-3.60000_{10}+001$	$+1.60000_{10}+001$
− 3.00000	+ 0.00000	+ 0.00000	+ 0.00000
+ 0.00000	+ 0.00000	+ 0.00000	+ 0.00000
− 5.00000	$+1.80000_{10}+001$	$-2.40000_{10}+001$	$+1.40000_{10}+001$
− 3.00000	+ 0.00000	+ 0.00000	+ 0.00000
+ 0.00000	+ 0.00000	+ 0.00000	$-5.20426_{10}-004$
+ 0.00000	+ 0.00000	+ 0.00000	+ 0.00000
+ 0.00000	+ 0.00000	$+1.10000_{10}+001$	$-5.60000_{10}+001$
$+1.14000_{10}+002$	$-1.04000_{10}+002$	$+3.50000_{10}+001$	+ 0.00000
+ 0.00000	+ 0.00000	+ 0.00000	+ 0.00000
+ 0.00000	+ 0.00000	+ 3.00000	$-1.40000_{10}+001$
$+2.40000_{10}+001$	$-1.80000_{10}+001$	+ 5.00000	+ 0.00000

Block dargestellt. Die letzten vier Blöcke ergeben sich aus der Berücksichtigung der Randbedingungen, wobei die Differenzenformeln auch hier [36] entnommen sind. Die Ergebnisse finden sich als jeweils letzte Zahl in den Blöcken der Tafel 6.11. In Tafel 6.12 sind diese Ergebnisse als y_D aufgeführt und mit den Ergebnissen von Abschn. 4.2.15 (y_B) verglichen.

Tafel 6.11   Berechnung der Biegelinie eines elastisch gebetteten Trägers. Lösung mit dem Differenzenverfahren

Ergebnisse:

$+ 5.78502_{10} + 002$	$+ 2.18876_{10} + 002$	$+ 2.08450_{10} + 002$	$+ 1.96703_{10} + 002$
$+ 1.84112_{10} + 002$	$+ 1.71052_{10} + 002$	$+ 3.66898_{10} + 002$	$- 3.84100_{10} - 001$
$+ 1.17421_{10} + 002$	$- 1.10388$	$- 6.56505_{10} + 001$	$+ 1.36229_{10} - 001$
$+ 5.74238_{10} + 002$	$+ 2.18017_{10} + 002$	$+ 2.08040_{10} + 002$	$+ 1.96731_{10} + 002$
$+ 1.84570_{10} + 002$	$+ 1.71935_{10} + 002$	$+ 3.71048_{10} + 002$	$- 3.02040_{10} - 001$
$+ 1.16358_{10} + 002$	$- 1.06859$	$- 6.67275_{10} + 001$	$+ 1.35675_{10} - 001$
$+ 5.61819_{10} + 002$	$+ 2.15390_{10} + 002$	$+ 2.06761_{10} + 002$	$+ 1.96768_{10} + 002$
$+ 1.85901_{10} + 002$	$+ 1.74546_{10} + 002$	$+ 3.83410_{10} + 002$	$- 2.22490_{10} - 001$
$+ 1.13476_{10} + 002$	$- 9.62487_{10} - 001$	$- 6.99425_{10} + 001$	$+ 1.34176_{10} - 001$
$+ 5.42297_{10} + 002$	$+ 2.10824_{10} + 002$	$+ 2.04449_{10} + 002$	$+ 1.96659_{10} + 002$
$+ 1.87957_{10} + 002$	$+ 1.78744_{10} + 002$	$+ 4.03678_{10} + 002$	$- 1.45264_{10} - 001$
$+ 1.09185_{10} + 002$	$- 7.84807_{10} - 001$	$- 7.52397_{10} + 001$	$+ 1.31944_{10} - 001$
$+ 5.17443_{10} + 002$	$+ 2.04040_{10} + 002$	$+ 2.00835_{10} + 002$	$+ 1.96147_{10} + 002$
$+ 1.90497_{10} + 002$	$+ 1.84305_{10} + 002$	$+ 4.31355_{10} + 002$	$- 7.00766_{10} - 002$
$+ 1.03839_{10} + 002$	$- 5.34304_{10} - 001$	$- 8.25285_{10} + 001$	$+ 1.29162_{10} - 001$
$+ 4.88748_{10} + 002$	$+ 1.95649_{10} + 002$	$+ 1.95546_{10} + 002$	$+ 1.94876_{10} + 002$
$+ 1.93183_{10} + 002$	$+ 1.90908_{10} + 002$	$+ 4.65735_{10} + 002$	$+ 3.43460_{10} - 003$
$+ 9.77322_{10} + 001$	$- 2.09322_{10} - 001$	$- 9.16792_{10} + 001$	$+ 1.25985_{10} - 001$
$+ 4.57433_{10} + 002$	$+ 1.86157_{10} + 002$	$+ 1.89103_{10} + 002$	$+ 1.92387_{10} + 002$
$+ 1.95577_{10} + 002$	$+ 1.98139_{10} + 002$	$+ 5.05887_{10} + 002$	$+ 7.56700_{10} - 002$
$+ 9.11081_{10} + 001$	$+ 1.92073_{10} - 001$	$- 1.02519_{10} + 002$	$+ 1.22539_{10} - 001$
$+ 4.24459_{10} + 002$	$+ 1.75964_{10} + 002$	$+ 1.81924_{10} + 002$	$+ 1.89118_{10} + 002$
$+ 1.97138_{10} + 002$	$+ 2.05481_{10} + 002$	$+ 5.50634_{10} + 002$	$+ 1.47028_{10} - 001$
$+ 8.41566_{10} + 001$	$+ 6.71926_{10} - 001$	$- 1.14827_{10} + 002$	$+ 1.18923_{10} - 001$
$+ 3.90544_{10} + 002$	$+ 1.65372_{10} + 002$	$+ 1.74325_{10} + 002$	$+ 1.85401_{10} + 002$
$+ 1.98222_{10} + 002$	$+ 2.12311_{10} + 002$	$+ 5.98519_{10} + 002$	$+ 2.17859_{10} - 001$
$+ 7.70193_{10} + 001$	$+ 1.23213$	$- 1.28325_{10} + 002$	$+ 1.15207_{10} - 001$
$+ 3.56231_{10} + 002$	$+ 1.54612_{10} + 002$	$+ 1.66548_{10} + 002$	$+ 1.81495_{10} + 002$
$+ 1.99103_{10} + 002$	$+ 2.18926_{10} + 002$	$+ 6.47880_{10} + 002$	$+ 2.88470_{10} - 001$
$+ 6.98036_{10} + 001$	$+ 1.87444$	$- 1.42694_{10} + 002$	$+ 1.11456_{10} - 001$
$+ 3.21786_{10} + 002$	$+ 1.43797_{10} + 002$	$+ 1.58712_{10} + 002$	$+ 1.77527_{10} + 002$
$+ 1.99919_{10} + 002$	$+ 2.25469_{10} + 002$	$+ 6.97623_{10} + 002$	$+ 3.59007_{10} - 001$
$+ 6.25621_{10} + 001$	$+ 2.59966$	$- 1.57519_{10} + 002$	$+ 1.07689_{10} - 001$

Die relative Abweichung ist hier kleiner als 0,7%. Die Ergebnisse sind in Bild 6.13 und 6.14 dargestellt.

Differenzenverfahren sind nicht nur für die Lösung von Randwertaufgaben gewöhnlicher, sondern vor allem partieller Differentialgleichungen das geeignete Lösungsverfahren.

Tafel 6.12   Ergebnisse: Biegelinie des elastisch gebetteten Trägers

x	y_B	y_D	relative Abweichung
cm	cm	cm	in %
0	0,136254	0,136229	0,018
10	0,135710	0,135675	0,026
20	0,134236	0,134176	0,045
30	0,132045	0,131944	0,076
40	0,129318	0,129162	0,12
50	0,126208	0,125985	0,18
60	0,122839	0,122539	0,24
70	0,119308	0,118923	0,32
80	0,115690	0,115207	0,42
90	0,112032	0,111456	0,51
100	0,108360	0,107689	0,62

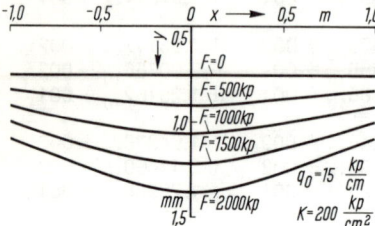

6.13   Ergebnisse der Berechnung der Biegelinie eines elastisch gebetteten Trägers.
K = 200 kp/cm²

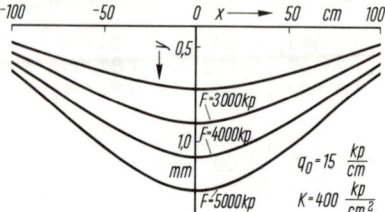

6.14   Ergebnisse der Berechnung der Biegelinie eines elastisch gebetteten Trägers.
K = 400 kp/cm²

6.2.2. Suchverfahren mit Zufallsauswahl. Sehr viele, im Zusammenhang mit dem Aufkommen der Datenverarbeitungsanlagen entwickelte Verfahren beruhen auf der Verwendung von Zufallszahlen. Man versteht darunter Zahlen, die aus dem Intervall von 0 bis 1 willkürlich herausgegriffen werden, derart, daß alle Zahlen dieses Intervalls die gleiche Chance haben, ausgewählt zu werden. Bei Digitalrechnern ist es üblich, mit Pseudozufallszahlen zu arbeiten. Diese Zahlen werden zwar nach bestimmten Gesetzmäßigkeiten erzeugt, haben aber die Eigenschaft von Zufallszahlen.

Eine solche Methode ist z. B. die sog. Kongruenzmethode. Es wird x_{n+1} aus x_n nach der Formel

$$x_{n+1} = a \cdot x_n + b \ (\mathrm{mod}\ T)$$

berechnet, wobei b und T relativ prim sein müssen. Die geeignete Wahl von a, b ist in [31] erläutert. T hängt von der Wortlänge und der Basis ab, mit der in der Maschine gerechnet wird. Das Verfahren beruht darauf, daß nach der Multiplikation und Addition der Rest, der sich bei der Division durch T ergibt, als eine Zufallszahl genommen wird. Wählt man bei einer Dualmaschine z. B. T als 2-er Potenz, so lassen sich die notwendigen Operationen auf Addition und Shiften zurückführen. Ein Unterprogramm zur Erzeugung von Zufallszahlen sollte für jeden Rechner zur Verfügung stehen.

Mit Hilfe der Zufallszahlen lassen sich dann auch Zahlen mit anderen Verteilungen (z. B. Normal- oder Exponentialverteilung) erzeugen.

Ein einfaches Beispiel einer Methode, die mit solchen Zufallszahlen arbeitet, sei zunächst erläutert. Für diese Art hat sich der Name Monte-Carlo-Methode eingebürgert. Es sei das Integral

$$\int\limits_0^1 e^{-x}dx$$

zu berechnen, also die Fläche A unter der Kurve von $y = e^{-x}$ zu bestimmen (Bild 6.15). Ein Unterprogramm zur Erzeugung von Zufallszahlen wird herangezogen, um zwei Zufallszahlen X und Y zur Verfügung zu stellen.

X wird als x-Wert und Y als y-Wert genommen. Es wird geprüft, ob y unter oder auf der Kurve der Funktion liegt, indem e^{-x} berechnet wird. Für $y \leq e^{-x}$ ist dies der Fall, und das ausgewählte Paar X, Y zählt als „Treffer". Zugleich werden die ausgewählten Paare gezählt. Ergeben sich bei n ausgewählten Paaren (Stichproben) insgesamt m „Treffer", so ist die Fläche

$$A \approx \frac{m}{n}$$

Dieses Integrationsverfahren ist besonders auf die Berechnung mehrfacher Integrale angewandt worden. Der Nachteil dieser Methoden liegt darin, daß der Fehler nur mit $1/\sqrt{n}$ abnimmt.

Eine weitere Anwendung von Zufallszahlen ermöglicht die Entwicklung von Methoden zur Lösung von Differentialgleichungen. Dabei wird die Differentialgleichung durch eine Differenzengleichung ersetzt. Sehr oft läßt sich dann ein „Spiel" angeben, dessen Gewinn sich nach einer Differenzengleichung berechnet, die die gleiche Struktur wie die der Differentialgleichung hat. Durch Ausführung von Spielen und Berechnen des Gewinns erhält man eine Näherungslösung der Differentialgleichung.

Größere Bedeutung hat die Anwendung von Zufallszahlen in zwei Bereichen gewonnen:

1. Die Simulation von komplizierten Vorgängen wie Warteschlangen, Verkehrsabläufen oder Ersatz- und Maschineneinsatzproblemen erfordert das Bereitstellen von Größen mit vorgegebenen Verteilungen.

2. Suchverfahren, die die Ermittlung eines Optimums zum Gegenstand haben, das nicht direkt berechnet werden kann, das aber von zu vielen Parametern abhängt, als daß es systematisch

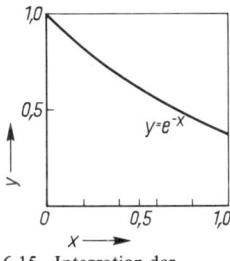

6.15 Integration der Funktion $y = e^{-x}$

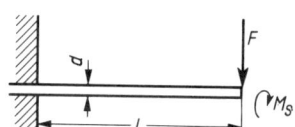

6.16 Optimale Konstruktion eines durch Einzelkraft und Moment belasteten Trägers

gesucht werden könnte, lassen sich durch zufallsmäßige Auswahl von Parameterwerten vereinfachen. Zu den Methoden des 2. Bereichs sei ein Beispiel behandelt. Es betrifft die optimale

Tafel 6.17   Optimales Entwerfen von Konstruktionen mit der Monte-Carlo-Methode. Beispiel = einseitig eingespannter Stab der Länge ℓ, der auf Biegung, Verdrehung und Schub beansprucht ist. Das Volumen soll minimal sein. Anzahl der Stichproben über BBS eingeben, vierstellig mit abschließendem Semikolon. Das Programm wird mit =ENDE= beendet

---

BELASTUNGEN DER AUFGABE

EINZELLAST IN KP   F $= + 1.00000_{10} + 003$
DREHMOMENT IN KPCM MS $= + 1.00000_{10} + 003$

BEDINGUNGEN DER AUFGABE

BIEGEBEDINGUNG   SIGBZUL $= + 1.00000_{10} + 003$
SCHUBBEDINGUNG   SIGSZUL $= + 7.50000_{10} + 002$
VERDREHBEDINGUNG SIGTZUL $= + 7.00000_{10} + 002$
ELASTIZITAETSMODUL   E $= + 2.10000_{10} + 006$
GLEITMODUL   G $= + 7.99999_{10} + 005$
—IN KP PRO QUADRATCM—
DURCHBIEGUNGSBEDINGUNG   IN CM   FZUL $= + 1.00000_{10} - 002$
VERDREHWINKELBEDINGUNG   PHIZUL $= + 1.47000_{10} - 002$

WAHL DER STABABMESSUNGEN

OBERBEGRENZUNG FUER D   GD $= + 1.00000_{10} + 001$
UNTERE BEGRENZUNG FUER D DD $= + 3.00000$
OBERE BEGRENZUNG FUER L   GL $= + 1.50000_{10} + 001$
UNTERE BEGRENZUNG FUER L DL $= + 5.00000$

ANFANGSWERT DES STABVOLUMENS M0 $= + 1.00000_{10} + 003$

WERTETABELLE

D = DURCHMESSER DES STABES
L = LAENGE DES STABES
V = VOLUMEN DES STABES
LIC1 = NUMMER DER STICHPROBEN
LIC2 = ANZAHL DER STICHPROBEN, WELCHE DIE EINSPANNBEDINGUNGEN ER-
       FÜLLEN

D	L	V	LIC1	LIC2

ANZAHL DER STICHPROBEN. NI = 1500;

D	L	V	LIC1	LIC2
$+ 7.55551$	$+ 8.58857$	$+ 3.85070_{10} + 002$	2	1
$+ 5.23298$	$+ 1.10958_{10} + 001$	$+ 2.38641_{10} + 002$	8	6
$+ 5.05181$	$+ 5.29982$	$+ 1.06230_{10} + 002$	15	11
$+ 3.80437$	$+ 5.12944$	$+ 5.83078_{10} + 001$	48	37
$+ 3.81112$	$+ 5.02162$	$+ 5.72846_{10} + 001$	1113	848
			1500	1154

ANZAHL DER STICHPROBEN. NI = ENDE;

Auslegung eines eingespannten Trägers[1]) mit kreisförmigem Querschnitt (Durchmesser d) der Länge ℓ. Er sei durch eine Einzelkraft F und ein angreifendes Moment M_s belastet. Es liegt

---

[1]) Goliński, J.; Leśniak, Z. K.: Optimales Entwerfen von Konstruktionen mit Hilfe der Monte-Carlo-Methode. Die Bautechnik 43 9. H. (1966) 307–311.

also eine Belastung auf Biegung, Verdrehung und Schub vor. Zu ermitteln sind die zulässigen Abmessungen, wenn das Volumen minimal sein soll. Bild 6.16 zeigt den Belastungsfall. Bei vorgegebenen zulässigen Spannungen z. B.

$$\sigma_{B_{zul}} = 1000 \frac{kp}{cm^2} \quad \sigma_{S_{zul}} = 750 \frac{kp}{cm^2} \quad \sigma_{T_{zul}} = 700 \frac{kp}{cm^2} \tag{6.20}$$

für die Beanspruchung auf Biegung, Schub und Verdrehung, vorgegebener zulässiger maximaler Durchbiegung $f_{zul} = 0,01$ cm und vorgegebenem zulässigen Winkel $\varphi_{zul} = 0,84^{0}$ müssen bei der Belastung (z. B. F = 1 Mp, M_s = 1000 kpcm) d und ℓ so gewählt werden, daß die Bedingungen

$$\frac{F \cdot \ell}{0,1 \cdot d^3} \leq \sigma_{B_{zul}} \qquad \text{für Biegung} \tag{6.21}$$

$$\frac{M_s}{0,2 \cdot d^3} \leq \sigma_{T_{zul}} \qquad \text{für Verdrehung} \tag{6.22}$$

$$\frac{4 \cdot F}{\pi \cdot d^2} \leq \sigma_{S_{zul}} \qquad \text{für Schub} \tag{6.23}$$

$$\frac{F \cdot \ell^3}{3 \cdot E \cdot I} \leq f_{zul} \qquad \text{für Durchbiegung} \tag{6.24}$$

$$\frac{M_s \cdot \ell}{G \cdot I_p} \leq \varphi_{zul} \qquad \text{für Verdrehungswinkel} \tag{6.25}$$

erfüllt sind. Dabei ist E der Elastizitätsmodul, G der Gleitmodul, I das Flächenträgheitsmoment und I_p das polare Trägheitsmoment. Das Volumen $V = \pi d^2 \ell$ soll minimiert werden. Es gilt als Kriteriumsfunktion.

Nimmt man an, daß d in einem Bereich von d_{min} bis d_{max}, ℓ in einem Bereich ℓ_{min} bis ℓ_{max} variieren kann, so wählt man einen Anfangswert für V hinreichend groß. Mit Hilfe zweier Zufallszahlen U_i und V_i (i = 1, 2, . . .) bestimmt man bei der i-ten Stichprobe

$$d_i = (d_{max} - d_{min}) U_i + d_{min}$$

$$\ell_i = (\ell_{max} - \ell_{min}) V_i + \ell_{min}$$

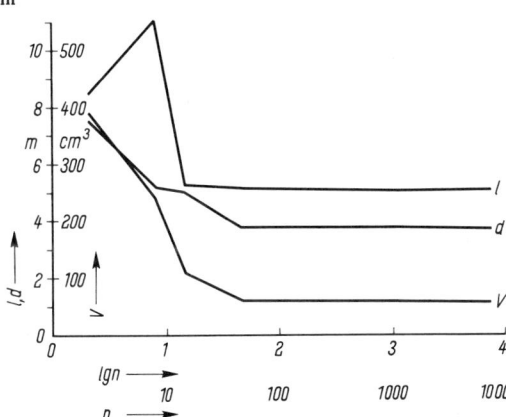

6.18 Ergebnisse der Optimierung der Konstruktion eines Trägers. Minimierung des Volumens

Mit diesen Größen d_i, ℓ_i überprüft man zunächst die Bedingungen (6.21) bis (6.25). Ist eine dieser Bedingungen nicht erfüllt, so geht man zu $i + 1$ über, d. h. man wählt eine neue Stichprobe. Sind die genannten Bedingungen erfüllt, so prüft man, ob das Volumen

$$V_i = d_i^2 \ell_i \pi \tag{6.26}$$

kleiner als das bisher als minimal angenommene Volumen ist. Ist das der Fall, so gilt die Stichprobe als „Treffer" und V_i als neues Minimalvolumen. Man zählt dabei die Stichproben, die die Bedingungen erfüllen und die Stichproben, die ein kleineres Volumen ergeben.

Ergebnisse, die mit einem Assemblerprogramm auf einem Siemensrechner erzielt wurden, sind in Tafel 6.17 wiedergegeben. In Bild 6.18 sind diese Ergebnisse graphisch dargestellt worden. Der Maßstab für die Abszisse ist logarithmisch. In Bild 6.19 sind die Ergebnisse für das

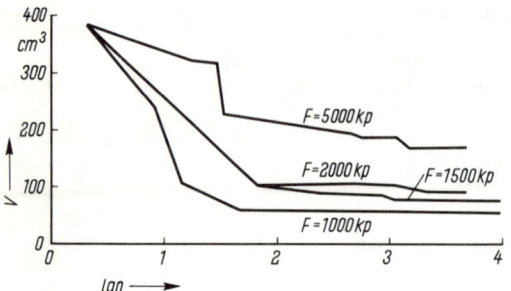

6.19 Ergebnisse der Minimierung des Volumens für verschiedene Größe der angreifenden Kraft

Volumen für verschiedene Werte von F aufgetragen. Hier zeigt sich deutlich, daß die erzielten Verbesserungen im allgemeinen abnehmen und die Werte sich bestimmten Grenzwerten nähern (den optimalen Werten). Die Wahrscheinlichkeit, daß sich noch wesentliche Verbesserungen ergeben, dürfte daher gering sein.

6.3. Die Auswertung stochastischer Vorgänge mittels Autokorrelationsfunktion und Leistungsspektrum

In der Systemtheorie sind Methoden zur statistischen Beschreibung von Schwankungsvorgängen in physikalischen und technischen Systemen ein fester und unentbehrlicher Bestandteil geworden. Besonders in der Meß- und Regelungstechnik ist die Analyse von Meßwertreihen bezüglich ihrer statistischen Kenngrößen wie Autokorrelation und Leistungsspektrum zu einem wichtigen Hilfsmittel geworden. Die Theorie für die Gewinnung dieser Kenngrößen setzt unendlich lange Meßzeiten voraus. In der Praxis hingegen sind die Beobachtungszeiten aus meßtechnischen Gründen oder zur Erzielung erträglicher Auswertezeiten grundsätzlich begrenzt. Das Ergebnis von Messungen sind daher Schätzungen, die statistischen Gesetzen unterliegen. In diesem Abschnitt soll diese Gesetzmäßigkeit umrissen werden. Für die Auswertung von Meßschrieben sollen Hinweise über die Genauigkeit gemacht werden und ein Digitalrechnerprogramm zur Auswertung dieser Meßreihen vorgelegt werden.

Im folgenden sollen zunächst bekannte Begriffe und Definitionen aus dem Gebiet stochastischer Prozesse (hier zeitabhängige Prozesse) kurz zusammengestellt werden. (s. dazu besonders

Bendat [112], Laning-Battin [114], Giloi [113] u. a.). Man bezeichnet die k-te Meßreihe (von unendlicher Länge) einer Anzahl von Messungen eines Vorgangs mit ^{k}x (t) und die Gesamtheit aller Messungen, k = 1, 2, . . . , als das Ensemble X (t) = $\{^k$x (t)$\}$, den s t o c h a s t i s c h e n P r o z e s s. X (t) wird als stationär bezeichnet, wenn sich die statistischen Kenngrößen mit der Zeit nicht ändern. X (t) ist zusätzlich ergodisch, wenn die statistischen Kenngrößen für alle Meßreihen, k = 1, 2, . . . , gleich sind, also z. B. eine Mittelwertbildung über die Zeit in der Meßreihe ^{i}x (t) das gleiche Resultat zeigt wie eine Mittelung über alle Meßreihen ^{k}x (t), k = 1, 2, . . . , zu festen Zeiten t_j (Ensemblemittelung). Beim Vorliegen e r g o d i s c h e r P r o z e s s e kann folglich eine Meßreihe ^{k}x (t) von unendlicher Länge (k-beliebig) als Repräsentant dienen und mit x (t) bezeichnet werden.

Definition 1. Als Erwartungswert E einer Funktion F der Elemente ^{k}x (t), k = 1, 2, . . . , des Ensembles X (t) bezeichnet man den Ausdruck

$$E\,[F\,(X\,(t_j))] = \lim_{N \to \infty} \frac{1}{N} \sum_{k=1}^{N} F\,[^kx\,(t_j)] \qquad (6.27)$$

mit t_j als einer festen Zeitmarke aus $-\infty < t_j < \infty$.

Definition 2. Die A u t o k o r r e l a t i o n s f u n k t i o n $\Gamma\,(t_1, t_2)$ des Prozesses X (t) ist als Erwartungswert wie folgt definiert:

$$\Gamma\,(t_1, t_2) = E\,[X\,(t_1)\,X\,(t_2)] \qquad (6.28)$$

Für einen stationären Prozeß gilt dann

$$\Gamma\,(t_1, t_2) = \Gamma\,(\tau) = \Gamma\,(-\tau)\ \text{mit}\ \tau = t_2 - t_1 \qquad (6.29)$$

und

$$\lim_{\tau \to \infty} \Gamma\,(\tau) = (E\,[X\,(t)])^2 \qquad (6.30)$$

Die Autokorrelationsfunktion liefert ein Maß für die statistische Abhängigkeit zweier folgender Funktionswerte.

Definition 3. Die A u t o k o r r e l a t i o n s f u n k t i o n eines ergodischen Prozesses kann definitionsgemäß auch durch Zeitmittelung des Repräsentanten x (t) bestimmt werden:

$$\Gamma\,(\tau) = \lim_{T \to \infty} \frac{1}{2T} \int_{-T}^{T} x\,(t)\,x\,(t + \tau)\,dt \qquad (6.31)$$

Daraus folgt

$$\Gamma\,(0) = \lim_{T \to \infty} \frac{1}{2T} \int_{-T}^{T} x^2\,(t)\,dt = E\,[x^2]$$

der quadratische Mittelwert.

Definition 4. Das L e i s t u n g s s p e k t r u m $\Phi\,(\omega)$ eines stationären Prozesses ist definiert als die Fouriertransformierte der Autokorrelationsfunktion:

$$\Phi\,(\omega) = \frac{1}{\pi} \int_{-\infty}^{\infty} \Gamma\,(\tau)\,e^{-j\omega\tau}\,d\tau \qquad (6.32)$$

oder mit Gl. (6.29)

$$\Phi(\omega) = \frac{2}{\pi} \int\limits_0^\infty \Gamma(\tau) \cos \omega\tau d\tau \qquad (6.33)$$

$\Phi(\omega)$ läßt sich physikalisch als Energiedichte interpretieren.

In der Literatur, z. B. in Giloi [113, S. 92], wird gezeigt, daß für das Leistungsspektrum $\Phi_e(\omega)$ eines stochastischen Eingangsprozesses und das Leistungsspektrum $\Phi_a(\omega)$ des Ausgangsprozesses an einem Übertragungssystem mit dem Frequenzgang F (jω) die Beziehung

$$\Phi_a(\omega) = |F(j\omega)| \Phi_e(\omega)$$

gilt. Wählt man als Eingangsprozeß eines solchen Systems sogenanntes „weißes Rauschen", damit ein Signal, in dem alle Frequenzen gleichanteilig vorhanden sind, wobei also $\Phi(\omega) =$ const. ist, so ist das Leistungsspektrum des Ausgangs unmittelbar durch $|F(j\omega)|$ gegeben. Ein geeignetes lineares, zeitunabhängiges Übertragungssystem liefert folglich durch Filtern Ausgangsprozesse mit gewünschtem Leistungsspektrum. Für die Praxis bedeutend ist das sogenannte „Filter erster Ordnung" oder der „Tiefpassprozeß erster Ordnung" mit der Gewichtsfunktion $g(t) = e^{-t/T}$. Die Übertragungsfunktion für ein solches Filter lautet

$$F(j\omega) = \frac{2}{\pi} \frac{\alpha}{\alpha^2 + \omega^2}$$

Darin ist α die sogenannte Eckfrequenz, eine Bezeichnungsweise, die der Darstellung solcher Übergangsfunktionen im Bodediagramm (s. z. B. Schäfer [116] entlehnt ist. Gl. (6.32) liefert mit Hilfe ihrer Umkehrfunktion

$$\Gamma(\tau) = \frac{1}{\pi} \int\limits_{-\infty}^\infty \Phi(\omega) e^{j\omega\tau} d\omega$$

die Autokorrelationsfunktion

$$\Gamma(\tau) = e^{-\alpha|\tau|} \qquad (6.34)$$

Wenn auch die hier definierten Größen Abstraktionen der in der Praxis vorliegenden Verhältnisse darstellen, ein unendlich langer Meßschrieb ist nicht denkbar, so sollte nicht übersehen werden, wie außerordentlich wirksam diese Theorie für die Auslegung z. B. optimaler Filter auch in digitalen Systemen ist (s. z. B. Monroe [115]).

Für die Auswertung von in der Praxis gewonnenen Meßschrieben ist die Definition von Autokorrelationsfunktion und Leistungsspektrum zu modifizieren. Die Auswertung eines ergodischen Prozesses mit x (t) von endlicher Dauer (= Abspielzeit) bedeutet, daß eine Stichprobe aus dem idealisierend als unendlich langen Prozeß genommen wird. Autokorrelationsfunktion und Leistungsspektrum als Schätzfunktionen sind auch wieder statistisch verteilte Größen. Es zeigt sich, daß bei direkter Heranziehung von Gl. (6.31) für endliches T die dann erhaltene Schätzfunktion nicht konsistent ist. D. h., bei Auswertung eines Prozesses mit beliebig verlängerter Abspielzeit ist der Erwartungswert der genommenen Stichproben für $T \to \infty$ nicht gleich dem $\Gamma(\tau)$ des Prozesses und die Streuung der Stichprobenwerte verschwindet nicht. Um diese Konsistenz zu haben, wird entsprechend den Ergebnissen, wie sie in Laning-Battin [114, S. 162] mitgeteilt wurden, die Autokorrelationsfunktion wie folgt definiert.

Definition 5. Für einen ergodischen Prozeß x (t) der Abspielzeit T lautet die A u t o -
k o r r e l a t i o n s f u n k t i o n (als Schätzfunktion)

$$\Gamma_T (\tau) = \frac{1}{T - \tau} \int\limits_0^{T-\tau} x (t) \, x (t + \tau) \, dt, \; 0 \leqq \tau \leqq \tau_{max} < T,$$

setzt man voraus, daß für eine Schätzfunktion die Bildung des Erwartungswertes mit der
Integration vertauscht werden kann, so gilt hierfür mit Gl. (6.29)

$$E \, [\Gamma_T (\tau)] = E \, [\frac{1}{T - \tau} \int\limits_0^{T-\tau} x (t) \, x (t + \tau) \, dt]$$

$$= \frac{1}{T - \tau} \int\limits_0^{T-\tau} E \, [x (t) \, x (t + \tau)] \, dt = \Gamma (\tau)$$

Zu Gl. (6.27) ist die Fourier-Cosinus-Transformierte mit Gl. (6.33) eine Schätzfunktion für das
Leistungsspektrum vom ergodischen Prozeß x (t).

Definition 6. Für einen ergodischen Prozeß x (t) der Abspielzeit T lautet das L e i s t u n g s -
s p e k t r u m (als Schätzfunktion)

$$\Phi_T (\omega) = \frac{2}{\pi} \int\limits_0^{\tau_{max}} \Gamma_T (\tau) \cos \omega\tau \, d\tau$$

τ_{max} ist dabei eine Größe, deren Wert dadurch bestimmt ist, daß für $\tau > \tau_{max}$ die Größe
$\Gamma_T (\tau) \sim 0$ ist. (Für Prozesse mit Mittelwert gleich Null gilt nach Gl. (6.30) $\lim\limits_{\tau \to \infty} \Gamma (\tau) = 0$.)

Der Nachweis der Konsistenz dieser Leistungsspektral-Schätzfunktion gestaltet sich vergleichs-
weise schwierig, wenn auch das Grundmuster der Herleitung jenem von Laning-Battin [114, S. 162]
weitgehend folgt.

Von Interesse ist eine genaue Angabe der Streuung $\sigma^2 \, (\Phi_T \, (\omega))$ oder letztlich ihre obere
Schranke abhängig von T. Dann kann nämlich der Einfluß der Abspielzeit T auf die Genauigkeit
der Schätzung erfaßt werden, was für die Messung in der Praxis wichtig ist.

Hier ist die Situation analog zu jener in der klassischen Statistik, wenn der Mittelwert aus einer
Grundgesamtheit ersetzt wird durch den Mittelwert der Stichprobe. Die Streuung ist dann
bekanntlich bestimmt durch den Populationsparameter σ^2, damit abhängig von der Verteilungs-
funktion der Grundgesamtheit, die man a priori nicht kennt. So zeigt sich auch im Falle des
Leistungsspektrums, daß die Streuung der Leistungsspektra-Schätzungen von der Autokorrelationsfunktion des Prozesses selbst abhängt, die auch a priori unbekannt ist.

Es gelang für den konkreten Fall eines Tiefpassprozesses'erster Ordnung mit der Auto-
korrelationsfunktion Gl. (6.34) die Streuung von $\Phi_T \, (\omega)$ unter Zuhilfenahme eines Digital-
rechners zu bestimmen. Das Ergebnis ist in Bild 6.20 dargestellt. Hierbei handelt es sich um die
Kopie eines Digital-Plotter-Diagramms. Jede der durchgezogenen Kurven ist durch quadratische
Interpolation aus 45 gleichmäßig über die Abszisse verteilte, errechnete Punkte entstanden.
In der Darstellung wurde eine Normierung zugrundegelegt. So ist auf der Abszisse ω/α, das
Verhältnis von Kreisfrequenz zu Eckfrequenz des Filters erster Ordnung aufgetragen. Als
Parameter für die einzelnen Kurven ist das dimensionslose Produkt aus Abspielzeit T und Eck-
frequenz α ausgezeichnet. Man erkennt im Diagramm mit wachsendem T das Kleinerwerden
der relativen Standardabweichung aber auch das pendelnde Verhalten und Anwachsen für
große und kleine Verhältnisse ω/α.

Dieses Ergebnis konnte an praktischen Rechnungen beobachtet werden. Mit Hilfe eines digitalen Filters mit der diskreten Übergangsfunktion

$$g(n\Delta T) = (e^{\alpha \Delta T} - 1) e^{-\alpha n \Delta T} \qquad (6.35)$$

läßt sich vermittels

$$x(n\Delta T) = (e^{\alpha \Delta T} - 1) \sum_{k=1}^{n} e^{-\alpha k \Delta T} y((n-k)\Delta T)$$

aus der normalverteilten Zufallszahlenfolge $y(n\Delta T)$ mit der Autokorrelationsfunktion $\Gamma_y(n\Delta\tau) = \delta_{n\Delta\tau, 0}$, ($\delta_{n\Delta\tau, 0} = 1$ für n = 0, sonst = 0), („white noise sequence"), ein $x(n\Delta T)$ mit Tiefpassverhalten erster Ordnung erzeugen. Davon kann man sich überzeugen bei Anwendung von Gl. (6.28) auf das Produkt $x(n\Delta T) \cdot x(m\Delta T)$, woraus $\Gamma_x((m-n)\Delta T)$ mit der verlangten Eigenschaft folgt.

Gl. (6.35) erhält man durch Diskretisieren der inhomogenen Differentialgleichung

$$\frac{dx(t)}{dt} + \alpha x(t) = y(t),$$

wenn ΔT die Abtastperiode ist. $\omega_{Abt} = 2\pi/\Delta T$ sei die Abtastkreisfrequenz, die im weiteren benutzt wird.

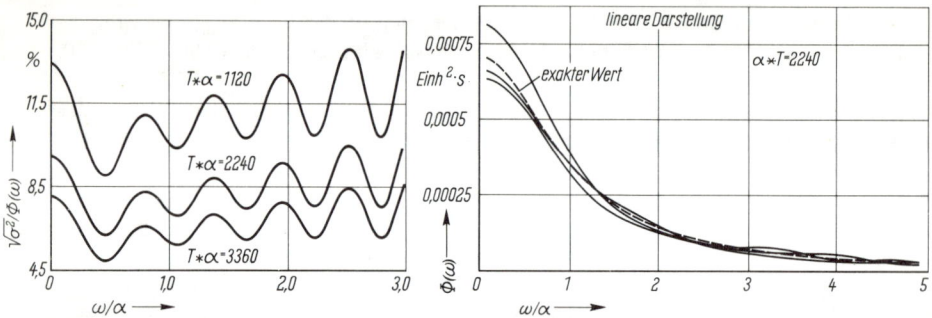

6.20 Die relative Standardabweichung des gemessenen Leistungsspektrums

6.21 Gemessene Leistungsspektra eines Tiefpassprozesses erster Ordnung

In Bild 6.21 sind in einer Kopie eines Digitalplotter-Diagramms mit 45 errechneten Werten je Kurve verteilt über die ganze Abszisse und mit quadratischer Interpolation drei Leistungs-spektral-Schätzfunktionen dieses diskreten Tiefpassprozesses dargestellt (ausgezogene Kurven). Der Tiefpassprozeß ist über drei gleichlange Abspielzeiten T mit T $*$ α = 2240 ausgewertet. Die strichlierte Kurve gibt den exakt zu erwartenden Wert der Leistungsspektralwertkurve wider (= Erwartungswert, der hier a priori bekannt ist). Man beachte die normierte Darstellung der Abszisse, über der sich das auch aus der Streuung zu erwartende schwankende Verhalten der drei Schätzfunktionen erkennbar ausprägt.

Schließlich sind in Bild 6.22 die Ergebnisse insgesamt an einem Tiefpassprozeß erster Ordnung dargestellt. Es sind dort in den Spalten zunächst T $*$ α, τ_{max} $*$ α und die Rechenzeiten des in FORTRAN geschriebenen Programmes für eine Anlage CDC 3200 zu finden. Wegen der Not-wendigkeit für das digitale Rechnen, in diskreten Schritten der Länge ΔT die Zeitfunktionen abzutasten, ist die bei der Auswertung gewählte Abtastfrequenz mit ω_{Abt}/α angegeben.

Tafel 6.23 Programm zur Ermittlung von Autokorrelationsfunktion und Leistungsspektrum

```
C        PROGRAM HILFE
C        DIESES PROGRAMM DIENT ZUM AUFRUF DER EIGENTLICHEN SYSTEMPRO-
C        GRAMME. NC = LOCHKARTENKANAL, ND = SCHNELLDRUCKERKANAL, MT =
C        MAGNETBANDKANAL
         NC = 60
         ND = 61
         MT = 32
         CALL AUTKOR (NC, ND, MT)
         CALL SPEKTR (NC, ND)
         STOP
         END

         SUBROUTINE AUTKOR (NC, ND, MT)
C        BESTIMMUNG DES LEISTUNGSSPEKTRUMS UEBER DIE AUTOKORRELATIONS-
C        FUNKTION. TA = ABSPIELZEIT, TAUM = MAXIMALES TAU, NN = JEDER NN-TE
C        WERT ALLER WERTE DER AUTOKORRELATIONSFUNKTION WIRD ERRECH-
C        NET
         COMMON TEXT (20), TGES, NZAHL, SFREQ, X (6200), TAU (500), NDELTA,
        1 DELTAU
         INTEGER SFREQ, TEXT
         BUFFER IN (MT, 1) (TEXT (1), TEXT (24))
    86   GO TO (86, 87) UNITSTF (MT)
    87   XSAF = SFREQ
         WRITE (ND, 82) (TEXT (I), I = 1, 20)
    82   FORMAT (11X, 20A4//)
C        DER KOMMENTARTEXT DES BANDES WURDE GESCHRIEBEN
         CALL FILEBACK (MT)
         CALL FILEMARK (MT)
         READ (NC, 15) TAUM, TA, NN
    15   FORMAT (2F10.3, I3)
C        JEDER NN-TE WERT DER AUTOKORRELATIONSFUNKTION WIRD GERECHNET
         N = TA * XSAF
         DELTAU = 1.0/XSAF
         NDELTA = TAUM/DELTAU + 1
         NA = (NDELTA - 1)/NN + 1
         IF (NA. LE. 500) GO TO 645
         WRITE (ND, 644)
   644   FORMAT (1H0, 29HMUSS ZUVIELE TAUWERTE RECHNEN)
         GO TO 367
   645   KE = (NDELTA - 1)/500 + 1
C        KE = ANZAHL DER RECORDS
         DELTA1 = NN * DELTAU
         IENDE = KE * 500
         WRITE (ND, 25) TA, TAUM, N, NDELTA, DELTA1, SFREQ
    25   FORMAT (1H1, 12HABSPIELZEIT =, F10.4, 3HSEC, 2X, 7HTAUMAX =, F10.4,
        1 3HSEC, 2X, 17HANZAHL DER WERTE =, I6,//,1X, 20HANZAHL DER TAUWERTE =
        2 , I4, 2X, 9HDELTATAU =, F9.6, 3HSEC, 2X, 15HABTASTFREQUENZ =, I5, 2HHZ)
         IF (IENDE. LE. 3100) GO TO 599
         WRITE (ND, 911)
   911   FORMAT (1X, 15HTAUMAX ZU GROSS)
         GO TO 367
   599   NENDE = (N - 1)/IENDE + 1
         DO 1 K = 1, NA
     1   TAU (K) = 0.0
```

```
            IEN = IENDE
            IAN = N − (NENDE − 1) * IENDE
            KA = 0
            DO 801 L = 1, KE
            BUFFER IN (MT, 1) (X (KA + 1), X (KA + 500))
      888   GO TO (888, 801) UNITSTF (MT)
      801   KA = KA + 500
   C        ZIEHT DIE ERSTEN KE RECORDS EIN
   C        IN DER DO 30-SCHLEIFE WIRD DIE AUTOKORRELATIONSFUNKTION BE-
   C        RECHNET
            DO 30 JLOOP = 1, NENDE
            JJ = 1
   C        ZIEHT DIE NAECHSTEN KE RECORDS EIN
            KA = 0
            DO 804 L = 1, KE
            KL = KA + IENDE + 1
            KM = KA + IENDE + 500
            BUFFER IN (MT, 1) (X (KL), X (KM))
      927   GO TO (927, 804) UNITSTF (MT)
      804   KA ≐ KA + 500
            DO 2 K = 1, NDELTA, NN
            KK = K − 1
            IF (NDELTA. GT. IAN) GO TO 789
            II = NENDE − JLOOP + 1
            GO TO (34, 41, 35), II
       41   IA = IAN + 1
            IF (K. LE. IA) GO TO 35
            IEN = IENDE + IA − K
            GO TO 35
      789   IF (JLOOP. NE. NENDE) GO TO 35
            IEN = IAN − KK
       35   DO 3 J = 1, IEN
            KJ = J + KK
        3   TAU (JJ) = TAU (JJ) + X (J) * X (KJ)
        2   JJ = JJ + 1
            DO 30 I = 1, IENDE
            IE = I + IENDE
       30   X (I) = X (IE)
            DELTAU = DELTA1
   C        DIVIDIERT DIE TAUWERTE DURCH (N − TAU)
            JJ = 1
   C        JETZT WERDEN DIE AUTOKORR-WERTE NACH X-BEREICH GEBRACHT
            DO 37 K = 1, NDELTA, NN
            X (JJ) = TAU (JJ)/(N − (K − 1))
            TAU (JJ) = (JJ − 1) * DELTAU
       37   JJ = JJ + 1
   C        DIE ANZAHL DER TAUWERTE NA, DIE ZUR ERRECHNUNG DES LEISTUNGS-
   C        SPEKTRUMS DIENEN, WERDEN NACH NDELTAU GEBRACHT
            NDELTA = NA
            WRITE (ND, 19)
       19   FORMAT (1H1, 20X, 9HTAU (SEC), 8X, 24HAUTOKORRELATIONSFUNKTION//)
            WRITE (ND, 20) ((TAU (K), X (K)), K = 1, NA)
       20   FORMAT (17X, F10.3, 11X, E15.7)
      367   RETURN
            END
```

```
      SUBROUTINE SPEKTR (NC, ND)
C     IN DER FOURIERCOSINUSINTEGRATION WIRD DIE AUTOKORRELATIONS-
C     FUNKTION DURCH EINEN POLYGONZUG ERSETZT UND ABSCHNITTSWEISE
C     AUSINTEGRIERT. BIS ZU MAX. 91 WERTE VON OMEGA WERDEN ERRECHNET
C     OMA = UNTERES OMEGA, OME = OBERES OMEGA, NOM = ANZAHL DER ZU
C     RECHNENDEN OMEGAWERTE
      COMMON TEXT (20), TGES, NZAHL, SFREQ, X (6200), TAU (500), NDELTA,
     1 DELTAU
      DIMENSION OM (91), PHI (91)
      INTEGER TEXT, SFREQ
      WRITE (ND, 21)
   21 FORMAT (1H1, 18X, 13HOMEGA    (1/SEC), 10X, 17HLEISTUNGSSPEKTRUM//)
      READ (NC, 1) OMA, OME, NOM
    1 FORMAT (2F10.3, I2)
      N1 = NDELTA − 1
      DELT = (OME − OMA)/(NOM − 1)
      DO 9 K = 1, NOM
    9 PHI (K) = 0.0
      AN = N1 * DELTAU
      DO 71 I = 1, NOM
      OM (I) = OMA + (I − 1) * DELT
      DO 2 J = 1, N1
      BETA = (X (J + 1) − X (J))/DELTAU
      BETCOS = BETA * (COSF (OM (I) * J * DELTAU) − COSF (OM (I) * (J − 1)
     1 * DELTAU))
    2 PHI (I) = PHI (I) + BETCOS
      PHI (I) = PHI (I)/(OM (I) * * 2) + X (NDELTA) * SINF (OM (I) * AN)/OM (I)
      PHI (I) = PHI (I) * 0.63662
   71 WRITE (ND, 6) OM (I), PHI (I)
    6 FORMAT (18X, F10.3, 12X, E15.7)
      RETURN
      END
```

Eingabewerte:

0.3   3.0   1
15.0   17.0   3

Ausgabewerte:

TESTBAND BESCHRIEBEN MIT LAUTER EINSEN
ABSPIELZEIT = 3.0000 SEC TAUMAX = 0.3000 SEC ANZAHL DER WERTE = 30
ANZAHL DER TAUWERTE = 3 DELTATAU = 0.100000 SEC ABTASTFREQUENZ = 10HZ

TAU (SEC)	AUTOKORRELATIONSFUNKTION
0.000	0.1000000E 01
0.100	0.1000000E 01
0.200	0.1000000E 01

OMEGA (1/SEC)	LEISTUNGSSPEKTRUM
15.000	0.5989320E − 02
16.000	− 0.2322460E − 02
17.000	− 0.9569520E − 02

Dieser Wahl von ω_{Abt} liegt die Aussage des Shannonschen Abtasttheorems zugrunde, nach dem die Abtastfrequenz mindestens gleich dem Doppelten der größten im zu analysierenden Prozeß enthaltenen Frequenz sein muß, wenn der Prozeß durch das Abtasten unverfälscht bleiben soll. In der rechten Hälfte der Tabelle sind die Prozentwerte der relativen Standardabweichung abhängig von ω/α und $T * \alpha$ dargestellt. Diese Werte sind den Kurven des Bildes 6.20 für ganzzahlige ω/α entnommen.

$T*\alpha$	$\tau_{max}*\alpha$	Rechenzeit Auto-korrelations-funktion CDC 3200 in s	Rechenzeit Leistungs-spektrum pro Wert CDC 3200 in s	ω_{Abt}/α	0.0	0.5	1.0	1.5	2.0	2.5	3.0	ω/α	
1120	5.6	22	0.08	32	13.2	8.5	9.8	11.3	12.7	13.8	14.0	%	Rel. Standardabweichung
2240	5.6	44	0.08	32	9.3	6.0	6.9	8.0	9.0	9.8	9.9	%	
3360	5.6	66	0.08	32	7.6	4.9	5.7	6.5	7.4	8.0	8.1	%	

ω_{Abt} = Abtastfrequenz $* 2\pi$

6.22   Fehler infolge endlicher Abspielzeit bei der Bestimmung des Leistungsspektrums

Das in Tafel 6.23 aufgeführte Digitalrechnerprogramm in FORTRAN zur Ermittlung von Autokorrelationsfunktion und Leistungsspektrum eines in diskretisierter Form auf einem Magnetband befindlichen Prozesses besteht aus den beiden Unterprogrammen AUTKOR und SPEKTR. Die Daten stehen den beiden Unterprogrammen über den COMMON-Bereich zur Verfügung. Das auszuwertende Magnetband hat einen Vorspann mit Kommentartext und Zahlenangaben zum Prozeß in der Reihenfolge wie im COMMON deklariert. Zunächst stehen 20 Speicherplätze für den Kommentartext zur Verfügung. Dann folgen: Gesamtabspielzeit TGES in Sekunden, die Anzahl NZAHL der insgesamt abgetasteten Werte und schließlich daraus die Abtastfrequenz SFREQ. Man beachte, daß TEXT (24) durch die Festlegung im COMMON die Abtastfrequenz darstellt. Nach jeder BUFFER-Operation, die die Datenübertragung von Band startet, dann aber die Steuerung wieder an das Programm abgibt, wird durch die Systemroutine UNITSTF (MT) auf Operationsende geprüft. Zwischen Kommentarbereich und Datenbereich unmittelbar vor Letzterem auf dem Magnetband ist eine Marke gesetzt. Durch die Systemprogramme FILEBACK (Rückspulen an den Anfang) und FILEMARK (Vorwärtsspulen bis zur gesetzten Marke) wird der Bandlauf gesteuert.

Das Programm ist so angelegt, daß die Autokorrelationsfunktion eines beliebig langen Prozesses, dessen Meßwerte sich auf dem Band befinden, errechnet wird, wobei die Werte bei nur einmaligem, schrittweisen Durchspulen abgerufen werden. Der 32 K-24 bit-Worte-Rechner ließ ein Errechnen von 3100 aufeinanderfolgenden Autokorrelationswerten zu. Gesteuert durch die einzugebende Größe NN werden jedoch nur bis zu 500 Werte schon aus Gründen minimaler Rechenzeiten effektiv bestimmt.

7. Numerische Steuerungen

Vorbemerkung: Die Zielsetzung dieses Abschnittes richtet sich in erster Linie auf eine exemplarische Einführung in die Programmierung von numerischen Steuerungen und nicht auf eine ausführliche Behandlung von numerisch gesteuerten Werkzeugmaschinen (numerical controlled machines, kurz NC-Maschinen), für die zweckmäßig das Studium der einschlägigen Fachliteratur (s. [69]) empfohlen wird. Daher werden numerische Steuerungen nur insoweit konstruktionsgerecht beschrieben, wie es für das Verständnis ihrer Programmierung als notwendig anzusehen ist.

7.1. Aufbau und Wirkungsweise numerischer Steuerungen

Eine numerische Steuerung ist i. a. durch folgende Funktionen bzw. Fähigkeiten gekennzeichnet:

Die Steuerung kann die numerisch codiert (digital) gegebenen Informationen lesen,

sie kann Wegmeßsysteme und Zustandswerte lesen,

sie kann diese Daten prüfen und verarbeiten,

sie kann Schaltfunktionen für die zu steuernden Maschinen ausüben,

sie kann Werkzeugkorrekturen und Werkzeugwechsel über Fernsteuerung maschinell auslösen.

7.1.1. Prinzipieller Aufbau von numerischen Steuerungen. In Bild 7.1 ist eine schematische Darstellung einer numerischen Steuerung unter Einbezugnahme aller vorgehenden Tätigkeiten des Anwenders gezeigt. Die Gesamtheit aller vorbereitenden Tätigkeiten des Anwenders, durch die alle notwendigen I n f o r m a t i o n e n   f ü r die numerische Steuerung zur Fertigung eines Werkstückes auf der mit ihr gekoppelten Werkzeugmaschine aufbereitet werden, heißt zusammengefaßt ä u ß e r e   D a t e n v e r a r b e i t u n g . Alle Informationen, die i n   u n d   d u r c h die numerische Steuerung verarbeitet werden, um das Werkstück zu fertigen, sind dem Bereich der i n n e r e n   D a t e n v e r a r b e i t u n g zuzuordnen.

Aus Bild 7.1 ist zu entnehmen, daß alle Informationen die die Steuerung benötigt, um ein Werkstück mittels einer durch sie gesteuerten Werkzeugmaschine herzustellen, in digitaler Form, wobei Lochstreifen oder Magnetbänder als Informationsträger bevorzugt werden, eingelesen werden. Ein derartiger Lochstreifen heißt auch S t e u e r l o c h s t r e i f e n ; er enthält das eigentliche P r o g r a m m , gemäß dem das projektierte Werkstück hergestellt wird.

7.1.2. Geometrischer Aufgabenbereich der numerischen Steuerung. Die Hauptaufgabe der numerischen Steuerung besteht darin, die gewünschte Kontur des Werkstückes herzustellen bzw. die geforderten Bearbeitungspositionen am Werkstück anzufahren. Das sind aber im Prinzip zunächst geometrische Aufgaben, die die numerische Steuerung zu bewältigen hat. In Bild 7.1 werden die Informationen, die die geometrischen Eigenschaften des Werkstückes festlegen, aus dem Weginformationenspeicher vom „Bahnrechner" den „Regelkreisen" für die beiden Koordinatenachsen in X- und Y-Richtung zugeführt. Soll z. B. nur eine Bearbeitungsstelle, d. h. ein Punkt, angefahren werden, so wird vom Wegmeßsystem die Lage-Istwertmeldung in digitaler Form dem „Vergleicher" zugeführt, der den Vergleich mit dem Lage-Sollwert solange vornimmt, bis der Antrieb (Stellmotor) den Werkzeugmaschinenschlitten in die Soll-wertposition (z. B. in die gewünschte X-Koordinate) gebracht hat; erst dann erfolgt vom Vergleicher das Signal zum Abschalten des Antriebs. Man spricht dann von einem Abschalt-kreis. Analoges gilt daher auch für die Positionierung in Y-Richtung.

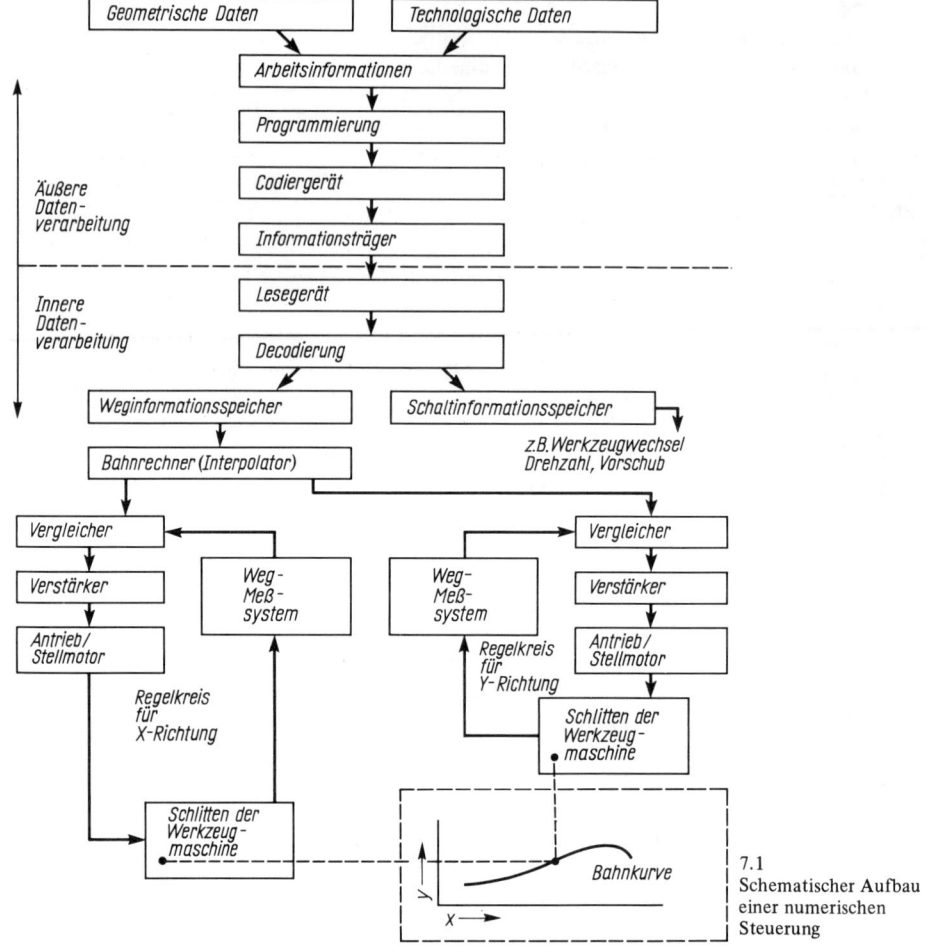

7.1
Schematischer Aufbau
einer numerischen
Steuerung

Die Wegmeßsysteme der mit der Werkzeugmaschine gekoppelten Steuerung arbeiten nach zwei Prinzipien, nämlich nach dem a b s o l u t e n oder dem i n k r e m e n t a l e n . Bei der absoluten Wegmessung werden alle Koordinatenmaße auf einen festen Bezugpunkt, den „Maschinennullpunkt" bezogen. Bei der inkrementalen Wegmessung werden die „Zuwachse" (Inkremente) in der jeweiligen Koordinatenrichtung gemessen und notwendig auf den zuvor gemessenen Zuwachswert bezogen. Die Inkremente Δx_i, Δy_i ($i = 1, 2, 3, \ldots$) sind ganzzahlige positive oder negative Vielfache des „Grundinkrementes" Δx bzw. Δy, das bei den meisten Steuerungen 0,01 mm beträgt. Die Bedeutung der beiden Wegmeßsysteme für die Programmierung ergibt sich aus Bild 7.2 und 7.3. Bei der inkrementalen Wegmessung gilt als Kontrolle bei einem geschlossenen Weg aus dem Maschinennullpunkt und wieder zurück, daß die Summe

7.2 Positionierung bei
      a b s o l u t e r
      W e g m e s s u n g

7.3 Positionierung bei
      i n k r e m e n t a l e r
      W e g m e s s u n g

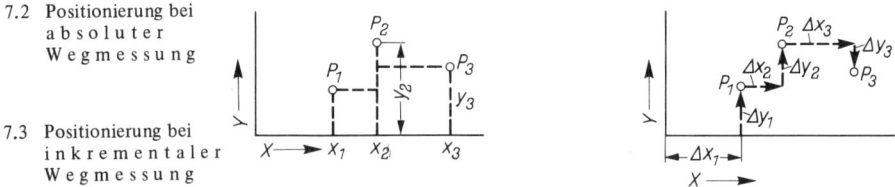

aller Inkremente in beiden Koordinatenachsen den Wert Null ergibt. Hat die numerische Steuerung nur die Aufgabe, Bearbeitungsstellen (Punkte) anzufahren, so spricht man von einer P u n k t s t e u e r u n g bzw. Positioniersteuerung (Bild 7.4). Sie sind so konstruiert, daß sie den Weg von einem Punkt zum nächsten möglichst schnell durchfahren sollen, wobei das Werkzeug nicht im Eingriff befindlich i. a. nur parallel zu den beiden Koordinatenachsen und zusätzlich noch unter einem Winkel von 45° gegen die X-Achse geführt werden kann; daher benötigen diese Steuerungen keinen ausgesprochenen Bahnrechner. Die Punktsteuerung läßt sich zur S t r e c k e n s t e u e r u n g modifizieren, wenn das Werkzeug z. B. ein Fräser, während des Durchfahrens achsenparalleler Strecken im Eingriff ist (Bild 7.5). Die vielfältigsten Möglichkeiten für die Konturgebung des Werkstückes bieten die B a h n s t e u e r u n g e n (Bild 7.6), die das Werkzeug i. a. längs beliebiger Kurven (Bahnen) steuern können.

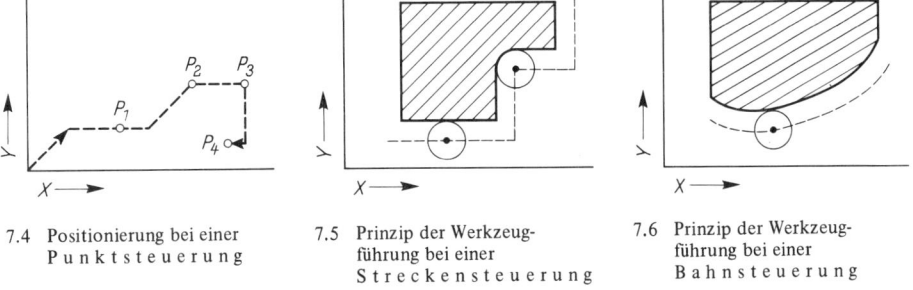

7.4 Positionierung bei einer
      P u n k t s t e u e r u n g

7.5 Prinzip der Werkzeug-
      führung bei einer
      S t r e c k e n s t e u e r u n g

7.6 Prinzip der Werkzeug-
      führung bei einer
      B a h n s t e u e r u n g

Der Bahnrechner (Interpolator) gibt gemäß den eingegebenen Weginformationen in dichter Folge die einzelnen Positionen der Bahn an die Regelkreise für die Bewegungen des Schlittens weiter. Die Bahn wird nicht kontinuierlich durchfahren, sondern ähnelt einer „Treppenkurve", da die Bewegungen in X- und Y-Richtung nur in sehr kleinen Inkrementen Δx_i und Δy_i erfolgen. Diese Annäherung an die ideale Bahn heißt Interpolation; daher nennt man den Bahnrechner auch I n t e r p o l a t o r , genau Inneninterpolator, weil auch die inkrementalen Kettenmaße für die gewünschte Bahnlinie außerhalb der Steuerung berechnet werden können und über den Lochstreifen der Steuerung zugeführt werden können. In diesem Falle spricht man von einem Außeninterpolator, der i. a. ein Digitalrechner ist. Der Inneninterpolator ist ein festprogrammierter (festverdrahteter) Digitalrechner, der Geraden mit beliebigem Anstieg und Kreisbögen mit zulässigen Radien annähern kann. Diese Annäherung muß innerhalb der Toleranz der Werkzeugmaschinengenauigkeit liegen.

Zur Verdeutlichung der Interpolation von beliebigen Bahnkurven dienen die Bilder 7.7, 7.8 und
7.9. Die Gerade in Bild 7.7 wird durch eine Treppenkurve aus den Weginkrementen Δx_i und
Δy_i innerhalb der Toleranz angenähert. Ein Kreisbogen wird i. a. durch einen Tangentenzug
(Bild 7.8) ersetzt, der selbst wiederum durch Geradeninterpolation gemäß Bild 7.7 angenähert
wird, so daß Bild 7.9 einen ungefähren Verlauf der tatsächlichen Annäherung des Kreisbogens
durch die Gesamtheit der Weginkremente Δx_i und Δy_i vermittelt. Beliebige Kurven, die eine
Bahnsteuerung zu durchfahren hat, können mit Hilfe des Inneninterpolators durch Geraden
und Kreisbögen hinreichend genau ersetzt werden, sofern man nicht über einen Außeninterpolator die Gesamtheit der Koordinaten für einen angenäherten Weg eingibt.

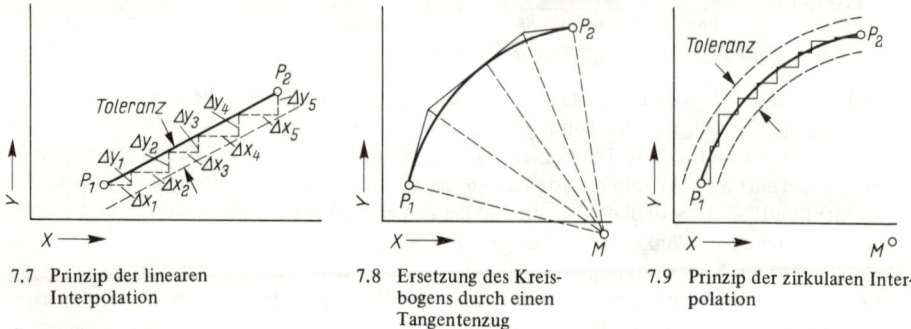

7.7   Prinzip der linearen
      Interpolation

7.8   Ersetzung des Kreis-
      bogens durch einen
      Tangentenzug

7.9   Prinzip der zirkularen Inter-
      polation

7.1.3. Technologischer Aufgabenbereich der numerischen Steuerung (Schaltfunktionen)

Neben den geometrischen Fähigkeiten einer numerischen Steuerung, durch die im wesentlichen
einerseits Bearbeitungspositionen angefahren werden können, andererseits die Formgebung
des Werkstückes ermöglicht wird, gehören die Schaltfunktionen zu dem zweiten wichtigen
Aufgabenkreis, der vorwiegend die durch die Werkzeugmaschine auszuführenden Bearbeitungen
des Werkstückes umfaßt. Die gebräuchlichsten Schaltfunktionen sind:

1. Vorschubgeschwindigkeitsstufen für die verwendeten Werkzeuge,
2. Auswahl des in Frage kommenden Werkzeuges über seine Nummer bei (automatischem)
Werkzeugwechsel,
3. Hauptspindeldrehzahlen bei Bohrautomaten bzw. Drehmaschinen,

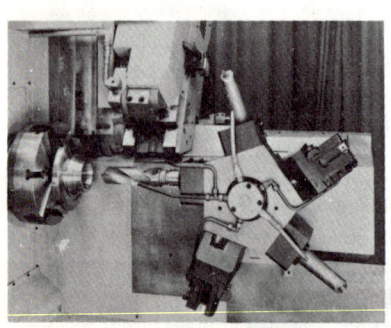

7.10   Scheibenrevolver einer Drehmaschine.
       Werkfoto Gildemeister AG

7.11   Drehmaschine mit numerischer Steuerung. Werk-
       foto Gildemeister AG

4. Drehrichtung der Hauptspindel bzw. der Drehmaschine,
5. Ein- und Ausschalten des Kühlmittels,
6. Sonderfunktionen, wie z. B. der Eilgang der Arbeitsspindel, ohne daß das Werkzeug im Eingriff ist.

7.12 Bohrautomat mit Werkzeugmagazin.
      Werkfoto H. Kolb GmbH

7.13 Bohrautomat mit Revolverkopf für den
      automatischen Werkzeugwechsel. Werkfoto
      H. Kolb GmbH

Die Bedeutung dieser Schaltfunktionen wird anhand einiger Bilder aufgezeigt. So wird in Bild 7.10 der Scheibenrevolver der Drehmaschine für die Aufnahme der Werkzeuge zur Innenbearbeitung eines Drehteils gezeigt; die numerische Steuerung hat programmgemäß den Scheibenrevolver mit dem angeforderten Werkzeug in die Arbeitsposition zu drehen. Das Werkzeugmagazin eines Bohrautomaten für automatischen Werkzeugwechsel zeigt Bild 7.13. In den Bildern 7.12 und 7.13 sind die Bohrspindeln von Bohrautomaten gezeigt; im Arbeitsgang ist die Bohrspindel mit dem betreffenden Werkzeug und eingeschalteter Vorschubstufe und der technisch richtigen Drehzahl gegen das aufgespannte Werkstück zu fahren. In allen Bildern sind auch die Rohrleitungen für das gegebenenfalls zu spritzende Kühlmittel zu erkennen.

7.2. Programmierung von numerischen Steuerungen

Die wesentliche Voraussetzung für die Anwendung einer numerischen Steuerung in Verbindung mit einer Werkzeugmaschine ist das Vorhandensein eines Steuerprogramms für die Herstellung eines projektierten Werkstückes durch die NC-Maschine. Das Steuerprogramm wird meistens als Steuerlochstreifen eingegeben. Bild 7.14 veranschaulicht die heute gebräuchlichsten Methoden zur Erstellung von Steuerlochstreifen zur Fertigung von Werkstücken mit NC-Maschinen. Im Rahmen dieses Abschnittes sollen nur die unterste Stufe der Programmierung, nämlich die manuelle, und die oberste Stufe, die maschinelle, besprochen werden.

7.2.1. Manuelle Programmierung von numerischen Steuerungen. Für die manuelle Programmierung von numerischen Steuerungen sind für Anwender und Hersteller Richtlinien vereinbart worden.

Die Gestaltung eines Steuerprogramms erfolgt in drei wesentlichen Stufen (s. a. Bild 7.14 links).

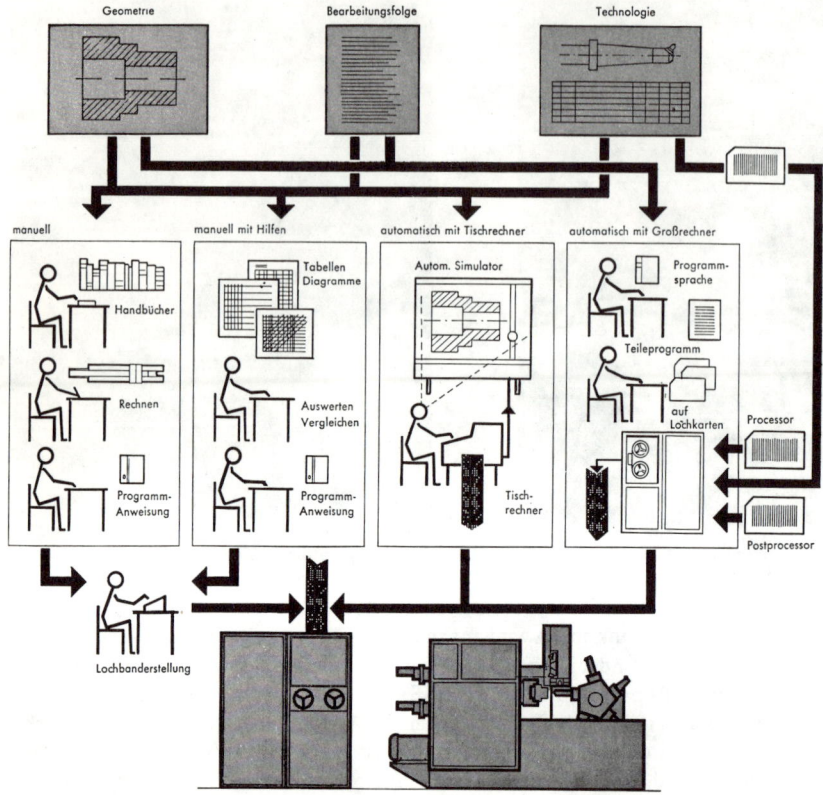

7.14   Schematische Darstellung für die Arten der Programmierung von NC-Maschinen.
Nach einer Druckschrift der Gildemeister AG

S t u f e   I : der Programmierer bzw. Techniker muß anhand der Konstruktionszeichnung des Werkstückes eine technisch sinnvolle Folge von Bearbeitungsschritten unter Zuhilfenahme von Werkzeug- und Materialkarteien zusammenstellen. Diese Zusammenstellung wird A r b e i t s -
p l a n bzw. Arbeitsfolge genannt. Der Arbeitsplan muß einerseits als geometrische Aussagen die Bearbeitungsgeometrie bzw. die Konturgebung des Werkstückes enthalten und andererseits als technologische Aussagen das verwendete Material des Werkstückes und die dadurch bedingten einzusetzenden Werkzeuge, Spindeldrehzahlen, Vorschubstufen, Kühlmittelangaben u. ä. vorgeben.

S t u f e   I I : der Programmierer setzt die Arbeitsfolge in ein für die numerische Steuerung verwendbares Programm um, nämlich in das P r o g r a m m a n u s k r i p t .

Arbeitsunterweisung für KBN E 50 RM				Masch. Nr.: M 112			Blatt Nr.: 1		Forts.-Blatt Nr.: 2		
Werkstück: Formträgerplatte		Zeichnungs Nr.: 90-57.1201.02		Modell Nr.: —		Werkstoff: St 60		Gewicht kg.: 29	Komm. Nr.: 64 002		
O Punktlage. Tisch: X Achse: Mitte Werkstück		O Punktlage. Kopf: Y Achse: Mitte Werkstück		Bohrspindel: Z Achse: —				Bearbeiter: KW	Datum: 25. 3. 1968		

No.	⟳	▥	X	Y	⬍	I....n	O/min	∿	⬍	💧	Pos.
n01	m82	m50	x-004	y015492	m90	m71	m16	m25	m75	m55	1
n02			x004		m90	m72					2
n03			x011	y011619	m90						3
n04			x0143	y007177	m90						4
n05				y-007177	m90						5
n06			x011	y-011619	m90						6
n07			x004	y-015492	m90						7
n08			x-004		m90						8
n09			x-011	y-011619	m90						9
n10			x-0143	y-007177	m90						10
n11				y007177	m90						11
n12			x-011	y011619	m90						12
n13	m82	m51	x-004	y015492	m90		m12	m30	m75		1
n14			x004		m90	m66					2
n15			x011	y011619	m90						3
n16			x0143	y007177	m90						4
n17				y-007177	m90						5
n18			x011	y-011619	m90						6
n19			x004	y-15492	m90						7
n20			x-004		m90						8
n21			x-011	y-011619	m90						9
n22			x-0143	y-007177	m90						10
n23				y007177	m90						11
n24			x-011	y011619	m90						12
n25	m82	m46	x-004	y015492	m90		m08	m28	m75		1
n26			x004		m90	m71					2
n27			x011	y011619	m90						3
n28			x0143	y007177	m90						4
n29				y-007177	m90						5
n30			x011	y-011619	m90						6
n31			x004	y-015492	m90						7
n32			x-004		m90						8
n33			x-011	y-011619	m90						9
n34			x-0143	y-007177	m90						10
n35				y007177	m90						11
n36			x-011	y011619	m90						12

7.15 Programmformular für eine Bohrarbeit. Nach einer Druckschrift der H. Kolb GmbH

S t u f e   I I I : das Programmanuskript wird manuell auf einen Datenträger übertragen, dessen Informationen von der Steuerung gelesen werden können. Man benutzt in erster Linie Lochstreifen als Datenträger.

Neben dem Programm für die Steuerung, dem Steuerlochstreifen, müssen dem Maschinenbediener noch Anweisungen über die einzusetzenden Werkzeuge, die Einspannbedingungen und die Nullpunktfestlegungen zur Verfügung gestellt werden.

Ein Programm für eine numerische Steuerung besteht aus sinnvoll aneinandergereihten S ä t z e n ; jeder Satz entspricht i. a. einem Arbeitsschritt der Werkzeugmaschine. Aus diesem Grunde ist auch die richtige Zusammenstellung der Arbeitsfolge eine wesentliche Voraussetzung für die Programmierung. Bild 7.15 zeigt einen Ausschnitt eines Programmformulars mit eingetragenem Programm und einer am rechten Rand beigefügten Abbildung eines Teils des zugehörigen 8-Spur-Steuerlochstreifens. Die S ä t z e eines Programms werden laufend numeriert. Dabei wird jede S a t z n u m m e r durch den Buchstaben n bzw. N und einer stets dreistelligen (gegebenenfalls durch Nullen aufgefüllte) Dezimalzahl festgelegt; bei manchen Steuerungen kann sogar auf den Buchstaben N verzichtet werden. Jeder Satz besteht aus W o r t e n , durch die der Steuerung die einzelnen Arbeitsinformationen vermittelt werden. Die Sätze werden vorzugsweise in alphanumerischer Form codiert, wobei dann jedes W o r t mit einem A l p h a z e i c h e n , das die Bedeutung der W o r t a d r e s s e übernimmt,

Tafel 7.16   Bedeutung der Adreßbuchstaben nach DIN 66025

Zeichen	Bedeutung
A	Drehbewegung um X-Achse
B	Drehbewegung um Y-Achse
C	Drehbewegung um Z-Achse
D	Drehbewegung um eine weitere Achse oder Dritter Vorschub
E	Drehbewegung um eine weitere Achse oder Zweiter Vorschub
F	Vorschub
G	Wegbedingung
H	(frei verfügbar)
I	Interpolationsparameter oder Gewindesteigung parallel zur X-Achse
J	Interpolationsparameter oder Gewindesteigung parallel zur Y-Achse
K	Interpolationsparameter oder Gewindesteigung parallel zur Z-Achse
L	(frei verfügbar)
M	Zusatzfunktion
N	Satznummer
O	(nicht verwenden)
P	dritte Bewegung parallel zur X-Achse oder Parameter zur Werkzeugkorrektur
Q	dritte Bewegung parallel zur Y-Achse oder Parameter zur Werkzeugkorrektur
R	dritte Bewegung parallel zur Z-Achse oder Bewegung im Eilgang in Richtung der Z-Achse oder Parameter zur Werkzeugkorrektur
S	Spindeldrehzahl
T	Werkzeug
U	zweite Bewegung parallel zur X-Achse
V	zweite Bewegung parallel zur Y-Achse
W	zweite Bewegung parallel zur Z-Achse
X	Bewegung in Richtung der X-Achse
Y	Bewegung in Richtung der Y-Achse
Z	Bewegung in Richtung der Z-Achse

beginnt. Daher spricht man bei dieser Codierungsart auch von der A d r e ß s c h r e i b -
w e i s e . Die numerischen Werte hinter den Wortadressen geben entweder geometrische
Positionen oder Schlüsselzahlen für die technologischen Informationen an. Neben der Adreßschreibweise wird auch noch die T a b u l a t o r s c h r e i b w e i s e verwendet. Die
Informationen müssen in einer genau festgesetzten Reihenfolge abgelocht (bzw. eingegeben)
werden und durch Tabulatorzeichen getrennt werden. Es dürfen keine Informationen weg-
gelassen werden. An der Anzahl der gelesenen Tabulatorzeichen erkennt die Steuerung,
welchem Speicher die folgende Zahleninformation zuzuordnen ist. Bei der Adreßschreibweise werden gemäß empfohlener Richtlinien[1]) bestimmte Buchstaben als Wortadressen
für die wichtigsten Funktionen der Steuerung vorgeschrieben (Tafel 7.16).

Tafel 7.17
Lochstreifen-Code
nach DIN 66024
und EIA 244

Bedeutung	Zeichen (ISO DIN 66024)	Zeichen (EIA 244)
Kein Loch	NUL	Kein Loch
Rückwärts	BS	RT
Tabulator	HT	TAB
Satzende Zeilenvorschub	LF	<≡
Wagenrücklauf	CR	LC
Zwischenraum	SP	ZWR
Anmerkungsbeginn	(	UC
Anmerkungsende	)	Ende
Programmanfang, Rückpulstopp	%	+
Hauptsatz	:	.
Satzunterdrückung	/	/
Vorzeichen positiv	+	+
Vorzeichen negativ	−	−
Ziffer 0	0	0
Ziffer 1	1	1
Ziffer 2	2	2
Ziffer 3	3	3
Ziffer 4	4	4
Ziffer 5	5	5
Ziffer 6	6	6
Ziffer 7	7	7
Ziffer 8	8	8
Ziffer 9	9	9
Drehbewegung um X-Achse	A	a
Drehbewegung um Y-Achse	B	b
Drehbewegung um Z-Achse	C	c
Drehbewegung um beliebige Achse	D	d
u. a. 2. Vorschub	E	e
Vorschub, Verweilzeit	F	f
Wegbedingung	G	g
Hilfsfunktion	H	h
Interpolationsparameter in X-Achse	I	i
Interpolationsparameter in Y-Achse	J	j
Interpolationsparameter in Z-Achse	K	k
Lochstreifenunterprogramme	L	l
Zusatzfunktion	M	m
Satznummer	N	n
nicht verwenden	O	o
3. Bewegung parallel zu X	P	p
u. a. Tiefenzuwachs	Q	q
u. a. Eilgangbewegung in Z-Richtung	R	r
Spindeldrehzahl	S	s
Werkzeugnummer	T	t
2. Bewegung parallel zu X	U	u
2. Bewegung parallel zu Y	V	v
2. Bewegung parallel zu Z	W	w
Bewegung in X	X	x
Bewegung in Y	Y	y
Bewegung in Z	Z	z
Löschen	DEL	IRR

Die Spalten „Lochkombination" der Tafel geben für ISO DIN 66024 die Bit-Nr. (P Prüfbit) P 7 6 5 4 3 2 1 bzw. Spur-Nr. (T Taktspur) 8 7 6 5 4 T 3 2 1 und für EIA 244 die Bit-Nr. 8 7 6 P 4 3 2 1 bzw. Spur-Nr. 8 7 6 5 4 T 3 2 1 an.

[1]) Vgl. Zusammenstellung der Richtlinien auf S. 254.

Zur Erläuterung der Adreßschreibweise diene folgendes Beispiel eines Satzes:

N034   G91   X004000   Y012400   F99   S08   M03   LF

Es bedeuten: N034 die Adresse (bzw. Nr.) des Satzes, X004000, Y012400 die Koordinaten des anzufahrenden Punktes gemessen in 0,01 mm, G91 die Wegbedingung, daß die angegebene

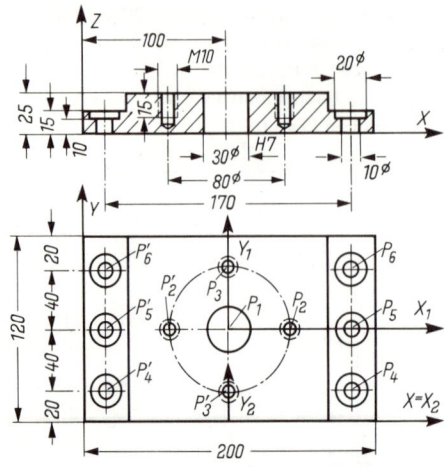

Y-Koordinate an der X-Achse zu spiegeln ist, F99 der Eilgang für die Bewegung der Bohrspindel, S08 die Drehzahlstufe der Spindel, M03 Rechtsdrehung der Spindel, LF Zeilenschaltung als Satzende.

Das Programmanuskript wird als Lochstreifen abgelocht, wobei heute vornehmlich 8-Spur-Codes verwendet werden. Tafel 7.17 zeigt eine Gegenüberstellung der Codes gemäß ISO (DIN 66024) und EIA 244.

Zum besseren Verständnis der manuellen Programmierung werde das Programmanuskript

7.18   Konstruktionszeichnung für eine Bohrarbeit.

7.19   Numerische Steuerung SINUMERIK 320

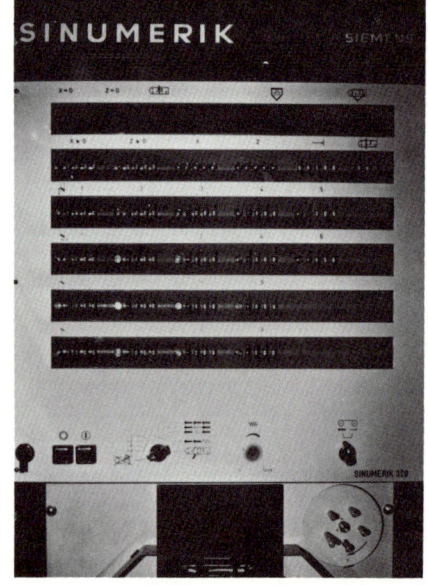

7.20   Bedienungsfeld der SINUMERIK 320

für die Fertigung der Bohrplatte (Bild 7.18) mittels eines durch eine numerische Steuerung vom Typ SINUMERIK 270 gesteuerten Bohrautomaten entworfen. Bild 7.19 zeigt den geöffneten Schrank, Bild 7.20 das Bedienungsfeld mit den Dekadenschaltern der SINUMERIK 320. In Tafel 7.21 wird zunächst der Arbeitsplan (Arbeitsfolge) für die Fertigung des Werkstückes unter Beachtung der technologischen Tabellen für geeignete Spindeldrehzahlen und Spindelvorschübe, die i. a. von den Werkzeugherstellern zusammengestellt werden, entworfen. Einzelne Arbeitsschritte dieses Planes können im Programmanuskript in mehrere Sätze aufgeteilt werden. So wird für die Bohrung an der Stelle P_1 mit dem Durchmesser 12 mm das Anfahren der Position, das Senken der Bohrspindel und ihre Rückführung in drei Sätzen zu programmieren sein.

Für die Codierung des Programmanuskriptes muß der Programmierschlüssel der SINUMERIK 270 (Tafel 7.22) verwendet werden. Tafel 7.23 zeigt einen Ausschnitt für eine angenommene Verschlüsselung der Vorschubzahlen F, der Spindeldrehzahlstufen S und der Werkzeugnummern T. In Tafel 7.24 ist das Programmanuskript ohne Verwendung eines Programmformulars zusammengestellt.

Tafel 7.21   Arbeitsplan für die Bohrarbeit gem. Bild 7.18

B e s c h r e i b u n g   d e r   T ä t i g k e i t e n

1. Werkzeug, 12 mm Bohrer mit der Nr. T23, einrichten.

2. Anfahren der Position P1, die auf das erste Koordinatensystem (1. Nullpunktverschiebung) bezogen ist.

3. Bohren mit dem Vorschub s = 0,15 mm/U und der Spindeldrehzahl n = 280 U/min. Rückführung der Bohrspindel.

4. Werkzeugwechsel im Maschinennullpunkt, 30 mm Reibahle mit der Nr. T34 einrichten, wieder Position P1 anfahren. Reibarbeit mit s = 0,35 mm/U und n = 133 U/min ausführen; Bohrspindel in Maschinennullpunkt zurückfahren.

5. 8,5 mm Kernlochbohrer mit der Nr. T07 einrichten; Position P2 anfahren. Bohrzyklus mit s = 0,18 mm/U und n = 800 U/min, der Referenzebene mit der z-Koordinate 50 mm definieren.

6. Bohren gemäß dem zuvor definierten Zyklus in Position P3.

7. Einrichten des Gewindebohrers T81 in einer Gewindeschneidvorrichtung für die Fertigung des M10 Normgewindes; Gewindeschneiden mit Spezialvorschub und Spezialdrehzahl.

8. Bohrarbeiten und Gewindeschneiden in den Positionen P2' und P3' durch Duplizieren des Lochstreifens, der die Arbeiten 5, 6, 7 enthält, bei zusätzlicher Lochung der Weginformation Spiegeln an der X- und Y-Achse (G93).

9. 2. Nullpunktverschiebung an der Steuerung einstellen, d. h. das X_2-, Y_2-Koordinaten festlegen. Einrichten des 10 mm Bohrers. Anfahren der Position P4; Definition des Bohrzyklus mit s = 0,15 mm/U und n = 280 U/min, Referenzebene bei z = 40 mm.

10. Bohrzyklus in den Positionen P5 und P6 ausführen.

11. Lochstreifen für die Arbeiten 9 und 10 mit der Wegbedingung G96, Spiegeln an der Y_2-Achse, duplizieren; Bearbeitungen in P4', P5', P6'.

12. Einrichten des 20 mm Senkbohrers im Maschinennullpunkt; Position P4 anfahren. Definieren des Bohrzyklus mit s = 0,25 mm/U und n = 440 U/min; Referenzebene bei z = 40 mm. Ausführen des Bohrzyklus.

13. Bohrzyklus in den Positionen P5 und P6 ausführen.

14. Duplizieren des Lochstreifens mit den Tätigkeiten 12 und 13 bei zusätzlicher Lochung der Wegbedingung G96.

15. Programmende mit Lochstreifenrückspulen definieren.

Tafel 7.22 Programmschlüssel SINUMERIK 270

Gruppe	ISO	NAS 943 EIA 273	Verschlüsselung	Funktion und Bedeutung	
	%LF	+ ⇐		Programmanfang und Rückspulstop	
	:	.	000 bis 999	Satznummer	Hauptsätze und 1. Satz
	N	n			Nebensätze
	/	/		Kennzeichnung ausblendbarer Sätze; wird vor der Satzadresse N oder : geschrieben. Diese Sätze erleichtern die Werkzeugkorrektureinstellung	
G I	G	g	00 01 bis 04 (09) (01 bis 19)	keine Werkzeugkorrektur Anwahl der Korrekturschalter; alle Schalter 000,00 bis 999,99 mm für X, Y und Z. Für Fräsmaschinen auch paarweise anwählbar	
G II	G	g			
G III	G	g	22 23	Mitschleppen positiv einer Achse Mitschleppen negativ	
G IV	G	g	40 41 42 43 44 48 49	keine Werkzeugkorrektur Werkzeugkorrektur positiv in Z Werkzeugkorrektur negativ in Z Werkzeugkorrektur positiv in X Y Werkzeugkorrektur negativ in X Y Positionierung ohne Nullverschiebung ohne Werkzeugkorrektur in Z Positionierung ohne Nullverschiebung mit Werkzeugkorrektur in Z	
G V	G	g	54	Zusätzliche Nullverschiebung 10 m in der X-Achse	
G VI	G	g	60 bis 69	Einfahrbedingungen: Genau-Halt, Schnell-Halt, Freischneiden usw. (entfällt in Sätzen mit G81 bis G89)	
G VII	G	g	80 81 bis 89	Kein Zyklus Programm-Zyklen R – Z – R	
G VIII	G	g	90 91 92 93 94 95 96 97	Kein Spiegeln I. Quadrant Spiegeln der X-Position um die Y-Achse II.Quadrant Spiegeln der Y-Position um die X-Achse IV. Quadrant Spiegeln der X- und Y-Position III.Quadrant Nullpunkt 1 Kein Spiegeln I. Quadrant Spiegeln der X-Position um die Y-Achse II. Quadrant Spiegeln der Y-Position um die X-Achse IV. Quadrant Spiegeln der X- und Y-Position III. Quadrant Nullpunkt 2	
	X Y Z W(B)	x y z w(b)	0000,00 bis 9999,99 0000,00 bis 9999,99 0000,00 bis 9999,99 0000,00 bis 9999,99	X-Achse (mm) Bei Bedarf 3 Stellen hinter dem Y-Achse (mm) Komma 9999,999. Z-Achse (mm) Bei Bedarf 2 Achsen simultan W-Achse (mm) X zu Y W(B) oder B-Achse (Grad)	

R	R	r	0000,00 bis 9999,99	Referenzebene bei Zyklus G81 bis G89
	F	f	00 bis 98 99	Vorschubstufen mit Änderungskontakt 100 ms Eilgang
	S	s	00 bis 99	Spindeldrehzahlstufen mit Änderungskontakt 100 ms
	T	t	00 bis 99 00 bis 99	Werkzeug-Nr. Kontaktausgabe mit Rückmeldezwang Werkzeug-Nr. Anzeige
M I	M	m	00 01 02 30	Programmierter Halt unbedingt Programmierter Halt wahlweise (ausblendbar) Programmende ohne Rückspulen, in besondere Zeile schreiben Programmende mit Rückspulen, eigener Satz
M II	M	m	03 04 05	Spindeldrehrichtung Rechts Spindeldrehrichtung Links Spindeldrehrichtung Halt
M III	M	m	07 08 09	Kühlmittel 2 Ein Kühlmittel 1 Ein Kühlmittel Aus
M IV	M	m	10 bis 19 (99)	Zusatzfunktionen mit Änderungsbefehl und Rück- meldezwang wahlweise
	H	h	00 bis 09	Sonderfunktion, z. B. Drehtisch, Tischhöhe mit Rück- meldezwang wahlweise
	LF	⇐		Satzende

▼ Satzweise, alle übrigen modal

Tafel 7.23 Auszug aus einer Tabelle für die Verschlüsselung der Werkzeuge, Drehzahlen und
           Vorschübe

Werk- zeug Nr.	Durch- messer in mm	Werkzeug- Art	Vorschub s in mm/U	Schlüssel- zahl F	Drehzahl n in U/min	Schlüssel- zahl S
T07	8,5	Spiralbohrer	0,15	F18	133	S10
T09	10,0	Spiralbohrer	0,18	F21	280	S21
.	.	.				
T23	12,0	Spiralbohrer	0,25	F28	440	S24
.	.	.				
T34	30,0	Reibahle	0,35	F37	800	S35
.	.	.				
T42	20,0	Senkbohrer	.	.	.	.
.	.	.				
.	.	.	.	.	.	.
T81	10,0	Gewindebohrer	.	.	.	.

Das Programmanuskript soll nun nicht Satz für Satz erläutert werden, sondern es genügt einige
wichtige Sätze genau zu erklären. Gemäß den Einspannbedingungen hat der Maschinenbediener
das Werkstück einzuspannen und dann die Koordinaten des Punktes P_1 bezogen auf den

Tafel 7.24   Programmanuskript für die Fertigung der Bohrplatte nach Bild 7.18

: 001	G01	G41	Z005000		F99	T23			LF
N002			X000000	Y000000	F99				LF
N003			Z000000		F18	S21	M03	M07	LF
N004			Z030000		F99		M05	M09	LF
N005	G49		X000000	Y000000	F99	T34			LF
N006	G02	G41	Z005000		F99				LF
N007	G90		X000000	Y000000	F99				LF
N008			Z000000		F37	S10	M03	M08	LF
N009			Z030000		F99		M05	M09	LF
N010	G49		X000000	Y000000	F99	T07			LF
N011	G03	G41	Z005000		F99				LF
N012	G90		X004000	Y000000	F99				LF
N013	G81		Z000800	R005000	F21	S35	M03	M07	LF
N014			X000000	Y004000					LF
N015	G80		Z030000		F99		M05	M09	LF
N016	G49		X000000	Y000000	F99	T81			LF
N017	G90		X004000	Y001000	F99				LF
N018	G04	G41	Z001000		F83	S86	M03	M07	LF
N019			Z005000				M04	M09	LF
N020			X000000	Y004000	F99		M05		LF
N021			Z001000		F83		M03	M07	LF
N022			Z005000				M04	M09	LF
N023	G49		X000000	Y000000	F99		M05		LF
N024			Z030000		F99	T09			LF
N025	G94		X008500	Y002000	F99				LF
N026	G01	G41	Z005000		F99				LF
N027	G82		Z000000	R004000	F18	S21	M03	M07	LF
N028				Y006000					LF
N029				Y010000					LF
N030	G80		Z030000		F99		M05	M09	LF
N031	G49		X000000	Y000000	F99	T42			LF
N032	G94		X008500	Y002000	F99				LF
N033	G03	G41	Z005000		F99				LF
N034	G83		Z001000	R004000	F28	S24	M03	M07	LF
N035				Y006000					LF
N036				Y010000					LF
N037	G80		Z030000		F99		M05	M09	LF
N038	G49		X000000	Y000000	F99				LF
N039	M30								

Maschinennullpunkt auszumessen. Die gemessenen Koordinaten X_1, Y_1 werden an den Dekadenschaltern des Bedienungsfeldes eingestellt, so daß die Steuerung diese Koordinatenwerte bei jedem Aufruf einer X- bzw. Y-Koordinate den programmierten Koordinatenwerten aufaddiert.

Beispiel. Für X_1 seien 300 mm, für Y_1 210 mm gemessen worden. Soll in einem Satz die Position X012000 Y005000 angefahren werden, so wird auf das Maschinenkoordinatensystem bezogen, effektiv die Position

$$X_0 = X_1 + 012000, \quad Y_0 = Y_1 + 005000$$

also $X_0 = 420{,}00$ mm, $Y_0 = 260{,}00$ mm angefahren (Bild 7.25). Dieser Vorgang wird insgesamt 1. Nullpunktverschiebung genannt. Durch die Nullpunktverschiebung kann man das gewählte

Koordinatensystem des Werkstückes beibehalten, folglich auch das darauf bezogene Programm und den zugehörigen Steuerlochstreifen. Im 1. Satz wird die Bohrspindel mit dem vorher laut Werkzeugplan eingespannten Werkzeug mit der Nr. T23 aus der maximalen Z-Lage im Eilgang (wegen F99) in die Z-Lage 50 mm, d. h. 25 mm oberhalb der Werkstücksoberfläche, gefahren. Durch die Wegbedingungen G01 und G41 wird erreicht, daß die Werkzeuglänge einschließlich der Steckhülse, also insgesamt die Länge L, zu der programmierten Z-Koordinate addiert wird, so daß effektiv die Lage der Bohrfutterunterkante programmiert werden kann (s. Bild 7.26). Die Länge L des Werkzeuges, auch Werkzeugkorrektur genannt, wird im Dekadenschalterfeld Nr. 01 eingestellt und aufgrund der Wegbedingung G41 zu der programmierten Z-Koordinate

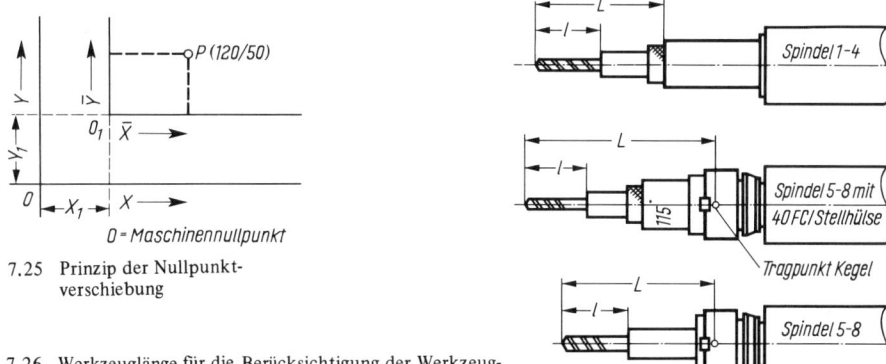

7.25 Prinzip der Nullpunkt-
     verschiebung

7.26 Werkzeuglänge für die Berücksichtigung der Werkzeug-
     korrektur

addiert. In Satz Nr. N005 wird durch die Bedingung G49 die Nullpunktverschiebung nur für diesen Satz aufgehoben und der Maschinennullpunkt zwecks Werkzeugwechsel angefahren, da durch den Werkzeugaufruf T34 die Steuerung für den manuellen Werkzeugwechsel automatisch gestoppt wird und anschließend wieder gestartet werden muß. In Satz N013 ist ein Bohrzyklus wegen der Bedingung G81 definiert, wodurch das Bohrwerkzeug zwischen der unteren Z-Koordinate 08,00 mm und der oberen Z-Lage, dem Referenzpunkt Z = 50,00 mm, mit dem programmierten Vorschub auf- und abgefahren wird, sofern neue Bearbeitungspositionen, wie z. B. in Satz N014, angesteuert werden; die Bedingung G80 hebt den Zyklus auf.

Für die Bohrarbeiten in den Punkten P_4', P_5' und P_6' wird der Lochstreifen mit den Sätzen N025 bis N038 bei zusätzlicher vorausgehender Lochung der Wegbedingung G95, durch die auf den 2. Nullpunkt bezogen die Spiegelung der Punkte P_4, P_5 und P_6 an der Y-Achse bewirkt wird, dupliziert. Analog wird der Lochstreifen mit den Sätzen N010 bis N024 für die Bearbeitung der Bohrpositionen P_2' und P_3' mit der Wegbedingung G93, durch die eine Spiegelung an der X- und Y-Achse bezogen auf den 1. Nullpunkt erfolgt, dupliziert. Einschließlich der zu duplizierenden Sätze umfaßt das gesamte Programm damit 68 Sätze. Bei automatischen Werkzeugwechsel kann man das Programm um ca. 6 Sätze kürzen. Als Material wurde Stahl St 60 angenommen.

7.2.2. Maschinelle Programmierung. Bei der maschinellen Programmierung von NC-Maschinensteuerungen müssen größere Datenverarbeitungsanlagen verwendet werden. Ähnlich wie im technisch-wissenschaftlichen oder kaufmännischen Bereich problemorientierte Programmiersprachen wie ALGOL, FORTRAN, PL/I, COBOL u. a. für die dort zu bewältigenden Aufgaben entwickelt wurden, sind auch für die Programmierung numerisch gesteuerter Maschinen

problemorientierte Sprachen entworfen worden. Die heute gebräuchlichen haben ihre gemeinsame Wurzel in der seit Ende der 50-er Jahre in den USA konzipierten Sprache APT (Auto-
matically Programmed Tools) gefunden. Die vorwiegend im europäischen Bereich verwendeten
Sprachen sind „IFAPT" in Frankreich, „2CL" in Großbritannien und seit 1964 „EXAPT"
(d. i. EXtended subset of APT) in der Bundesrepublik Deutschland. Das Sprachsystem EXAPT
gliedert sich in die Teile:

EXAPT1 für Bohraufgaben, EXAPT2 für Drehaufgaben und EXAPT3 für allgemeine (drei-
dimensionale) Fräsaufgaben und Bohrarbeiten.

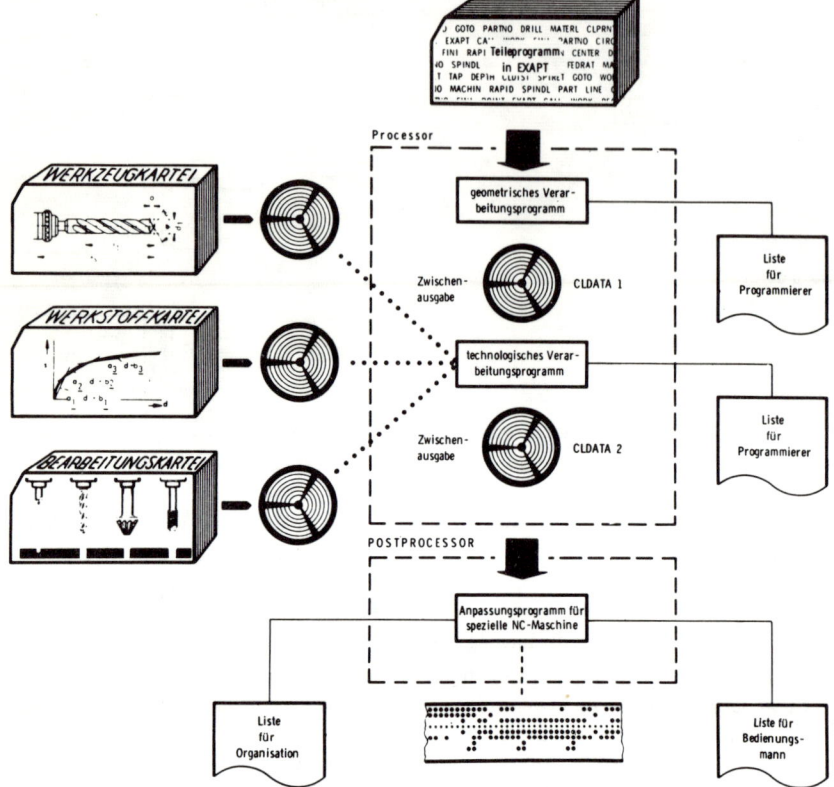

7.27   Schema für die maschinelle Programmierung nach EXAPT. Nach einer Druckschrift des
       EXAPT-Vereins

Anhand von Bild 7.14 und 7.27 werden die wesentlichen Aufgaben, die von einer Datenverarbeitungsanlage nach Eingabe eines EXAPT-Programmes durchzuführen sind, erläutert.
Der Programmierer hat beim manuell verfaßten Programm gemäß der gestellten Aufgabe die
geometrischen und technologischen Arbeitsschritte in eine sinnvolle Reihenfolge zusammen-
zustellen. Bei der Programmierung in EXAPT werden zunächst alle geometrischen Fragen, die
die Bearbeitungsposition oder die Werkstückskontur betreffen, in S p r a c h a u s s a g e n
z u r W e r k s t ü c k s g e o m e t r i e zusammengefaßt, sodann werden alle Bearbeitungsschritte für das Werkstück als S p r a c h a u s s a g e n z u r T e c h n o l o g i e zusammen-

Tafel 7.28 EXAPT-Teilprogramme für die Bohrarbeit nach Bild 7.18

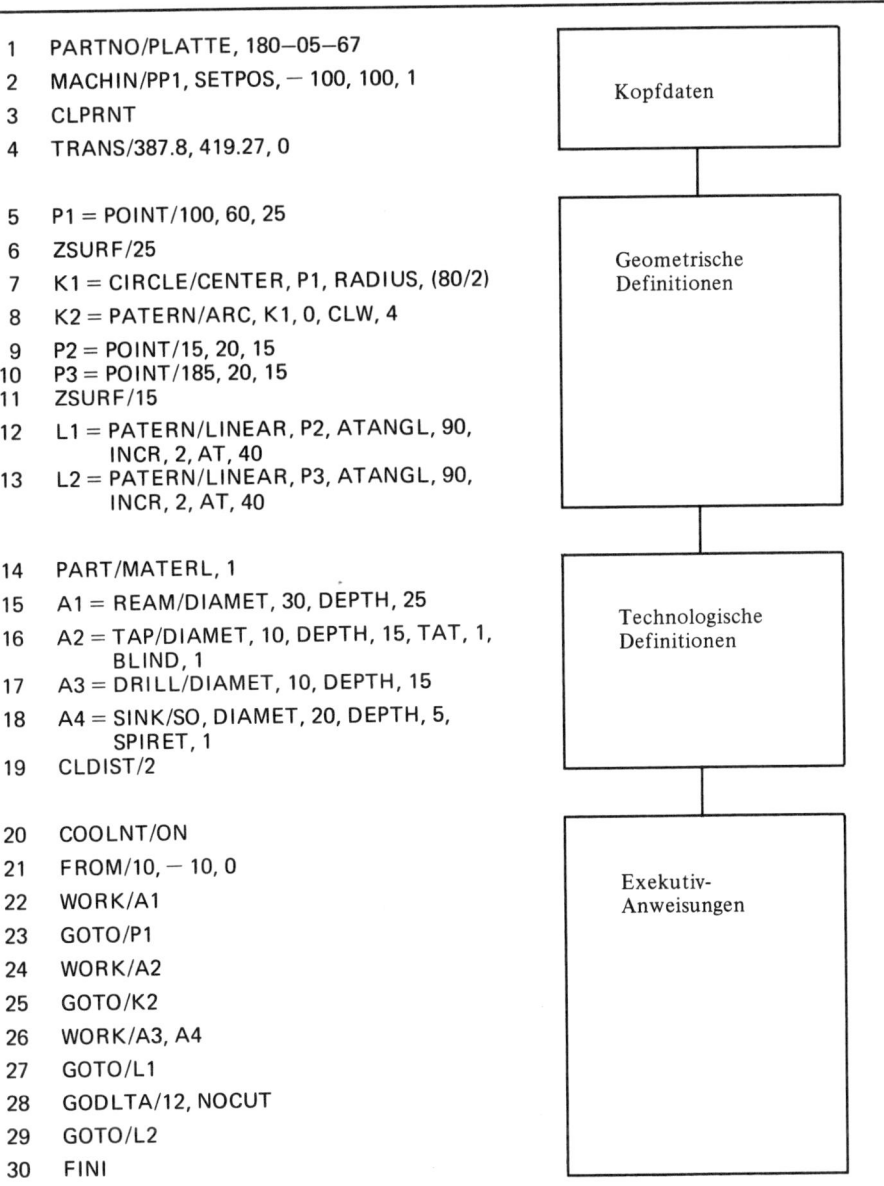

```
 1   PARTNO/PLATTE, 180-05-67
 2   MACHIN/PP1, SETPOS, - 100, 100, 1
 3   CLPRNT
 4   TRANS/387.8, 419.27, 0

 5   P1 = POINT/100, 60, 25
 6   ZSURF/25
 7   K1 = CIRCLE/CENTER, P1, RADIUS, (80/2)
 8   K2 = PATERN/ARC, K1, 0, CLW, 4
 9   P2 = POINT/15, 20, 15
10   P3 = POINT/185, 20, 15
11   ZSURF/15
12   L1 = PATERN/LINEAR, P2, ATANGL, 90,
         INCR, 2, AT, 40
13   L2 = PATERN/LINEAR, P3, ATANGL, 90,
         INCR, 2, AT, 40

14   PART/MATERL, 1
15   A1 = REAM/DIAMET, 30, DEPTH, 25
16   A2 = TAP/DIAMET, 10, DEPTH, 15, TAT, 1,
         BLIND, 1
17   A3 = DRILL/DIAMET, 10, DEPTH, 15
18   A4 = SINK/SO, DIAMET, 20, DEPTH, 5,
         SPIRET, 1
19   CLDIST/2

20   COOLNT/ON
21   FROM/10, - 10, 0
22   WORK/A1
23   GOTO/P1
24   WORK/A2
25   GOTO/K2
26   WORK/A3, A4
27   GOTO/L1
28   GODLTA/12, NOCUT
29   GOTO/L2
30   FINI
```

Kopfdaten

Geometrische
Definitionen

Technologische
Definitionen

Exekutiv-
Anweisungen

gefügt, und schließlich ist die Ausführung der geplanten Bearbeitungsschritte in den zugehörigen Positionen durch eine entsprechende Folge von E x e k u t i v a u s s a g e n zu formulieren. Ein fertiges EXAPT-Programm enthält im wesentlichen diese drei Aussagenkomplexe bezüglich der Werkstückgeometrie, der Technologie und der Exekutivanweisungen. Das EXAPT-Programm wird der Datenverarbeitungsanlage zur weiteren Verarbeitung eingegeben, wobei der Rechner das EXAPT-Programm durch eine spezielles Übersetzungsprogramm, das P r o c e s - s o r genannt wird, in ein „Zwischenprogramm" übersetzt. Die Übersetzung durch den Processor erfolgt in drei Schritten:

1. Übersetzung der geometrischen Anweisungen durch das geometrische Verarbeitungsprogramm des Processors mit einer Zwischenausgabe des Rechners, CLTAPE1 (bzw. CLDATA1, cutter-location-tape 1) genannt.

2. Übersetzung der technologischen Anweisungen durch das technologische Verarbeitungsprogramm mit Zwischenausgabe CLTAPE2 (bzw. CLDATA2), wobei die Arbeitszyklen in einzelne Arbeitsschritte aufgelöst werden; zugleich werden die in Frage kommenden technologischen Daten aus der Werkzeugkartei und der Werkstoffkartei ausgewählt und verwertet.

3. Aus den allgemeinen, von NC-Maschinen unabhängigen Daten des CLTAPE2 werden durch das Anpassungsprogramm (Postprocessor) das eigentliche Steuerprogramm für die NC-Werkzeugmaschine in Listenform und der gebrauchsfertige Steuerlochstreifen erstellt. Der Postprocessor muß für jeden Typ von NC-Maschinen besonders erstellt werden.

Für das Programmieren in EXAPT sind Sprachbeschreibungen verfaßt worden [75, 76]. Als Programmbeispiel für EXAPT1 werde die gleiche Aufgabe wie in Abschn. 7.2.1 angeführt. Das Werkstück (Bild 7.18) wird durch das in Tafel 7.28 wiedergegebene EXAPT1-Teileprogramm für eine Datenverarbeitungsanlage programmiert.

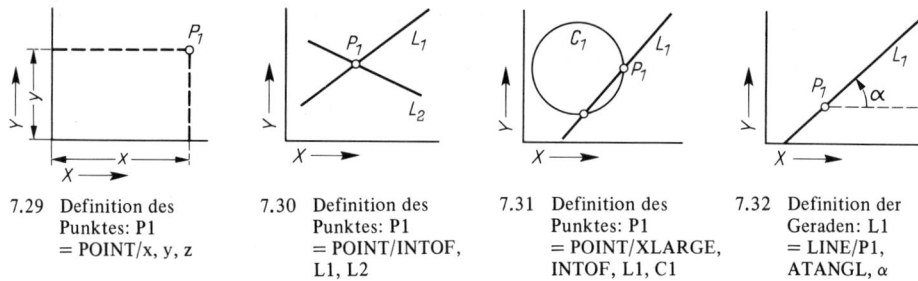

7.29 Definition des Punktes: P1 = POINT/x, y, z

7.30 Definition des Punktes: P1 = POINT/INTOF, L1, L2

7.31 Definition des Punktes: P1 = POINT/XLARGE, INTOF, L1, C1

7.32 Definition der Geraden: L1 = LINE/P1, ATANGL, α

Beispiel. Die Anweisungen des Programms sollen nun der Reihe nach erläutert werden, wobei einige wesentliche allgemein und speziell besprochen werden.

A n w e i s u n g Nr. 1. Die Anweisung kennzeichnet den Programmanfang. Hinter dem Schrägstrich wird der Name des Teiles sowie die Zeichnungsnummer angegeben.

A n w e i s u n g Nr. 2. Die Werkzeugmaschine, auf der das Werkstück gefertigt werden soll, wird hier angegeben.

A n w e i s u n g Nr. 3. Die Zwischenergebnisse des Rechners sollen herausgedruckt werden.

A n w e i s u n g Nr. 4. Die Position, an der das Werkstück auf dem Werkzeugmaschinentisch gespannt werden soll, wird angegeben. Die Koordinaten x = 387,8 mm, y = 419,27 mm und z = 0 beziehen sich auf das Koordinatensystem der Werkzeugmaschine.

A n w e i s u n g Nr. 5. Der Punkt P_1 mit den Koordinaten x = 100 mm, y = 60 mm und z = 25 mm wird definiert. Allgemein werden Punkte in EXAPT wie folgt definiert:
a) durch Angabe der drei Koordinaten:

    Symbol = POINT/x, y, z

für Symbol ist der Name des Punktes wie z. B. P1 zu setzen (Bild 7.29).

b) in EXAPT2 als Schnittpunkt zweier Geraden mit den symbolischen Namen L1 und L2:

Symbol = POINT/INTOF, L1, L2   (Bild 7.30).

c) in EXAPT2 als Schnittpunkt einer Geraden L1 mit einem Kreis (symbolischer Name C1):

XSMALL
Symbol = POINT/ XLARGE, INTOF, L1, C1
YSMALL
YLARGE

hierin bedeutet z. B. XSMALL, daß der Schnittpunkt in Richtung der größeren x-Koordinate genommen werden soll (Bild 7.31).

Die Definition einer Geraden erfolgt durch

1.   Symbol = LINE/x1, y1, x2, y2

wo x1, y1 und x2, y2 die Koordinaten der Punkte sind, durch die die Gerade verlaufen soll.

2.   Symbol = LINE/sp1, sp2

wo sp1 und sp2 durch symbolische Namen (wie z. B. P1 und P2) ersetzt werden sollen.

3.   Symbol = LINE/sp, ATANGL, α

wo sp der symbolische Name eines Punktes, α der Winkel, den die Gerade mit der x-Achse bildet, bedeutet (Bild 7.32).

A n w e i s u n g Nr. 6. Die z-Koordinate des folgenden Punktmusters soll 25 mm betragen.

A n w e i s u n g Nr. 7. Der Kreis K1 wird definiert. Allgemein wird ein Kreis auf zwei Arten definiert

1.   Symbol = CIRCLE/x, y, r

wo x, y die Koordinaten des Mittelpunktes und r der Radius des Kreises ist.

2.   Symbol = CIRCLE/CENTER, sp, RADIUS, r

wo sp der symbolische Name des Mittelpunktes und r der Radius des Kreises ist (Bild 7.33).

A n w e i s u n g Nr. 8. Die Mittelpunkte der Gewindelöcher auf dem Teilkreis K1 werden definiert. Punktmuster auf Kreisen werden durch folgende Anweisungen festgelegt

1.   Symbol = PATERN/ARC, sk, α, $\frac{CLW}{CCLW}$, az

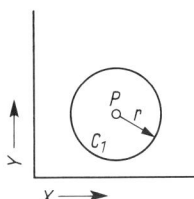
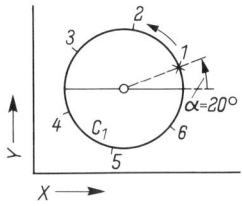
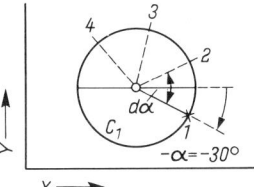

7.33 Definition des
      Kreises: C1
      = CIRCLE/
      CENTER, P, RADIUS, r

7.34 Definition eines
      Musters äquidistan-
      ter Punkte auf dem
      Kreis C1 : K1
      = PATERN/ARC,
      C1, 20, CCLW, 6

7.35 Definition des zirkularen
      Punktmusters: K2 =
      PATERN/ARC, C1,
      − 30, CCLW, INCR, 4
      AT, 58

wo sk der symbolische Name des Kreises, α der Startwinkel, den der Radius des Kreises, auf dem der erste Punkt des Musters liegt, mit der positiven Richtung der x-Achse bildet, az Anzahl der äquidistanten Punkte des Musters und CLW bzw. CCLW die Richtung im Uhrzeiger- bzw. Gegenuhrzeigersinn bedeuten (Bild 7.34).

2.   Symbol = PATERN/ARC, sk, α, $\frac{\text{CLW}}{\text{CCLW}}$, INCR, az, AT, dα,

wo sk symbolischer Name eines Kreises, α der Startwinkel, az die Anzahl der Inkremente und dα der Inkrementwinkel ist (Bild 7.35).

A n w e i s u n g Nr. 9 und Nr. 10. Definition der Punkte P2 und P3.

A n w e i s u n g Nr. 11. Für das folgende Punktmuster wird die z-Koordinate 15 mm festgelegt.

A n w e i s u n g Nr. 12 und Nr. 13. Hier werden Punktmuster auf den Geraden L1 und L2 festgelegt. Allgemein werden lineare Punktmuster durch die folgenden Anweisungen definiert

1.   Symbol = PATERN/LINEAR, sp1, sp2, az,

wo sp1 und sp2 symbolische Namen für den Anfangs- bzw. Endpunkt des Punktmusters sind; az gibt die Anzahl der Punkte einschließlich Anfangs- und Endpunkt an (Bild 7.36).

2.   Symbol = PATERN/LINEAR, sp, ATANGL, α, INCR, az, AT, dℓ

mit sp als symbolischen Namen des Anfangspunktes, α als Anstiegswinkel der Geraden gegen die positive x-Achse, az als Anzahl der Inkremente und dℓ als Länge des Inkrementes (Abstand der Punkte des Musters) (Bild 7.37).

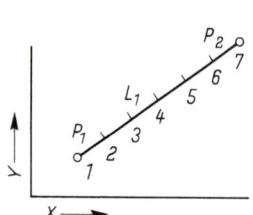 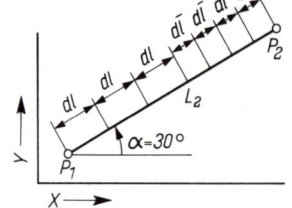

7.36 Definition des linearen Punktmusters: L1 = PATERN/LINEAR, P1, P2, 7

7.37 Definition des Punktmusters: L2 = PATERN/LINEAR, P1, ATANGL, 30, INCR, 3, AT, dℓ, 4 AT, dℓ

A n w e i s u n g Nr. 14. Angabe der Materialnummer, von der die technologischen Größen abhängig sind.

A n w e i s u n g Nr. 15. Definition des Arbeitszyklus „Reiben" zur vollständigen Herstellung einer geriebenen 30 mm-Bohrung. Allgemein heißt die Anweisung für den Arbeitszyklus Reiben

        Symbol = REAM/DIAMET, d, DEPTH, t, TOLPO, BLIND, i, BEVEL.

Die Größen hinter dem Schrägstrich heißen Modifikatoren. Die Modifikatoren DIAMET, d, das bedeutet Durchmesser d der Bohrung in mm, und Tiefe t der Bohrung DEPTH müssen immer gesetzt werden. Die weiteren Modifikatoren bedeuten: TOLPO Zentrieren, BLIND, i Sackbohrung mit Bodengeometriekennzeichen i, BEVEL Anfasung. Bild 7.38 zeigt den Ablaufplan für den Arbeitszyklus ′REAM′, der vom Processor aufgrund der Modifikatoren in die notwendigen Einzelschritte für den gesamten Bearbeitungsvorgang zerlegt werden muß.

A n w e i s u n g Nr. 16. Definition der Arbeitsfolge zum Herstellen der M10 Gewinde. Die Anweisung für die Gewindeherstellung lautet

        Symbol = TAP/Modifikatoren   (Bild 7.39)

In Nr. 16 bedeutet der Modifikator TAT, 1, daß ein metrisches Normalgewinde zu bohren ist. Der Modifikator PITCH, h kann abweichend von Normalgewinden die Gewindesteigung angeben.

A n w e i s u n g Nr. 17. Definition der Bohrung mit dem Durchmesser 10 mm und der Tiefe 15 mm.

A n w e i s u n g Nr. 18. Definition der Senkoperation mit dem Durchmesser 20 mm. Der Modifikator SPIRET, 1 gibt an, daß die Spindelrückführung im Eilgang bei gleichbleibender Drehrichtung verzögert vorzunehmen ist.

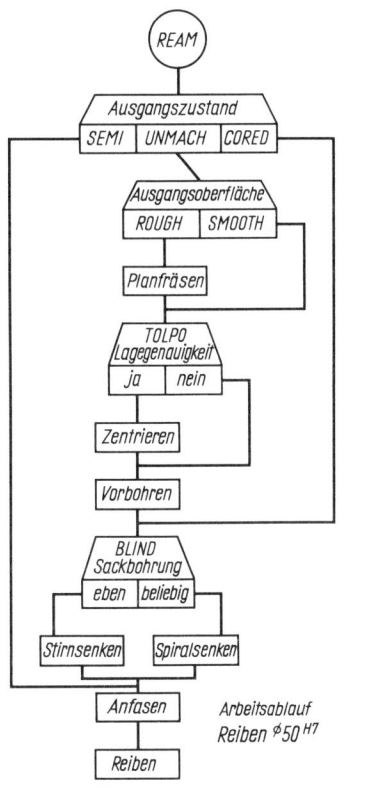

7.38 Flußdiagramm für den Arbeitszyklus 'REAM'

TA 1 = TAP/DIAMET, 16, DEPTH, 18, TAT, 1, BEVEL, TOLPO
WORK/TA 1
GOTO/TK 2

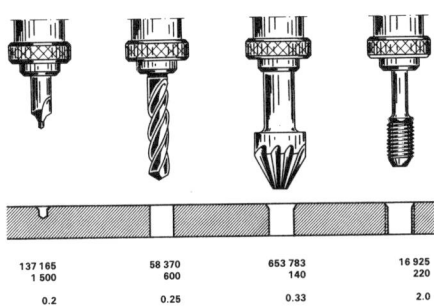

137 165	58 370	653 783	16 925
1 500	600	140	220
0.2	0.25	0.33	2.0

7.39 Arbeitsfolge bei Gewindeschneiden (TAP)

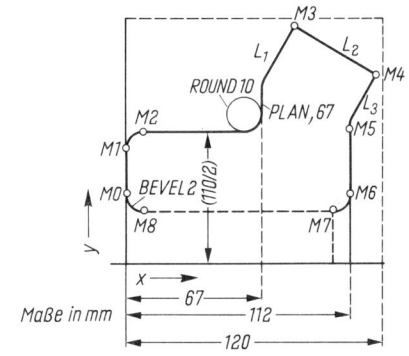

7.40 Kontur des Drehteils für das EXAPT-Programm in Bild 7.41

A n w e i s u n g Nr. 19. Definition eines Sicherheitsabstandes von 2 mm oberhalb der Werkstücksoberfläche.

A n w e i s u n g Nr. 20. Kühlmittel wird eingeschaltet.

A n w e i s u n g Nr. 21. Die Ausgangsposition für die erste Bewegung wird definiert.

A n w e i s u n g Nr. 22. Die Reibbearbeitung wird aufgerufen.

A n w e i s u n g Nr. 23. Die Reibbearbeitung soll in Position P1 ausgeführt werden.

A n w e i s u n g Nr. 24. Die Gewindeoperation wird aufgerufen.

A n w e i s u n g Nr. 25. Die Gewindeoperation soll in allen Positionen des Teilkreises K2 ausgeführt werden.

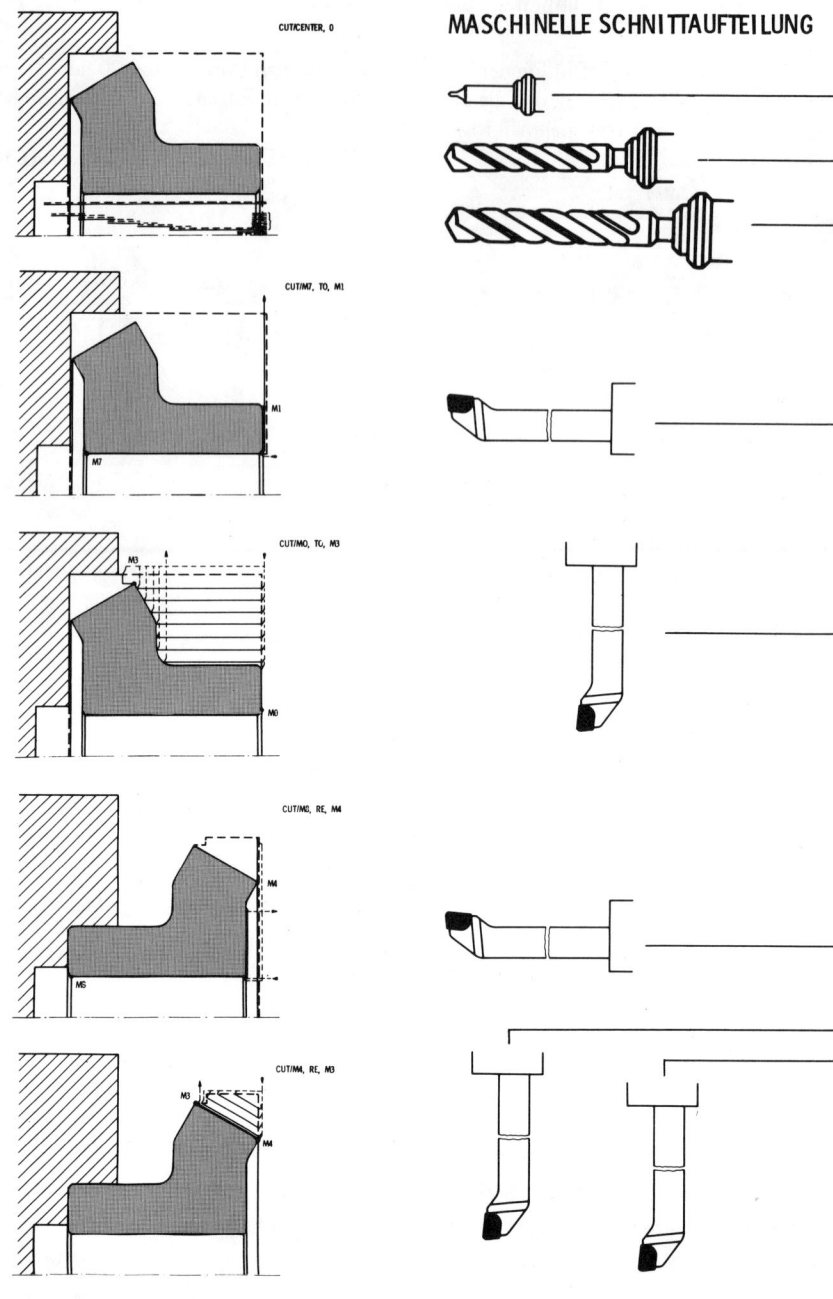

CUT/CENTER, 0

MASCHINELLE SCHNITTAUFTEILUNG

CUT/M7, TO, M1

M1

M7

CUT/M0, TO, M3

M3

M0

CUT/M3, RE, M4

M4

M3

CUT/M4, RE, M3

M3

M4

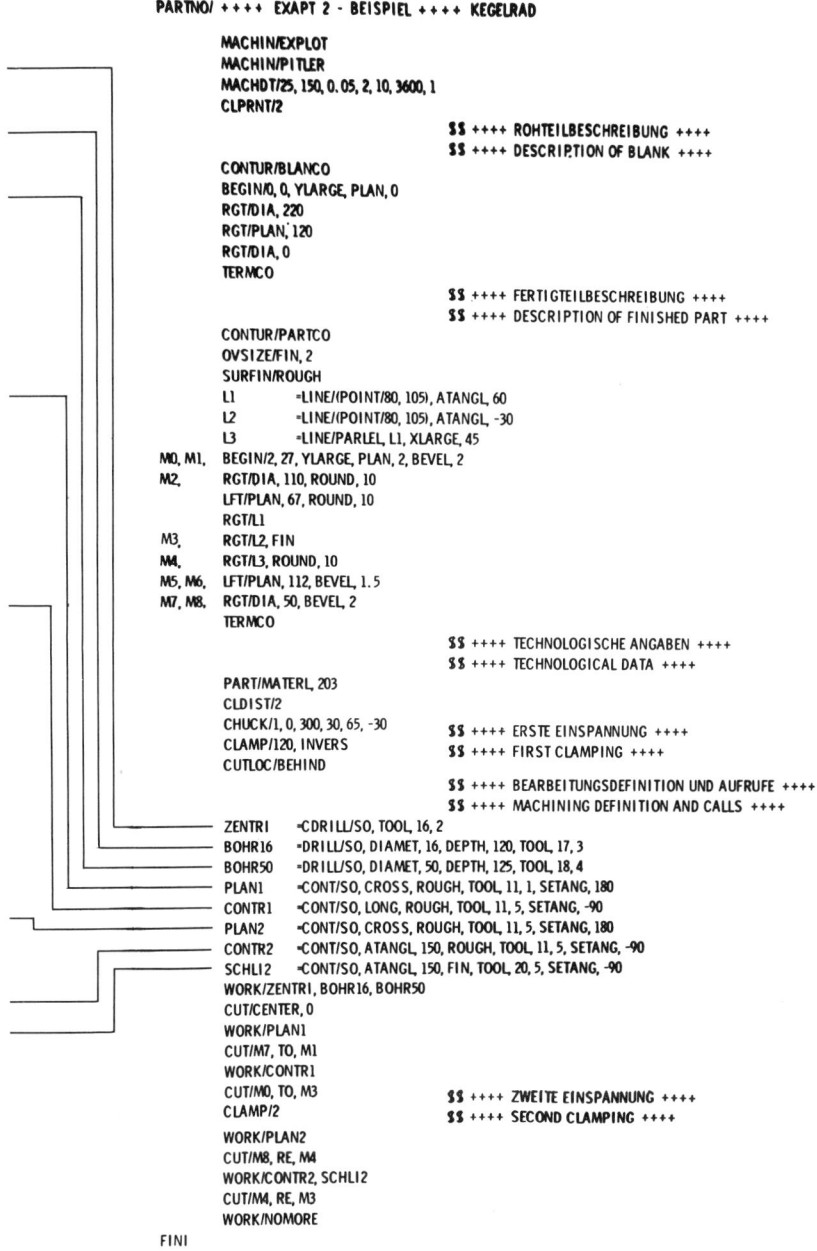

```
PARTNO/ ++++ EXAPT 2 - BEISPIEL ++++ KEGELRAD

             MACHIN/EXPLOT
             MACHIN/PITLER
             MACHDT/25, 150, 0.05, 2, 10, 3600, 1
             CLPRNT/2
                                      $$ ++++ ROHTEILBESCHREIBUNG ++++
                                      $$ ++++ DESCRIPTION OF BLANK ++++
             CONTUR/BLANCO
             BEGIN/0, 0, YLARGE, PLAN, 0
             RGT/DIA, 220
             RGT/PLAN, 120
             RGT/DIA, 0
             TERMCO
                                      $$ ++++ FERTIGTEILBESCHREIBUNG ++++
                                      $$ ++++ DESCRIPTION OF FINISHED PART ++++
             CONTUR/PARTCO
             OVSIZE/FIN, 2
             SURFIN/ROUGH
             L1       =LINE/(POINT/80, 105), ATANGL, 60
             L2       =LINE/(POINT/80, 105), ATANGL, -30
             L3       =LINE/PARLEL, L1, XLARGE, 45
MO, M1,      BEGIN/2, 27, YLARGE, PLAN, 2, BEVEL, 2
M2,          RGT/DIA, 110, ROUND, 10
             LFT/PLAN, 67, ROUND, 10
             RGT/L1
M3,          RGT/L2, FIN
M4,          RGT/L3, ROUND, 10
M5, M6,      LFT/PLAN, 112, BEVEL, 1.5
M7, M8,      RGT/DIA, 50, BEVEL, 2
             TERMCO
                                      $$ ++++ TECHNOLOGISCHE ANGABEN ++++
                                      $$ ++++ TECHNOLOGICAL DATA ++++
             PART/MATERL, 203
             CLDIST/2
             CHUCK/1, 0, 300, 30, 65, -30    $$ ++++ ERSTE EINSPANNUNG ++++
             CLAMP/120, INVERS              $$ ++++ FIRST CLAMPING ++++
             CUTLOC/BEHIND
                                      $$ ++++ BEARBEITUNGSDEFINITION UND AUFRUFE ++++
                                      $$ ++++ MACHINING DEFINITION AND CALLS ++++
             ZENTRI   =CDRILL/SO, TOOL, 16, 2
             BOHR16   =DRILL/SO, DIAMET, 16, DEPTH, 120, TOOL, 17, 3
             BOHR50   =DRILL/SO, DIAMET, 50, DEPTH, 125, TOOL, 18, 4
             PLAN1    =CONT/SO, CROSS, ROUGH, TOOL, 11, 1, SETANG, 180
             CONTR1   =CONT/SO, LONG, ROUGH, TOOL, 11, 5, SETANG, -90
             PLAN2    =CONT/SO, CROSS, ROUGH, TOOL, 11, 5, SETANG, 180
             CONTR2   =CONT/SO, ATANGL, 150, ROUGH, TOOL, 11, 5, SETANG, -90
             SCHLI2   =CONT/SO, ATANGL, 150, FIN, TOOL, 20, 5, SETANG, -90
             WORK/ZENTRI, BOHR16, BOHR50
             CUT/CENTER, 0
             WORK/PLAN1
             CUT/M7, TO, M1
             WORK/CONTR1
             CUT/MO, TO, M3
             CLAMP/2                  $$ ++++ ZWEITE EINSPANNUNG ++++
                                      $$ ++++ SECOND CLAMPING ++++
             WORK/PLAN2
             CUT/M8, RE, M4
             WORK/CONTR2, SCHLI2
             CUT/M4, RE, M3
             WORK/NOMORE
       FINI
```

7.41 EXAPT-Teileprogramm mit Werkstückeinspannungen und Werkzeugstellungen. Nach einer Druckschrift des EXAPT-Vereins

A n w e i s u n g Nr. 26. Die 10 mm Bohrbearbeitung und anschließende 20 mm Senkbearbeitung wird aufgerufen.

A n w e i s u n g Nr. 27. Bohr- und Senkbearbeitung wird in den Positionen des Punktmusters L1 ausgeführt.

A n w e i s u n g Nr. 28. Das Werkzeug wird angehoben zum Überfahren der Hindernisse.

A n w e i s u n g Nr. 29. Die Bohr- und Senkbearbeitung des Aufrufes 26 wird in den Positionen des Punktmusters L2 ausgeführt.

A n w e i s u n g Nr. 30. Anweisung zur Beendigung des Programms.

Die Auswahl der technologischen Größen wie Werkzeuge, Spindeldrehzahlen und Vorschübe werden vom Processor aus den gespeicherten Karteien vorgenommen und brauchen deshalb nicht unbedingt programmiert zu werden.

EXAPT2 ist, auf den Sprachelementen von EXAPT1 aufbauend, als Programmiersprache für Dreharbeiten konzipiert. Auf die vollständige Sprachbeschreibung muß hier zugunsten des in Bild 7.41 programmierten Beispiels verzichtet werden. Aus diesem Beispiel werden nur die Anweisungen besprochen, die über die Aussagen des vorhergehenden Beispiels in EXAPT1 (s. S. 245) hinausgehen.

Beispiel. In den Anweisungen Nr. 1 bis 4 sind die üblichen Kopfdaten zusammengestellt. Die Anweisungen Nr. 5 bis 10 geben die Rohteilbeschreibung an. Dabei definiert die Anweisung Nr. 6 die Anfangsrichtung der bei P1 beginnenden Kontur

$$
\begin{array}{l}
\text{XSMALL} \\
\text{BEGIN/P1, XLARGE,}\quad \text{L1} \\
\text{YSMALL}\quad\ \text{C1} \\
\text{YLARGE}
\end{array}
$$

L1 bzw. C1 sind symbolische Namen für eine Gerade bzw. einen Kreis, längs denen die Kontur des Drehteils bei P1 beginnend verläuft; XSMALL gibt z. B. an, daß die Kontur in Richtung kleiner werdender x-Werte gedreht wurde. Das Element in Nr. 6 PLAN, x gibt an, daß an der Stelle x eine Planfläche senkrecht zur x-Achse vorliegt. Durch die Anweisung Nr. 7 wird ein nach rechts (RGT) verlaufendes zylindrisches Teil mit dem Durchmesser (DIA) 220 mm beschrieben. Nr. 8 definiert eine Planfläche bei x = 120 mm. Nr. 10 beendet mit TERMCO die Rohteilbeschreibung. In den Anweisungen Nr. 11 bis Nr. 25 wird das zu fertigende Drehteil beschrieben. Durch Nr. 12 wird ein Aufmaß von 2 mm für Feinschlichten angegeben. Nr. 13 bezeichnet den Oberflächenzustand als „geschruppt". Nr. 14 bis 16 definieren die Geraden L1, L2, L3 als Konturlinien. Nr. 17 enthält die Adressen M0 und M1, die als Anfangs- und Endpunkt eines Konturstückes dienen. Hierbei wird im Punkte M0 (2/27) beginnend nach der größeren y-Koordinate hin an der Stelle x = 2 mm eine Planfläche festgelegt, wobei noch eine Fase von 2 mm verlangt wird (Bild 7.40). Anweisung Nr. 18 fordert, von Punkt M2 ausgehend, ein zylindrisches Teil (Durchmesser 110 mm), an das sich ein Drehteil mit der Verrundung vom Durchmesser 10 mm anschließt und tangential in die geradlinige Kontur L1 übergeht, wobei der Punkt M3 ohne Fase erreicht wird. Nr. 21 verlangt die Konturführung nach rechts entlang der Geraden L2 mit Schlichten von 0,5 mm (Modifikator FIN). Anschließend wird die Konturführung im Uhrzeigersinn fortgesetzt; dabei ist die Kontur von den Punkten M6 bis M8 als zur Innenbearbeitung gehörig anzusehen. Nr. 25 beendet die Fertigteilbeschreibung. In Nr. 26 wird die Materialnummer bekanntgegeben, wodurch der Processor beim Übersetzungsvorgang veranlaßt wird, aus den gespeicherten Karteien die technologischen

Daten, wie Spindeldrehzahlen und Vorschübe, für die einzelnen Arbeitszyklen bereitzustellen. Nr. 27 definiert einen Sicherheitsabstand von 2 mm für nicht im Eingriff befindliche Werkzeuge. Durch die Anweisungen Nr. 28 und 29 wird die Einspannung des Rohlings, zunächst wegen des Modifikators INVERS entgegengesetzt zu den Koordinatenrichtungen von Bild 7.40, gefordert; in Nr. 45 wird die dazu umgekehrte Einspannung verlangt. Die Anweisungen Nr. 31 bis 33 definieren Zentrier- und Bohrarbeiten mit Angabe der Werkzeugnummer (TOOL). Die Aussagen Nr. 34 bis 38 definieren Einzelkonturdreharbeiten (Symbol = CONT/SO, Modifikatoren).

Es wird durch die Modifikatoren: CROSS Plandrehen, LONG Längsdrehen, ATANGL, α Drehen unter dem Winkel α gegen die Drehachse spezifiziert. Der Aufruf der Arbeitszyklen erfolgt durch die Aussage WORK/ und dem symbolischen Namen der Arbeitsfolge. Laut Anweisung Nr. 42 wird die Arbeit PLAN1 aufgerufen; die Anweisung Nr. 42 gibt an, daß der Arbeitszyklus vom Punkt M7 bis M1 bei der ersten Einspannung des Drehteils ausgeführt werden soll. Analog erfolgt nach der zweiten Einspannung das Plandrehen gemäß PLAN2 in den Anweisungen Nr. 46 und 47. Die Anweisung Nr. 50 beendet die Ausführung der Bearbeitungen und Nr. 51 gibt das Programmende an.

7.2.3. Entwicklungstendenzen. Richtlinien. Die Entwicklung in der Anwendung von Datenverarbeitungsanlagen für die Programmierung von NC-Maschinen tendiert heute über die Herstellung des Steuerlochstreifens hinausgehend dahin, daß eine Konfiguration von numerischen Steuerungen mit angeschlossenen Werkzeugmaschinen durch einen P r o z e ß -

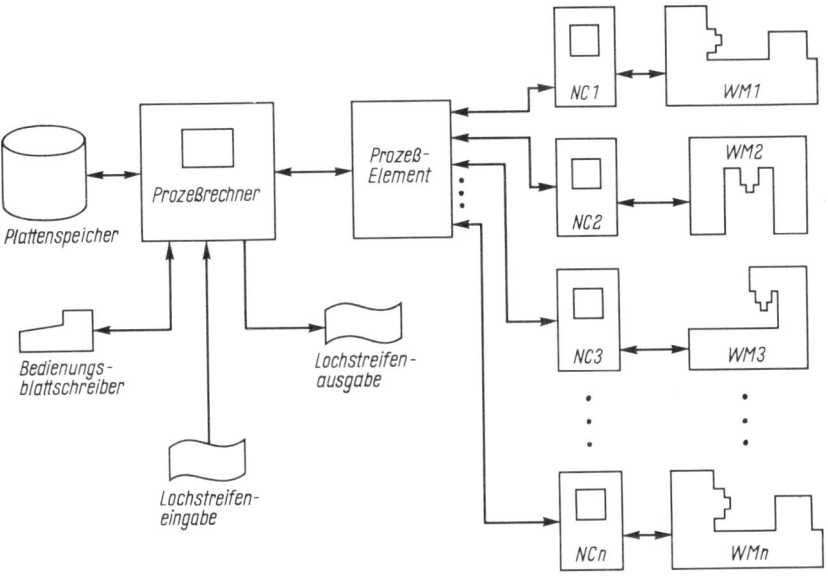

7.42 DNC mit einem Prozessrechner

r e c h n e r geführt wird. Dieses Verfahren heißt DNC (Direct Numerical Control). Der Prozeßrechner (Bild 7.42) hat die Aufgabe, aufgrund seiner speziellen Konstruktion eine Reihe von numerischen Steuerungen unterschiedlicher Bauart mit Steuerdaten, die i. a.

Magnetplatten entnommen werden, gleichzeitig zu versorgen. Dabei muß der Prozeßrechner die einzelnen Steuerungen mit den Informationen der gerade aktuellen Programmsätze versorgen, so daß also das Einlegen der Steuerlochstreifen entfällt und für die Fertigung gewisser Werkstückstypen jeweils die Steuerprogramme von der Platte über den Rechner abgerufen werden können. Der Rechner überwacht außerdem den ordnungsgemäßen Ablauf der zu steuernden NC-Maschinen.

Richtlinien für die Programmierung von NC-Maschinen:

DIN 66025:	Programmaufbau für numerisch gesteuerte Arbeitsmaschinen
VDI 3252:	Programmieren numerisch gesteuerter Werkzeugmaschinen (Verschlüsselung).
VDI 3255:	Programmieren numerisch gesteuerter Werkzeugmaschinen (Festlegung der Koordinatenachsen).
VDI 3257:	Fachwörterverzeichnis für numerische Steuerungen von Werkzeugmaschinen.
EIA/RS-244-A:	Lochstreifencode bei numerisch gesteuerten Maschinen.
EIA/RS-267-A:	Terminologie von Achsen und Bewegungen bei numerisch gesteuerten Maschinen.
NAS 938:	Maschinenachsen und Bewegungsrichtungen.
NAS 953:	Numerisches Steuerungssystem.
ISO/R 1056-1969:	Lochstreifensatzlänge für numerisch gesteuerte Maschinen.

8. Prozeßrechner und ihr Einsatz in technischen Prozessen

Bei der Prozeßdatenverarbeitung handelt es sich um eins der jüngsten Anwendungsgebiete der elektronischen Datenverarbeitung. Zur Prozeßführung können sowohl Analog- oder Spezial-digitalrechner als auch Hybridrechner (s. Abschn. 9) eingesetzt werden. Bisher hat der besonders für diesen Zweck ausgebaute Digitalrechner als sog. Prozeßrechner (PR) die größte Verbreitung gefunden. Er wird im folgenden behandelt. Wegen des begrenzten Umfangs dieses Abschnitts kann nur ein kurzer Überblick ohne ausführlich geschilderte, konkrete Anwendungsbeispiele gegeben werden.

Seit etwa Mitte der 50er-Jahre sind PR im Einsatz. Nach einer schwierigen Startphase steigt ihre Verbreitung jedoch ständig, wenn sie auch an Zahl noch weit hinter den übrigen DVA zurückliegen. Der hohe Stand der Mechanisierung und der durch die Meß-, Steuer- und Regelungs-technik auf relativ hoher Stufe stehende Automatisierungsgrad stellen die Voraussetzung für ein Prozeßrechnersystem dar, das dauernd eingriffsbereit sein kann, sowie in der Lage ist, einen t e c h n i s c h e n   P r o z e ß   jederzeit   i n s g e s a m t   zu übersehen.

Unter einem technischen Prozeß versteht man nach DIN 66201 (sie liegt diesem Abschnitt zugrunde) eine deterministisch oder stochastisch ablaufende Umformung und/oder Beförderung von Materie, Energie und/oder Information, deren Zustandsgrößen mit technischen Mitteln gemessen, gesteuert und/oder geregelt werden können. Der Begriff ist also sehr weit gespannt und beschränkt sich keinesfalls nur auf technische, physikalische oder chemische Prozesse bzw. auf die klassischen Herstellungsverfahren (Zement, Eisen, Glas, Papier usw.).

Z u r   A u t o m a t i o n [1] von technischen Prozessen werden   P r o z e ß r e c h e n s y s t e m e   eingesetzt. Das sind Funktionseinheiten zur Verarbeitung von Prozeßdaten. Dabei ist die Ver-arbeitung von Prozeßdaten im Sinne einer Durchführung von booleschen, arithmetischen, ver-gleichenden, umformenden, übertragenden und speichernden Operationen zu verstehen. Zum Funktionieren eines Prozeßrechensystems gehören soft- und hardware. Letztere — die Prozeß-rechenanlage (Bild 8.1) oder der PR — setzt sich zusammen aus der Gesamtheit der Bau-einheiten, aus denen ein Prozeßrechensystem besteht.

8.1. Prozeßrechner

Der PR besitzt überwiegend die im Abschn. 2 beschriebenen Konstruktionsmerkmale eines Digitalrechners. Im folgenden werden nur die wesentlichsten Merkmale der Struktur und Wirkungsweise, die ein PR besitzen muß, herausgestellt.

Einen wirtschaftlich einsetzbaren Universalrechner zu konstruieren, wurde bisher von vielen Herstellern versucht bzw. angestrebt, darf aber bis heute als nicht gelungen angesehen werden. Man hat a n w e n d u n g s o r i e n t i e r t e   S y s t e m e   (z. B. für Prozeß: IBM 1800 bzw. Siemens 300; für k o m m e r z i e l l e   A n w e n d u n g : IBM 360 bzw. Siemens 4004) ent-wickelt, die allerdings, verbunden über entspr. Kopplungselektronik, miteinander und füreinander arbeiten können.

---

[1] J. Diebold zugeschriebene, eingebürgerte Kurzform für Automatisierung.

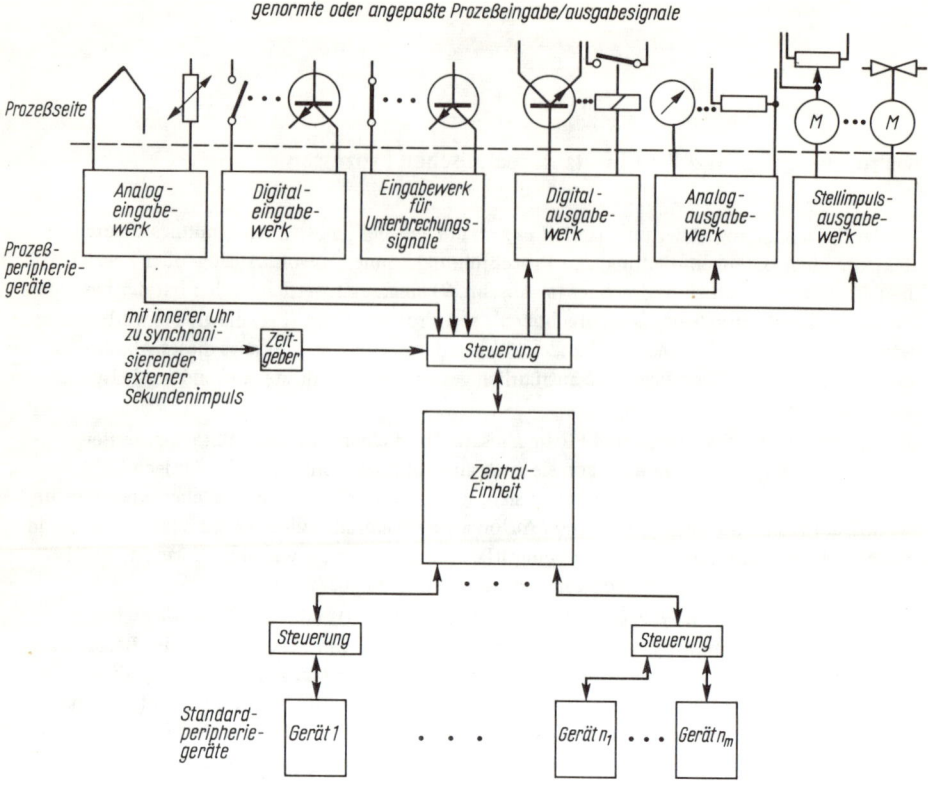

genormte oder angepaßte Prozeßeingabe/ausgabesignale

8.1 Prinzipdarstellung einer Prozeßrechenanlage

8.1.1. Hauptmerkmale der Zentraleinheit eines PR.

Struktur und Wirkungsweise eines PR werden entscheidend durch seinen Einsatz im R e a l z e i t b e t r i e b (Echtzeitbetrieb) gekennzeichnet, d. h. die Bearbeitung aller anfallenden Probleme muß schritthaltend (on line) zur wirklichen Zeit erfolgen. Die Geschwindigkeit hat unbedingt im Rahmen seines Preis-Leistungsverhältnisses ein Maximum zu erreichen. Der PR muß eine v o r r a n g i g e P r o g r a m m u n t e r b r e c h b a r k e i t besitzen. Sie versetzt ihn in die Lage, auf den Prozeß zu reagieren und seine Rechenkapazität optimal zu nutzen. Er muß also in Bearbeitung befindliche Programme, oder solche, die beispielsweise auf periphere Geräte zu warten haben oder für die sich anderweitig bedingte Wartezeiten ergeben, auf jeden Fall abbrechen können. Von den in einer Warteschlange evtl. anstehenden Programmen hat er dann dasjenige weiter-zuführen, was nach einer starren bzw. gleitend gestaffelten Rangfolge die jeweils höchste Priorität besitzt. Ferner muß die Programmfolge durch eine geräte- (z. B. Fertigmeldung eines externen Elementes) oder prozeßbedingte (z. B. wichtiger Grenzwert im Prozeß überschritten) Anforderung variiert werden können. Von großer Bedeutung in diesem Zusammenhang ist z. B. die schnellstmögliche Reaktion auf eine wichtige, meist spontan auftretende Anforderung aus dem Prozeß. Sie führt zu einer Unterbrechung (interrupt) des momentan laufenden Programms und zum Auslösen eines zugeordneten Bearbeitungsprogramms, das wiederum entspr.

seiner Priorität aktiviert wird. Unterbrechungssignale beeinflussen also den Programmablauf des Rechners. Damit anstehende Unterbrechungssignale möglichst unverzögert zum Durchgriff gelangen, müssen Möglichkeiten vorhanden sein, ein Programm in geringstmöglichen Abständen (im Idealfall nach jedem Befehl, und zwar so, daß der Programmierende keine entspr. Kennung setzen muß) zu unterbrechen, ohne daß Information sowohl beim Programmabbruch verloren geht, als auch Schwierigkeiten beim Weiterverarbeiten in den unterbrochenen Programmen entstehen (hard- oder software-Rettungsprogramme). Hieraus wird ersichtlich, wie wichtig ein gut ausgebauter M e h r p r o g r a m m b e t r i e b für einen PR ist.

Ein weiteres Merkmal eines PR stellt sein — verglichen mit kommerziellen DVA — in der Regel geringerer Bedarf an umfangreichen Massenspeichern dar. Neben einem möglichst großen Zentralspeicher wird sinnvollerweise fast immer ein peripherer Speicher mit kurzem Direktzugriff benötigt. Der Zentralspeicher zeigt überwiegend F e s t w o r t s t r u k t u r mit K u r z w o r t f o r m a t (12 bis 32 Bits), das um so kürzer wird, je niedriger die Preisklasse der Zentraleinheit (ZE) ist. Außerdem wird ein PR meist als E i n a d r e ß m a s c h i n e konzipiert und zeichnet sich durch einen relativ geringen Befehlsvorrat aus, der allerdings besonders bei den booleschen und Verschiebebefehlen gut ausgebaut sein muß. Im Gegensatz zu diesen kostensparenden Beschränkungen besitzt der PR zusätzlich zur zentralen Taktversorgung eines jeden Digitalrechners noch einen aus hard- bzw. hard- und software bestehenden Z e i t g e b e r. Damit kann der PR in Protokollen immer das aktuelle Datum und die richtige Uhrzeit ausgeben sowie über den als W e c k e r wirkenden Zeitgeber automatisch Programme einmalig oder zyklisch in bestimmten Intervallen starten.

Als wichtig für die Konzeption von PR erweist sich ihr relativ feinstufiger, b a u k a s t e n - f ö r m i g e r S y s t e m a u f b a u. Eine sog. P r o z e ß r e c h n e r f a m i l i e muß mehrere ZE unterschiedlicher Größe besitzen, um sich allen Anwendungsfällen der Praxis kostengerecht anpassen zu können. Je mehr sich diese Familie durch eine a u f - u n d a b - s t e i g e n d e K o m p a t i b i l i t ä t der hard- und software auszeichnet, desto besser kann sich ein solches System am Markt behaupten. Die feinstufige Baukastenform erhält besondere Bedeutung für die Spezialperipheriegeräte, die neben den oft in großer Vielfalt angeschlossenen Standard-Elementen ein deutliches Kennzeichen eines PR sind.

8.1.2. Prozeßperipheriegeräte. Die Aufgabe dieser Geräte (s. auch Bild 8.1) liegt darin, alle für den Ablauf des Prozesses wichtigen Prozeßdaten a u t o m a t i s c h a u f z u n e h m e n, dem Zentralrechner in einer signalangepaßten, verarbeitbaren Digitalform anzubieten und die vom Rechner ermittelten Ausgabedaten in den Prozeß s e l b s t t ä t i g e i n z u g e b e n. Im einzelnen arbeiten diese Geräte folgendermaßen:

8.1.2.1. Analogeingabewerk. In technischen Prozessen bestehen die Prozeßdaten zu einem großen Teil aus sog. A n a l o g w e r t e n. Dabei handelt es sich um elektrische (Meß)Werte physikalischer Größen aller Art, die in ihrem s t e t i g e n Wertebereich entspr. den zugehörigen physikalischen Ursprungsgrößen jede beliebige Zwischenstellung annehmen können. Analogwerte sollten möglichst im gesamten Bereich ihrem Ursprungswert ähnlich sein. Eine Forderung, die sich häufig nicht verwirklichen läßt. In diesem Fall hat der Rechner den Analogwert im richtigen Maß zu korrigieren, z. B. durch Linearisierung einer Spannung, die als Analogwert der Temperatur einem als Meßfühler eingesetzten Thermoelement entnommen werden kann. Analogeingabewerke fordern als Eingangssignale Gleichspannungswerte, die für bestimmte Bereiche normiert sind, z. B. 0 bis 10 mV oder 0 bis 1V. An diese Bereiche angepaßte analoge Prozeßdaten können in großer Zahl (ca. 1000 Werte oder mehr) angeschlossen und abgefragt (ca. 50.000 pro Sekunde oder mehr) werden. Meist liegt die Aufgabenstellung vor, die Werte potentialfrei übertragen und durchschalten zu können. Zu diesem Zweck befindet sich am Eingang des Gerätes hinter einem evtl. einsetzbaren Siebglied zum Aussieben von unsymmetrischen, überlagerten Störgrößen eine Abtastvorrichtung als doppelpolige Durchschaltung. Diese ist je nach Geschwindigkeit bei geringen Abtastfrequenzen aus Spezialrelais bzw. bei hohen Frequenzen in kontaktloser Technik aufgebaut. Die Abtastvorrichtung wählt mit Hilfe einer Adressensteuerung den abzufragenden Analogwert an und schaltet ihn über evtl. Zwischenverstärker auf den zentral einmal im Gerät vorhandenen Analog-Digital-Umsetzer (ADU) durch. Dieser Vorgang kann entweder wahlfrei programmgesteuert oder in einem vorzuwählenden Abtastzyklus angereizt werden. Ist der Analogwert digitalisiert, wird die digitale Information (Abtastgenauigkeit bis ca. ± 0,5°/oo) in ein Register gegeben, aus dem sie durch die Steuerung der ZE zur Verfügung gestellt wird. Nach Übernahme des Wertes in das Register steht der ADU sofort zur Verschlüsselung eines weiteren Wertes bereit, der ihm mit Hilfe der Durchschaltung programmgemäß angeboten wird.

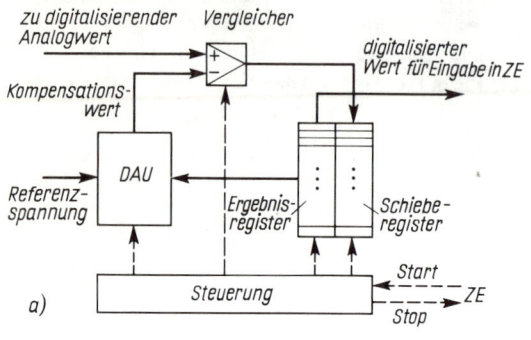

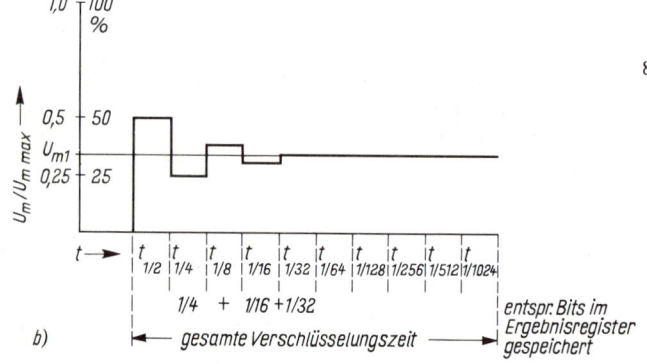

8.2 Stufenkompensationsverfahren
a) Blockschema: DAU Digital-Analog-Umsetzer; ZE Zentraleinheit
b) Verschlüsselungsvorgang: U_m analoger Gleichspannungswert der zu digitalisierenden Größe; U_{m1} in der Darstellung als Beispielswert zu 34,375% angenommen; $t_{1/2} \hat{=}$ Verschlüsselungszeit für 50%-Stufe

Als Methode zur schnellen Analog-Digital-Umsetzung gelangt häufig ein Stufenkompensationsverfahren zum Einsatz (Bild 8.2). Es arbeitet im Prinzip folgendermaßen:
Nach dem Start wird zunächst von der geräteinternen ADU-Steuerung dem Meßwert die 50%-Stufe (digital vorgegeben, durch einen eingebauten Digital-Analog-Umsetzer analogisiert)

entgegengeschaltet. Ermittelt der Vergleicher diese Kompensationsspannung als dem Meßwert zu groß – s. Beispiel des Bildes 8.2b – so wird im Ergebnisregister das zugeordnete Bit nicht gespeichert. Bei Unterkompensation durch die erste Stufe (50%-Stufe) würde dieses Bit aber festgehalten. Im zweiten Schritt schließt sich eine Kompensation durch die 25%-Stufe an usw. Falls nicht überkompensiert wird, erfolgt jeweils eine Speicherung des zugeordneten Bits, wobei im Zuge der Digitalisierung des Meßwertes die evtl. Summe der bis dahin gespeicherten Stufen kompensationswirksam wird. Die relativ kurze, reine Verschlüsselungszeit ist für jeden Meßwert gleichbleibend. Trotz dieser kurzen Zeit muß die Amplitude des Meßwertes während der Verschlüsselungszeit praktisch konstant bleiben. Um nach diesem Verfahren auch Augenblickswerte sich äußerst schnell ändernder Größen aufnehmen zu können, sind sog. Haltekreise erforderlich.

Als Verfahren, das sich wegen seiner hohen Genauigkeit und passablen Umsetzgeschwindigkeit mehr und mehr durchsetzt, wäre noch das Zweischrittverfahren (dual-slope) nennenswert. Hierbei wird im ersten Schritt die zu messende Spannung über ein immer konstantes Zeitintervall integriert und dieses Integral im anschließenden zweiten Schritt in eine dem Integral proportionale Zeitspanne umgesetzt, die dem zu messenden Wert direkt proportional ist und in einer Auswerteelektronik leicht digitalisiert werden kann.

8.1.2.2. Digitaleingabewerk. Mit Hilfe dieses Werkes können binäre Prozeßsignalzustände (z. B. L $\hat{=}$ + 12 V; O $\hat{=}$ 0 V) vom Rechner gezielt oder in bestimmten Abtastperioden abgefragt werden. Ähnlich wie bei der Analogeingabe muß man auch hier eine Adresse vorgeben. Mit ihrer Hilfe wird dann in der Regel eine Gruppe von Binärwerten (meist so viel, wie ein Festwort Bit hat) durch die Abtastelektronik angesteuert und in ein Register durchgeschaltet, von dem aus die Informationsübertragung in den Zentralspeicher des Rechners erfolgt. Durch die häufig übliche Forderung der Potentialfreiheit der Zuleitungen, der Eigensicherheit sowie der galvanischen Trennung zwischen Prozeß und ZE wird die Digitaleingabe technisch verkompliziert.

Man unterscheidet zwischen einer statischen und dynamischen Eingabe. Letztere dient zum Speichern von Impulsen während bei der zuerst genannten im Verlauf der Abfrage das Prozeßsignal in dem Zustand anstehen muß, in dem es in den Rechner übertragen werden soll. Mit Hilfe der Digitaleingabe kann man Schalterstellungen, kontaktlose Binärgeber, Impulsgeber und Digitalwertgeber (Codescheiben, Werte von Tastaturen usw.) abfragen. Der Rechner ist in der Lage, per software – oder hardware – aus der unter einer (Sammel)Adresse hereingeholten Gruppe von Binärwerten jeden einzelnen auszuwerten. Somit kann sich die Maschine zu jedem gewünschten Zeitpunkt Information über die Stellung z. B. eines bestimmten Kontaktes (ihm ist jeweils ein dem Rechner bekanntes Bit der Gruppe zugeordnet) holen.

8.1.2.3. Eingabewerk für Unterbrechungssignale. Dieses Eingabewerk stellt eine Art a k t i v e Digitaleingabe dar. Jedes spontan im Prozeß auftretende binäre Unterbrechungssignal, ein Interrupt (s. Abschn. 8.1.1) oder eine sog. Alarmmeldung, muß sofort auf die Programmunterbrechungselektronik einwirken können. Grundsätzlich wäre es möglich, mit einer einzigen Unterbrechungsebene auszukommen. Auf dieser müßten dann über eine Sammelmeldung alle Unterbrechungssignale arbeiten. Zusätzlich hätten sie dann noch z. B. die Digitaleingabe zu beaufschlagen. Hierdurch besäße der PR die Möglichkeit, nach erfolgter Programmunterbrechung alle den jeweiligen Signalen zugeordneten Binäreingaben zu untersuchen, um die den Alarm verursachende Meldung identifizieren zu können. Rechner der mittleren und oberen Preisklasse besitzen über diese Primitivlösung hinaus mehrere, im Grenzfall für jedes Unterbrechungssignal eine eigene Ebene. Per Programm braucht bei der Ideallösung keine, bei der

Kompromißlösung nur relativ wenig Sucharbeit geleistet zu werden. Dies hat eine äußerst kurze Reaktionszeit des Rechners auf das einzelne Unterbrechungssignal zur Folge. Eine extrem schnelle Reaktion bedingt aber neben einem guten Unterbrechungssignaleingabewerk noch zusätzlich eine ausgezeichnet angepaßte Meldeelektronik, für den Bedarfsfall eine schnelle Digitaleingabe sowie eine besonders effektive Programmunterbrechungsmöglichkeit und -verarbeitung in der ZE.

8.1.2.4. Digitalausgabewerk. Der PR gibt über dieses Ausgabewerk binäre Stellsignale nach außen. Es besteht im wesentlichen aus einer von der ZE per Programm ansprechbaren Adressensteuerung, die mit Hilfe der Adressenauswahl eine bestimmte Gruppe von Binärwerten (meist soviel, wie ein Festwort Bit hat) in die Untermenge des Ausgaberegisters der Digitalausgabe einschreiben kann. Von hier werden über evtl. vorhandene Verstärker (z. B. zur Ansteuerung von Relais) oder npn-pnp- bzw. pnp-npn-Umsetzer die einzelnen Binärwerte dauernd angesteuert.

Um die ZE bei der Ausgabe von Binärwerten zeitlich nicht festzuhalten, ist unbedingt eine Entkopplung durch das Ausgaberegister erforderlich. Obwohl aus Aufwandsgründen pro Einzeladresse praktisch immer nur Gruppen von Binärausgaben angesteuert werden, kann dennoch eine einzelne Binärausgabe für sich allein modifiziert werden, wenn bei der entspr. Ausgabe alle anderen Bits der Adressengruppe gegenüber der vorhergehenden Befehlsabgabe unverändert wieder zur Ausgabe gelangen.

8.1.2.5. Analogausgabewerk. Der PR bietet die auszugebende Information zunächst in digitaler Form an. Bei der Ausgabe eines Analogwertes handelt es sich also um eine Art erweiterter Binärwertausgabe. Über bestimmte Gruppen von Binärwerten (z. B. ein adressiertes Festwort aus 24 Bit, unterteilt in je drei 8-Bit- oder je zwei 12-Bit-Gruppen) steuert man pro Gruppe einen Digital-Analog-Umsetzer an. Sein Ausgang stellt dem Prozeß den Analogwert zur Verfügung. Für die Digital-Analog-Umsetzung sind eine Reihe von Verfahren entwickelt worden. Von diesen seien hier folgende erwähnt:

1. S t r o m s u m m i e r u n g . Je nach Stellung des von der ZE geladenen Ausgaberegisters (Bild 8.3a) steuert dieses die Relais- oder kontaktlosen Schalter S_1 bis S_n an. Dadurch kommt es infolge der dualgestuften Gewichtswiderstände zur Summierung der gewünschten Stromanteile im Lastwiderstand R_A (er darf niederohmig sein). Eine duale Staffelung der Gewichtswiderstände kann beim sich mehr und mehr durchsetzenden Stromsummierungsverfahren mit Widerstandskettenleitern umgangen werden. Dort sind trotz dualer Informationsdarstellung nur Widerstände der Größe R und 2R notwendig.

2. S p a n n u n g s s u m m i e r u n g . Bei diesem Verfahren (Bild 8.3b) steuert das Ausgaberegister quasi den Abgriff eines stufig verstellbaren Potentiometers, indem es abhängig von der Stellung der jeweiligen Registerbitstelle den entsprechenden Gewichtswiderstand links überbrückt und rechts einschaltet. Dadurch kommt an den Klemmen von U_A die gewünschte Spannungssumme zustande.

8.1.2.6. Stellimpulsausgabewerk. Im Prinzip kann die Impulsausgabe für im Prozeß vorhandene elektrische Stellantriebe (bei pneumatischen oder hydraulischen Antrieben müssen entsprechende Umsetzer vorgesehen werden) oder Sollwertgeber ähnlich wie die Ausgabe analoger oder binärer Werte erfolgen. Es liegen grundsätzlich zwei Aufgabenstellungen vor:

1. Steuerung eines stetig arbeitenden Stellmotors. Für diese Problemstellung muß der PR pro Stellgröße eine binäre Information für die L a u f r i c h t u n g und eine für die L a u f -

d a u e r des die Stelländerung bewirkenden Motors ausgeben. Je nach Größe der Stellhübe
ist der in seiner Länge zu variierende Ausgabeimpuls vom Stellimpulsausgabegerät entsprechend
der Rechnerinformation vorzugeben und dann nach der gewünschten Motorlaufzeit wieder
zurückzunehmen.

2. Steuerung eines nur in diskreten Schritten arbeitenden Stellmotors (Schrittmotor). In diesem
Fall muß die Stellimpulsausgabe eine dem Stellhub proportionale, äquidistante I m p u l s -
f o l g e zuzüglich der Richtungskennung liefern. Ein von der Stellimpulsausgabe beispielsweise abgegebenes Binärdauersignal für Direktansteuerung eines Schrittmotors würde diesen
nur um einen einzigen Schritt (z. B. 22,5°) weiterlaufen lassen.

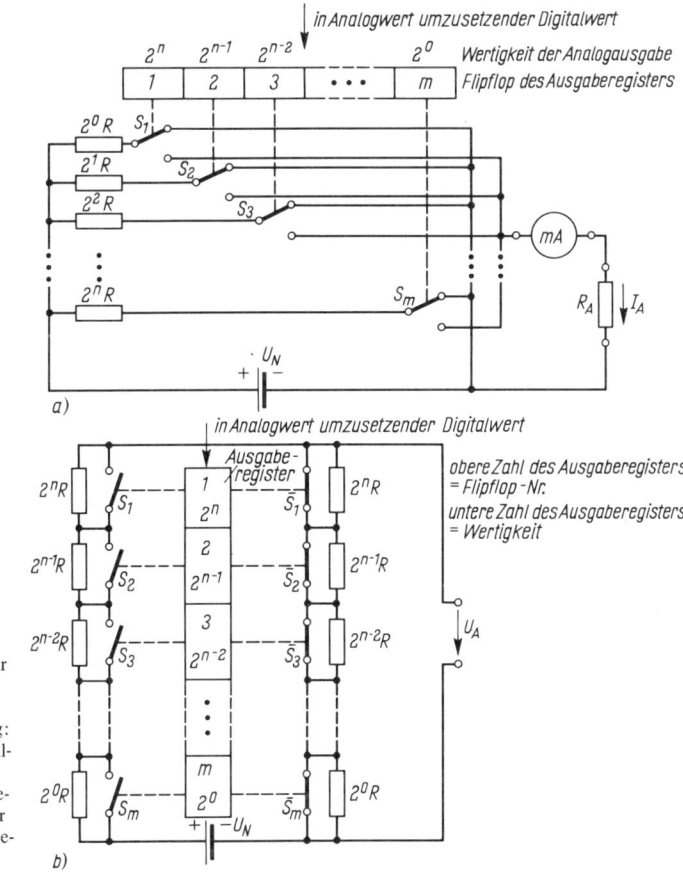

8.3 Prinzipdarstellung für
Digital-Analog-Um-
setzungen
a) Stromsummierung:
m = Anzahl der Schal-
ter; n = m — 1
b) Spannungssummie-
rung: m = Anzahl der
Flipflops des Ausgabe-
registers; n = m — 1

Exakte und vor allem in großer Anzahl anfallende Ausgaben längenmodulierter Impulse nach
1. sowie anzahlvariierter, äquidistanter Impulse nach 2. würden hohe Ansprüche an die durch
Organisationszeiten und durch prioritätsabhängige Programmunterbrechungen beeinflußten
W e c k z e i t e n stellen. Außerdem brächten sie eine nicht geringe Belastung der ZE in

Bezug auf Rechenzeit mit sich. Aus diesem Grund gibt es im Spektrum der meisten Prozeß-rechnerhersteller Stellimpulsausgabewerke. Sie erhalten pro Stellausgabe von der ZE die erforderliche Information über Laufrichtung und Laufzeit des Stellmotors. Per hardware wird diese Information, deren Übergabe in ein Register des Stellimpulsausgabewerkes die ZE somit zeitlich kaum belastet, in die erforderlichen, längenmodulierten Impulse (z. B. gesteuerte Kondensatorauf- und -entladung) oder die Länge der äquidistanten Impulsfolgen (z. B. kondensatorzeitgesteuerte Spannungs-Frequenzumformung) umgesetzt.

Über Getriebe allen Drehzahlwünschen anzupassende elektromotorische Steller oder Sollwert-geber besitzen den Vorteil der mechanischen Speicherung des letzten Stellwertes, falls die ZE bzw. das Stellimpulsausgabewerk ausfallen. Außerdem kann man z. B. durch ein zusätzlich vom Stellmotor angetriebenes Potentiometer über einen Analogeingang eine Stellungs-rückmeldung des Stellers erzielen.

8.1.3. Problematik der Prozeßrechnerprogrammierung. In der ungeheuren Bandbreite und Individualität der zu lösenden Aufgabenstellung liegt die eigentliche Problematik der Pro-grammierung von PR. Diese verlangt zusätzlich zur Bearbeitung aller zu abstrahierender Aufgaben noch die Beherrschung von Naturgesetzen neben einer großen Menge von Empirie. Ferner kann die Tatsache als problematisch angesehen werden, daß komplizierte Daten-erfassungs- und -ausgabeprobleme zu lösen, technisch-wissenschaftliche Aufgaben durch-zuführen und in Sonderfällen Rechenzentrumsarbeiten zu bewältigen sowie in Hintergrund-arbeit noch kommerzielle Aufgaben zu erledigen sind.

Alles das muß unter Echtzeitbedingungen bei Dauerbetrieb des Rechners ohne Verlust aller anstehenden Informationen unter vorrangiger Programmunterbrechbarkeit möglich sein.

Hier zeigen sich die Hauptschwierigkeiten, die bei der Entwicklung einer Prozeßsprache über-wunden werden müssen. Solch eine Sprache müßte u. a. besondere Ein/Ausgaberoutinen, Elemente von Sprachen wie z. B. ALGOL, FORTRAN und COBOL enthalten, Datentransfers zu Externspeichern bewältigen, die vorrangige Programmunterbrechbarkeit voll berücksichtigen sowie Probleme der Überwachung, Steuerung, Regelung und Optimierung zusätzlich beherrschen können. Eine derartige Sprache ist in aller Konsequenz[1]) bis zum Zeitpunkt der Drucklegung dieses Buches noch nicht realisiert worden. Man hilft sich meist mit Arbeiten in einem durch Spezialprozeduren erweiterten „Prozeß-FORTRAN" oder Programmieren in einer mittels Makrobefehlen effektiver gestalteten Assemblierersprache, die bis jetzt noch eine bessere Nutzung der Maschine in Bezug auf Speicherplatz (im Trend der Entwicklung nicht mehr so wichtig gegenüber den Programmierstunden) und Rechenzeitbedarf garantiert gegenüber einem, aus einer schlechten Prozeßsprache kompiliertem Programm. Auf diesem Sektor ist schon sehr viel Entwicklungsarbeit geleistet worden; eine Reihe solcher Programm-systeme haben auch relativ gute Teilerfolge erzielt.

Es wird weiterhin deutlich, wie notwendig Anstrengungen auf dem Gebiet der Prozeß-software sind, wenn man in Betracht zieht, daß ursächlich durch die Mikrominiaturisierung der Technik bedingt die Kosten für die hardware eines Prozeßrechensystems (besonders des Zentralteils) im Verhältnis zur software (Steigerung der Personalkosten) immer mehr zurückgehen, so daß letztere schon mehr als die Hälfte der Gesamtkosten eines Prozeßrechensystems ausmachen können. Als groben Schätzwert darf man nämlich ansetzen, daß der ausgetestete Befehl eines neu zu erstellenden Prozeßprogrammes eine Mannstunde beträgt. Um hier zu einem tragbaren

---

[1]) An der Prozeßsprache PEARL (Process and Experiment Automation Realtime Language) wird gearbeitet.

Ergebnis zu kommen, gehen die Bestrebungen dahin, neben einer effektiven Prozeßsprache ein gutes Betriebssystem und vor allem eine umfangreiche Standardsoftware zu entwickeln. Mit ihrer Hilfe versucht man, Probleme abzudecken, die in den verschiedenen Prozessen immer wieder auftauchen (z. B. zyklische Eingaben von Prozeßdaten, bestimmte Steuerungs- und Regelroutinen). Dadurch wird es möglich, die eigentlichen Softwarekosten weitgehend zu minimieren. Diese werden hauptsächlich durch die sog. A n w e n d e r s o f t w a r e für die i n d i v i d u e l l e n P r o b l e m e , die in den verschiedenen Prozessen leider immer wieder anfallen, repräsentiert.

Soll während des Prozeßbetriebes noch in Hintergrundarbeit das Testen von neuerstellten Programmen möglich sein, dann sind durch on-line-Überwachungsprogramme besondere Prüf- und Schutzmöglichkeiten vorzusehen, die einen ungestörten Betrieb des Programmes gewähr- leisten, das jeweils den Prozeß führt.

8.2. Automatisierung technischer Prozesse durch Einsatz von Prozeßrechnern

Nachdem nun in groben Umrissen die Prozeßrechenanlage und die besondere Problematik der Prozeßprogrammierung andiskutiert worden ist, soll im weiteren Verlauf dieses einführenden Abschnitts über Prozeßrechensysteme von der Fragestellung ausgegangen werden, was für die A u t o m a t i s i e r u n g e i n e s P r o z e s s e s d u r c h V e r w e n d u n g e i n e s P R hauptsächlich zu tun ist.

Vorbedingung hierfür muß eine weitgehende Rationalisierung, Mechanisierung und gute Prozeßführung durch eine moderne Meß-, Steuer- und Regelungstechnik sein. Zu Anfang ist eine umfassende Analyse zur Erkennung des gesamten, zu automatisierenden Prozesses erforder- lich.

8.2.1. Prozeßerkennung. Unter dem Begriff Prozeßerkennung versteht man ganz allgemein die Ermittlung der Struktur eines Prozesses und der Wirkungszusammenhänge zwischen seinen Zustandsgrößen. Die empirische Erkennung geschieht durch Erfahrung aufgrund von Beobach- tungen, die analytische Prozeßerkennung mittels Zurückführung auf bekannte Naturgesetze. Meist vermischen sich diese beiden Arten der Erkennung mit umso höherer Wahrscheinlichkeit, je komplexer der Prozeß ist.

8.2.1.1. Prozeßanalyse. Diese wie in anderen Gebieten der Wirtschaft, Wissenschaft und Tech- nik unter spezifischen Gesichtspunkten auch in der Prozeßtechnik notwendige S y s t e m - a n a l y s e wird bei einem v o r h a n d e n e n zu automatisierenden Prozeß als Istanalyse praktisch und theoretisch, bei einer N e u e r r i c h t u n g nur theoretisch von den System- analytikern — einer relativ neuen Berufsgruppe, die meist aus Ingenieuren und Technologen besteht — vorgenommen. Die in der Regel recht aufwendige Analyse besteht aus einer ins äußerste Detail gehenden Zergliederung des gesamten Prozesses z. B. des Auftragseingangs, der Arbeitsvorbereitung, der Arbeitsdurchführung, der Technologie im besonderen, der Transportprobleme, der Energie-, Stückgut- und Stofffluß-Verfolgung, der technischen Ein- richtungen, der Läger, der Kompetenzen usw. in kleinste überschaubare Einheiten. Die Analyse führt zu einem Blockschema, das die erkannten Einheiten und Einzelheiten in ihrer meist vielfach verflochtenen und vermaschten Aufeinanderfolge mit ihren Wirkungen und Rück- wirkungen in einem weitgehend allgemeinverständlichen Formalismus strukturell wiedergibt. Es versteht sich von selbst, daß eine solche Analyse für eine erstmalige Automatisierung eines bestimmten Prozesses mehr Arbeit erfordert, als wenn es sich um die Analyse eines vielfach schon mit Prozeßrechnern automatisierten Prozesses handelt. In letzterem Fall müssen vor allem die individuellen Eigenarten herausgesiebt werden.

Die Prozeßanalyse ist Voraussetzung für eine Reihe von weiteren Arbeiten, die im Rahmen der Automation eines Prozesses anfallen. Mit Hilfe der Analysenergebnisse läßt sich u. a. eine Studie durchführen, ob der Einsatz eines PR wirtschaftlich sein wird. Solch eine E i n s a t z - s t u d i e kann durch Versuche oder Versuchsreihen (z. B. mit einem fahrbaren PR vor Ort oder in einem Fernversuch) ergänzt oder erhärtet werden.

Die Analysenunterlagen dienen weiter der Aufstellung des A u t o m a t i s i e r u n g s - k o n z e p t e s , d. h. einer Planung für die Führung des gesamten Systems durch den Rechner.

Diese S y s t e m p l a n u n g liefert am Anfang die Ergebnisse der aus der Analyse abgeleiteten Prozeßerkennung und geht durch das erstellte Prozeßblockschema in den P r o g r a m m - a b l a u f p l a n über. Er bildet die Grundlage für die Programmerstellung und das bzw. die enthaltenen Prozeßmodelle. Alle bis zu dieser oder kurz vor dieser Form der Prozeßerkennung absolvierten Arbeiten können bei extrem schlecht geführten Prozessen zur Folge haben, daß man aufgrund dieser Untersuchungen schon durch einfache Rationalisierungsmaßnahmen ohne einen Prozeßrechnereinsatz zu erheblich besser geführten Prozessen in Bezug auf den Stand vor der Analyse kommt.

Insgesamt kann festgestellt werden, daß durch Einsatz eines PR in einen vorher einigermaßen gut arbeitenden Prozeß nur wenige Prozent, häufig sogar nur Bruchteile von einem Prozent an Verbesserungen herauszuwirtschaften sind. Bei großen Prozessen bedeutet das allerdings meist eine Amortisierung der Rechenanlage in wenigen Jahren.

8.2.1.2. Prozeßerkennung durch Finden von Prozeßmodellen. Unter einem nach intensiver Prozeßstudie aufzustellenden Modell versteht man eine Beschreibung oder Nachbildung eines Prozesses aufgrund des Ergebnisses einer Prozeßerkennung. Das Modell braucht nicht unbedingt Abbild der genauen Struktur des gesamten Prozesses sein. Dies wäre sogar als Ausnahmefall anzusehen. Es sollte z. B. nur in bestimmten Wertebereichen der Prozeßzustandsgrößen eine tragbare Approximation darstellen.

Nach Art der Gewinnung unterscheidet man das e m p i r i s c h e und das a n a l y t i s c h e P r o z e ß m o d e l l .

Fehlen gesicherte Unterlagen über Gesetzmäßigkeiten eines technischen Prozesses, dann kann evtl. durch Beobachtung der Eingangs- und Ausgangsgrößen (z. B. durch rein statistische Methoden oder durch Beobachtung des Prozeßverhaltens bei bestimmten aufgeschalteten Testfunktionen) ein brauchbares Modell entwickelt werden. Hierbei erweist sich allerdings als Nachteil, daß bei schon geringfügig variierenden Umweltbedingungen erneut Beobachtungen erforderlich sind, um das Modell auf die veränderten Bedingungen einzustellen. Läßt sich das physikalische bzw. chemische Geschehen eines Prozesses gut verfolgen bzw. analytisch beschreiben, wie das häufig bei Stoff- und Energiebilanzen vorkommt, dann ist das relativ allgemein anwendbare analytische Modell angebracht.

Ein weiteres Unterscheidungskriterium liegt in der D a r s t e l l u n g eines Modells. Das g e g e n s t ä n d l i c h e Modell wird durch direkte körperlich Nachbildung, entweder durch gleiche (evtl. im verringerten Maßstab) oder andere gegenständlich analoge physikalische Größen (z. B. fragt man nicht direkt das ursprüngliche Feder-Masse-System, sondern das Modell aus den „Gegenständen" Kondensator-Spule ab) dargestellt. Das m a t h e m a t i s c h e Modell, unter diesem Begriff wurden in der Anfangszeit des Prozeßrechnereinsatzes praktisch alle Modelle verstanden, beschreibt dagegen einen Prozeß durch mathematische Gleichung(en), numerische Tabellen, Ablaufpläne oder auf ähnliche, mehr oder weniger komplizierte Art. Wird das Z e i t v e r h a l t e n als Unterscheidungsmerkmal herangezogen, kommt man zum s t a t i o n ä r e n oder q u a s i s t a t i o n ä r e n Modell, das den eingeschwungenen Zustand eines Prozesses im betrachteten Zeitraum nachbildet und dem d y n a m i s c h e n Modell, das die Übergangsvorgänge in der Darstellung eines Prozesses miteinschließt. Beide Modellarten treten zur vollständigen Beschreibung eines Prozesses häufig zusammen auf.

Bei Betrachtung des E n t w i c k l u n g s v e r m ö g e n s eines Modells, führt dieser Gesichtspunkt zu den immer mehr an Bedeutung gewinnenden a d a p t i v e n oder in der vollkommensten Form zum l e r n e n d e n Modell. Ersteres bildet den Prozeß dadurch genügend genau nach, daß es aufgrund von Beobachtungen der Prozeßzustandsgrößen seine Parameter selbsttätig korrigierend ändert. Durch diese automatische Anpassung der Darstellungsparameter wird sein Einsatz besonders dann von Vorteil sein, wenn das Verhalten eines Prozesses theoretisch schlecht voraussagbar bzw. kaum oder nur unter Einsatz hohen Aufwandes berechenbar scheint.

Paßt ein Modell aufgrund von Beobachtungen der Prozeßzustandsgrößen nicht nur seine Parameter an, sondern baut es anhand dieser Beobachtungen auch seine Struktur und Parameter selber auf, um so den Prozeß genügend genau darzustellen, dann spricht man von einem lernenden Modell. An diese Modellform hat man z. T. euphorische Erwartungen geknüpft, die bisher aber keinesfalls erfüllt wurden. Es bedarf nämlich eines sehr hohen systemanalytischen und programmtechnischen Aufwands, ein lernendes Modell erst soweit aufzubauen, daß es in die Lage versetzt wird, seine Lernfähigkeit voll auszuspielen.

Nach dem Lösen der Probleme der Prozeßerkennung sind für die Automation eines Prozesses intensive Arbeiten auf dem Sektor der Verbindung Prozeß-Prozeßrechenanlage erforderlich.

8.2.2. Verbindung des Prozesses mit der Prozeßrechenanlage. Im Rahmen der Arbeiten zur Prozeßsystemplanung fallen unter diesem Gesichtspunkt Aufgaben der Prozeßdatenerfassung und -ausgabe an. Die Verbindung mit dem Prozeß wird über die unter Abschn. 8.1.2 beschriebenen Spezialperipheriegeräte ermöglicht. Sie gestaltet sich im allgemeinen schwieriger als die Kommunikation von Nichtprozeßrechnern mit ihrer Umwelt, die letztlich nur über den Menschen oder andere DVA hergestellt wird.

8.2.2.1. Prozeßdatenerfassung. Zur genauen Information des Rechners über den Prozeß dienen die analogen und binären Meßwert- und Meldegeber. Stetige physikalische Größen müssen durch analoge Geber mit Gleichspannung- bzw. Gleichstromausgang an das Analogeingabewerk angeschlossen werden. Mittels Umformer sind die Ausgangswerte nichtelektrischer und solcher Geber mit elektrischen Wechselgrößen entsprechend umzuwandeln. Falls die Ausgangsgrößen der Geber bzw. Umformer nicht in die Eingabebereiche der Analogeingabe passen, müssen sie angeglichen werden. Geber für Binär- und Unterbrechungssignaleingabe sind in der Spannungshöhe (z. B. Spannungsversorgung bzw. Spannungsverstärkung oder -teilung) und Polarität (z. B. pnp-npn bzw. npn-pnp-Umsetzer oder Änderung der Spannungsversorgung) relativ leicht an die Eingabebedingungen anzupassen. Probleme der Abtastfrequenz von bestimmten Gebern sowie der Potentialfreiheit und Eigensicherheit müssen ebenfalls geklärt werden.

Besonders schwierig gestaltet sich die Datenerfassung, falls für bestimmte Größen keine geeigneten Meßgeber vorhanden sind. Bei nichtrechnergeführten, nichtautomatisierten Prozessen wird hier in mehr oder weniger genauer Form durch Empirie und andere, den menschlichen Sinnen zugängliche Informationen eine Prozeßführung möglich. Fehlende Geber stellen allerdings meist ein unüberbrückbares Hindernis für eine nichtrechnergestützte Automation durch konventionelle technische Mittel dar.

Häufig ergibt sich jedoch die Möglichkeit, ähnlich wie es der Mensch macht bzw. machte, nämlich über andere, von Meßgebern leicht zu erfassende Größen und ein zu erarbeitendes Meßmodell unter Einsatz eines PR die gesuchte Meßgröße i n d i r e k t schnell und zuverlässig zu errechnen.

Eine besondere Problematik liegt ferner in der Einschränkung der physikalisch bedingten Fehlermöglichkeiten bei der Datenerfassung. Dies gilt zusätzlich zu den Fehlern, die u. a. durch Geber, Umformer, Anpassung, Analog-Digitalkonversion und Fehlerfortpflanzung infolge von Rechenoperationen in der ZE verursacht, zur Gesamtfehlerbetrachtung hinzukommen. Die Fehler durch Verbindung des nicht selten über einen Radius von etwa 1 km und mehr räumlich weitausgedehnten Prozesses mit dem PR, die sich vor allem bei Analogwerten im Niedrigstvoltbereich stark bemerkbar machen können, entstehen u. a. wegen Beeinflussung durch magnetische und elektrische Fremdfelder, Erdschleifen, Kontaktschwierigkeiten (z. B. Kontaktunsicherheit, Thermospannungen) und Einfluß der Zuleitungswiderstände. Abwehrmaßnahmen sind möglich durch Abschirmung und Verdrillung der Leiter, geeignete Leitungsführung, möglichst wenig und gute Steck- sowie andere Verbindungen, Berücksichtigung der Zuleitungswiderstände, möglichst niederohmige Abschlüsse der Geber usw.

Ferner sollten zumindest alle wichtigen Eingabewerte per software über spezielle Plausibilitätskontrollen auf ihren Informationsgehalt überprüft werden, z. B. durch Bereichskontrollen, Tendenzverfolgungen, Kontrollen auf Übersteuerung, Drahtbruch usw.

In das Konzept für die Prozeßdatenerfassung gehen ferner die Fragen ein, wie häufig pro Zeiteinheit einer der angeschlossenen Geber abgefragt werden muß, oder ob durch Programm im jeweils erforderlichen Moment einzelne Werte gezielt abgefragt, oder ob sie besser in Gruppen zyklisch in verschiedenen Zeitabständen abgetastet werden sollen. Nach Festlegung der Konzeption für die programminitiativ zu erfolgende Datenerfassung kann dann das zugehörige Programmsystem zusammengestellt werden, so daß die Rechenanlage später im Einsatz in der Lage ist, die Prozeßdatenerfassung automatisch in sinnvoller Weise durchzuführen.

Bei der Erfassung der Unterbrechungssignale liegt das Problem darin, daß diese sich initiativ selber meldenden, meist zu nicht vorherberechenbaren Zeitpunkten auftretenden Signale richtig auf die statischen oder dynamischen Eingaben verteilt werden. Ihr geringster Auftrittsabstand muß so genau wie möglich abgeschätzt werden, damit ebenfalls eine Aufteilung auf schnelle und langsame Eingänge für Unterbrechungssignale erfolgen kann. Denn wegen zu geringer Rechnerreaktionszeiten darf es auf keinen Fall zum Verlust wichtiger Informationen kommen.

8.2.2.2. Prozeßdatenausgabe. Die Verbindungs- und Übertragungsprobleme der Prozeßausgabedaten sind ähnlich gelagert wie bei der Eingabe. Neben den Ausgaben meist protokollarischer Natur über die Standard-Peripheriegeräte handelt es sich in der Hauptsache um Melde- und Stellsignale: binäre Meldungen an akustische bzw. optische Anzeigen, Stellsignale an binäre Steller sowie Stellimpulsausgaben, analoge Werte für registrierende oder anzeigende Instrumente und Sollwerte z. B. für Regelkreise usw. Auf der Prozeßseite müssen die Rechnersignale den entsprechenden Forderungen spannungs- und leistungsmäßig sowie häufig durch Umformung auf Pneumatik oder Hydraulik angepaßt werden. Während früher die Stellseite überwiegend nichtelektrisch ausgerüstet war, setzt sich im Rahmen der fortschreitenden Automation — auch auf der Eingabeseite — immer mehr eine rechnerfreundliche, elektronische bzw. elektromagnetische oder elektromotorische Anschlußausrüstung durch.

8.2.3. Automatisierungskonzept für die Prozeßführung durch den Rechner. Im Rahmen der Prozeßerkennung beginnt nach abgeschlossener Analyse in einem gleitenden Übergang die Erstellung des Automatisierungskonzepts. Darunter soll die Planung der Strategie für die optimale Führung eines Prozesses durch einen Rechner mit allen hierfür notwendigen hard- und softwaremäßigen Notwendigkeiten verstanden werden. Zu dieser Systemplanung gehören besonders die Probleme der Prozeßkopplung, Prozeßbetriebsarten, optimalen Prozeßführung und der Sicherheit.

8.2.3.1. Auswahl der Kopplungsart des zu automatisierenden Prozesses mit einem Rechner. Die Kopplung eines Prozesses mit dem Rechner läßt unter dem Gesichtspunkt der Prozeßstrategie eine indirekte oder direkte Kopplung zu.

1. I n d i r e k t e P r o z e ß k o p p l u n g (off line open loop). Diese primitive Kopplungsart sieht eine Verbindung des Prozesses ausschließlich über menschliche Eingriffe vor. Sie bietet sich z. B. dann an, wenn der Prozeß noch nicht voll erkannt oder vollständig automatisiert werden kann (evtl. im Stadium einer rechnergeführten Prozeßstudie), im Testbetrieb eines Modells bzw. eines ganzen Konzepts oder falls es auf Echtzeitbetrieb nicht ankommt.

2. D i r e k t e P r o z e ß k o p p l u n g (on line)

2.1. O f f e n e P r o z e ß k o p p l u n g (on line open loop). Sie verbindet Ein- o d e r Ausgabedaten (technische Details s. Abschn. 8.2.2) des Prozesses — im Grenzfall auch beide, falls sie nicht in kausalem Zusammenhang stehen — ohne menschlichen Eingriff mit dem Rechner. Der jeweilige Wirkungskreis bleibt aber immer noch für die Automatik offen (o p e n loop) und wird insgesamt durch den Mensch geschlossen, der aus Sicherheitsgründen sozusagen als „Erfahrungsfilter" zwischengeschaltet ist.

2.2. G e s c h l o s s e n e P r o z e ß k o p p l u n g (on line closed loop). Sie kommt bei vollständig geschlossenem Datenfluß ohne menschlichen Eingriff aus. Diese erstrebenswerte, höchste Automatisierungsstufe ist dann einsetzbar, wenn der Prozeß hinreichend genau bekannt ist und exakt nachgebildet werden kann.

Aus den Kopplungsarten muß man für den jeweiligen Anwendungsfall die geeignetste Form aussuchen, wobei in einem komplexen Prozeß partiell unterschiedliche Kopplungen gewählt werden können.

8.2.3.2. Auswahl der Betriebsart. Als Betriebsarten sind grundsätzlich drei verschiedene Formen möglich, die allerdings auch häufig wieder vermascht in einem umfangreichen Prozeß auftreten:

1. P r o z e ß s t e u e r u n g . Sie arbeitet derart, daß der Wirkungsablauf der Steuerung (im Gegensatz zur Regelung) n i c h t fortlaufend geschlossen bleibt. Für die Steuerung muß der Rechner Informationen über den Zustand des Prozesses erfassen, diese nach einer ermittelten Vorschrift verarbeiten, die hierdurch erhaltene Information evtl. speichern und sie dann im geeigneten Zeitpunkt als Steuerkommandos an die Aktivitätsträger (Motore, Pumpen, Ventile usw.) des Prozesses ausgeben.

2. R e c h n e r r e g e l u n g . Die Verwendung eines Prozeßrechensystems zur Regelung nennt man Rechnerregelung. Von Vorteil dabei ist u. a. die relativ leichte Verkettung von Regel- und Steuerkreisen bzw. -ketten durch den Rechner.

2.1. R e c h n e r r e g e l u n g   d u r c h   S o l l w e r t f ü h r u n g   i n   k o n v e n t i o n e l l e n R e g e l k r e i s e n . Hierunter versteht man zunächst die Führung der mit konventioneller Technik ausgestatteten Regelkreise des Prozesses durch Vorgabe und Veränderung der Sollwerte, die der Rechner nach den ermittelten Gesetzen im Hinblick auf den   g e s a m t e n Prozeß ausgibt. Neben dieser Gesamtsicht liegen die Vorteile der Methode im Beibehalten der konventionellen Regelausrüstung bei Rechnereinsatz in einem schon vorhandenen Prozeß, ferner bei evtl. Rechnerausfall im Weiterarbeiten der Regler vom letzten, meist elektromechanisch gespeicherten Sollwert aus. Darüber hinaus bleibt der gewohnte, direkte Handeingriff vor Ort in den Regelkreis mit seinen Vor- und Nachteilen erhalten.

2.2. D i r e k t e   D i g i t a l e   R e g e l u n g   (DDC)[1]). Hierunter versteht man eine direkt vom Rechner ausgeführte Regelung (Abtastregelung mit unmittelbarer Beeinflussung der Stellglieder der DDC-Regelkreise). Grob gesehen wird die Ausrüstung eines konventionellen Regelkreises bis auf Fühler und Steller durch den Rechner ersetzt. Ab einer bestimmten, für jedes Prozeßrechensystem unterschiedlichen Anzahl von Kreisen wird DDC interessant. Die Problematik liegt darin, daß der Bruttoeinsparung infolge DDC-Betriebs ein je nach den Erfordernissen des Prozesses z. T. recht erheblicher hardware-Aufwand für die Sicherheit der Anlage bei Rechnerausfall gegenübersteht. Dieser erreicht bzw. übersteigt beim derzeitigen Stand der Technik häufig die Bruttoeinsparung.

Hat z. B. ein Rechnerlieferant ein gut ausgebautes DDC-Standardprogramm- und -hardware-System, dann bietet das mit Hilfe dieses Systems besonders leicht zu erstellende und generierende „Baukasten-DDC" dennoch nennenswerte technische Vorzüge. So ergeben sich u. a. Vorteile bei komplizierten Regelalgorithmen und -parametern, in der besseren Beherrschung von Totzeiten, durch höhere Regelgenauigkeit, in der größeren Flexibilität bei Änderungen, im leichteren Test sowie in der nach einer bestimmten Zeit immer wieder zweckmäßigen Korrektur von Regelkreisen, bei nicht direkt meßbaren Eingangsregelgrößen und durch bessere Adaptiermöglichkeiten. Besonders geeignet für DDC-Betrieb sind die meist in großer Zahl vorhandenen, relativ langsamen Regelkreise in der Verfahrensindustrie. Sie kommen fast immer mit der Abtastung der Istwerte und Vorgabe der errechneten Stellgrößen in Zeiten von einer Sekunde und länger aus.

3. P r o z e ß ü b e r w a c h u n g . Unter dem sehr weit zu fassenden Begriff Prozeßüberwachung versteht man die automatische Prozeßdatenerfassung und -verarbeitung zur Kontrolle eines Prozesses und der Ausgabe von entsprechenden Meldungen. Wichtige Voraussetzung für diese Betriebsart ist eine intensive und häufige Datenerfassung sowie ihre interne Überwachung ohne Ausgabe riesiger Protokollmengen wenigsagender Ist-Größen. Neben Überwachung auf Betriebszustände (z. B. Lichtschranken, Endkontakte), ordnungsgemäßen Betrieb und Betriebszeiten von Aggregaten, Erkennen von Überlastungen u. ä. sind Bereichskontrollen von vielen Betriebswerten und Verfolgungen von Material und/oder Energie sowie Erkennen von Lagerstandsänderungen Aufgaben der Prozeßüberwachung.

Den Rechner kann man in dieser einfachen Überwachungsbetriebsart zur Störungserkennung und -meldung einsetzen. Dann müssen aber durch menschliche Eingriffe Abwehrmaßnahmen durchgeführt werden können. Schutzeinrichtungen mit äußerst kurzen Reaktionszeiten kann man bei dieser Betriebsart nicht durch den Rechner ersetzen.

Der PR bietet aber darüber hinaus auch Möglichkeiten zur Störungsanalyse, -prognose, -vorankündigung und sogar selbsttätiger Störungsverhinderung infolge rechtzeitigen Erkennens der aufkommenden Gefahrensituation und entsprechenden automatischen Eingriffs, falls

---

[1]) Abkürzung von Direct Digital Control.

das die Sicherheitsforderungen und Reaktionszeiten der Prozeßdatenverarbeitungsanlage zulassen. Sind diese Bedingungen nicht zu erfüllen, muß im Fehlerfall unter Meldungsabgabe an den Rechner der Schutz direkt von einer speziellen Elektronik übernommen werden.

Zur Prozeßüberwachung kann man auch die normale Betriebsprotokollierung mit der dazugehörigen Datenerfassung, -reduktion und entsprechenden -ausgabe zählen. Neben Produktionsdaten, Wirkungsgraden, Inventuren usw. helfen Angaben über Betriebsstunden, notwendige Aggregatwechsel usw. den Betrieb des Prozesses möglichst störungsfrei zu gestalten, worin ja ein wichtiges Anwendungsgebiet eines PR bei der Automation liegt.

8.2.3.3. Auswahl der Art für optimale Prozeßführung. Unter optimaler Prozeßführung versteht man die unter gegebenen Bedingungen optimale Nutzung der Wirtschaftlichkeit der Anlage oder anders formuliert: ein Optimum des Prozesses, das durch eine vorgegebene Zielfunktion (Funktion von Prozeßzustandsgrößen) definiert wird, ist unter Berücksichtigung von Begrenzungen der Prozeßgrößen zu erzwingen, z. B. können die Stückkosten gesenkt, der Durchsatz (Erzeugung/Zeit) vergrößert oder das Ziel kann schneller (zeitoptimal) bzw. mit einem Minimum an Energie (energieoptimal) erreicht werden.

Optimiert man den Beharrungszustand eines Prozesses, wird von stationärer, optimiert man Übergangsvorgänge (Übergang von dem einen in einen anderen Beharrungszustand), wird von dynamischer Prozeßoptimierung gesprochen.

Bei der Erstellung des jeweiligen Automatisierungskonzepts besteht die Möglichkeit einer Wahl zwischen folgenden Arten optimaler Prozeßführung:

1. G e s t e u e r t e o p t i m a l e P r o z e ß f ü h r u n g .(feed forward process optimization). Hier handelt es sich um eine Prozeßoptimierung, bei der praktisch nur die Eingangsgrößen des Prozesses vom Rechner aufgenommen werden. Für die Prozeßführung muß ein Prozeßmodell vorhanden sein. Mit diesem Modell bestimmt der PR nach einer vorgegebenen Zielfunktion die optimalen Werte der auszugebenden Führungsgrößen. Voraussetzung für die feed-forward-Steuerung ist eine genaue Prozeßkenntnis mit einer weitgehenden Identität des Prozeßverhaltens mit dem Modell. Angewandt wird diese Methode bei relativ langsamen Prozessen. Durch die schnelle Vorhersage anhand des Modells können Störungen sofort ausgeglichen werden, ohne erst das meist lange Zeit später eintreffende Ergebnis vom Prozeßendprodukt mit all seinen Konsequenzen vor allem für das Zwischenprodukt abwarten zu müssen.

2. G e r e g e l t e o p t i m a l e P r o z e ß f ü h r u n g (feed back process optimization). Im Gegensatz zu 1. liefern hier praktisch nur Meßgrößen am Prozeßausgang die Eingabedaten des Rechners. Er berechnet aus ihnen den jeweiligen Wert der Zielfunktion. Nach einer vorgegebenen Strategie verstellt er die Führungsgrößen derart, daß der Wert der Zielfunktion optimal wird. Infolge dieses „ S u c h s c h r i t t v e r f a h r e n s “ ist ein Prozeßmodell oder die Kenntnis der Prozeßzusammenhänge in diesem Fall nicht unbedingt notwendig. Allerdings muß vorausgesetzt werden, daß die Gewinnfunktion eine eindeutige Funktion der Prozeßausgangsgrößen darstellt und es sich um einen schnellen Prozeß handelt. Ändern sich die Umweltbedingungen, wird erneut ein schrittweises Suchen zum Auffinden des jeweiligen Optimums erforderlich.

8.2.3.4. Sicherheit. Sicherheitsforderungen beeinflussen das Automatisierungskonzept stark. Je höher diese Forderungen geschraubt werden, um so mehr wird das hard- und software-Konzept beeinflußt.

1. S i c h e r h e i t s f o r d e r u n g e n a n d i e R e c h n e r g e r ä t e . Bei einer Automation mittels einer Prozeßrechenanlage liegt eine extreme Zentralisierung vor. Diese

Zentrale muß daher außerordentlich betriebssicher sein. Das wird erreicht durch besonders sorgfältigen Aufbau und sorgfältige Dimensionierung der Rechneranlage, Verwendung äußerst zuverlässiger Bauelemente und Bausteine, gute Abführung der Wärme aus den Elektronikbaugruppen usw.

Ein PR arbeitet in der Regel im 24-Stundenbetrieb. Es dürfen praktisch keine Unterbrechungen dieses Dauerbetriebes vorkommen; denn der Ausfall der Produktion, auftretender Schaden im Prozeß, Verlust von Information, Wiederanfahrprobleme usw. bringen z. T. katastrophale Folgeschäden mit sich. Man spricht bei einem Prozeßrechner von der Verfügbarkeitszeit oder der

$$\text{Betriebs-}\atop\text{wahrscheinlichkeit} = \frac{\text{Betriebszeiten}}{\text{Betriebszeiten} + \text{Ausfallzeiten}}$$

Dieser Wert sollte möglichst groß sein. Ein Rechner ist zur Führung eines Prozesses eigentlich erst geeignet, wenn er eine Verfügbarkeitszeit von ca. 99,8% oder mehr für die ZE erreicht. Zur Erhöhung dieses Wertes verwendet man häufig einen oder mehrere zusätzliche Rechner; z. B. werden zur gleichen Zeit zwei Zentralteile für eine Aufgabenstellung eingesetzt, die speicher- und rechenzeitmäßig ohne weiteres eine ZE bewältigen könnte. Arbeiten nun beide Maschinen gleichzeitig parallel an derselben Aufgabenstellung, dann sind beide immer vollständig informiert. Rechnergesteuerte Eingriffe in den Prozeß werden nur bei programmtechnisch gegenseitig überwachter Aussagengleichheit beider Maschinen durchgeführt. Ergeben sich Abweichungen in den Maschinenkommandos (d. h. im Augenblick des Ausfalls eines Zentralteils), wird auf die „gesunde" Einheit umgeschaltet. Das eigentliche, nicht zu unterschätzende Problem bei dieser Umschaltung liegt im schnellen Erkennen, welche der beiden Maschinen den Defekt aufweist. Zur Bildung dieses Kriteriums zieht man evtl. einen dritten Rechner hinzu, der die defekte ZE ermittelt und dann die von der Problematik her ebenfalls nicht zu unterschätzende Umschaltung durchführt.

Zwei Rechner werden auch zur Sicherheitserhöhung derart miteinander gekoppelt, daß eine Maschine im Katastrophenfall die wichtigsten Aufgaben der „kranken" Maschine übernehmen kann.

Trotz all dieser eleganten Möglichkeiten birgt die Verfügbarkeitserhöhung mittels Mehrrechnersysteme neben dem höheren Aufwand eine Reihe technischer Schwierigkeiten in sich.

Bei den Peripheriegeräten kann man ebenfalls durch redundante Auslegung die Sicherheit steigern. Hier liegt dann ebenso das Problem der Fehlererkennung und Umschaltung vor.

Um das Ereignis eines partiellen oder tatsächlichen Ausfalls des Rechensystems erst gar nicht eintreten zu lassen, organisiert man – dies vor allem bei mechanisch bewegten und erhöhtem Verschleiß unterworfenen Geräteteilen – eine intensive vorbeugende Wartung. Präventivtests der Elektronik durch „Kaputtprüfen", wie es im Jargon heißt, infolge Herstellens extremer Bedingungen, die z. B. einen „angeschlagenen" Transistor bei der Testtortur zum Ausfall bringen sollen, viele andere Transistoren dabei aber „anschlagen", sind heute weitgehend nicht mehr üblich. Ein Totalausfall des Systems durch Versagen der Stromversorgung muß bei einem PR ebenfalls unterbunden werden. Eine etwa durch Anlaufen eines Notstromaggregates (ca. 5 bis 20 s) auftretende Betriebslücke ist untragbar, weil während dieser Zeit anstehende Informationen aus dem Prozeß verlorengehen könnten und die Datenverarbeitung während der kurzen Unterbrechung unterbleiben würde. Dabei wäre schon vorausgesetzt, daß die mit Kernspeichern ausgerüsteten Rechner eine definierte Abschaltung des Speichers zur Verhinderung von Informationsverlust besäßen. Für einen PR muß daher fast immer eine unterbrechungsfreie Stromversorgung vorgesehen werden. Heute wird dies meist dadurch erreicht, daß die Stromversorgung schon bei geringem Unter- bzw. Überschreiten der Betriebsspannung bzw. -frequenz auf eine gepufferte Batterie umgeschaltet wird. Bei Vorhandensein eines Notstromaggregates kann die Batterie relativ klein ausgelegt werden.

2. N o t b e t r i e b . Um katastrophale Schäden für den Prozeß während eines durch keine Herstellerfirma auszuschließenden Rechnertotalausfalls zu verhindern, sollte man zur Sicherheit des Gesamtsystems unbedingt ein entsprechendes Notkonzept erarbeiten. Es hat im Katastrophenfall in Aktion zu treten und z. B. mit einem erheblich geringeren Wirkungsgrad den Betrieb in etwa aufrecht zu erhalten, den Informationsverlust zu minimieren, das „Einfrieren" von Öfen zu verhindern, das Fahren zu einem bestimmten Betriebspunkt zu ermöglichen oder ähnliche Aufgaben durchzuführen. Für den möglichen Havariefall müssen hard- und softwareseitig bereits im normalen Betrieb präventive Maßnahmen ergriffen werden.

Im Zuge des Automatisierungsunternehmens sind für jeden Prozeß bzw. die einzelnen Bereiche innerhalb eines Gesamtprozesses aus den unter Abschn. 8.2 angeschnittenen Problemstellungen und Möglichkeiten systemplanerisch bestimmte Automatisierungskonzepte auszuarbeiten und das geeignetste auszuwählen. Läßt es sich z. B. aus finanziellen Gründen nicht in einem einzigen Schritt verwirklichen, wird häufig die Gesamtautomation durch stufenweises Erhöhen des Automatisierungsgrades zu erreichen versucht.

Das ausgewählte Konzept dient u. a. auch als Arbeitsunterlage für die Zusammenstellung der Gerätekonfiguration des Prozeßrechensystems.

8.2.4. Geräteumfang und Programmerstellung.
Für die Verwirklichung des erarbeiteten Automatisierungskonzepts ergibt sich ein bestimmter Geräteumfang.

Aus der Berechnung des Rechnerbelastungsgrades muß z. B. die am zweckmäßigsten einzusetzende ZE der Rechnerfamilie ausgewählt werden. Den Belastungsgrad bestimmt das Verhältnis aus allen, pro Zeiteinheit sich summierenden unaufschiebbaren Rechnerverpflichtungen (einschließlich der evtl. mit Hilfe von Wahrscheinlichkeitsrechnung abzuschätzenden, spontan auftretenden Unterbrechungssignale, die je Zeiteinheit im ungünstigsten Fall auftreten können) zum Rechenvermögen der jeweiligen ZE. So kommt es häufig vor, daß ein für den Stoßbetrieb auszulegender PR im Normalfall einen erheblich geringeren Dauerbelastungsgrad aufweist. Diese Tatsache fordert die Verwendung eines PR für Hintergrundarbeit geradezu heraus. Je mehr Prozeßaufgaben dorthin verlagert werden können, desto günstiger wird der Dauerbelastungsgrad des Rechners.

Die Größe des Zentralspeichers einer ZE hängt im wesentlichen ab von der Länge der zentralspeicherresidenten Anwender- und Standardprogramme, des Betriebssystems sowie der notwendigen Zwischenpufferbereiche für die externspeicherresidente software. Es zeigt sich, daß der Trend zu größeren Zentralspeicherkapazitäten (mehr als 16 k Worte) hingeht.

Aus dem erarbeiteten Automatisierungskonzept folgt auch Art und Auswahl der notwendigen Peripheriegeräte. In dieser Konfiguration heben sich vor allem die Prozeßgeräte durch ihre meist mit besonderer Mühe zusammenzustellende große Vielfalt und feine Stufung der Anzahl der einzelnen Prozeßein-/-ausgaben hervor.

Wird die Automatisierung beispielsweise weitgehend durch einen Rechnerhersteller vorgenommen, was jetzt noch üblich ist, solange dem nicht Geheimhaltungsgründe (z. B. in der chemischen Industrie) entgegenstehen, gilt der Lieferumfang als Basis der Erarbeitung des Angebots. Dessen Erstellung bedarf großer Erfahrung. Für die Genauigkeit der hard- und software umfassenden

Angebotsschätzung steht meist eine zu kurze, für die Konkurrenzsituation dagegen fast immer eine zu lange Zeitspanne der Angebotsbearbeitung zur Verfügung. Eine Tatsache, die u. a. die Schwierigkeit dieses Marktes verdeutlicht.

Zur Rechnerkonfiguration kommen die vielfach rechnergesteuerte (meist mit Hilfe von Netzplantechnik) Terminierung für Bestellung und rechtzeitige Lieferung aller Geräte sowie die Errichtung der Baulichkeiten des Rechenzentrums einschließlich seiner Klimatisierung, die Kabelführung, Programmierarbeiten und der Geräteumfang an Gebern, Umformern, Stellern, rechnerferner Elektronik, Anpassung usw. hinzu.

Parallel zur Geräteseite läuft die Programmerstellung, für die eine gute Systemanalyse, Systemplanung und die Programmablaufplanerstellung wichtige Voraussetzungen darstellen. In Bezug auf die Programmierung wird generell – von kleinen Aufgaben abgesehen – eine Auffächerung und zweckrichtige Problemaufteilung in Teams vorzunehmen sein. Dabei umfaßt die Programmierung in der Hauptsache das Schreiben der Anwenderprogramme sowie neben der Auswahl des erforderlichen Betriebssystems die Zusammenstellung und Generierung der aus der Standardsoftware aufzubauenden Programmsysteme.

8.2.5. Test und Inbetriebnahme. Zu den bis zur Automation notwendigen Arbeiten gehört nach der Erstellung aller Programme auch ihr Test. Neben dem Test des einzelnen Programms muß speziell das Funktionieren des Zusammenarbeitens aller Programme geprüft werden. Prozeßrechnersoftware ist nämlich gekennzeichnet durch eine meist große Anzahl unter eigener Programmnummer selbständig ablaufender, meist stark miteinander verzahnter Programme, deren Länge z. T. relativ kurz sein kann.

Zusätzlich tritt folgende Schwierigkeit auf: Oft ist ein Grundtest am zu automatisierenden Prozeß nur schwer möglich, evtl. nach an anderen Rechnern absolvierten Vortests während der Inbetriebnahmephase. Aus diesem Grund muß man, nachdem die relativ leicht zu eliminierenden, formalen Fehler beseitigt sind, mit Testhilfeprogrammen versuchen, so viele Fehler wie möglich herauszufiltern, um dann den Test mit Hilfe einer P r o z e ß s i m u l a t i o n weiter zu vervollkommnen. Dabei muß die Simulation die Dynamik des nachzubildenden Prozesses mit einer ihm identischen Verhaltensweise nachahmen, was sich meist nur schwer verwirklichen läßt. Die Simulation kann aus einer soft- und hardware-Nachbildung des Prozesses oder seiner Teile bestehen. Bei einer Reihe von Anwendungsfällen darf von vornherein ein Test aus finanziellen oder Gefahrengründen nur mit Hilfe einer Simulation durchgeführt werden. Große Schwierigkeiten bereitet auch das Testen der An- und Wiederanfahrprogramme von Prozessen mittels einer Simulation.

Nachdem die Prozeßrechenanlage aufgestellt worden und die Inbetriebnahme der Rechnerkonfiguration, die einigermaßen überschaubar und in relativ kurzer Zeit erledigt werden kann, abgeschlossen ist, schließt sich die schwierige und in der Regel langwierige Inbetriebnahmephase des gesamten Prozeßrechensystems an. In ihr kann meist nicht direkter Probebetrieb gefahren werden; denn Schäden durch Testbetrieb dürfen nicht auftreten. Die Probleme der Inbetriebnahme versucht man, falls eben möglich, durch langsames, stufenweises Inbetriebnehmen der einzelnen vorher getesteten Programme zu verwirklichen. Dabei läßt man häufig während einer bestimmten Inbetriebnahmephase ein closed loop konzipiertes und ausgearbeitetes Konzept zunächst nur open loop laufen, um seine Richtigkeit besser kontrollieren zu können; denn die Inbetriebnahme eines open-loop-Projektes stellt ein kalkulierbares Risiko im Gegensatz zum geschlossenen Kreis dar.

Zu erwähnen wäre noch, daß häufig in der Inbetriebnahmephase durch vertiefte Kenntnis der Materie, neue Erfahrungen und durch den überzeugenden Beweis am laufenden Prozeß wesentliche Programmverbesserungen zustandkommen können.

Nach erfolgreich abgeschlossener Inbetriebnahme kann die Anlage dann offiziell an die eigentliche Betriebsmannschaft, die sich während der Testzeit ebenfalls eingearbeitet hat, übergeben werden. Sie führt im Normalbetrieb meist nur überwachende Funktionen aus.

8.3. Anwendungsbereiche von Prozeßrechensystemen

Nach diesem kurzen Überblick über die wesentlichen Arbeiten, die im Zusammenhang mit der Automation durch einen PR anfallen, nun im folgenden die Zusammenfassung einiger typischer Anwendungsgebiete und Gesichtspunkte, die für den vorteilhaften Einsatz eines PR gegeben sein sollten.

Die Anwendungsgebiete dieser Systeme sind außerordentlich vielgestaltig und erobern sich mit relativ rascher Ausbreitungsgeschwindigkeit ein Anwendungsgebiet nach dem anderen. Mit räumlich kleiner werdenden Anlagen und mit erheblich günstigeren Preis-Leistungsverhältnissen dringen sie auch dorthin vor, wo es einerseits auf kleinste Raumausdehnung ankommt und wo andererseits (in der Mittel- und Kleinindustrie) vor allem geringe Kosten die Entscheidung für eine Prozeßrechnerverwendung beeinflussen. PR stehen z. B. im Einsatz:

1. in der Weltraumtechnik für die vielfältigsten Aufgaben, u. a. bei der Entwicklung von Flugkörpern, zur Bahnberechnung und Bahnsteuerung, zur Datenerfassung und -fernübertragung, in Satelliten sowie für die vielfachen Aufgaben in den Bodenstationen;

2. in Fahrzeugen wie Schiffen, Flugzeugen und Autos zur Steuerung, Überwachung und zum optimalen Einsatz von Fahrzeugen z. B. im Bahnbetrieb;

3. in Großlaboren zu den vielfältigsten Forschungs- und Entwicklungsaufgaben. Dort liegt die Problematik vor allem im Vorbereiten von Großexperimenten oder Versuchsreihen, deren Durchführung, die meist mit der Erfassung von riesigen Datenmassen während einer relativ kurzen Versuchsablaufzeit verbunden ist, sowie in der Auswertung dieser Experimente;

4. im Transport und der möglichst minimale Kosten verursachenden Lagerung von Stückgütern, z. B. bei der automatischen Führung von Hochregal-Lagerhäusern. Hier handelt es sich um den optimalen An- und Abtransport der Stückgüter, um die weitgehend optimale Einlagerung, d. h. Finden des optimalen Lagerplatzes, Steuern der Transporteinrichtungen (z. B. Stapelkräne), umfassende Durchführung der Materialverfolgung sowie die selbsttätige Abwicklung des Bestell-, Versand- und Verrechnungswesens. Insgesamt ein Problem das relativ nahe an kommerziellen bzw. Platzbuchungsaufgaben liegt;

5. im Transport und der Lagerung von Fließgütern in Pipelines. Hier geht es um die rechnergeführte Automation und optimale Nutzung der Förder- und Lagerkapazität des Pipelinesystems; u. a. um Probleme der Pumpenführung, Materialverfolgung, Produktverteilung, Betriebsüberwachung und Leckprüfung. Unerläßlich ist in diesem Anwendungsgebiet das Arbeiten des PR mit einem komplexen Fernwirksystem;

6. in der Energieversorgung und -verteilung z. B. in Atomkraftwerken. Dort obliegt dem PR u. a. neben einer Fülle von Überwachungsaufgaben die Berechnung von Größen zur Betriebsführung. Die Problematik besteht im wesentlichen darin, ob dem Rechner aus Sicherheitsgründen umfangreiche Schutzaufgaben anvertraut werden können. In der Energieverteilung geht es vor allem um eine optimale und sichere Lastverteilung. Als großer Vorteil des Rechners

erweist sich, daß in besonders kritischen Momenten schwierige Umschaltungen, die das Reaktionsvermögen des Menschen zumal in einer Krisensituation übersteigen, durchgeführt werden können;

7. in der Stahlindustrie und in Walzwerken liegt der Nutzen des PR bei ersterem in der Einhaltung bestimmter Qualitäten bei der Erzeugung von Eisen und Stahl und in der Weiterverarbeitung dieser Produkte, z. B. beim Walzen. Dort stellt die Steuerung und Beherrschung der Verformungsvorgänge im Walzspalt die Hauptproblematik dar. In letzter Zeit hat man hier beispielsweise die Verhältnisse durch den Einsatz von adaptiven Modellen erheblich verbessern können;

8. in der Gemischführung. Hier kann man auf das Beispiel des Zementherstellungsprozesses hinweisen, wo sich lange Zeit der Einsatz der Regel- und Rechentechnik wegen der komplizierten Technologie im Bereich des Drehofens nicht mit vollem Erfolg durchsetzen konnte. Als es dann gelang, die Gemischführung mit Hilfe von mathematischen Modellen durch PR vornehmen zu lassen, gestalteten sich auch die anderen technologischen Probleme lösbarer;

9. in der Verfahrensindustrie. Dort ist vor allem in der chemischen Industrie die Reaktionsführung durch den PR zu lösen. Auf diesem Anwendungsgebiet, das sich als eines der ersten dem PR geöffnet hat, kommt vor allem dem Problem des DDC-Einsatzes große Bedeutung zu;

10. in der Medizin, einem jungen, aber außerordentlich weiten Gebiet, das sich der PR erobert hat, liegen die Probleme u. a. beim Steuern und Überwachen von komplizierten Geräten, führen über die Steuerung von Diätgroßküchen, die Diagnoseerstellung, die postoperative Überwachung von Patienten bis hin zu einer genauen, zuverlässigen Durchführung klinischchemischer Analysen in höchsten Stückzahlen;

11. in der Haustechnik, wo in großen Gebäudekomplexen die Führung von Heizung, Aufzügen, die Energie- und Wasserversorgung, Klimatisierung usw. durch den PR erfolgt;

12. in Instituten bzw. Hochschulen. Dort stehen hauptsächlich Probleme an, die denen der Großlabore ähnlich sind. Außerdem ist man wegen besserer Nutzung der Anlagen bestrebt, diese durch ein weitverzweigtes Verteilersystem sozusagen in die einzelnen Labore bzw. zu Demonstrationszwecken in die Hörsäle zu verlagern. Dazu kommt praktisch immer die Anwendung des PR als Rechenzentrumsrechner, u. a. zum intensiven Erlernen und Erproben der Möglichkeiten, die in der Anwendung von Datenverarbeitungssystemen liegen;

13. in der Simulation von Umweltbedingungen zum Testen von Geräten, Anlagen und Menschen, z. B. Echtzeitsimulatoren zum gefahrlosen Erlernen des Fliegens unter der Wirklichkeit entsprechenden Bedingungen; Testen von Menschen in Weltraumsimulationskammern; Testen von Satelliten für ihre Aufgabe im Weltraum.

Die Aufzählung einer Reihe typischer Anwendungsgebiete von PR sollte zeigen, wie weitgespannt die Verwendung dieses „Mittels für die Automation" ist.

Sein Einsatz kann immer dann als v o r t e i l h a f t angesehen werden, wenn sich dadurch die W i r t s c h a f t l i c h k e i t eines technischen Prozesses spürbar verbessern läßt. Das kann durch höheren Durchsatz, geringere Stückkosten, weniger Energieverbrauch, geringere Produktionszeit, verbesserte Qualität, mit erhöhter Zuverlässigkeit eingehaltene Toleranzen usw. erreicht werden. Im Normalfall muß die Wirtschaftlichkeit so steigen, daß der Rechner sich in wenigen Jahren amortisiert hat, wenn er eine Chance haben soll, zu Automationszwecken eingesetzt zu werden.

Obwohl die Automatisierung beim heutigen Stand der Technik sehr weit, eigentlich bis zur menschenleeren Fabrikationsstätte getrieben werden könnte, ist dennoch erwähnenswert, daß die eigentliche Personalfreisetzung infolge Automation durch Prozeßrechnereinsatz im Gegensatz zu anderen Digitalrechnerarten meist nur eine untergeordnete Rolle spielt. Dies auch aus dem Grund, weil den zu erzielenden Bruttoeinsparungen der Einsatz von meist qualifizierterem Personal gegenübersteht.

Zur Prozeßrechneranwendung kann es auch in solchen Fällen kommen, wo zwar die Wirtschaftlichkeitsrechnung eine Amortisierung durch laufende Einsparung in wenigen Jahren nicht verspricht, aber die Sicherheit der Prozeßanlage durch den Rechner garantiert wird, oder der Mensch dauernd bzw. zeitweise überfordert ist wie z. B. in bestimmten, sporadisch auftretenden Gefahrensituationen, wo er nicht mehr in der Lage ist, schnell und zuverlässig genug zu reagieren. Außerdem stellt sich die Verwendnng eines PR dann als sinnvoll heraus, wenn er zur Simulation von Prozessen oder Umweltbedingungen herangezogen werden kann, die ohne seine Hilfe nicht beherrschbar wären.

Abschließend sei erwähnt, daß auch der von Kritikern und Skeptikern häufig herangezogene Mode-Effekt die Verbreitung des PR in wenigen Fällen begünstigt haben mag. Einen Vorteil für den Einsatz einer Prozeßrechenanlage darf man auch darin sehen, daß z. B. eine Firma, die Automatisierungen durchführt und neben dem Rechner noch technologisches know how mitliefert, durch den zusätzlichen Verkauf der ins Gesamtsystem passenden Anschlußgeräte (u. a. Meß- und Antriebstechnik) einen Gewinn erzielen kann.

Den direkten Nachweis eines m i t   e x a k t e n   Z a h l e n zu belegenden Nutzens durch den Einsatz eines PR in konkreten Anwendungsfällen zu erbringen, ist allerdings häufig nicht möglich.

Zum Einarbeiten in die Problematik der Prozeßrechensysteme seien dem interessierten Leser aus der noch relativ geringen Anzahl von Buchveröffentlichungen folgende im Literaturnachweis aufgeführte Werke empfohlen [79 bis 83].

9. Analog- und Hybridrechner

9.1. Analogrechner

9.1.1. Grundgedanken des Analogrechnens. Der Rechenschieber ist ein einfacher Analogrechner. Bei ihm werden die Grundrechenarten Multiplikation und Division auf die Addition und Subtraktion geometrischer Strecken zurückgeführt, die die Logarithmen der zu verknüpfenden Zahlen darstellen. Beim elektronischen Analogrechner werden Funktionen, die physikalische Größen miteinander verbinden, durch eine veränderliche Spannung in Abhängigkeit von der Zeit „analog" veranschaulicht.

Aus der Fülle der Bücher über Analogrechner seien hier einige herausgegriffen. Als Standardwerke können [85], [86] und [90] gelten. Besonders sei auf die preisgünstigen Ausgaben [87], [88], [89] und [91] hingewiesen.

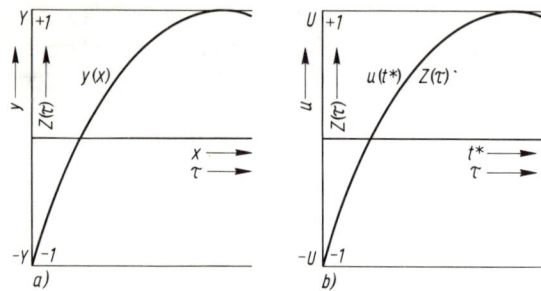

9.1 Prinzip des Analogrechnens

Der Grundgedanke des Analogrechnens soll an Bild 9.1 erläutert werden. In Bild 9.1a ist der durch den Analogrechner zu veranschaulichende oder zu ermittelnde Verlauf der Funktion y (x) dargestellt, rechts der Verlauf der veränderlichen Spannung u (t*) in Abhängigkeit von der Maschinenzeit, wie er auf dem Bildschirm eines Analogrechners erscheinen kann. Das Ziel ist, durch diese veränderliche Spannung u (t*) den Verlauf der Funktion y (x) darzustellen. Dazu sind Transformationen erforderlich, denn im allgemeinen werden sowohl y und u als x und t* in verschiedenartigen Bereichen variieren.

Die Transformationen der unabhängigen Veränderlichen

$$\tau = k \cdot x \quad \text{und} \quad \tau = k^* t^* \qquad (\tau \text{ dimensionslos})$$

ermöglichen ein Gleichsetzen. Danach werden die unabhängige Veränderliche x des Problems und die Maschinenzeit t* durch die Beziehungen

$$t^* = \frac{k}{k^*} \cdot x \quad \text{und} \quad x = \frac{k^*}{k} \cdot t^* \qquad (9.1)$$

verknüpft. Es läßt sich danach in Bild 9.1 als neue Veränderliche τ, die Rechenzeit, einführen. Damit wird x durch die Maschinenzeit t* „analog" dargestellt, wenn man k und k* geeignet wählt. Ist die unabhängige Veränderliche des Problems die Zeit, so ergeben sich die Beziehungen

$$t^* = \frac{k}{k^*} \cdot t \quad \text{und} \quad t = \frac{k^*}{k} \cdot t^* \qquad (9.2)$$

Ist $k/k^* = 1$, so nennt man die analoge Darstellung eine Echtzeitdarstellung, ist $k/k^* < 1$, so liegt eine Zeitdehnung vor, ist $k/k^* > 1$, so ergibt sich Zeitraffung.

Die Transformationen der abhängigen Veränderlichen. Die Spannung u kann in Abhängigkeit von t* nur zwischen + U und − U variieren. U hängt vom Maschinentyp ab und ist meistens 10 V oder 100 V. Es wird u (τ) durch diesen Maximalwert dividiert. Man erhält eine Funktion Z (τ), die zwischen + 1 und − 1 variieren kann

$$Z(\tau) = \frac{u(\tau)}{U} \qquad (9.3)$$

Der rechte Funktionsverlauf in Bild 9.1 stellt diese Funktion Z (τ) dar. Die Funktion y (x) variiert zwischen Extremwerten. Unter der Annahme, daß der größte Wert, also das Maximum des Betrages, bekannt sei, wird y durch diesen Wert $|y|_{max}$ dividiert. Für $|y|_{max}$ sei Y eingeführt, dann ergibt sich die Beziehung

$$Z(\tau) = \frac{y(\tau)}{Y} \qquad (9.4)$$

wenn diese Funktion wieder mit Z (τ) bezeichnet wird. Sie variiert zwischen + 1 und − 1. Diese so transformierte Funktion kann durch den Funktionsverlauf im Rechner dargestellt werden. Dabei ergeben sich die Beziehungen

$$u(\tau) = \frac{U}{Y} y(\tau) \quad y(\tau) = \frac{Y}{U} u(\tau) \qquad (9.5)$$

Ist $|y|_{max}$ nicht gegeben und ist Y, eine Abschätzung dieses Wertes, bekannt derart, daß

$$Y \geqq |y|_{max}$$

dann wird nur in dem Falle der Gleichheit der zur Verfügung stehende Bereich voll ausgefüllt.

Die Transformation der Ableitungen wird gleichfalls in zwei Schritten vorgenommen:

1. Die Ersetzung der unabhängigen Veränderlichen x durch τ nach der Beziehung

$$\tau = k \cdot x$$

bewirkt eine Änderung der Differentialquotienten. Es ist $dy/dx = (dy/d\tau)(d\tau/dx)$, also, da $d\tau/dx = k$ ist,

$$\frac{dy}{dx} = k \frac{dy}{d\tau}$$

Entsprechend ergibt sich für die 2. Ableitung

$$\frac{d^2y}{dx^2} = \frac{d}{dx}(\frac{dy}{dx}) = \frac{d}{d\tau}(k\frac{dy}{d\tau})\frac{d\tau}{dx} = k^2\frac{d^2y}{d\tau^2}$$

und für die i-te Ableitung

$$\frac{d^i y}{dx^i} = k^i \frac{d^i y}{d\tau^i} \qquad (9.6)$$

2. Die Ableitungen einer Funktion y (x) stellen wiederum Funktionen dar. Die i-te Ableitung $d^i y/dx^i$ kann also als Kurve aufgezeichnet werden. Soll sie auf dem Analogrechner darstellbar sein, so muß sie durch ihren Maximalwert

$$|\frac{d^i y}{d\tau^i}|_{max}$$

oder eine Abschätzung dieses Wertes $Y^{(i)}$ dividiert werden, wobei

$$Y^{(i)} \geqq |\frac{d^i y}{d\tau^i}|_{max}$$

gilt. Die entstehende Funktion wird mit $Z^{(i)}$ bezeichnet

$$Z^{(i)} = \frac{d^i y/d\tau^i}{Y^{(i)}} \qquad (9.7)$$

Durch die Division wird die Ableitung genau wie die Funktion selbst auf den Bereich von -1 bis $+1$ n o r m i e r t .

9.1.2. Rechenelemente des Analogrechners.
Die Rechenelemente des Analogrechners ermöglichen es, die Spannung u (t*) mit einer Konstanten α zu multiplizieren, sie zu integrieren oder mehrere Spannungen zu summieren oder miteinander zu multiplizieren. Fügt man diese Rechenelemente als einzelne Bausteine zu einem Ganzen zusammen, so kann man damit die Gleichung realisieren, durch die die Funktion Z (τ) dargestellt wird, die nach den Darlegungen von Abschn. 9.1.1. die Funktion y (x) repräsentiert.

Die Rechenelemente sind nach der Norm DIN 40 700, Blatt 18 in Bild 9.2 zusammengestellt. Dazu im einzelnen:

P o t e n t i o m e t e r sind veränderliche Widerstände. Sie erlauben eine Multiplikation mit dem Faktor α, wenn α kleiner als 1 und größer als 0 ist. R e c h e n v e r s t ä r k e r sind Gleichspannungsverstärker, deren Verstärkung V man als sehr groß annehmen kann. Sie bilden die Summe der Eingangsfunktionen Z_{ei} (i = 1, 2, . . . , n), multipliziert mit V. Liegt in der Rückführung eines Verstärkers ein Widerstand R, so arbeitet er als S u m m i e r e r . Er bildet die Summe der Eingangsfunktionen, wobei jede Eingangsfunktion Z_{ei} mit C_i (z. B. gleich 1 oder 10) multipliziert wird. Im einfachsten Fall (n = 1, C_1 = 1) kehrt er nur das Vorzeichen um. I n t e g r i e r e r sind die wichtigsten Elemente. Bei ihnen wird die Ausgangsfunktion über einen Kondensator an den Eingang zurückgeführt. Die Eingangsfunktionen werden summiert und integriert. Über einen besonderen Eingang kann die Anfangsbedingung berücksichtigt werden. M u l t i p l i z i e r e r multiplizieren zwei Spannungen miteinander. In Verbindung mit einem Verstärker kann auch die Division verwirklicht werden. F u n k t i o n s g e b e r approximieren die Funktion von einer Spannung Z_e durch Geradenstücke so, daß $Z_a = f(Z_e)$ gilt. Im allgemeinen arbeiten sie mit Dioden und erlauben die Darstellung durch 10 oder 20

Z_e —⟨α⟩— Z_a	Potentiometer 9.2 $Z_a = \alpha \cdot Z_e$ $0 \leqq \alpha \leqq 1$
Z_{e1}, Z_{e2} ... Z_{en} mit $C_1, C_2, \ldots, C_n$ → Z_a	Verstärker $Z_a = -\,V \sum\limits_{i=1}^{n} C_i Z_{ei}$ $V \gg 1$ C_i Bewertungsfaktoren
Z_{e1}, Z_{e2} ... Z_{en} mit $C_1, C_2, \ldots, C_n$ → Z_a	Summierer $Z_a = -\sum\limits_{i=1}^{n} C_i Z_{ei}$ C_i Bewertungsfaktoren
$-Z_{ao}$ Z_{e1}, Z_{e2} ... Z_{en} mit $C_1, C_2, \ldots, C_n$ → Z_a	Integrierer $Z_a = Z_{ao} + \int\limits_{0}^{\tau} \sum\limits_{i=1}^{n} C_i Z_{ei}\,d\tau$
Z_{e1} (+), $-Z_{e1}$ (−), Z_{e2} (+), $-Z_{e2}$ (−) ⊗ → Z_a	Multiplizierer (Parabelmultiplizierer) $Z_a = Z_{ei} \cdot Z_{e2}$
Z_e — ⌐ — Z_a	Funktionsgeber $Z_a = f(Z_e)$
Z_{e1} Z_{e1}, Z_{e2} ... Z_{en} → Z_a Z_{e2}	Komparator $Z_a = \begin{cases} Z_{ei}, \text{ falls } \sum\limits_{i=1}^{n} Z_{ei} \geqq 0 \\ Z_{e2}, \text{ falls } \sum\limits_{i=1}^{n} Z_{ei} < 0 \end{cases}$

9.2 Rechenelemente des Analog-
    rechners

solcher Geradenstücke. K o m p a r a t o r e n vergleichen Spannungen und bewirken eine Umschaltung, falls die Summe der Eingangsspannungen das Vorzeichen wechselt.
Zur Ausgabe der darzustellenden Funktionen dienen verschiedene Ausgabegeräte:

D i g i t a l v o l t m e t e r gestatten das Ablesen einzelner Werte (oder die Ausgabe über einen
Drucker) auf 3 bis 4 Stellen. Die einzelnen Verstärkerausgänge können angewählt und angezeigt
werden. P l o t t e r dienen dem Aufzeichnen von Funktionskurven in verschiedenen Größen
bis DIN A1. Üblich ist die Größe DIN A4. Schließlich können Funktionen auf einem S i c h t -
g e r ä t dargestellt werden und während der wiederholenden (repetierenden) Arbeitsweise des
Gerätes verändert und vorgegebenen Bedingungen angepaßt werden. Manche Geräte erlauben

das Sichtbarmachen mehrerer Funktionskurven auf dem Bildschirm. Bei der repetierenden Arbeitsweise wird der Vorgang in wählbaren Abständen (z. B. 20–200 ms) ständig wiederholt. Die einzelnen Rechenelemente werden meist mit Steckschnüren auf dem Steckfeld verbunden. Dieses Steckbrett ist in der Regel herausnehmbar und kann unabhängig vom Rechner vorbereitet werden. Die einzelnen Bausteine werden auf solchem Steckbrett durch einzelne Felder repräsentiert. Die Arbeitsweisen des Rechners (Halt, Operieren, Potentiometereinstellung, usw.) werden meistens durch Drucktasten angewählt. Die im folgenden behandelten Beispiele sind auf dem Tischrechner TR 48 der Firma EIA durchgeführt. Dieser steht dem Rechenzentrum der Paderborner Gesamthochschule zur Verfügung.

9.1.3. Aufbau einer Integriererkette.
Das wichtigste Element des Analogrechners ist der Integrierer. Dieses Element macht ihn besonders geeignet für das Lösen von Differentialgleichungen. Dabei ist es erforderlich, auch höhere Ableitungen als die erste zu integrieren. Jeder Integrierer muß ausgesteuert sein, d. h. die Grenzen + 1 oder − 1 sollten im Verlauf der Rechnung mindestens einmal erreicht werden. Sind mehrere Integrationen erforderlich, so baut man eine Kette mit der entsprechenden Anzahl von Integrierern auf.

Zunächst sei angenommen, daß die erste Ableitung $dx/d\tau$ zu integrieren sei. Man erhält $y(\tau)$ nach der Formel

$$y(\tau) = y(0) + \int_0^\tau \frac{dy}{d\tau}\, d\tau \tag{9.8}$$

Zur Aussteuerung ist es erforderlich, y und $dy/d\tau$ zu normieren, und zwar durch Division mit Y und $Y^{(i)}$, wobei

$$Y \geqq |y|_{max} \qquad Y^{(1)} \geqq |\frac{dy}{d\tau}|_{max}$$

gilt. Das ergibt

$$\frac{y(\tau)}{Y} = \frac{y(0)}{Y} + \frac{Y^{(1)}}{Y} \int_0^\tau \frac{dy/d\tau}{Y^{(1)}}\, d\tau$$

9.3   Schaltbild der Integration der 1. Ableitung

Mit $\qquad Z(\tau) = \dfrac{y(\tau)}{Y} \qquad Z^{(1)} = \dfrac{dy/d\tau}{Y^{(1)}} \qquad Z(0) = \dfrac{y(0)}{Y}$

erhält man für die Integration die grundlegende Beziehung

$$Z(\tau) = Z(0) + \frac{Y^{(1)}}{Y} \int_0^\tau Z^{(1)}(\tau)\, d\tau \tag{9.9}$$

Sie wird mit Hilfe eines Integrierers und eines Potentiometers realisiert, wie es in Bild 9.3 dargestellt ist.

Entsprechend ergibt die Integration der i-ten Ableitung

$$\frac{d^{i-1}y}{d\tau^{i-1}} = \frac{d^{i-1}y}{d\tau^{i-1}}\Big|_{\tau=0} + \int_0^\tau \frac{d^i y}{d\tau^i}\, d\tau$$

$$\frac{d^{i-1}y/d\tau^{i-1}}{Y^{(i-1)}} = \frac{d^{i-1}y/d\tau^{i-1}|_{\tau=0}}{Y^{(i-1)}} + \frac{Y^{(i)}}{Y^{(i-1)}} \int_0^\tau \frac{d^i y/d\tau^i}{Y^{(i)}}\, d\tau$$

mit $\qquad Z^{(i-1)} = \dfrac{d^{i-1}y/d\tau^{i-1}}{Y^{(i-1)}} \qquad Z^{(i-1)}(0) = \dfrac{d^{i-1}y/d\tau^{i-1}\big|_{\tau=0}}{Y^{(i-1)}}$

$$Z^{(i)} = \frac{d^i y/d\tau^i}{Y^{(i)}}$$

die Relation

$$Z^{(i-1)} = Z^{(i-1)}(0) + \frac{Y^{(i)}}{Y^{(i-1)}} \int_0^\tau Z^{(i)}(\tau)\, d\tau \tag{9.10}$$

Ihre Schaltung ist in Bild 9.4 dargestellt. Der Quotient $\beta^{(i)} = Y^{(i)}/Y^{(i-1)}$ heißt A u s -
s t e u e r u n g s f a k t o r .

Da die $(i-1)$-ste Ableitung wieder integriert werden kann, ist es möglich, zur $(i-2)$-ten
Ableitung zu kommen usw. bis zur Funktion selbst. Dazu müssen mehrere Integrierer hinter-
einander zu einer Integriererkette geschaltet werden. Eine solche ausgesteuerte Kette zeigt
Bild 9.5 im Ausschnitt.

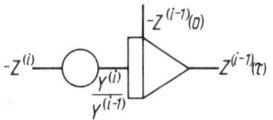

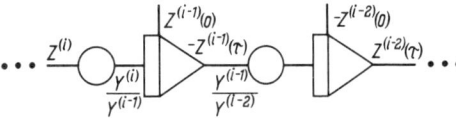

9.4 Schaltbild der Integration der i-ten
Ableitung

9.5 Ausgesteuerte Integriererkette

9.1.4. Behandlung von Biegeproblemen. Durch vierfache Integration, also durch Aufbau einer
Integriererkette mit vier Integrierern, können einfache Aufgaben aus dem Bereich der Biegung
von Trägern behandelt werden. Der Träger habe die Länge ℓ, das Flächenmoment I und bestehe
aus einem Material mit dem Elastizitätsmodul E. Die Größen E und I seien konstant. Dann
lautet die zu lösende Differentialgleichung

$$\frac{d^4 y}{dx^4} = \frac{q_0}{EI} \tag{9.11}$$

Die Randbedingungen sind für die verschiedenen Belastungsfälle unterschiedlich. Die Differentialgleichung wird durch viermaliges Integrieren gelöst. Die Schaltung zeigt Bild 9.6.

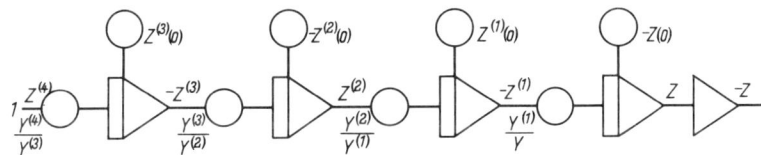

9.6 Integriererkette für die Lösung von Biegegleichungen

Die Funktionen Z, $Z^{(1)}$ bis $Z^{(4)}$ sind nach Gl. (9.10) eingeführt. Es sei zunächst angenommen,
daß die Werte Y, $Y^{(1)}$ bis $Y^{(4)}$ bekannt und die Randbedingungen auf Anfangsbedingungen
zurückgeführt sind. Dann sind $Z(0)$, $Z^{(1)}(0)$ bis $Z^{(3)}(0)$ gegeben. In diesem Fall kann die Biege-

linie aufgezeichnet werden. Der Umkehrer in Bild 9.6 dient dazu, die Biegelinie nach unten durchbiegend aufzuzeichnen. Als bekannt wird man diese Größen aber nur dann annehmen, wenn die Aufgabe darin besteht, bekannte Biegelinien für verschiedene Belastungsfälle zu veranschaulichen. Diese Aufgabe soll hier behandelt werden.

Sind dagegen die fraglichen Größen nicht bekannt, so erfordert das Lösen der Differential-gleichung die Berücksichtigung zweier Probleme:

1. Es müssen die Maximalwerte $Y, Y^{(1)}, \ldots, Y^{(4)}$ zunächst geschätzt werden. Mit Hilfe der Potentiometer kann dann jeder Verstärker durch Verändern des Aussteuerungsfaktors ausge-steuert werden. Das beim repetierenden Rechnen auf dem Bildschirm aufgezeichnete Bild gibt die Veränderungen unmittelbar wieder.

2. Die Randbedingungen werden durch Schätzung der Anfangswerte $Z(0), Z^{(1)}(0)$ bis $Z^{(3)}(0)$ berücksichtigt. Durch Veränderung der Anfangswerte kann man (durch Verändern der Potentio-meter) die Randbedingungen erfüllen. Es sollen drei Fälle herausgegriffen werden.

a) Für den beidseitig aufgelagerten Träger nach Bild 9.7 lauten die Randbedingungen

$$y(0) = 0 \qquad\qquad y(\ell) = 0$$

$$\frac{d^2y}{dx^2}\Big|_{x=0} = 0 \qquad\qquad \frac{d^2y}{dx^2}\Big|_{x=\ell} = 0 \qquad\qquad (9.12)$$

Die Größen der Maximalwerte und Anfangsbedingungen sind in Tafel 9.8 zusammengestellt.

Es ergeben sich folgende Aussteuerungsfaktoren

$$\frac{Y^{(4)}}{Y^{(3)}} = \frac{2}{k\ell} \qquad\qquad \frac{Y^{(3)}}{Y^{(2)}} = \frac{4}{k\ell} \qquad\qquad \frac{Y^{(2)}}{Y^{(1)}} = \frac{3}{k\ell} \qquad\qquad \frac{Y^{(1)}}{Y} = \frac{16}{5k\ell}$$

b) Bei der Durchbiegung eines eingespannten, durch Gleichstreckenlast belasteten Trägers ergeben sich die Randbedingungen (Bild 9.9)

$$y(0) = 0 \qquad\qquad \frac{d^2y}{dx^2}\Big|_{x=\ell} = 0$$

$$\frac{dy}{dx}\Big|_{x=0} = 0 \qquad\qquad \frac{d^3y}{dx^3}\Big|_{x=0} = 0 \qquad\qquad (9.13)$$

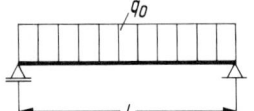

9.7   Beidseitig aufgelagerter
      Träger

9.9   Einseitig eingespannter
      Träger

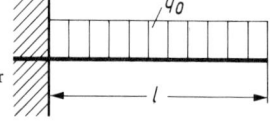

Die Maximalwerte und Anfangsbedingungen sind in Tafel 9.8 aufgeführt. Es ergeben sich als Aussteuerungsfaktoren

$$\frac{Y^{(4)}}{Y^{(3)}} = \frac{1}{k\ell} \qquad\qquad \frac{Y^{(3)}}{Y^{(2)}} = \frac{2}{k\ell} \qquad\qquad \frac{Y^{(2)}}{Y^{(1)}} = \frac{3}{k\ell} \qquad\qquad \frac{Y^{(1)}}{Y} = \frac{4}{3k\ell}$$

Tafel 9.8   Maximalwerte und Anfangsbedingungen

Belastungsfall	1	2	3
Y	$\dfrac{5q_0\ell^4}{384\,EI}$	$\dfrac{q_0\ell^4}{8\,EI}$	$\dfrac{q_0\ell^4}{0,2864\cdot120\,EI}$
$Y^{(1)}$	$\dfrac{q_0\ell^3}{24\,EIk}$	$\dfrac{q_0\ell^3}{6\,EIk}$	$\dfrac{q_0\ell^3}{120\,EIk}$
$Y^{(2)}$	$\dfrac{q_0\ell^2}{8\,EIk^2}$	$\dfrac{q_0\ell^2}{2\,EIk^2}$	$\dfrac{q_0\ell^2}{15\,EIk^2}$
$Y^{(3)}$	$\dfrac{q_0\ell}{2\,EIk^3}$	$\dfrac{q_0\ell}{EIk^3}$	$\dfrac{2q_0\ell}{5\,EIk^3}$
$Y^{(4)}$	$\dfrac{q_0}{EIk^4}$	$\dfrac{q_0}{EIk^4}$	$\dfrac{q_0}{EIk^4}$
$Z\,(0)$	0	0	0
$Z^{(1)}\,(0)$	1	0	1
$Z^{(2)}\,(0)$	0	1	0
$Z^{(3)}\,(0)$	-1	-1	$-0,25$

c) Der in Bild 9.10 schließlich dargestellte Belastungsfall führt auf eine statisch unbestimmte Aufgabe. Außerdem ist die Streckenlast eine lineare Funktion, sie muß also durch Integration erzeugt werden. Als Aussteuerungsfaktoren ergeben sich nach Tafel 9.8

$$\frac{Y^{(4)}}{Y^{(3)}}=\frac{5}{2k\ell} \qquad \frac{Y^{(3)}}{Y^{(2)}}=\frac{6}{k\ell} \qquad \frac{Y^{(2)}}{Y^{(1)}}=\frac{8}{k\ell} \qquad \frac{Y^{(1)}}{Y}=\frac{1}{0,2864\cdot k\cdot\ell}$$

Die vollständige Schaltung ist für diesen Fall in Bild 9.11 dargestellt.

9.10 Eingespannter und aufgelagerter Träger mit Dreieckslast

9.11 Vollständiges Schaltbild für den eingespannten und
aufgelagerten Träger mit Dreieckslast

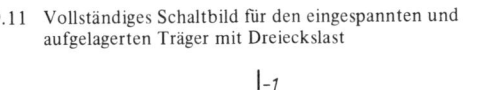

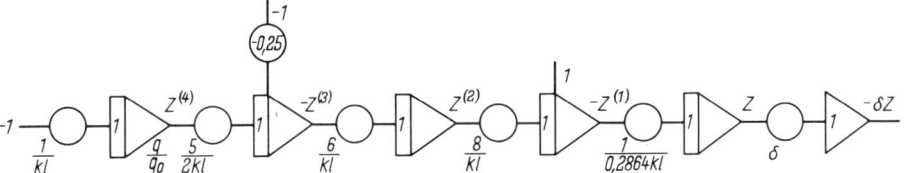

Die Randbedingungen lauten

$$y\,(0) = y\,(\ell) = 0 \qquad \frac{dy}{dx}\,\Big|_{x\,=\,\ell} = 0 \qquad \frac{d^2 y}{dx^2}\,\Big|_{x\,=\,0} = 0 \qquad\qquad (9.14)$$

Die Anfangswerte $Z^{(i)}\,(0)$ müssen so bestimmt werden, daß $y'\,(\ell) = 0$ und $y\,(\ell) = 0$ werden.

Die Wahl von k hängt von der Rechenzeit des Rechners ab. Bei repetierendem Betrieb mit 20 ms Repetierzeit kann man z. B. $k\ell = 10$ wählen.

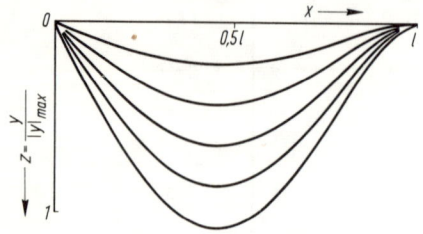

9.12
Ergebnisse der Berechnung der Biegelinie des eingespannten und aufgelagerten Trägers

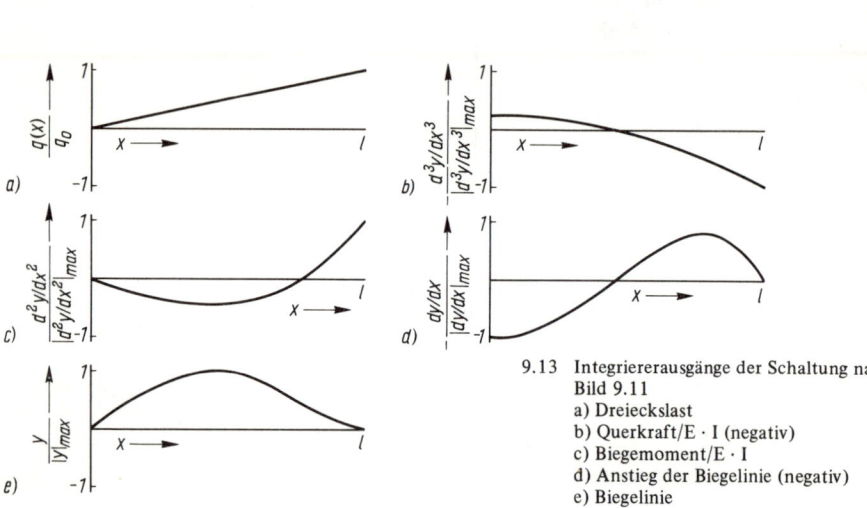

9.13   Integriererausgänge der Schaltung nach
Bild 9.11
a) Dreieckslast
b) Querkraft/E · I (negativ)
c) Biegemoment/E · I
d) Anstieg der Biegelinie (negativ)
e) Biegelinie

Für den Belastungsfall c) sind in Bild 9.12 und 9.13 die Ergebnisse dargestellt. Die Kurven von Bild 9.12 sind durch Variationen von δ entstanden. Die Integriererausgänge geben der Reihe nach in Bild 9.13 die Dreieckslast, Querkraft, Biegemoment, Anstieg der Biegelinie und die Biegelinie.

9.1.5. Der elastisch gebettete Träger. Die Aufgaben in Abschn. 9.1.4 lassen sich durch einfache Integrationen lösen. Mathematisch handelt es sich um einen Sonderfall lösbarer Differentialgleichungen. Bei dem in Bild 9.14 dargestellten Belastungsfall eines elastisch gebetteten Trägers dagegen liegt eine nicht durch einfache Integration lösbare Differentialgleichung vor. Wegen der Symmetrie braucht nur die rechte Balkenhälfte betrachtet zu werden. Der Koordinatenursprung wird in die Balkenmitte gelegt. Die Differentialgleichung lautet

$$\frac{d^4y}{dx^4} + \frac{K}{EI}\,y = \frac{q_0}{EI} \qquad\qquad (9.15)$$

K ist die sog. Bettungskonstante, E ist der Elastizitätsmodul und I das Flächenmoment. Alle drei Größen seien konstant. Die Randbedingungen sind

$$\frac{dy}{dx}\Big|_{x=0} = 0 \qquad\qquad \frac{d^2y}{dx^2}\Big|_{x=\ell} = 0$$

$$\frac{d^3y}{dx^3}\Big|_{x=0} = \frac{F}{2EI} \qquad\qquad \frac{d^3y}{dx^3}\Big|_{x=\ell} = 0 \qquad\qquad (9.16)$$

behandelt wird der spezielle Fall

$$q_0 = 15\,\frac{kp}{cm} \quad K = 200\,\frac{kp}{cm^2} \quad \ell = 100\,cm \quad E = 2{,}1 \cdot 10^6\,\frac{kp}{cm^2} \quad I = 1830\,cm^4$$

Die Kraft F wird variiert: 2000 kp, 1500 kp, 1000 kp, 500 kp, 0. Man vgl. Abschn. 4.2.15 und 6.2.1.1.

Bild 9.15 zeigt die Schaltung für den Analogrechner. Zunächst einmal denkt man sich die Integriererkette wie in den Beispielen des Abschn. 9.1.4 aufgebaut. Dies ist in Bild 9.6 dargestellt. Dieser Aufbau der Integriererkette ist der erste Schritt zum Lösen der Differentialgleichung. Als Eingang in die Integriererkette tritt $Z^{(4)}$ auf. In den Beispielen des vorigen Abschnitts war $Z^{(4)}$ konstant oder eine lineare Funktion. Hier dagegen ist $Z^{(4)}$ aus der Differentialgleichung zu ermitteln. Diese Gleichung wird nach der höchsten vorkommenden Ableitung aufgelöst

$$\frac{d^4y}{dx^4} = -\frac{K}{EI}\,y + \frac{q_0}{EI}$$

und normiert

9.14 Elastisch gebetteter Träger

$$\frac{k^4\,(d^4y/d\tau^4)}{Y^{(4)}} = -\frac{KY}{EIY^{(4)}}\frac{y}{Y} + \frac{q_0}{Y^{(4)}EI}$$

das ergibt $$Z^{(4)} = -\frac{K \cdot Y}{EIk^4Y^{(4)}}\,Z + \frac{q_0}{k^4Y^{(4)}EI} \qquad\qquad (9.17)$$

9.15 Schaltbild zur Berechnung der Biegelinie des elastisch gebetteten Trägers

$Z^{(4)}$ wird also aus zwei Bestandteilen zusammengesetzt, nämlich dem konstanten Anteil

$$\beta = \frac{q_0}{k^4Y^{(4)}EI}$$

und dem Produkt der Funktion $-$ Z mit

$$\alpha = \frac{K \cdot Y}{EIk^4 Y^{(4)}}$$

Beide Faktoren müssen mit dem Aussteuerungsfaktor multipliziert werden, d. h. mit $Y^{(4)}/Y^{(3)}$. Das ergibt

$$\alpha^* = \frac{K \cdot Y}{k^4 Y^{(3)} EI} \qquad\qquad \beta^* = \frac{q_0}{k^4 Y^{(3)} EI}$$

Während β^* als Konstante direkt über Potentiometer eingestellt werden kann, erfordert der erste Eingang die Funktion $-$ Z (τ). Diese steht aber zur Verfügung, wenn man an den letzten Integrierer einen Umkehrer hängt, der $-$ Z (τ) liefert. Dieser Ausgang wird über ein Potentiometer, das die Multiplikation mit α^* bewirkt, auf den Eingang des ersten Integrierers zurückgeführt. Damit erhält man einen geschlossenen Kreis. $Z^{(4)}$ hat daher als Eingang für die Integriererkette den verlangten Wert

$$[Y^{(4)}/Y^{(3)}] \cdot Z^{(4)} = \alpha^* (- Z) + \beta^* \tag{9.18}$$

und gleichzeitig ist der Integrierer ausgesteuert. Die vollständige Schaltung s. Bild 9.15. Mit den Extremwerten, die den Ergebnissen der Rechnung in Abschn. 4.2.15 entnommen sind, ergeben sich die Potentiometereinstellungen, die in Tafel 9.16 zusammengestellt sind.

Tafel 9.16   Potentiometereinstellungen

F/kp Potentiometer	2000	1500	1000	500
01	0,2220	0,2220	0,2220	0,2220
02	0,3194	0,3194	0,3194	0,3194
03	0,02693	0,02275	0,01737	0,01565
00	0,1500	0,2000	0,3000	0,6000
06	0,2725	0,3225	0,4225	0,7225

Die Funktionskurven, die die Verstärkerausgänge liefern, sind in Bild 9.17 dargestellt. Die Biegelinie ist für die verschiedenen Fälle (Variationen von F) in Bild 9.18 wiedergegeben. Man vergleiche damit die Ergebnisse in Abschn. 4.2.15 und 6.2.1.1. Dabei sind die Ergebnisse, die mit dem Analogrechner ermittelt wurden, im gleichen Maßstab dargestellt.

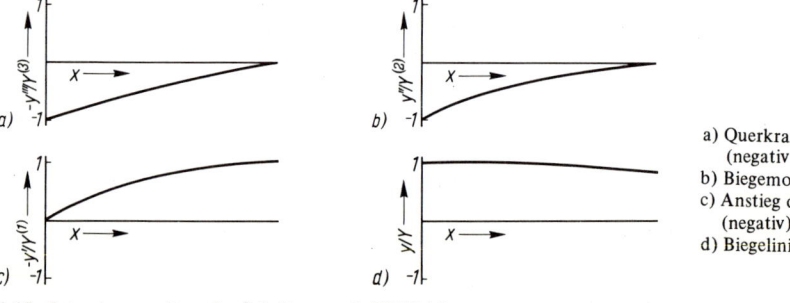

a) Querkraft/E · I
   (negativ)
b) Biegemoment/E · I
c) Anstieg der Biegelinie
   (negativ)
d) Biegelinie

9.17   Integriererausgänge der Schaltung nach Bild 9.15

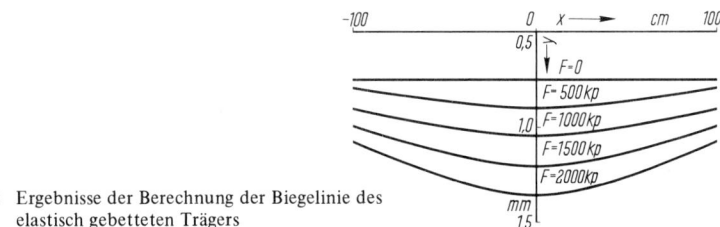

9.18 Ergebnisse der Berechnung der Biegelinie des
elastisch gebetteten Trägers

9.1.6. Lösung einer einfachen Differentialgleichung. Die im vorigen Abschnitt entwickelte Methode zur Lösung von Differentialgleichungen soll nun auf eine einfache Differential-gleichung angewandt und erläutert werden. Es waren zwei Teilschritte, die zur Lösung geführt hatten:

1. Zunächst wird entsprechend der Ordnung der Differentialgleichung eine Integriererkette aufgebaut, deren Eingangsgröße die höchste vorkommende Ableitung und deren Ausgangs-größe die gesuchte Funktion ist. Jeder dieser Integrierer wird durch Aussteuerungsfaktoren ausgesteuert, und es werden die Anfangswerte berücksichtigt.

2. Die Differentialgleichung wird nach der höchsten vorkommenden Ableitung aufgelöst. Dann gibt die rechte Seite die Vorschrift an, wie diese Ableitung als Eingangsgröße für die Integriererkette gebildet wird.

Die Lösung der Differentialgleichung

$$\frac{dy}{dx} + ay = 0 \qquad \text{Anfangsbedingung } y(0) = C \qquad (9.19)$$

soll auf diese Weise in den zwei Teilschritten programmiert werden.

a) Die Integriererkette besteht aus einem Integrierer. Die Lösung der Differentialgleichung – sie sei als bekannt vorausgesetzt – lautet

$$y = Ce^{-ax}$$

Der Maximalwert ist

$$|y|_{max} = C$$

Die erste Ableitung lautet

$$\frac{dy}{dx} = -C \cdot a \cdot e^{-ax}$$

mit den Maximalwerten

$$|\frac{dy}{dx}|_{max} = Ca \qquad\qquad |\frac{dy}{d\tau}|_{max} = \frac{1}{k} C \cdot a$$

Setzt man also

$$Y = C \qquad \text{und} \qquad Y^{(1)} = C \cdot a \cdot \frac{1}{k}$$

so ist $\quad Z(\tau) = \dfrac{y(\tau)}{C}$ $\qquad\qquad Z^{(1)} = \dfrac{k\,(dy/d\tau)}{C \cdot a} = \dfrac{k}{C \cdot a}\dfrac{dy}{d\tau}$

und $\quad Z(0) = \dfrac{C}{C} = 1$

Der Aussteuerungsfaktor ist

$$\frac{Y^{(1)}}{Y} = \frac{C \cdot a}{C \cdot k} = \frac{a}{k}$$

so daß sich die in Bild 9.19 dargestellte Integriererkette ergibt. Bild 9.20 zeigt die Schaltung mit den speziellen Werten. Es wird integriert nach der Formel

$$Z = 1 + \frac{a}{k}\int_0^\tau Z^{(1)}(\tau)\,d\tau \qquad\qquad (9.20)$$

Die Eingangsgrößen der Integriererkette ist $- Z^{(1)}$, die Ausgangsgröße $Z(\tau)$.

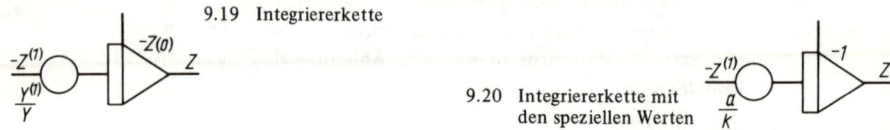

9.19   Integriererkette

9.20   Integriererkette mit den speziellen Werten

b) Zur Bildung der Eingangsgröße $Z^{(1)}(\tau)$ formt man die Differentialgleichung um, d. h. man löst nach der höchsten vorkommenden Ableitung auf und normiert

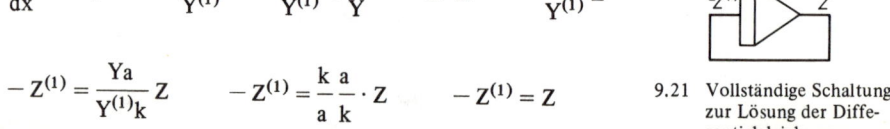

$$\frac{dy}{dx} = -ay \qquad \frac{dy/dx}{Y^{(1)}} = -\frac{a}{Y^{(1)}}Y\frac{y}{Y} \qquad k \cdot Z^{(1)} = -\frac{aY}{Y^{(1)}}Z$$

$$-Z^{(1)} = \frac{Ya}{Y^{(1)}k}Z \qquad -Z^{(1)} = \frac{k}{a}\frac{a}{k}\cdot Z \qquad -Z^{(1)} = Z$$

9.21   Vollständige Schaltung zur Lösung der Differentialgleichung

Die rechte Seite ist also gleich Z. Es läßt sich die Eingangsgröße $- Z^{(1)}$ der Integriererkette einfach dadurch bilden, daß man sie der Ausgangsgröße Z der Integriererkette gleichsetzt. So ergibt sich die Lösung der Aufgabe mit der Schaltung nach Bild 9.21.

9.1.7. Behandlung der gedämpften Schwingung. Es ist sehr oft erforderlich, Funktionen als rechte Seiten von Differentialgleichungen zur Verfügung zu haben. Sofern diese Funktionen der unabhängigen Veränderlichen sind, können sie auf dem Rechner durch ihre Differentialgleichung realisiert werden. Dies sei am Beispiel der gedämpften Schwingung gezeigt. Das Entwerfen einer Schaltung zur Lösung dieser Differentialgleichung ist aber auch darüber hinaus von Interesse und soll der Erläuterung der in den beiden vorhergehenden Abschnitten entwickelten Programmierungsprinzipien dienen.

Die Aufgabe sei, die beiden Funktionen.

$$y_1(t) = e^{-\delta t}\cos(\omega t + \varphi) \qquad\qquad y_2(t) = e^{-\delta t}\sin(\omega t + \varphi) \qquad (9.21)$$

auf dem Rechner darzustellen. Dabei sei ω die Kreisfrequenz, φ der Nullphasenwinkel und δ die Abklingkonstante. Die Anfangsbedingungen sind

$$y_1(0) = \cos\varphi \qquad\qquad y_2(0) = \sin\varphi$$

für das System von Differentialgleichungen

$$\frac{dy_1}{dt} = -\omega y_2(t) - \delta y_1(t) \qquad\qquad \frac{dy_2}{dt} = \omega y_1(t) - \delta y_2(t) \qquad (9.22)$$

dessen Lösungen die oben angegebenen Funktionen y_1 und y_2 sind.

1. Zunächst sind zwei Integriererketten mit jeweils einem Integrierer aufzubauen. Die I n t e g r a t i o n e n geschehen nach den Formeln

$$Z_1 = Z_1(0) + \frac{Y_1^{(1)}}{Y_1} \int_0^\tau Z_1^{(1)} d\tau \qquad\qquad Z_2 = Z_2(0) + \frac{Y_2^{(1)}}{Y_2} \int_0^\tau Z_2^{(1)} d\tau$$

mit $\quad Z_1 = \dfrac{y_1}{Y_1}, \quad Z_2 = \dfrac{y_2}{Y_2}, \quad Z_1^{(1)} = \dfrac{dy_1/d\tau}{Y_1^{(1)}}, \quad Z_2^{(1)} = \dfrac{dy_2/d\tau}{Y_2^{(1)}}$

Mit den Anfangsbedingungen ergibt sich:

$$Z_1 = \frac{\cos\varphi}{Y_1} + \frac{Y_1^{(1)}}{Y_1} \int_0^\tau Z_1^{(1)} d\tau \qquad\qquad Z_2 = \frac{\sin\varphi}{Y_2} + \frac{Y_2^{(1)}}{Y_2} \int_0^\tau Z_2^{(1)} d\tau$$

Den Schaltungsplan zeigt Bild 9.22.

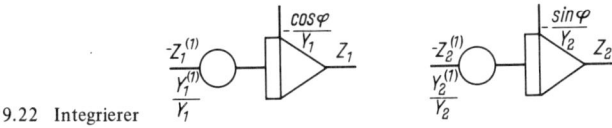

9.22 Integrierer

2. Die N o r m i e r u n g der Differentialgleichungen ergibt

$$Z_1^{(1)} = -\frac{\omega Y_2}{k Y_1^{(1)}} Z_2 - \frac{\delta Y_1}{k Y_1^{(1)}} Z_1$$

$$Z_2^{(1)} = \frac{\omega Y_1}{k Y_2^{(1)}} Z_1 - \frac{\delta Y_2}{k Y_2^{(1)}} Z_2$$

$$(9.23)$$

Diese beiden normierten Ableitungen sind die Eingangsfunktionen für die Integriererketten. Die rechten Seiten müssen also aus den Ausgangsfunktionen der Integriererketten erzeugt werden, damit die Differentialgleichungen erfüllt sind, wobei die Koeffizienten der rechten Seiten von $Z_1^{(1)}$ mit dem Aussteuerungsfaktor $Y_1^{(1)}/Y_1$ multipliziert werden müssen. Das ergibt

$$\frac{\omega Y_2}{k Y_1^{(1)}} \frac{Y_1^{(1)}}{Y_1} = \frac{\omega}{k} \frac{Y_2}{Y_1} \quad\text{und}\quad \frac{\delta}{k} \frac{Y_1}{Y_1^{(1)}} \cdot \frac{Y_1^{(1)}}{Y_1} = \frac{\delta}{k}$$

Entsprechend errechnen sich für die Koeffizienten der rechten Seite von $Z_2^{(1)}$

$$\frac{\omega Y_1}{k Y_2^{(1)}} \cdot \frac{Y_2^{(1)}}{Y_2} = \frac{\omega}{k} \frac{Y_1}{Y_2} \quad \text{und} \quad \frac{\delta}{k} \frac{Y_2}{Y_2^{(1)}} \frac{Y_2^{(1)}}{Y_2} = \frac{\delta}{k}$$

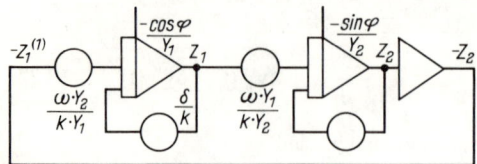

9.23   Schaltung zur Darstellung der gedämpften
Schwingung

Es ergibt sich der Schaltplan nach Bild 9.23. Ergebnisse, die für $\cos\varphi = -0,8$ und $\sin\varphi = 0,6$ erzielt wurden, sind in Bild 9.24 dargestellt. Ist $\delta = 0$, so handelt es sich um die ungedämpfte Schwingung. In diesem Fall sind

$$y_1 = \cos(\omega t + \varphi) \qquad\qquad y_2 = \sin(\omega t + \varphi)$$

Dann sind $Y_1 = 1$ und $Y_2 = 1$. Diesen speziellen Schaltplan stellt Bild 9.25 dar.

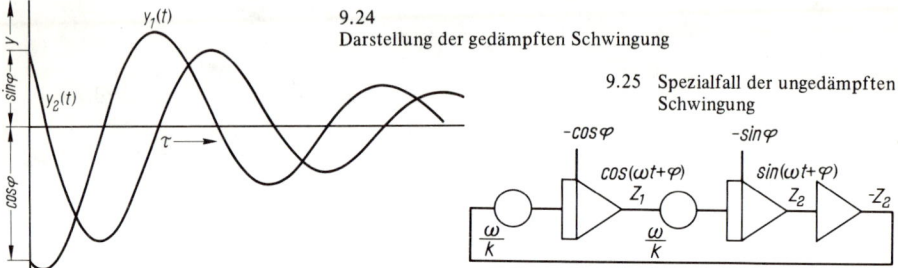

9.24
Darstellung der gedämpften Schwingung

9.25   Spezialfall der ungedämpften
Schwingung

9.1.8. Darstellungsmaßstäbe. Die Aufzeichnung der beim Langzeitrechnen anfallenden Ergebnisse kann auf einem Plotter geschehen.

Der Plotter kann in x- und y-Richtung auf verschiedene Maßstäbe eingestellt werden. Die Faktoren α geben das Verhältnis an, wieviel Volt pro cm dargestellt werden, α hat also die Einheit V/cm.

Damit wird die Spannung $u(\tau)$ durch s (in cm) abgetragen, wenn die Beziehung

$$\alpha \cdot s = u(\tau) \qquad \text{oder} \qquad s = \frac{u(\tau)}{\alpha}$$

gilt. Nun ist aber nach Gl. (9.5)

$$u(\tau) = \frac{U}{Y} y(\tau)$$

so daß

$$s = \frac{U}{\alpha Y} y(\tau) = \frac{U}{\alpha Y} y(x)$$

ist und wenn

$$\ell_y = \frac{U}{\alpha Y} \tag{9.24}$$

als Einheitslänge definiert wird

$$s = \ell_y \cdot y \, (x) \qquad\qquad\qquad (9.25)$$

Die physikalische Größe des Problems wird durch s (in cm) und der Einheitslänge ℓ_y dargestellt. Zu berücksichtigen ist, daß Plotter in beiden Richtungen nur einen bestimmten Bereich (in cm) abfahren können. Die Länge dieses Bereiches sei S_y in y-Richtung. Dann muß gefordert werden, daß die Strecke, die beim Darstellen von y (τ) erforderlich ist — sie sei S_{max} genannt — kleiner oder höchstens gleich S_y ist

$$S_{max} \leqq S_y$$

Angenommen, es soll y im Bereich

$$y_u \leqq y \, (x) \leqq y_o$$

variieren, so variiert die analoge Größe u (τ) im Bereich von u_u bis u_o

$$u_u \leqq u \, (\tau) \leqq u_o$$

Der zu berücksichtigende Bereich S_{max} ergibt sich als Differenz der Strecken, die für y_u und y_o erforderlich sind, nämlich

$$S_u = \frac{U}{\alpha Y} y_u \qquad \text{und} \qquad S_o = \frac{U}{\alpha Y} y_o$$

als

$$S_{max} = \frac{U}{\alpha Y} (y_o - y_u) \qquad\qquad (9.26)$$

Diese Formel gilt allgemein. Sie enthält die Sonderfälle

$$y_u = 0 \qquad y_o = Y \qquad S_{max} = \frac{U}{\alpha},$$

$$y_u = -Y \qquad y_o = 0 \qquad S_{max} = \frac{U}{\alpha}, \qquad (9.27)$$

$$y_u = -Y \qquad y_o = Y \qquad S_{max} = \frac{2U}{\alpha}$$

Sie gilt aber auch für den Fall, daß der Nullpunkt außerhalb des Bereichs liegt. Wird durch die Spannung U (τ) die i-te Ableitung dargestellt, so ermittelt man folgende Strecke

$$s = \frac{U}{\alpha Y^{(i)}} \frac{1}{k^i} \frac{d^i y}{dx^i} \qquad\qquad i = 1, 2, \ldots, n$$

mit der Einheitslänge

$$\ell_y^{(i)} = \frac{U}{\alpha Y^{(i)} k^i} \qquad\qquad\qquad (9.28)$$

$$s = \varrho_y^{(i)} \frac{d^i y}{dt^i} \tag{9.29}$$

Ist die unabhängige Veränderliche eine Funktion der Zeit, so gilt von dieser das über y (τ) Gesagte. Ist sie dagegen die Zeit selbst, so ergeben sich einige Vereinfachungen. Die Zeit selbst wird meist durch Integration von 1 erzeugt. Nach Bild 9.26 erhält man mit dem Aussteuerungsfaktor

$$\frac{Y}{Y^{(1)}} = \frac{1}{\tau_{max}}$$

wenn τ im Bereich $0 \leqq \tau \leqq \tau_{max}$ variieren soll, die Funktion τ/τ_{max}, die höchstens gleich 1 wird, wenn $\tau = \tau_{max}$. Ausgehend von

$$s = \frac{U}{\alpha} \frac{\tau}{\tau_{max}}$$

ergibt sich

9.26 Darstellung des zeitlichen Verlaufs

$$s = \frac{U}{\alpha} \frac{t}{t_{max}} \tag{9.30}$$

oder $$s = \varrho_t \cdot t \quad \text{mit} \quad \varrho_t = \frac{U}{\alpha \cdot t_{max}} = \frac{U \cdot k}{\alpha \cdot \tau_{max}} \tag{9.31}$$

Mit den in diesem Abschnitt entwickelten Formeln ist es möglich, die Ergebnisse auf einem Plotter aufzuzeichnen und die Maßstäbe für die Achsen zu errechnen.

9.1.9. Verschiedene Schaltpläne zur Lösung der Schwingungsgleichung. In Bild 9.27 sind verschiedene Schaltpläne zur Lösung der Differentialgleichung mechanischer Schwingungen

$$m\ddot{y} + b\dot{y} + cy = 0 \tag{9.32}$$

mit den Anfangsbedingungen y (0) = y_0 und $dy/dt|_{t=0} = y_0'$ aufgezeichnet. Zunächst ist auch hier eine Integriererkette aufzubauen. Sie ist in Bild 9.27a dargestellt und zur Verdeutlichung umrandet. Die Eingangsfunktion ist $Z^{(2)}$, die Ausgangsfunktion Z (τ). Es sind verschiedene Möglichkeiten, die Eingangsfunktion $Z^{(2)}$ zu bilden, in Bild 9.27 dargestellt.
Die Normierung der Differentialgleichung ergibt

$$mk^2 Y^{(2)} Z^{(2)} + bk Y^{(1)} Z^{(1)} + c \cdot YZ = 0 \tag{9.33}$$

Für die ersten beiden Methoden löst man nach der höchsten vorkommenden Ableitung auf

$$Z^{(2)} = -\frac{bY^{(1)}}{mkY^{(2)}} Z^{(1)} - \frac{c \cdot Y}{mk^2 Y^{(2)}} Z \tag{9.34}$$

1. Es wird die ausgesteuerte Eingangsgröße gebildet

$$\frac{Y^{(2)}}{Y^{(1)}} Z^{(2)} = -\frac{b}{m \cdot k} Z^{(1)} - \frac{c}{m \cdot k^2} \cdot \frac{Y}{Y^{(1)}} Z$$

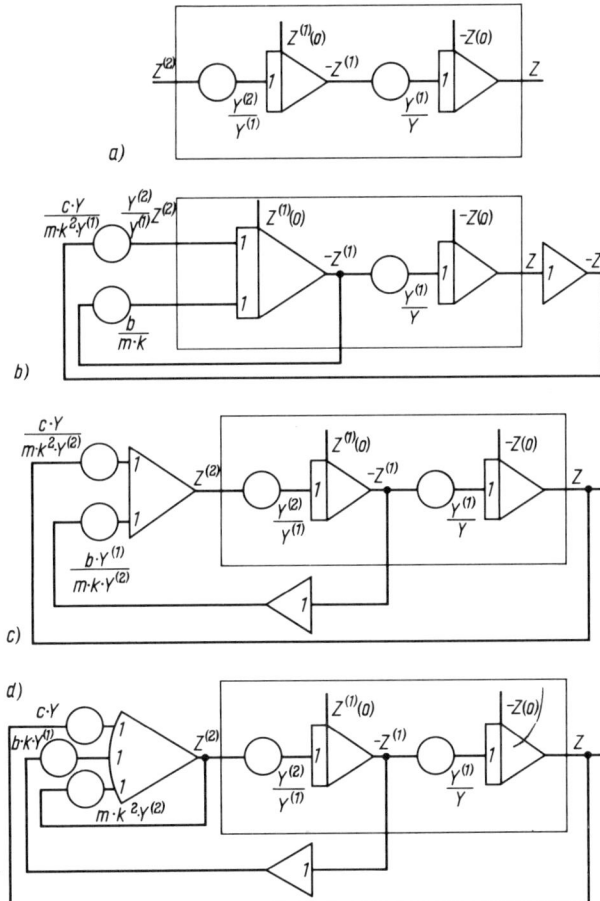

9.27 Verschiedene Schaltpläne
      zur Lösung der Schwingungs-
      gleichung

Da $-$ Z nicht zur Verfügung steht, wird ein Umkehrer angefügt. Dann können mit den Konstanten

$$\frac{b}{mk} \quad \text{und} \quad \frac{cY}{mk^2Y^{(1)}}$$

multipliziert, die Ausgänge zurückgeführt werden. Das Schaltbild zeigt Bild 9.27b.

2. Es wird $Z^{(2)}$ selbst gebildet. Das erfordert einen weiteren Summierer. In diesem werden

$$\frac{b}{m \cdot k} \frac{Y^{(1)}}{Y^{(2)}} Z^{(1)} \quad \text{und} \quad \frac{c \cdot Y}{mk^2Y^{(2)}} Z$$

zurückgeführt. Dabei ist es notwendig, $Z^{(1)}$ durch Umkehrer aus $- Z^{(1)}$ zu bilden. Hier kann $Z^{(2)}$ direkt aufgezeichnet werden (9.27c).

3. Bild 9.27d zeigt eine weitere Möglichkeit, $Z^{(2)}$ zu erzeugen. Hier wird ein Verstärker benutzt.

Grundlage der Anwendung ist, daß – im Rahmen der Genauigkeit des Analogrechners – die Summe der Eingangsfunktionen eines solchen offenen Verstärkers als Null angesehen werden kann. Setzt man als Ausgang des Verstärkers $Z^{(2)}$, so hat man alle Funktionen zur Verfügung, um die Differentialgleichung (9.33) am Eingang des Verstärkers zu verwirklichen. Falls man $Z^{(2)}$ nicht aufzeichnen will, ist die erste Schaltung die geeignete, weil sie am wenigsten Rechenelemente benötigt. Andernfalls wird man die zweite oder dritte verwenden. Dabei liegt der Vorteil der dritten darin, daß der Einfluß der Änderung von m, b und c jeweils durch Änderung e i n e s Potentiometers sichtbar gemacht werden kann, während bei den anderen Schaltungen, die Verhältnisse c/m und b/m an den Potentiometern eingestellt werden.

9.1.10. Die implizite Technik. Die Eigenschaft des offenen Verstärkers, die Ausgangsfunktion so zu bestimmen, daß die Summe der Eingangsfunktionen gleich Null wird, läßt sich über das in Abschnitt 9.1.9 Gesagte hinaus dahingehend verwenden, daß Operationen durchgeführt werden, für die direkt keine Rechenelemente zur Verfügung stehen. Das soll an zwei Beispielen gezeigt werden.

Beispiel 1. Die D i v i s i o n zweier Funktionen X (τ) und Y (τ)

$$Z(\tau) = \frac{X(\tau)}{Y(\tau)}$$

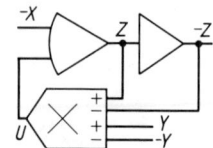

9.28 Divisionsschaltung

läßt sich aus der Umformung

$$Z(\tau) \cdot Y(\tau) - X(\tau) = 0$$

herleiten. Führt man in Bild 9.28 U als Ausgangsfunktion des Multiplizierers ein, so gilt

$$U - X = 0$$

beim offenen Verstärker. Ist U gleich Y · Z, so ergibt sich

$$Y \cdot Z - X = 0 \qquad \text{oder} \qquad Z = \frac{X}{Y} \qquad\qquad (9.35)$$

Zu beachten ist dabei, daß Y positiv sein muß.

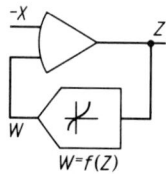

9.29 Bildung der Umkehrfunktion

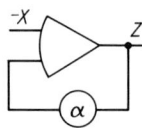

9.30 Division durch eine Konstante

Beispiel 2. Die Bildung der U m k e h r f u n k t i o n ist in Bild 9.29 dargestellt. Am Verstärkereingang ergibt sich

$$F(Z) - X = 0 \qquad \text{oder} \qquad X = F(Z)$$

Dann aber ist Z = G (X) die Umkehrfunktion. Nach diesem Prinzip ist auch die Division nach vorstehenden Formeln zu verstehen, wobei X = Z · Y gebildet wird, so daß Z = X/Y ist. Als weiteres Beispiel setze man für U = Z^2 an, dann ist

$$X = Z^2 \qquad \text{oder} \qquad Z = \sqrt{X}$$

so daß diese Technik auch für das Wurzelzeichen anwendbar ist. Grundlage dafür ist das in Bild 9.29 gegebene Schema. Es ist nur erforderlich, die Funktion zu bilden, deren Umkehrfunktion die gewünschte Operation verursacht. Die einfachste Anwendung ist die Schaltung nach Bild 9.30 zur Division durch eine Konstante α.

9.1.11. Die Programmierung von Übertragungsfunktionen. In der Regelungstechnik ist es üblich, mit Übertragungsfunktionen zu arbeiten. Sie lassen sich auf dem Analogrechner nachbilden und zu komplexen Gebilden wie Regelstrecken oder Regler zusammenfügen. Das Prinzip dieses Vorgehens soll hier an einfachen Beispielen dargestellt werden.

In Bild 9.31 sei zunächst der Eingang y_e (t) nicht vorhanden. Dann erhalten wir durch diese Schaltung eine Lösung der Differentialgleichung

$$\dot{y}_a + \frac{1}{T} y_a = 0 \qquad (9.36)$$

mit der Anfangsbedingung y_a (0) = 0. Die Lösung mit dieser Anfangsbedingung ist die triviale $y_a = 0$. Das System bleibt in Ruhe. Wird (1/T) y_e hinzugeschaltet, so erhält man die Lösung der inhomogenen Gleichung

$$\dot{y}_a + \frac{1}{T} y_a = \frac{1}{T} y_e \qquad (9.37)$$

9.31 Schaltbild für die Lösung der Differentialgleichung (9.37)

Unter Verwendung der Operatorschreibweise, die durch die Laplace-Transformation begründet wird, also mit d/dt = s, erhält man

$$s y_a + \frac{1}{T} y_a = \frac{1}{T} y_e \qquad \text{oder} \qquad \frac{y_a}{y_e} = \frac{1}{1 + Ts} \qquad (9.38)$$

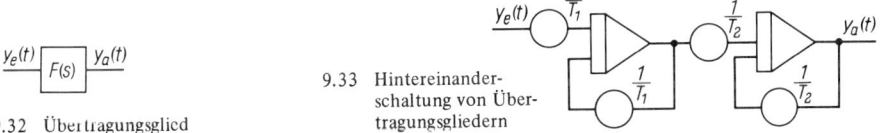

9.33 Hintereinander-
schaltung von Über-
tragungsgliedern

9.32 Übertragungsglied

Rechts steht eine Funktion von s, sie sei mit F (s) bezeichnet und heißt die Übertragungsfunktion. Man denkt sich nun die Schaltung von Bild 9.31 als Kästchen mit der Aufschrift F (s), wie es in Bild 9.32 dargestellt ist. Dieses Kästchen ist Symbol für ein Übertragungsglied mit der Übertragungsfunktion F (s).

Die Anwendung der Operatorschreibweise und das Arbeiten mit Übertragungsfunktionen ist deswegen von Vorteil, weil man die einzelnen Übertragungsglieder zu komplexeren Gebilden zusammenfügen kann. So lassen sich zwei Schaltungen nach Bild 9.31 zu einer Einheit zusammenfassen, wie es in Bild 9.33 dargestellt ist. Die Übertragungsfunktion dieses Gesamtbildes ist das Produkt der Funktionen der Elemente

$$F(s) = \frac{1}{(1 + T_1 s)(1 + T_2 s)} \tag{9.39}$$

Dieses Zusammenfügen erlaubt den Aufbau erforderlicher Übertragungsfunktionen aus den einzelnen Bausteinen. Übertragungsglieder können auch in die Rückführung geschlossener Kreise gelegt werden. Kompliziertere Funktionen können oft durch Umformung auf elementare Funktionen zurückgeführt und durch deren Übertragungsglieder aufgebaut werden. Es läßt sich z. B. die Übertragungsfunktion

$$F(s) = \frac{s^2}{(1 + T_1 s)(1 + T_2 s)} \tag{9.40}$$

auf die Form

$$F(s) = \frac{1}{T_1 T_2} \left(\frac{1}{(1 + T_1 s)(1 + T_2 s)} - \frac{1}{1 + T_1 s} - \frac{1}{1 + T_2 s} + 1 \right)$$

bringen und aus elementaren Funktionen aufbauen. Das Schaltbild zeigt Bild 9.34.

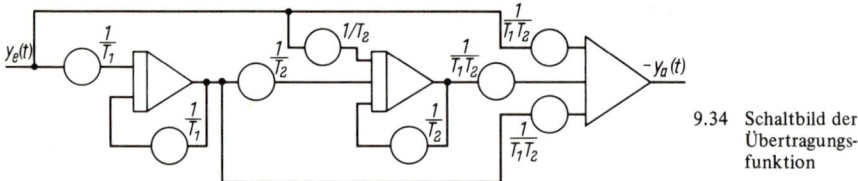

9.34   Schaltbild der Übertragungsfunktion

Das Kombinieren von Übertragungsfunktionen setzt voraus, daß man einen Katalog von Schaltbildern elementarer Funktionen bereits hat. Will man solche Schaltungen selbst programmieren, geht man auf die dadurch beschriebenen Differentialgleichungen zurück. Es stellt z. B. die Übertragungsfunktion

$$F(s) = \frac{1 + T_2 s}{1 + 2a T_1 s + T_1^2 s^2} = \frac{y_a}{y_e} \tag{9.41}$$

die Differentialgleichung

$$T_1^2 \ddot{y}_a + 2a T_1 \dot{y}_a + y_a = T_2 \dot{y}_e + y_e \tag{9.42}$$

dar. Auf der rechten Seite tritt – und das ist das Besondere bei den Aufgaben dieser Art – eine Ableitung (hier die erste) der Eingangsfunktion auf. Sie wird durch einmalige Integration beseitigt:

$$T_1^2 \dot{y}_a + 2a T_1 y_a + \int_0^t y_a dt = T_2 y_e + \int_0^t y_e dt$$

oder $$\frac{dy_a}{dt} = \frac{1}{T_1^2}(T_2 y_e - 2aT_1 y_a) + \frac{1}{T_1^2} \int_0^t (y_e - y_a)\, dt \qquad (9.43)$$

Dieser Schaltungsplan ist in Bild 9.35 dargestellt.

Zum Aufbau eines Reglers werden z. B. die Übertragungsfunktionen eines PI-Gliedes

$$F(s) = V\left(1 + \frac{1}{T_n s}\right)$$

eines P-Gliedes mit Verzögerung

$$F(s) = \frac{V}{1 + Ts}$$

oder eines D-Gliedes mit Verzögerung

$$F(s) = \frac{T_2 s}{1 + T_1 s}$$

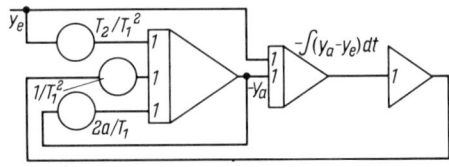

9.35   Schaltbild der Übertragungsfunktion

benötigt. Es läßt sich daher, wenn die Schaltpläne dieser Funktionen bereitstehen, sehr gut mit dem Analogrechner experimentieren, um ein gewünschtes Reglerverhalten zu erreichen. In gleicher Weise lassen sich auch die Regelstrecken durch Übertragungsfunktionen beschreiben, die sich aus elementaren Funktionen zusammensetzen lassen.

9.1.12. Zur Anwendung des Analogrechners in der Chemie. In der Chemie ist der Analogrechner in starkem Maße zur Lösung von Aufgaben aus dem Gebiet der Reaktionskinetik eingesetzt. Es liegt eine ähnliche Problemstellung wie in der Regelungstechnik vor. Aus bestimmten Grundmodellen des Verhaltens sollen durch Kombination Modelle gefunden werden, die empirisch ermittelte Reaktionsabläufe wiedergeben. In [92] findet man 46 solcher Modelle und Beispiele für die Kombination.

Es genügt hier, die Prinzipien dieser Arbeitsweise zu skizzieren. In einem Behälter soll eine unimolekulare, einseitig verlaufende Reaktion ablaufen, die die Stoffe X und Y in den Stoff Z umwandelt. Es ist üblich, dafür zu schreiben:

$$X + Y \overset{k}{\to} Z \qquad (9.44)$$

Die Differentialgleichung

$$\frac{dC_x}{dt} = -kC_x \qquad (9.45)$$

gibt dann den Konzentrationsverlauf von X wieder. Für einen adiabatischen Vorgang muß die Temperaturabhängigkeit von k berücksichtigt werden:

$$\frac{dk}{dt} = \frac{kE}{RT^2} \cdot \frac{dT}{dt} \qquad (9.46)$$

wobei T die absolute Temperatur ist. Das ist die Differentialgleichungsform der Arrhenius-Gleichung

$$k = A \cdot e^{-E/RT} \qquad\qquad (9.47)$$

Schließlich muß noch die Energiebilanz aufgestellt werden, so daß man ein System von Differentialgleichungen erhält, das auf dem Analogrechner gelöst werden kann.

Aufgaben aus dem Gebiet der Verfahrenstechnik und regelungstechnische Aufgaben stellen sich auch in der Chemie. Schließlich kann der Analogrechner zur Prozeßsteuerung (s. Abschn. 8) und für Optimierungsaufgaben eingesetzt werden.

9.1.13. Pendelschwingungen. Bemerkenswert am Analogrechner ist, daß sich auch nichtlineare Differentialgleichungen verhältnismäßig einfach lösen lassen. Damit ist es auch möglich, Vorgänge zu veranschaulichen, die durch solche Gleichungen beschrieben werden. Dies soll hier am Beispiel des schwingenden Pendels gezeigt werden. Dabei sollen die Reibung und der Luftwiderstand berücksichtigt werden. Vernachlässigt man beides, so wird man auf eine Lösung geführt, die sich durch elliptische Funktionen darstellen läßt.

Das Pendel wird zur Zeit $t = 0$ angestoßen, die Anfangsgeschwindigkeit sei v_0. Für die Auslenkung $y(t)$ des Pendels gilt die Differentialgleichung

$$\frac{d^2 y}{dt^2} + \alpha \frac{dy}{dt} + \beta \frac{dy}{dt} \left| \frac{dy}{dt} \right| + \frac{g}{\ell} \sin y = 0 \qquad\qquad (9.48)$$

In dieser Gleichung ist g die Fallbeschleunigung, ℓ die Länge des Pendels, α und β sind den Koeffizienten der Luftreibung und des Luftwiderstandes proportional. Die Anfangsbedingungen lauten:

$$y(0) = 0 \qquad\qquad \frac{dy}{dt}\bigg|_{t=0} = \frac{v_0}{\ell} \qquad\qquad (9.49)$$

Es sei für das Folgende angenommen, daß nicht die Funktion $y(t)$ bestimmt werden soll, sondern die beiden Funktionen

$$\sin y(t) \qquad\qquad \text{und} \qquad\qquad \cos y(t)$$

ermittelt werden sollen. Dann ist es möglich, die Pendelschwingung mit den beiden Funktionen auf dem Bildschirm sichtbar zu machen.

Für die Bildung von $\sin y(t)$ und $\cos y(t)$ ist in [89] ein Schaltbild hergeleitet worden. Es beruht auf folgender Entwicklung

$$Y_1 = \sin y(t) \qquad\qquad Y_2 = \cos y(t)$$

$$\frac{dY_1}{dt} = \frac{dy}{dt} Y_2 \qquad\qquad \frac{dY_2}{dt} = -\frac{dy}{dt} Y_1$$

Die Anfangsbedingungen lauten:

$$Y_1(0) = \sin y(0) \qquad\qquad Y_2(0) = \cos y(0)$$

Mit den Transformationen

$$Z^{(1)} = \frac{dy/d\tau}{|dy/d\tau|_{max}}$$

ergibt sich

$$Y_1 = \sin y\,(0) + \int\limits_0^\tau Y_1^{(1)} d\tau \qquad\qquad Y_2 = \cos y\,(0) + \int\limits_0^\tau Y_2^{(1)} d\tau$$

für die Integration und

$$Y_1^{(1)} = |\frac{dy}{d\tau}|_{max} Z^{(1)} Y_2 \qquad\qquad Y_2^{(1)} = -|\frac{dy}{d\tau}|_{max} Z^{(1)} Y_1$$

für die Eingangsgrößen. Die Schaltung zeigt Bild 9.36.

9.36
Erzeugung von sin y(t) und cos y(t)

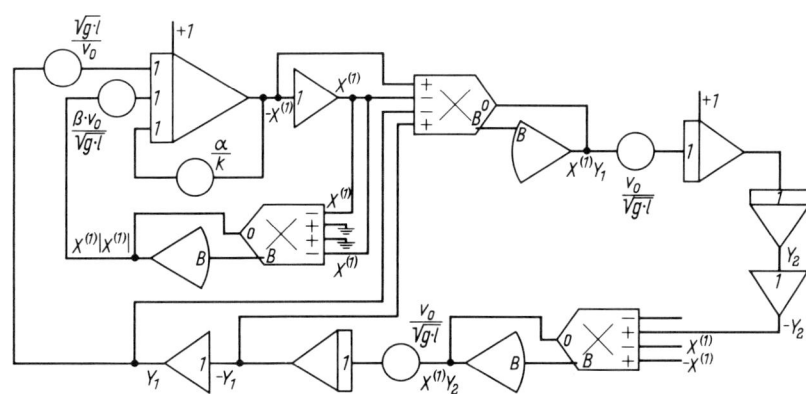

9.37   Schaltplan zur Lösung der Differentialgleichung
       der Pendelschwingung

Die vollständige Schaltung für die Pendelschwingung ist in Bild 9.37 dargestellt. Hier ergibt sich für Y_1 und Y_2

$$Y_1 = \frac{v_0}{\sqrt{g\ell}} \int\limits_0^\tau X^{(1)} Y_2 \, d\tau \qquad\qquad Y_2 = 1 - \frac{v_0}{\sqrt{g\ell}} \int\limits_0^\tau X^{(1)} Y_1 \, d\tau$$

mit $\quad X^{(1)} = 1 + \int\limits_0^\tau X^{(2)} d\tau$

$$X^{(2)} = -\alpha \sqrt{\frac{\ell}{g}} X^{(1)} - \beta \frac{v_0}{\sqrt{g\ell}} X^{(1)} |X^{(1)}| - \frac{\sqrt{g\ell}}{v_0} Y_1$$

Auf dem Bildschirm wird $-Y_2$ über Y_1 aufgetragen.

9.1.14. Darstellung von Joukowski-Profilen. Aus dem Bereich der Strömungslehre soll die Konstruktion von Joukowski-Profilen behandelt werden. Sie ergeben sich als Abbildungen in der komplexen Ebene, und zwar werden die Kreise

$$x = -A + R \cos \omega t \qquad y = B + R \sin \omega t \tag{9.50}$$

(in Parameterdarstellung) durch die Transformation

$$w = \frac{1}{2}(z + \frac{a^2}{z}) \qquad a \text{ reell}, \qquad a^2 < 1 \tag{9.51}$$

auf die Profile abgebildet.

Die Trennung der Transformation in Real- und Imaginärteil führt zu

$$u = \frac{1}{2}x + \frac{a^2 x}{x^2 + y^2} = \text{Re } w \qquad\qquad v = \frac{1}{2}y - \frac{a^2 y}{x^2 + y^2} = \text{Im } w$$

Aus diesen Formeln können u, v bei gegebenen x und y erzeugt werden.

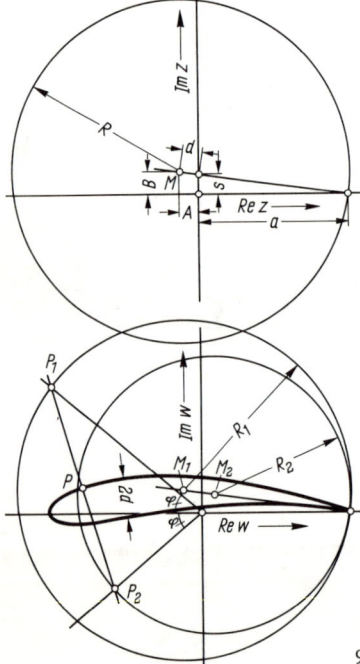

In Bild 9.38 ist die graphische Konstruktion dargestellt. Aus ihr ist ersichtlich, wie sich der Mittelpunkt und der Radius des abzubildenden Kreises aus den Größen bestimmen lassen, die für die Form des Profils ausschlaggebend sind, nämlich s, d und a

$$A = d \frac{a}{\sqrt{s^2 + a^2}} \qquad\qquad B = R \frac{s}{\sqrt{s^2 + a^2}}$$

$$R = d + \sqrt{s^2 + a^2}$$

Für die Konstruktion zerlegt man die Abbildung w in zwei Abbildungen

$$w = 0{,}5 (z + \frac{a^2}{z}) = 0{,}5 (w_1 + w_2)$$

$$w_1 = z \qquad w_2 = \frac{a^2}{z}$$

9.38 Konstruktion von Joukowski-Profilen

Die identische Abbildung w_1 bildet den Kreis mit dem Radius R in der z-Ebene in einem Kreis mit dem gleichen Radius $R_1 = R$ und den gleichen Mittelpunkt $M_1 = M$ in der w-Ebene ab. Die Abbildung des Kreises durch w_2 läßt sich durch die Abbildung dreier Punkte (Schnittpunkte mit den Achsen) festlegen. Das Profil läßt sich dann punktweise konstruieren (Strecke $P_1 P_2$ wird halbiert).

Die Schaltung, die sich für die Erzeugung von u und v ergeben würde, läßt sich vereinfachen, wenn man darauf verzichtet, eine Schaltung für die Joukowski-Abbildung zu haben, mit der auch andere in Parameterdarstellung gegebene Kurven als der Kreis abgebildet werden können. Für den Spezialfall der Joukowski-Profile, also für die Kreisabbildung, ergibt sich aus Gl. (9.50)

$$x^2 = A^2 - 2AR \cos \omega t + R^2 \cos^2 \omega t$$

$$y^2 = B^2 + 2BR \sin \omega t + R^2 \sin^2 \omega t$$

$$x^2 + y^2 = -(A^2 + B^2 + R^2) - 2BR \sin \omega t + 2AR \cos \omega t$$

Es wird gesetzt

$$C = A^2 + B^2 + R^2 \qquad D = 2RB \qquad E = 2RA$$

Dann läßt sich die Aufzeichnung von Joukowski-Profilen so programmieren, wie es in Bild 9.39 dargestellt ist.

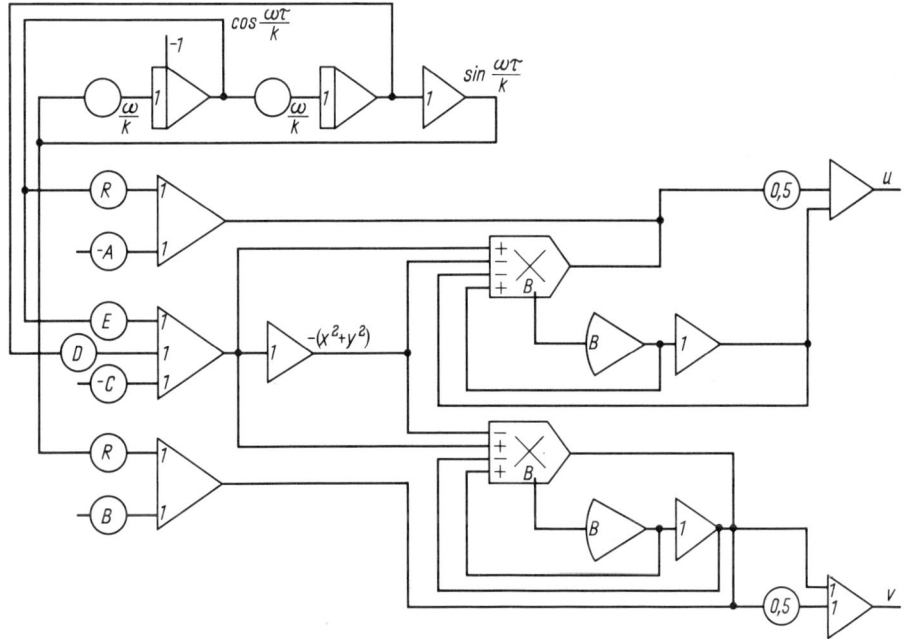

9.39 Schaltplan für die Erzeugung von Joukowski-Profilen

Bild 9.40 zeigt ein auf dem Plotter gezeichnetes Profil für die folgenden Werte

$$a = 0,6 \qquad s = 0,08 \qquad d = 0,075$$

Hierbei ist es wieder von Vorteil, wenn der Analogrechner repetierend rechnen kann. Es ist dann möglich, durch Veränderung der Potentiometer die Profilform zu variieren und der gewünschten Form anzunähern.

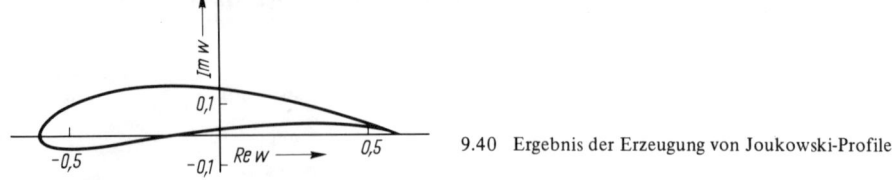

9.40   Ergebnis der Erzeugung von Joukowski-Profilen

9.2. Hybridrechner

Bei der Entwicklung vom Analog- zum Hybridrechner waren zwei Tendenzen wirksam:

1. Das Arbeiten am Analogrechner drängte auf eine Automatisierung der Vorgänge, z. B. auf automatisches Einstellen von Potentiometern und Verändern bei Wiederholung der Rechnung. Es ergab sich die Notwendigkeit, dem Analogrechner Elemente hinzuzufügen, die das Speichern von Werten, das automatische Ändern von Parameterwerten und Verzweigungen im Ablauf in Abhängigkeit von Bedingungen, bzw. logischen Kombinationen von Bedingungen möglich machten.

2. Es sollten in einem Hybridsystem Analog- und Digitalrechner zusammenarbeiten, um die Vorteile beider Anlagen zu nutzen und die Nachteile zu kompensieren. Diese Entwicklung machte den Analogrechner zu einem Baustein in einem übergeordneten System, dem die Aufgabe zufällt, Differentialgleichungssysteme zu lösen. Der Digitalrechner übernimmt die vielfältigen Aufgaben der Speicherung und Steuerung. Die Verbindung wird von einem Zwischenglied — dem Interface — geschaffen.

9.2.1. Digitale Ergänzungssysteme. Die erste Aufgabe — die Automatisierung der Eingabe und des Ablaufs — wurde durch das Hinzufügen zweier Elemente gelöst. Das Einstellen des Potentiometers wurde über Lochstreifeneingabe gesteuert. Die Steuerung des Ablaufs wurde durch Einbau digitaler Ergänzungssysteme möglich. In einem Hybridsystem ist es heute durchführbar, die gesamte Steuerung des Analogrechners über den Digitalrechner vorzunehmen, wenn das Steckfeld des Analogrechners programmiert ist. Dazu steht recht umfangreiche software zur Verfügung.

Digitale Ergänzungssysteme haben die Aufgaben der Steuerung des Ablaufs einer Rechnung und der Speicherung von Werten zu übernehmen. Ein erster Schritt dazu war die Einführung von Integrierern, deren Betriebszustände durch Signale während der Rechnung verändert werden können. Bild 9.41 zeigt die wichtigsten Formen. Bei der Wiederholung von Rechenabläufen, die automatisch gesteuert werden, ist es erforderlich, z. B. den Endwert der vorhergehenden Rechnung zur Verfügung zu haben. Dazu kann ein Speicher dienen, der während des Ablaufs den Wert hält.

In einem weiteren Schritt werden digitale Schalt- und Speicherelemente dem Analogrechner eingegliedert. Meistens sind sie auf einem gesonderten Steckbrett programmierbar. Ein- und Ausgänge können durch Steckschnüre wie auf dem Analogbrett verbunden werden. Hier arbeitet man mit digitalen Signalen „0" und „1", die den Wahrheitswerten „wahr" und „falsch" entsprechen. Eine Auswahl solcher logischer Elemente ist in Bild 9.42 zusammen-

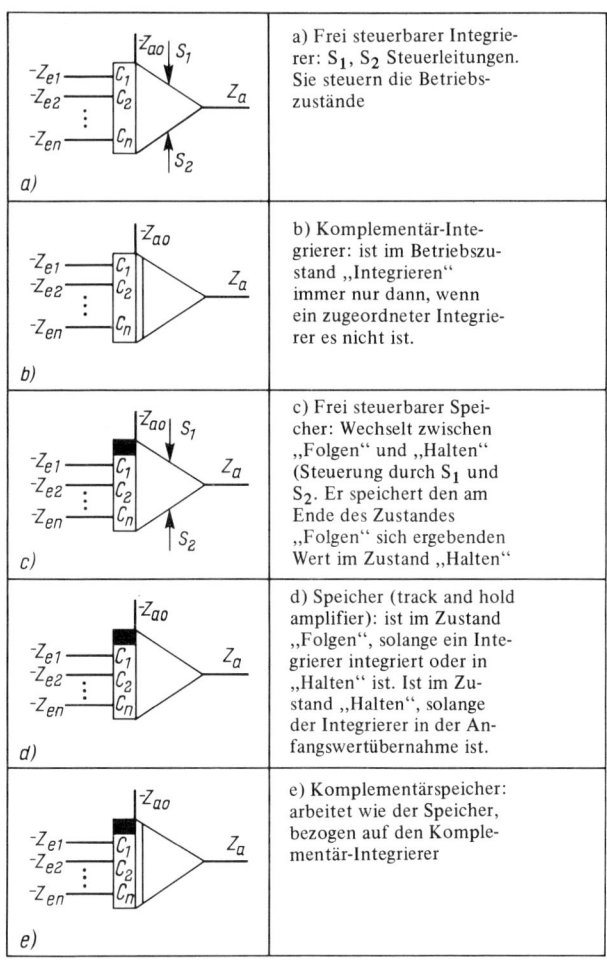

a)	a) Frei steuerbarer Integrierer: S_1, S_2 Steuerleitungen. Sie steuern die Betriebszustände
b)	b) Komplementär-Integrierer: ist im Betriebszustand „Integrieren" immer nur dann, wenn ein zugeordneter Integrierer es nicht ist.
c)	c) Frei steuerbarer Speicher: Wechselt zwischen „Folgen" und „Halten" (Steuerung durch S_1 und S_2. Er speichert den am Ende des Zustandes „Folgen" sich ergebenden Wert im Zustand „Halten"
d)	d) Speicher (track and hold amplifier): ist im Zustand „Folgen", solange ein Integrierer integriert oder in „Halten" ist. Ist im Zustand „Halten", solange der Integrierer in der Anfangswertübernahme ist.
e)	e) Komplementärspeicher: arbeitet wie der Speicher, bezogen auf den Komplementär-Integrierer

9.41   Steuerbare und speichernde Integrierer

gestellt. Als weitere stehen meistens Zähler zur Verfügung (auf- und abwärts zählende Elemente mit Dual- oder BCD-Zählweise). Es gibt ferner Shiftregister. Die Logik ist „getaktet", d. h. sie arbeitet im Takt mit einer Grundfrequenz, die meistens noch in größeren Einheiten abgreifbar ist.

Die logischen Verknüpfungen können durch Negations-, UND- sowie ODER-Glieder hergestellt werden. Es werden damit z. B. Bedingungen kombiniert. Die Schalter (AD- und DA-Schalter) kombinieren beide Signalformen. Der AD-Schalter wird durch analoge Eingangssignale gesteuert und liefert digitale Signale (0 oder 1). Der DA-Schalter wird durch ein digitales Signal gesteuert und liefert in Abhängigkeit von diesem unterschiedliche Spannungswerte.

Man kann sich die digitale Schaltung, die zu einem Problem auf dem Steckfeld programmiert ist, als einen speziellen Digitalrechner vorstellen. Insofern ist es berechtigt, von Hybrid-Analogrechnern zu sprechen. Von einem H y b r i d s y s t e m spricht man aber erst, wenn ein Digitalrechner, der unabhängig von dem System arbeiten kann, mit dem Analogrechner verbunden ist.

	Analog-Digitalschalter (AD) 9.42 $$y = \begin{cases} 1 \text{ für } \sum_{i=1}^{n} x_i > 0 \\ 0 \text{ für } \sum_{i=1}^{n} x_i < 0 \end{cases}$$
	Digital-Analog-Schalter (DA) $$y = \begin{cases} y_1 \text{ für } x = 0 \\ y_2 \text{ für } x = 1 \end{cases}$$
	UND-Glied $$y = x_1 \wedge x_2 \wedge \ldots \wedge x_n$$
	ODER-Glied $$y = x_1 \vee x_2 \vee \ldots \vee x_n$$
	Negation $$y = \neg x$$
	RST-Flipflop R Reset S Set T Trigger
	Shift-Register Quad Shift Register Ausgänge geben den Zustand von A, B, C, D

9.42 Logische Bausteine des Hybridrechnens

9.2.2. Hybride Systeme. Der Gedanke, Analog- und Digitalrechner zu einem hybriden System zu koppeln, ist 1958 in Amerika aufgekommen. Die Berechnungen der Flugbahnen von Langstreckenraketen waren die ersten Aufgaben, die auf diese Weise gelöst wurden. Es war dabei das Ziel, die Vorteile des Digitalrechners, die hohe Genauigkeit, die Möglichkeiten der Speicherung und die Möglichkeit der Verzweigung aufgrund von Bedingungen für den Analogrechner nutzbar zu machen.

Die zu lösende Differentialgleichungen ließen sich schnell auf dem Analogrechner bearbeiten. Zur Speicherung und zur Interpolation und schließlich zur genaueren Rechnung wurde der Digitalrechner herangezogen. Die Flugsimulation von Flugzeugen ist ein weiteres Gebiet. Aber nicht nur für die Probleme der Luft- und Raumfahrt werden hybride Systeme eingesetzt. Optimierungsprobleme lassen sich ebenso behandeln wie Simulationsaufgaben (z. B. Simulation von Kernkraftwerken).

Ein Hybridsystem besteht aus drei Elementen, nämlich außer den beiden Rechnern noch aus einem sog. Interface, dem Verbindungsglied beider.

1. Der Digitalrechner muß außer über eine genügend hohen Arbeitsgeschwindigkeit, über Kanäle für die Ein- und Ausgabe und geeigneten Peripheriegeräten über ein Interruptsystem (Unterbrechungssystem) verfügen. Es muß möglich sein, laufende Rechnungen aufgrund von Steuersignalen zu unterbrechen. Der Rechner muß diese Unterbrechungen bearbeiten, d. h. die erforderlichen Maßnahmen einleiten können.

2. Das Interface muß als Koppelglied einerseits die Umwandlungen in beiden Richtungen vornehmen können. Es enthält zu diesem Zweck Analog-Digital-Wandler und Digital-Analog-Wandler. Andererseits muß es ein logisches Koppelwerk enthalten und ein Koppelwerk für Überwachungs- und Steuersignale.

3. Der Analogrechner muß außer den Analogrechenelementen speichernde Elemente enthalten. Er muß mit einem digitalen Zusatzelement ausgerüstet sein. Die Potentiometer müssen automatisch einstellbar sein. Es ist weiter eine Steuerung der Betriebsart (mode control) erforderlich.

Hybridsysteme stehen nicht nur von der hardware her zur Verfügung. Auch die notwendige software ist entwickelt worden und erleichtert das Arbeiten mit den Systemen. So sind z. B. die Einstellung des analogen Teils, das Durchführen des Testens und die entsprechende Dokumentation möglich. Ein software-Paket sollte weiter die Dokumentation von Fehlern ermöglichen und Programmbibliotheken für Digitalrechner und Interface enthalten, sollte die Funktionen eines Betriebssystems ausüben und die Kontrolle des Rechenlaufs übernehmen.

Weiterführendes Schrifttum

Grundzüge der Datenverarbeitung

[1] B a u e r , F. L.; H e i n h o l d , J.; S a m e l s o n , K.; S a u e r , R.: Moderne Rechen-anlagen. Stuttgart 1965

[2] B a u e r , F. L.; G o o s , S.: Informatik I, II. Eine einführende Übersicht. Berlin–Heidelberg–New York 1971

[3] D o t z a u e r , E.: Einführung in die Grundlagen der Datenverarbeitung. Bd. I. Informationsträger, Strukturen, Algorithmen und methodische Mittel. Bd. II. Informationsdarstellung, maschinengebundene Abläufe, Formate und peripherer Datenverkehr. München 1968/71

[4] D w o r a t s c h e k , S.: Einführung in die Datenverarbeitung. 4. Aufl. Berlin 1971

[5] K l a u s , G.: Wörterbuch der Kybernetik 1, 2. Frankfurt 1969

[6] L ö b e l , G.; M ü l l e r , P.; S c h m i d , H.: EDV-Taschenlexikon. 2. Aufl. München 1970

[7] H e n z e , E.; H o m u t h , H. H.: Einführung in die Informationstheorie. 3. Aufl. Braunschweig 1970

[8] R a i s b e c k , G.: Informationstheorie. München 1970

[9] S t e i n b u c h , K.: Taschenbuch der Nachrichtenverarbeitung. 2. Aufl. Berlin–Heidelberg–New York 1967

Rechneraufbau

[10] B e r n h a r d , J.-H.: Klein-Computer. I. Grundlagen. Würzburg 1972

[11] D o s s e , J.: Der Transistor. 4. Aufl. München 1962

[12] D w o r a t s c h e k , S.: Schaltalgebra und digitale Grundschaltungen. Berlin 1970

[13] F ö l l i n g e r , O.; W e b e r , W.: Methoden der Schaltalgebra. 4. Aufl. München 1967

[14] F r i c k e , H.; L a m b e r t s , K.; S c h u c h a r d t , W.: Elektrische Nachrichten-technik. Bd. 1: 2. Aufl. 1971. Bd. 2: 1967. Stuttgart

[15] G l a s e r , W.; K o h l , G.: Mikroelektronik. Würzburg 1970

[16] I s e r n h a g e n , R.: Logischer Entwurf von Digitalschaltungen. Hamburg 1968

[17] K u n s e m ü l l e r , H.: Digitale Rechenanlagen. Eine Einführung in Struktur, Aufbau und Arbeitsweise. Stuttgart 1971

[18] M a r s a l , D.: Kleincomputer. München 1972

[19] L u n d e r s t ä d t , R.: Technik und Anwendung von Datensichtgeräten, Automatik (10, 11) 1969

[20] M ö l l e r , F.; F r i c k e , H.: Grundlagen der Elektrotechnik. 14. Aufl. Stuttgart 1971

[21] M ö s l , G.: Elektronische Tischrechenautomaten. Berlin 1970

[22] N e u m a n n , H.: Steuerungslehre. Eine programmierte Unterweisung. Bd. 1 Schaltalgebra. Boolesche Systeme. Bd. 2 Speicher. Optimierung. Bd. 3 Code und Bausteingruppen. Stuttgart 1970

[23] P r e s s m a n n , A. I.: Digitale Schaltungen mit Transistoren. Stuttgart 1964

[24] R a u s c h , F.: Magnetomotorische Speicher. In: Taschenbuch der Nachrichtenverarbeitung, S. 573

[25] R e c h e n b e r g , P.: Grundzüge digitaler Rechenautomaten. 2. Aufl. München 1968

[26] S c h m i t t , E.: Elektronische Schalter und Kippstufen. München 1967
[27] S p e i s e r , A. P.: Digitale Rechenanlagen. 2. Aufl. Berlin–Heidelberg–New York 1967
[28] W e y h , U.: Elemente der Schaltalgebra. 4. Aufl. München 1966
[29] W e y h , U.: Aufgaben zur Schaltalgebra. München 1970
[30] W h i t e s i t t , J. E.: Boolesche Algebra und ihre Anwendungen. Braunschweig 1965

Mathematische Methoden

[31] A b r a m o w i t z , M.; S t e g u n , I. A.: Handbook of Mathematical Funktions. New York 1965
[32] F a d d e j e w , D. K.; F a d d e j e w a , W. N.: Numerische Methoden der linearen Algebra. 2. Aufl. München–Wien 1970
[33] F a d d e e v a , V. N.: Computational Methods of Linear Algebra. New York 1959
[34] R a l s t o n , A.; W i l f , H.: Mathematische Methoden für Digitalrechner I, II. München 1968/72
[35] S a u e r , R.; S z a b o , I.: Mathematische Hilfsmittel des Ingenieurs, Bd. 3. Berlin–Heidelberg–New York 1968
[36] S t i e f e l , E.: Einführung in die numerische Mathematik. 4. Aufl. Stuttgart 1970
[37] S t u m m e l , F.; H a i n e r , K.: Praktische Mathematik. Stuttgart 1971
[38] W e r n e r , H.: Praktische Mathematik I. Berlin–Heidelberg–New York 1970
[39] W i l k i n s o n , J. H.: Rundungsfehler. Berlin–Heidelberg–New York 1969
[40] W i l k i n s o n , J. H.; R e i n s c h , G.: Handbook for Automatic Computation Vol. II. Berlin–Heidelberg–New York 1971
[41] Z u r m ü h l , R.: Praktische Mathematik für Ingenieure und Physiker. 5. Aufl. Berlin–Heidelberg–New York 1965

Programmieren

[42] B a t e s , F.; D o u g l a s , M. L.; G r i t s c h , P.: PL/I. 3. Aufl. München 1971
[43] B a u m a n n , F.: ALGOL-Manual der ALCOR-Gruppe. München 1965
[44] B a y e r , G.: Einführung in das Programmieren. I. Programmieren in ALGOL. II. Programmieren in einer Assemblersprache. Berlin 1969/70
[45] B a y e r , G.: Programmierübungen in ALGOL 60. Berlin 1970
[46] C h o r a f a s , D. N.: Programmiersysteme für Elektronisches Rechenanlagen. München 1967
[47] G e r m a i n , C. G.: Das Programmierbuch der IBM/360. München 1969
[48] G r o ß e , D. W.: Programmieren mit ALGOL. Weinheim 1971
[49] H e i n r i c h , W.; S t u c k y , W.: Programmierung in ALGOL 60. Stuttgart 1971
[50] H e r s c h e l , R.: Anleitung zum praktischen Gebrauch von ALGOL 60. 5. Aufl. München 1971
[51] H e r s c h e l , R.: ALGOL-Übungen. München 1968
[52] PROSA 300 für Prozeßautomatisierung.
     I. H ö p p l , H.: Einführung.
     II. O t t o , J. Ch.; O t t o , V.; H o f f a r t , E.: Einfache Anwendungen.
     III. E r n s t , M.; H e n s e l , H.; H o f f a r t , E.; O t t o , V.; O t t o , J. Ch.; W i c z o r k e , M.: Programmierung magnetischer Externspeicher. Betriebs- und Programmiersysteme. Berlin–München 1969/71
[53] IBM-System/360 OS PL/I-Handbuch I, II. IBM 1970
[54] IBM-System/360 DOS/TOS PL/I Subset Reference Manual. 2. Aufl. IBM 1969
[55] K e r n e r , I. O.; Z i e l k e , G.: Einführung in die algorithmische Sprache ALGOL. 4. Aufl. München–Berlin 1970

[56] K o m a r n i c k i , O.: Programmiermethodik. Berlin–Heidelberg–New York 1971

[57] K r e i s , P.: COBOL-Praxis. München 1968

[58] K u s s l , V.: Datenverarbeitung mit PL/I. Düsseldorf 1971

[59] M a u r e r , H.: Theoretische Grundlagen der Programmiersprachen. Mannheim 1969

[60] M c C r a c k e n , D. D.: FORTRAN in der Technischen Anwendung. München 1970

[61] M r a c h a c z , H. P.; P e e t z , G.: Taschenbuch für Programmierer. München 1971

[62] O p l e r , A.: Das IBM-System/360 und seine Programmiertechniken. 2. Aufl. München–
Wien 1972

[63] P a y n e , W. H.: Machine, Assembly and Systems Programming for the IBM/360. New
York 1969

[64] S a x o n , J. A.: Einführung in COBOL. München 1969

[65] S p i e ß , W. E.; R h e i n g a n s , F. G.: Einführung in das Programmieren in FORT-
RAN. Berlin 1970

[66] S t r u b l e , G.: Assembler Language Programming: The System/360. Reading, Mass.
1969

[67] W e y h , U.; S c h e c h e r , H.: Ziffernrechenautomaten. München 1968

[68] W o l t e r s , M. F.: FORTRAN IV mit Anlagen zum Lehrprogramm. Siemens 1970

Numerische Steuerungen

[69] S i m o n , W.: Die numerische Steuerung von Werkzeugmaschinen. München 1971
(Mit umfassenden Schrifttumsverzeichnis)

[70] K o h r i n g , G.: Grundlagen und Praxis numerisch gesteuerter Werkzeugmaschinen.
München 1966

[71] M i t t h o f , F.: Numerisch gesteuerte Fertigung. Mainz 1969

[72] S i m o n , W.: Produktivitätsverbesserungen mit NC-Maschinen und Computern.
München 1969

[73] Siemenszeitschrift, Sonderheft: Numerische Steuerungen. Berlin–München 1970

[74] S t u t e , G.: EXAPT, Möglichkeiten und Anwendung der automatisierten Programmierung für NC-Maschinen. München 1969

[75] EXAPT-Verein: EXAPT 1, Sprachbeschreibung. Aachen 1969

[76] EXAPT-Verein: EXAPT 2, Sprachbeschreibung. Aachen 1969

[77] Autorenkollektiv: NC-Maschinen, Datenverarbeitungsanlagen, Maschinelle Programmierung. Stuttgart 1968

[78] Autorenkollektiv: NC-Maschinen und ihre Programmierung mit EXAPT. Stuttgart 1970

Prozeßrechner

[79] A n k e , K.; K a l t e n e c k e r , H.; O e t k e r , R.: Prozeßrechner. München 1970

[80] G r a e f , M.; G r e i l l e r , R.; H e c h t , G.: Datenverarbeitung in Realzeitbetrieb.
München 1970

[81] H o t e s , H.: Digitalrechner in technischen Prozessen. Berlin 1967

[82] K u s s l , V.: Digitaltechnik III, Steuerungstechnik mit elektronischen Funktions-
elementen. Düsseldorf 1970

[83] S c h ö n e , A.: Prozeßrechnersysteme der Verfahrensindustrie. München 1970

Analogrechner

[84] B e k e y , G. A.; K a r p l u s , W. J.: Hybrid Computation. New York 1968

[85] F i f e r , St.: Analog Computation. 4. Bde. New York 1961

[86] G i l o i , W.; L a u b e r , R.: Analogrechnen. Berlin 1963

[87] G i l o i , W.; H e r s c h e l , R.: Rechenanleitung für Analogrechner. Konstanz 1961

[88] H e i n h o l d , J.; K u l i s c h , U.: Analogrechnen. Mannheim 1969

[89] K a l e x , E.; M a n n , D.: Wirkungsweise, Programmierung und Anwendung von Analogrechnern. Köln/Opladen 1966
[90] K o r n , G. A.; K o r n , T. M.: Electronic Analog and Hybrid Computers. New York 1964
[91] M a h r e n h o l z , O.: Analogrechnen in Maschinenbau und Mechanik. Mannheim 1968
[92] R ö p k e , H.; R i e m a n n , J.: Analogcomputer in Chemie und Biologie. Berlin 1969
[93] R o g e r s , A. E.; C o n o l l y , T. W.: Analog Computation in Engineering Design. New York 1960

Operations Research

[94] B r a n d e n b e r g , J.: K o n r a d , R.: Netzplantechnik. Zürich 1965
[95] C o l l a t z , L,; W e t t e r l i n g , W.: Optimierungsaufgaben. 2. Aufl. Berlin–Heidelberg–New York 1971
[96] D a n t z i g , G. B.: Lineare Programmierung und Erweiterung. Berlin–Heidelberg–New York 1966
[97] F r a n k , W.: Mathematische Grundlagen der Optimierung. München 1969
[98] H e n n , R.; K ü n z i , H. P.: Einführung in die Unternehmensforschung I, II. Berlin 1968
[99] K r e l l e , W.; K ü n z i , H. P.: Lineare Programmierung. Zürich 1958
[100] K ü n z i , H. P.; K r e l l e , W.: Nichtlineare Programmierung. Berlin 1962
[101] K ü n z i , H. P.; T z s c h a c h , H. G.; Z e h n d e r , C. A.: Numerische Methoden der mathematischen Optimierung. Stuttgart 1967
[102] M ü l l e r - M e r b a c h , H.: Operations Research. Berlin 1969
[103] N e f , W.: Die Auflösung linearer Programme ohne Kenntnis einer zulässigen Ausgangslösung. Unternehmensforschung 8 (1964)
[104] N e m h a u s e r , G. L.: Einführung in die Praxis der dynamsichen Programmierung München 1969
[105] N i e m e y e r , G.: Einführung in die lineare Planungsrechnung. Berlin 1968
[106] P i e h l e r , J.: Einführung in die lineare Optimierung. Zürich und Frankfurt/Main 1964
[107] S t a h l k n e c h t , P.: Operations Research. 2. Aufl. Braunschweig 1971
[108] S u c h o w i t z k i , S. I.; A w d e j e w a , L. I.: Lineare und konvexe Programmierung. München 1969
[109] V a j d a , St.: Einführung in die Linearplanung und die Theorie der Spiele. München 1966
[110] W a g n e r , G.: Netzplantechnik in der Fertigung. München 1968
[111] W i l l e , H.; G e w a l d , K.; W e b e r , H. D.: Netzplantechnik I: Zeitplanung. München 1966

Autokorrelationsprobleme

[112] B e n d a t , J. S.: Principles and Applications of Random Noise Theory. New York 1958
[113] G i l o i , W.: Simulation und Analyse stochastischer Vorgänge. 2. Aufl. München 1970
[114] L a n i n g , J. H.; B a t t i n , R. H.: Random Processes in Automatic Control. New York 1956
[115] M o n r o e , A. J.: Digital Processes for Sampled Data Systems. New York 1962
[116] S c h ä f e r , O.: Grundlagen der selbsttätigen Regelung. 6. Aufl. München 1970

Nachtrag

[117] A l e f e l d , G; H e r z b e r g e r , J.; M a y e r , O.: Einführung in das Programmieren in ALGOL 60. Mannheim 1972
[118] B r a u c h , W.: Programmierung mit FORTRAN. Stuttgart 1972

[119]C u t t l e , G.; R o b i n s o n , Ph.: Aufbau von Betriebssystemen. München 1972

[120]D i r l e w a n g e r , W. u. a.: Einführung in Teilgebiete der Informatik I. Berlin—New York 1972

[121]G r i g o r i e f f , R. D.: Numerik gewöhnlicher Differentialgleichungen. Bd. I Einschrittverfahren. Stuttgart 1972

[122]H a a c k e , W. u. a.: Datenverarbeitung für Bauingenieure. Stuttgart 1973

[123]H a a s , P.; M a r k o w s k i , H.: Übersetzer für elektronische Rechenautomaten. München 1971

[124]H a c k l , C.: Schaltwerk- und Automatentheorie I. Berlin—New York 1972

[125]H a h n , W.: Elektronik-Praktikum für Informatiker. Berlin—Heidelberg—New York 1971

[126]H e i n r i c h , W.; S t u c k y , W.: Programmierung mit ALGOL 60. Stuttgart 1971

[127]H i g m a n , B.: Programmiersprachen. München 1972

[128]H o t z , G.: Informatik: Rechenanlagen. Stuttgart 1972

[129]K a n d z i a , P.; L a n g m a a c k , H.: Informatik: Programmierung. Stuttgart 1972

[130]K u n s e m ü l l e r , H.: Betriebsprogramme in Rechenanlagen. Stuttgart 1973

[131]M e r t e n s , P.: Angewandte Informatik. Berlin—New York 1972

[132]M ü l l e r , B.-G.; H a a s , V.: Elektronische Datenverarbeitung im Bau- und Vermessungswesen I, II. Düsseldorf 1971

[133]N o l t e m e i e r , H.: Datenstrukturen und höhere Programmiertechniken. Berlin—New York 1972

[134]W a l s h , D. A.: Anleitung zur Software-Dokumentation. München 1972

[135]W e r n e r , H.; S c h a b a c k , R.: Praktische Mathematik II. Berlin—Heidelberg—New York 1972

[136]W i r t h , N.: Systematisches Programmieren. Stuttgart 1972

Sachverzeichnis

Teubner-Bücher zur Datenverarbeitung/Informatik

W. Brauch: **Programmierung mit FORTRAN**
Eine Einführung in Basic FORTRAN IV

189 Seiten mit 31 Bildern, 55 Beispielen und 32 Aufgaben.
Kart. DM 7,80 (Teubner Studienskripten)

W. Heinrich/W. Stucky: **Programmierung mit ALGOL 60**
Eine Einführung

157 Seiten mit zahlreichen Bildern. Kart. DM 5,80
(Teubner Studienskripten)

A. I. Kitow: **Programmierung und Bearbeitung großer Informationsmengen**

256 Seiten mit 27 Bildern. Kart. DM 29,—
(Vertrieb nur in der BRD und West-Berlin)

H. Kunsemüller: **Betriebsprogramme in Rechenanlagen**

VI, 222 Seiten mit 68 Bildern. Kart. ca. DM 29,—

H. Kunsemüller: **Digitale Rechenanlagen**
Eine Einführung in Struktur, Aufbau und Arbeitsweise

VI, 217 Seiten mit 124 Bildern. Kart. DM 25,—

F. Singer: **Programmierung mit COBOL**

300 Seiten mit 42 Bildern, 5 Aufgaben, 10 Originalprogrammen
und zahlreichen Beispielen. Kart. DM 11,80 (Teubner Studienskripten)

N. Wirth: **Systematisches Programmieren**
Eine Einführung

160 Seiten mit 60 Bildern, 64 Übungen und zahlreichen Beispielen.
Kart. DM 14,80 (Leitfäden der angewandten Mathematik und Mechanik, Bd. 17 —
Teubner Studienbücher)

Preisänderungen vorbehalten

B. G. Teubner Stuttgart